聚合物材料的空间摩擦学
Space Tribology of Polymer Materials

王齐华　吕　美　王廷梅　著

科学出版社

北　京

内 容 简 介

本书是作者在多年从事复合材料摩擦学、空间环境材料失效行为和机理研究工作的基础上,整理总结了近年来作者课题组在聚合物空间摩擦学的地面模拟试验中取得的结果。全书共 8 章,首先介绍了空间环境、空间材料、空间环境评价技术和聚合物及其复合材料摩擦学,然后对聚合物材料在原子氧辐照、紫外辐照、质子辐照、电子辐照、综合辐照、空间辐照、温度等复杂空间环境中的摩擦学行为进行了研究,并进一步研究了空间环境对油脂润滑下聚合物摩擦学的影响。

本书可作为从事空间科学、摩擦学、辐照损伤、高分子材料、材料学等相关研究领域的科研和技术人员、研究生、本科生学习的参考书,同时对从事空间运行机构设计的工程师也有一定的参考价值。

图书在版编目(CIP)数据

聚合物材料的空间摩擦学/王齐华,吕美,王廷梅著. —北京:科学出版社,2019.7

ISBN 978-7-03-061772-9

Ⅰ.①聚… Ⅱ.①王…②吕…③王… Ⅲ.①聚合物-复合材料-摩擦-研究 Ⅳ.①TB33②O313.5

中国版本图书馆 CIP 数据核字(2019)第 132413 号

责任编辑:周 涵 田轶静 / 责任校对:彭珍珍
责任印制:吴兆东 / 封面设计:无极书装

科学出版社 出版
北京东黄城根北街 16 号
邮政编码:100717
http://www.sciencep.com

北京虎彩文化传播有限公司 印刷
科学出版社发行 各地新华书店经销
*

2019 年 7 月第 一 版 开本:720×1000 B5
2021 年 8 月第三次印刷 印张:24
字数:468 000
定价:168.00 元
(如有印装质量问题,我社负责调换)

序

　　人类飞天的梦想古已有之,如今,航天科技水平已成为现代化强国的最重要体现之一。自 1957 年 10 月 4 日苏联发射第一颗人造地球卫星(Sputnik-1)起,空间科学技术极大地改变了我们的生活。

　　摩擦磨损是普遍存在的自然现象,润滑是降低摩擦、减少或避免磨损的最重要技术措施。航天运载工具及飞行器涉及众多运动体系或机构,如液体火箭发动机、太阳帆板驱动及展开机构、卫星天线驱动和展开机构、卫星姿态控制机构、对地观测机构、空间交会对接机构、空间机械臂等。航天器运动机构摩擦副材料在发射和运行过程中需要经受过载、失重、超高真空、原子氧侵蚀、离子束辐照、高低温交变等苛刻的空间环境,以及高速、低速、多次启停等复杂运行工况的严峻考验。正确及合理的润滑已成为众多运动系统或机构高可靠、长寿命运行的最重要保障。美国国家航空航天局(NASA)、欧洲航天局(ESA)、俄罗斯的相关部门等在其航天器研制早期就成立了专业的实验室或研究机构,从事以空间活动部件产品为对象的空间摩擦学应用研究,解决了大量的空间机构润滑工程技术难题,促进了空间科技的进步与发展。我国从 20 世纪 60 年代开始,在空间摩擦学应用领域开展了必要的基础和应用研究工作,发展了系列化的空间润滑材料技术,为推动航天事业的发展做出了重要贡献。

　　中国科学院兰州化学物理研究所有多个团队从事空间摩擦学研究,其中王齐华研究员、王廷梅研究员等长期从事模拟空间环境条件下材料的摩擦学特性及聚合物材料的磨损和润滑机理研究。该专著将润滑材料科学理论与材料评价技术密切结合,重点总结整理了作者所领导的课题组近年来在聚合物空间摩擦学领域的研究结果,是国内第一部系统讨论模拟空间环境条件下聚合物材料的摩擦、磨损、润滑行为及其规律的专著,对设计发展空间润滑材料技术具有重要的指导意义,同时对从事材料研究、生产和教学的科技人员及相关专业的研究生等亦具有很好的参考和应用价值。

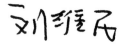

中国科学院兰州化学物理研究所

2019 年 5 月

前　言

随着大容量、高性能、长寿命、多用途航天器的发展,聚合物材料由于在重量、刚性、强度和热稳定性等方面的明显优势,被广泛地用作空间摩擦副材料。苛刻的空间环境和空间运行部件的长寿命、高可靠、高精度、免维护等对空间运行部件的摩擦副材料具有极高的要求。本书利用空间环境的地面模拟试验,考察模拟的空间环境对聚合物摩擦副材料摩擦学性能的影响,希望能为空间润滑材料的选择、摩擦副设计、润滑系统的设计、材料的空间环境适应性等提供参考。

近年来,作者在国家自然科学基金面上项目"空间环境对工程聚合物材料摩擦学性能的影响"(50475128)、国家杰出青年科学基金"空间摩擦学"(51025517)及国防科工委(局)等项目的支持下,开展了大量的空间环境对聚合物摩擦副材料影响的地面模拟试验。本书主要对这些试验结果进行归纳总结。本书共 8 章,书中研究内容主要是由曾经在中国科学院兰州化学物理研究所学习和工作过的研究生完成的。他们是:裴先强、张新瑞、王超、刘百幸、赵盖、苏丽敏、邱优香、王彦明、郑菲、吕美。本书的完成离不开他们的辛勤劳动和聪明才智。

本书可作为空间科学、摩擦学、辐照损伤、空间运行机构的设计、聚合物新材料研发等领域的科研人员、技术人员及管理人员的参考书,也适合作为高等学校开设特种聚合物材料课程的教材。由于我们的研究工作还不够深入,学识水平所限,书中难免存在疏漏和不足之处,希望读者提出宝贵意见,以便通过今后的进一步研究不断充实和完善。

作　者

2019 年 1 月

目　　录

第1章 绪 论

自古以来,遨游太空、探索浩瀚的宇宙都是人类的美好愿望。1957 年 10 月 4 日,苏联发射了世界上第一颗人造卫星,并于 1961 年 4 月 12 日发射了世界上第一艘载人飞船,标志着航天科学技术取得了巨大成功,揭开了人类空间科学发展的新纪元。空间科学技术的发展虽然与军事应用密切相关,但更重要的是对国民经济的众多部门和社会生活的许多方面都产生了重大而深远的影响,推动并改变着世界的面貌。

我国的航天技术研究机构开始筹建于 1956 年,并命名为国防部第五研究院,以后陆续演变为第七机械工业部、航天工业部、航空航天工业部、中国航天工业总公司及中国航天科技集团公司和中国航天机电集团公司[1]。我国的航天工业在创业初期曾仿制苏联产品,随后不断改进改型,坚持走自力更生、独立自主的发展道路。截止到 2019 年 6 月 25 日,我国长征系列运载火箭已飞行 307 次,发射成功率 95.11%。2009 年 6 月,中国科学院发布了《中国至 2050 年空间科技发展路线图》。在空间科学与深空探索方面,2020 年前后,我国的深空探测器可达火星;2030 年前后,可探测木星、火星以外的行星;2050 年前后,深空探测器飞出太阳系进入宇宙空间。在载人航天方面,2020 年前后,突破人在近地轨道空间站长期生存保障技术,建立长期有人驻留的空间站。如此宏伟的空间计划的实施离不开高可靠性、长寿命的航天器。

航天器在轨故障分析表明,尽管航天器故障表现形式多种多样,但除设计缺陷外,大多数是由所使用的材料、元器件在空间环境作用下发生性能退化而诱发的。因此,要想提高航天器的寿命和可靠性,首先必须充分了解复杂的空间环境、典型的航天器材料,以及航天器材料空间环境适应性的评价技术等。

1.1 空 间 环 境

空间环境是影响航天器在轨正常运行的主要因素之一。对我国早期 6 颗地球静止轨道卫星的故障原因进行分析发现(表 1.1.1),由空间环境作用引起的故障占总故障的比例达到 40.0%,而其中的空间辐照环境则是空间环境诱导故障中的主要环境因素之一[2]。

表 1.1.1 我国地球静止轨道卫星在轨故障原因统计数据

故障原因	故障次数	百分比/%
设计与工艺缺陷	5	16.7
空间环境影响	12	40.0
元器件质量	5	16.6
其他未确定因素	8	26.7
总计	30	100

空间环境是人类活动进入大气层以外的空间和地球邻近天体的过程中提出的新概念,即近地空间。近地空间一般是指距离地面 90~65000 km 的地球外围,其外边界是地球引力可以忽略的范围。对于航天活动,空间环境一般可以定义为航天器围绕地球做轨道运动的空间范围。空间环境由广阔的空间和存在其中的各种天体及弥漫物质组成。空间环境对在轨航天器的正常运行及在轨运行的可靠性与寿命具有十分显著的影响,是诱发在轨航天器故障的主要原因之一。其中,对航天器的运行存在较大影响的典型空间环境因素主要包括真空环境、真空紫外辐照、原子氧辐照、带电粒子辐照环境、中性粒子、热循环、碎片尘埃等[3-5]。在各种空间环境作用下,航天器表面材料的性能会发生退化,影响航天器的正常运行。本节将对典型的空间环境及其产生的效应进行详细的介绍。

1.1.1 高真空

地球表面的大气压力随着距离地面高度的增加而逐渐降低,压力小于 10^5 Pa 称为真空。海平面大气压力约为 10^{-5} Pa;到 90 km 高度时约为 10^{-1} Pa;400 km 高度时约为 10^{-6} Pa;800 km 高度时约为 10^{-7} Pa;1000 km 高度时约为 10^{-8} Pa;3000 km 处的压力为 10^{-11} Pa。这说明,相对于地球而言,空间基本上是真空环境。因此,航天器材料的选择首先要考虑真空环境对材料产生的影响机制(表 1.1.2)。大多数物质暴露在真空环境中会发生真空出气的现象,从而导致材料产生质量损失、性能下降和尺寸的变化,最终威胁到航天器的稳定性和寿命。而且,在密闭的空间设备中,高真空造成的挥发性物质会摆脱基体材料表面,进入周围的环境中,吸附聚集在其他设备表面,如热控涂层、太阳电池阵或者光学部件的表面,从而影响这些设备的性能甚至导致设备故障。航天器材料真空环境适应性试验标准规定材料的总质量损失(TML)必须低于 1%,收集的可凝挥发物(CVCM)必须低于 0.1%[6],这一规定已为各国航天部门所遵守,航天器非金属材料必须要进行此项评价试验。航天器在真空中运行的另一个挑战是温度控制。真空环境中没有大气,就无法通过气体的对流来进行传热,航天器只能利用传导或辐射来为自身降温。传导是依靠航天器各个不同部位的热交换完成的,而辐射是航天器和环境之间进行热交换的主要途径。

表 1.1.2 真空环境航天器设计指南[7]

类型	要求
材料选择	选择空间环境稳定性材料
结构设计	航天器通风口远离敏感物体
余量控制	足够的余量用来在轨道运行时热力/光学性能的降低
材料预处理	预先对材料进行热处理,减小在轨道中出气率

1.1.2 太阳紫外

太阳每时每刻都在向空间辐射大量的电磁能量,其中太阳光的 21% 能不受阻碍地穿过地球大气层,到达地球表面,31% 被反射回太空,29% 通过散射到达地球,19% 作为热量被大气吸收。太阳电磁辐射的波长主要在 3000 nm 以下,按波长从长到短可以分为近红外(760~3000 nm)、可见光(400~760 nm)和紫外线(10~400 nm)。波长小于 297 nm 的太阳光全部被地球的臭氧层吸收。尽管太阳紫外辐射仅占太阳总辐射量的 8.8%,但是航天器在空间轨道环境中会完全暴露在太阳紫外线中。紫外线辐射中的单个光子具有的能量与它的波长 λ 或频率 ν 有关,其公式为

$$E = h\nu = hc/\lambda$$

式中,h 为 Planck 常量;c 为光速。

表 1.1.3 给出了常见的化学键键能。从中可以看出,紫外线中的单个光子具有的能量,足以使许多高分子或有机分子中的化学键发生断裂,从而影响材料的物理和化学性能。在实际的空间应用中,太阳紫外会使得有机热控涂层、聚合物薄膜发生褪色、脆裂等老化现象;涂层树脂会发生分子链的降解和交联反应,从而改变了涂层的内聚力,导致涂层出现分离和粉化现象[8,9]。

表 1.1.3 常见的化学键键能

共价键	键能(25 ℃)		波长/μm
	/(kcal/mol)	/eV	
C—C	80	3.47	0.36
C—N	73	3.17	0.39
C—O	86	3.73	0.33
C—S	65	2.82	0.44
N—N	39	1.69	0.73
O—O	35	1.52	0.82
Si—Si	53	2.30	0.54
S—S	58	2.52	0.49
C=C	145	6.29	0.20
C=O	176	7.64	0.16
C=N	147	6.38	0.19

1.1.3　中性粒子环境

地球大气是指被地球引力场和磁场所束缚、包裹着地球陆地和水圈的气体层。通常,地球大气仅指地球周围的中性大气层,其中 N_2、O_2、Ar 和 CO_2 的含量最高,约占大气含量的 99.997%。地球大气的气体主要集中在 $0\sim50$ km 的高度范围内,约占地球大气总量的 99.9%,而在高度大于 100 km 的空间仅占 0.0001% 左右。中性气体是低地球轨道(LEO,$200\sim700$ km)所特有的空间环境。中性气体中主要成分为约占 80% 的原子氧(AO)和约占 20% 的氮分子[10-13],其中原子氧是由 O_2 在波长小于 243 nm 的太阳紫外线照射下光致解离生成的。原子氧的化学活性比分子氧高得多。尽管低地球轨道上的中性气体十分稀薄,根本无法维持人类的生命活动,但它却足以对轨道上以 8 km/s 速度飞行的航天器造成重大影响。

中性气体对航天器的影响主要表现为三个方面。一是中性气体密度对航天器产生阻力作用,它将影响航天器的燃料消耗、轨道衰变速率和姿态的改变等。二是中性分子会对航天器材料表面产生溅射作用。当具有一定能量的粒子入射到材料表面上时,它会同表面层内的原子不断进行碰撞,并产生能量转移。固体表面层内的原子获得能量后将做反冲运动,并形成一系列的级联运动。如果某一做级联运动的原子向固体表面方向运动,则当其动能大于束缚表面原子能量时,它将从固体表面发射出去,这种现象称为溅射。如表 1.1.4 所示,中性分子对圆形轨道上运行的航天器的撞击所产生的能量是不可忽略的。一般来说,对于长期飞行的航天器,材料的溅射才可能成为决定航天器运行寿命的重要因素。三是中性气体对航天器材料的化学作用。在低地球轨道上,中性气体的主要成分是原子氧,原子氧的活性很高,可以与很多物质发生化学反应(如氧化、侵蚀、挖空等),从而导致航天器功能材料性能退化,结构材料强度降低,对航天器寿命和可靠性带来严重影响[14,15]。

表 1.1.4　低地球轨道撞击能量——圆形轨道[7]

高度/km	速度/(km/s)	各元素能量/(eV/粒子)					
		H	He	O	O_2	N_2	Ar
200	7.8	0.3	1.3	5.0	10.1	8.8	12.6
400	7.7	0.3	1.2	4.9	9.8	8.6	12.2
600	7.6	0.3	1.2	4.7	9.5	8.3	11.8
800	7.4	0.3	1.1	4.5	9.0	7.9	11.2

在了解了低地球轨道上中性气体对航天器产生影响的基础上,在航天器的设计上可以采取相应的措施来最大限度地减少与中性大气环境的相互作用。表 1.1.5 给出了航天器的设计指南。

表 1.1.5 在中性气体环境中应用时的设计指南[7]

类型	要求
材料选择	(1)与原子氧不反应;(2)表面反光率不太高;(3)有较高的溅射阈值
航天器结构设计	减小迎风面,使阻力最小,使敏感表面和光学表面远离迎风面
防护设计	航天器材料表面增加防护层
运行操作	尽量将航天器的运行轨道调整到与中性气体相互作用较小的位置

1.1.4 带电粒子辐射环境

空间粒子辐射环境主要由两大类组成:一是天然粒子辐射环境;二是高空核爆炸后生成的核辐射环境。天然粒子辐照主要由电子和质子组成,具有能谱宽、强度大的特点,其来源主要包括三方面:地球辐射带、太阳质子事件(SPE)和银河系宇宙射线(GCR)[16]。

(1)地球辐射带。由于地球存在磁场,空间的带电粒子被磁场捕获,聚集到地球周围空间中,将这一存在着大量地磁捕获的带电粒子的区域称为地球辐射带。由于带电粒子空间分布不均匀,因此形成了两个辐射带:内辐射带和外辐射带。

内辐射带在赤道平面上空 $600\sim10000$ km 高度,纬度边界约为 $40°$,强度最大的中心位置距离地球表面 3000 km 左右。内辐射带粒子成分主要是电子和质子,质子能量一般在几兆电子伏到百兆电子伏,通量为 10 J/(m²·s),能量大于 0.5 MeV 的电子通量约为 10^5 J/(m²·s)。外辐射带的空间范围很广,在赤道平面高度大约从 10000 km 一直延伸到 60000 km,中心位置在 $20000\sim25000$ km,纬度边界为 $55°\sim70°$。其主要成分为低能质子和电子,能量低于 1 MeV,最大通量达 10 J/(m²·s)。

(2)太阳质子事件。太阳会周期性地喷发大量高能粒子,主要为高能质子,也包括少量的 α 粒子和一些重核元素粒子。最初人们把这些事件与太阳耀斑联系在一起,现在把这种现象定义为太阳日冕物质抛射(CME)。与银河系宇宙射线相同,CME 的主要成分也是高能质子,能量为 $10\sim1000$ MeV,在空间辐射学术研究中被称为太阳质子事件。通常它会持续几小时到一周以上,但典型情况下持续 $2\sim3$ 天。

(3)银河系宇宙射线。银河系宇宙射线是来自太阳系之外的带电粒子流,它几乎包含元素周期表中所有的元素粒子,粒子各向同性。主要成分为通量低但能量高的带电粒子。粒子能量为 $100\sim10^{14}$ MeV,通量为 $2\sim4$ J/(m²·s)。

当空间辐射粒子与物质相互作用时,将在物质内部引起电离、原子位移、化学反应和各种核反应,从而造成物质的损伤。粒子辐射环境对航天器的效应主要包括以下几方面。

(1)单粒子效应。高能粒子入射到器件中,如储存器、微处理器、电压变换器等,经常会在器件内部敏感区形成电子-空穴对。电子-空穴对会形成能打开连接的信号,包括器件内不太活跃的区域和通常不连接到任何电路的部分,这些故障称为单粒子现象。单粒子现象通常按效应来分类：单粒子翻转，电子器件工作状态瞬时改变，这种改变是可逆的；单粒子锁定，电子器件工作状态改变并且需要断电后才能重建以前的状态；单粒子烧毁，器件发生不可逆的故障而失效。

单粒子效应主要是针对逻辑器件和逻辑电路的带电粒子辐射效应。当空间高能带电粒子轰击到大规模、超大规模微电子器件时，微电子器件的逻辑状态发生改变，从而使航天器发生异常和故障。

（2）总剂量效应。带电粒子入射到物体时，会将一部分或者全部能量转移给物体，带电粒子所损失的能量也就是吸收体的辐射总剂量。当吸收体是航天器上电子元件和功能材料时，它们将受到总剂量辐射损伤，这就是所谓的总剂量效应。带电粒子对航天器的总剂量损伤，主要有两种作用方式：一是电离作用，即入射粒子的能量通过吸收体的原子电离而被吸收，高能电子大都产生这种电离作用；另一种是位移作用，即入射粒子击中吸收体的原子，使原子的位置移动而脱离原来所处晶格中的位置，造成晶格缺陷。空间带电粒子中辐射剂量贡献较大的主要是能量不高、通量不低、作用时间较长的粒子成分，主要是内辐射带的捕获电子和质子，外辐射带的捕获电子、太阳耀斑质子等。总剂量效应将导致航天器上的各种材料、电子元器件的性能漂移、功能衰退，严重时会完全失效或损坏。例如，高分子材料在严重辐照后会变黑、变暗，胶卷会变得模糊不清；双极晶体管的电流放大系数降低、漏电流升高；太阳能电池输出降低，各种半导体器件性能衰退等。

（3）充放电效应。带电粒子入射到航天器表面后，电荷会累积在表面的材料中，使得表面具有一定的负电势，电势达到几十伏，在最坏的情况下可达到几千伏甚至上万伏。因此，在外形复杂、材料性质不同的航天器表面会出现不等量的电势，当电势差高达一定数值时，就会发生放电，它既可造成电介质击穿、元器件烧毁、光学敏感面被污染等直接的有害效应，也可能以电磁脉冲的形式给航天器内外的电子元器件造成各种有害的干扰及间接的有害效应，如航天器充放电效应。

1.1.5　热循环

航天器在轨运行期间将遭遇环境温度的交替变化。在空间环境下长期服役的航天器在低地球轨道运行期间需要反复进出地球阴影，当进入地球阴影后，航天器将向周围的"冷背景空间"辐射能量而使其表面温度降低；当运行出地球阴影后，航天器将吸收来自太阳辐射的能量而导致表面温度升高。循环交变温度场所引起的增强体材料及基体材料各自不同的热膨胀行为总是通过界面使彼此受到某种程度的约束作用，从而在复合材料内部产生热应力，热应力的长期作用会导致树脂基体内部产生微裂纹或使纤维与树脂基体间产生局部的界面脱黏破坏。因此，空间环境下的热循环效应会导致树脂基复合材料的微观组织结构产生损伤，使材料的机械性能和物理性能发生退化，从而对在轨航天器的稳定性、安全与寿命产生威胁。

1.2　空　间　材　料

空间材料是生产航天器最基本的物质保障,是实现航天器功能、保证航天器长寿命、高可靠性的重要保证,也是推动航天产品更新换代的主要技术基础。"一代材料,一代飞行器",材料具有先导和基础作用,一代新型航天产品的诞生一定是建立在一大批先进材料研制成功的基础上。

1.2.1　按功能分类

航天器材料按其使用功能,可分为结构材料和功能材料两大类。结构材料主要是用来提供刚性、强度、安装边界、支撑骨架和结构外形的材料。航天器对结构材料的最关键要求是轻质、高强和高温耐腐。在航天器结构材料的发展历史中,铝合金等轻型合金是最初的主要材料,但是这些合金材料在刚度、质量、强度和热稳定性等方面都有明显的缺陷,远远不能满足空间科学的飞速发展。随着大容量、高性能、长寿命、多用途航天器的发展,要求结构材料具有超高的比强度和比刚度,以减轻结构质量、承受发射过程中的过载、保持适宜的自振频率;同时还要维持各种仪器装置在寿命期间有很好的指向性。所有这些都意味着要尽量采用轻质材料。聚合物复合材料,尤其是纤维增强的聚合物复合材料,因满足这些要求而作为继轻金属合金之后新一代的材料而迅速发展。功能材料主要指用来提供各种特定功能(如绝缘、防热、密封、胶接、润滑等)的材料。热控材料主要用来保证航天器的结构部件、仪器设备在空间环境下处于一个合适的温度范围,使其在各种可能的情况下均能够正常工作。目前常使用的热控材料主要包括:隔热材料、高导热材料、热控涂层及满足特殊要求的热控材料。介电材料作为航天器上电气、电子器件的关键组成部分,其性能直接影响到仪器设备乃至航天器运行的可靠性和寿命。航天器及运载工具中涉及大量实现展开、驱动的活动部组件,典型的有太阳翼展开机构、天线伸展机构、天线精密跟踪、指向机构、相机扫描机构、舱门开启/关闭机构、行星探测器驱动轮机构、大型空间机械臂驱动机构等。要保证这些空间精密仪器仪表在轨运转灵活而且能够实现长期稳定工作,就需要对组成这些运转部件的摩擦副材料提出严格要求。这就会涉及相对运动的摩擦副材料表面的摩擦、磨损和润滑,即摩擦学问题,这在后面会详细介绍。

1.2.2　按成分分类

按照航天材料组织的成分分为金属材料、无机非金属材料、高分子材料和先进复合材料四大类。金属材料主要有轻质合金(铝合金、钛合金、镁合金等)、超高强度钢和高温金属(高温钛合金、镍基高温合金、金属间化合物、难熔金属及其合金等)。轻质合金和超高强度钢的主要特点是比强度高、综合性好,是航天器的主要结构材料。航天器的运行环境十分复杂,大部分构件在高复合应力、高温环境下服役。例如,液体火箭发动机涡轮泵在高温燃气推动下做高速旋转,这就要求涡轮盘和叶片在高温下有足够的强度、抗高温能力、高的热导率,它们一般是由镍基、铁基高温合金制成。空间用的无机非金属材料主要包括高性能陶瓷材料和碳基材料。陶瓷材料具有耐高温、低密度、高强度、高模量、耐磨损、抗腐蚀等优异特性,使其作为热结构材料在航天领域具有广泛的应用前景。碳原子间典型的共价键结构,使得碳基材料在惰性气体下直到 2000 ℃ 以上均保持着非常优异的力学和物理性能,而且,随着温度的升高,除热导率有所降低外,抗拉、抗压、抗弯性能和比热容均增加,这些性能是其他结构材料所不具备的。高分子材料是航天领域赖以支撑的重要材料,主要包括橡胶、工程塑料、合成树脂、胶黏剂及密封剂、涂料、纤维、合成油脂、感光材料等。复合材料是指由两种或两种以上单一材料,用物理或化学的方法,经过人工复合而成的一种多相固体材料。复合材料可保留组分材料的主要优点,克服或减少组分材料的缺点,还可以产生组分材料所没有的一些优异性能。目前,航天器结构用复合材料主要有聚合物基复合材料、金属基复合材料、陶瓷基复合材料等。空间环境的飞行器与一般机械差异的一个重要特点是要千方百计地减轻质量,航天工业中最为独特的一句口号是"为减轻每一克质量而奋斗"。因此,聚合物及其复合材料由于具有轻质的优点而被广泛用于航天器材料。

1.3　空间环境评价技术

航天器材料必须能够经受空间环境的严峻考验。空间环境与航天器材料的相互作用将产生多种影响材料使用性能和寿命的效应,对诸如热控涂层、光学材料、太阳能电池、结构材料、摩擦副材料、胶接密封材料的热学特性光学特性、电学特性、力学特性及摩擦学性能等造成不良影响,降低其使用性能和寿命。因此,航天器材料的选择必须综合考虑空间环境对材料的影响,有必要提前对材料的各种性能进行材料空间环境适应性的评价。近年来,为了掌握航天器材料在空间环境下的性能演化及其损伤机理,对材料的服役性能和服役寿命进行科学准确的评估和预测,人们利用航天飞机或不载人航天器进行短期或长期空间飞行试验,将各种航天用材料直接暴露于空间环境中用以评估其对各种材料体系的影响,并结合地面模拟试验及数值模拟等方法对材料在各种空间环境因素及其协同效应作用下的损伤机理与失效机制进行了深入的研究。迄今为止,世界各国已在空间环境模拟技术、地面试验评价方法、飞行试验技术、环境效应机理、寿命预示与可靠性分析、空间环境效应防护技术等方面开展了广泛而深入的试验研究工作,取得了大量的研究成果,为不断促进航天器的长寿命和高可靠性技术的发展发挥了非常重要的作用。目前,采用的材料空间环境适应性的评价方法主要有空间飞行试验、理论模拟技术、地面模拟试验。

1.3.1　空间飞行试验

空间飞行试验是指将航天器用材料的试样在空间站或者航天器暴露于真实的空间环境中,将受到各种空间环境因素的协同作用,因此能够为材料在空间环境下的性能演化提供准确而可靠的信息。其优点是可信度和实际应用价值高。缺点是周期长、成本高、资源有限、难以实时跟踪等。2008 年,我国开展了由航天员在飞船舱外开展的空间材料试验项目,通过回收样品的分析,发现低轨道环境对固体摩擦副材料的摩擦学性能能够产生明显的影响,为我国空间摩擦学数据库的建立积累了宝贵数据,为将来评估天-地试验结果,建立可靠的地基模拟考核试验方法和技术,建立相关的理论模型提供了宝贵的原始资料。

1.3.2　理论模拟技术

目前,理论研究者建立了很多可以预测和描述环境因素与材料相互作用机理的理论计算模型。许多研究者采用基于蒙特卡罗(Monte Carlo)方法的 SRIM 软件计算带电粒子在靶材中入射和能量传递,从而确定入射粒子对材料的损伤程度[17-21]。高禹等利用二维有限元模型对环氧树脂复合材料内部热应力分布进行了数值模拟,以评估真空热循环效应对材料产生的损伤[22]。为了预测研究原子氧辐照对航天器材料产生的影响,理论工作者建立了一系列的原子氧侵蚀模型:Banks 原子氧掏蚀模型、化学反应动力学模型、量子力学模型、反应性散射模型,以及分子随机动力学模型等[23-28]。一般来说,采用理论模型来评估空间环境对材料的损伤缺少实际数据支撑,因此需要与飞行试验或地面模拟试验研究相结合。

1.3.3　地面模拟试验

地面模拟试验的优点是能够进行加速模拟试验,可以实时跟踪并获取材料性能的演化数据,揭示空间环境效应与航天器材料的作用机理,进而弥补空间飞行试验的不足,并显著降低研究的成本和风险。目前,国内外的航天试验部门都建立了多套空间环境模拟试验设备,用于对航天器用材料进行地面模拟评价试验。下面简单介绍一下各种模拟设备的作用原理和实用性。

1.3.3.1　紫外辐照

目前,国内外科研人员对航天材料的紫外辐射效应地面模拟试验方法开展了大量研究,对辐照源的选择、紫外加速倍率、总曝辐量的确定等关键参数也给出了一些建议[29]。常用的近紫外源有汞灯、汞氙灯、氙灯和碳电弧灯等,均要求加入滤波片过滤可见光和红外线;而目前应用较为成熟的远紫外光源是氪灯。紫外加速倍率是指地面模拟单位面积接收的紫外辐射能量与在轨单位面积紫外辐射能量的比值。一般规定,近紫外辐射地面模拟试验加速倍率≤5,辐照度为 118～590 W/m²;远紫外辐射加速因子≤100,辐照度为 0.1～10 W/m²。在地面模拟试验过程中,如果试验周期较短,可采用全寿命周期试验;如果试验周期较长,可在材料的性能变化趋于稳定时停止试验,然后采用外推法对材料的后期性能进行预示[30]。

1.3.3.2 原子氧

由于各类航天器的在轨运行速度大约为 8 km/s,因此在空间环境中原子氧束流以 10^{13}～10^{15} atoms/(cm² • s)的通量和约 5 eV 的平均动能与航天器表面相撞。因此原子氧地面模拟装置中原子氧的动能和通量密度保持满足以上要求。地面原子氧试验装置分为三个等级[31]:第一级是原子氧的能量一般小于 1.5 eV,这类设备是原子氧模拟设备中最简单的一类,即氧等离子体设备,通常采用射频或微波放电产生氧等离子体;第二级是原子氧的能量与空间环境接近,离子氧的通量密度小于原子氧的 0.01%;第三级是原子氧能量和通量率等都与空间环境接近,并且可以测量控制,然而,目前真正达到这一级的设备还不多。

目前,国内外原子氧模拟设备大多属于第二级。在这一等级的设备中,产生和加速原子氧的一种方法是采用电弧放电、激光加热等方式使氧气解离成氧原子,通过喷口膨胀加速形成高速氧原子流;另一种是采用电子轰击、微波放电、射频放电等,使氧气电离,引出后经聚焦、减速、能量分析,再利用气体中和、喷电子中和、激光剥离等方法使氧离子束变成中性原子束。原子氧的能量和通量是两个比较重要的参数。下面简单介绍一下原子氧能量和通量的计算方法。

1. 原子氧能量的计算

由于原子氧为电中性,其能量测量所需的技术和设备比较复杂,在国内大多采用理论分析的方法计算得到原子氧的能量。美国普林斯顿大学等离子体物理实验室采用四极质谱仪测得能量。简单介绍一下其理论分析方法:根据带电粒子与固体表面作用的理论,当入射粒子的能量较低时,可按一次碰撞模型处理,即反射粒子的能量为

$$E_a = E_i \times \sqrt{1 + M_2/M_1} \times \left[\cos\gamma_{12} \pm \sqrt{(M_2/M_1)^2 - \sin^2\gamma_{12}}\right]^2$$

其中,E_a 为反射靶原子的能量;E_i 为入射粒子的能量;M_2 为靶原子的原子量;M_1 为入射粒子的原子量;γ_{12} 为入射粒子和反射粒子之间的夹角。因此通过采用相应的反射靶材料,调节入射离子和反射离子之间的夹角,可以得到可控能量的原子氧辐照设备。

2. 原子氧通量的计算

由于原子氧为电中性,原子氧的通量密度不能像测量带电粒子那样采用法拉

第筒进行测量。目前,国外测量原子氧通量密度,大多采用测量原子氧产生的效应,然后推算原子氧通量密度的方法。经过近 30 年的研究,国内外已经建立了很多种原子氧通量测量方法。在地面模拟设备中主要采用有机材料质量变化法、金属膜电阻变化、氧化银膜催化探头、光谱法、NO_2 滴定法、质谱分析法等。目前,国际上通常使用美国杜邦公司生产的 Kapton HN 暴露于原子氧环境中,测量其质量损失,推算原子氧通量密度。

下面简单介绍一下 Kapton 质量损失法。Kapton 是航天器上应用非常广泛的一种聚合物材料,其原子氧剥蚀率很稳定,基本不随太阳辐射强度、温度、试样厚度和原子氧通量等条件的变化而变化。因此,可以把它作为标准试样,用它在试验环境中的质量损失来计算原子氧通量:

$$F = \Delta M / (\rho A t E_y) \tag{1.3.1}$$

式中,Kapton 的密度 ρ 为 1.4 g/cm³。在空间 5 eV 原子氧的作用下,Kapton 的剥蚀率为 3.0×10^{-24} cm³/atom,代入上式中,通过计算可得作用效果与空间 5 eV 原子氧相同时的等效原子氧通量。但是,在大部分地面模拟设备中,原子氧能量并不是 5 eV。因此,为了获得设备的真实原子氧通量,就需要进行相应的换算。已知 Kapton 材料的剥蚀率 E_y 与作用于试样表面的原子氧能量 E 的关系为

$$E_y = AE^n \tag{1.3.2}$$

式中,$A = 1.5$;$n = 0.68$。根据式(1.3.2),再结合式(1.3.1)得到的等效原子氧通量,就可以计算出设备中能量为 E 的原子氧的实际通量。

1.3.3.3　带电粒子辐射

空间带电粒子辐射环境比较复杂,地面模拟很难再现真实的空间环境,主要原因包括以下几个方面:一是空间带电粒子辐射是连续能谱分布,带电粒子涵盖了从几 eV 到 GeV 的范围,地面模拟很难实现多能量带电粒子的同时模拟;二是高能带电粒子地面模拟难度较高,尤其是对电子元器件的高能带电粒子效应模拟;三是航天器在轨寿命长,从经济角度考虑,地面模拟试验通常很难实现全寿命周期的环境或效应的模拟。因此,地面模拟试验主要采用效应等效模拟的方式,利用地面加速器或者辐射源来开展地面模拟试验。单粒子效应主要通过重离子加速器、锎源或者脉冲激光作为模拟源。电子元器件的总剂量效应模拟试验设备主要使用 ^{60}Co γ 射线源,材料方面的总剂量效应模拟试验一般用电子加速器和质子加速器进行。地面模拟装置的基本要求是具有良好的真空性能,具有稳定的粒子束流强度。目前,国内外地面模拟装置可以模拟一定能量范围内各种等离子的辐照环境。电子回旋共振(electron cyclotron resonance,ECR)离子源是 20 世纪 60 年代末出现的一种正离子发生装置,与传统离子源相比,ECR 离子源能提供更高电荷态、更高流强、稳定性好和束流品质更高的束流。ECR 离子源采用微波加热等离子体产

生离子,离子源无阴极,所以原理上 ECR 离子源无寿命限制。

1.3.3.4　热循环

空间真空热环境是影响航天器安全性能的主要环境之一,它主要通过模拟实际空间的高真空、冷黑和太阳辐射环境来达到对航天器进行空间环境试验的目的。目前,美国、俄罗斯、欧洲空间局和日本都建有空间环境试验设备。美国休斯敦空间中心的空间模拟器是美国最大的空间环境模拟器,分为 A 室和 B 室。直径 19.8 m、高 36.6 m,最大试件质量 68100 kg,真空抽气采用油扩散泵系统和 20 K 深冷泵系统,空载极限真空度 1.3×10^{-6} Pa,热沉温度 90 K,吸收率 0.95,最大热负荷 330 kW。曾提供阿波罗飞船与航天飞机做热真空与热平衡试验。日本筑波宇宙中心的空间模拟器空载极限真空度为 1.3×10^{-5} Pa,热沉温度 $-100 \sim 60$ ℃可调[33]。我国的空间环境模拟试验起步于 1958 年,并于 1961 年开始进行空间模拟器和真空热环境模拟设备的设计与研制工作,主要用以对"东方红一号"卫星进行试验。1993 年研制的 KM6 大型空间模拟器具有试验空间大、热载荷大、抽气速率大、试验自动化程度高、功能多和用途多的特点,是国际上三大载人航天器空间环境试验设备之一,总体性能达到国际先进水平[34]。

1.3.4　多功能空间摩擦学试验装置

近年来空间环境对摩擦副材料结构和性能的影响受到越来越多的关注,中国科学院兰州化学物理研究所固体润滑国家重点实验室自行设计组装了多功能空间摩擦学试验装置[35]。本装置的特点是不仅可以模拟空间高真空环境、高低温交变环境和空间辐照环境,还可以对材料在空间环境中的摩擦学性能进行测试。该空间模拟装置由三个相对独立的试验单元构成。

1.3.4.1　高真空、紫外、质子和电子辐照环境及摩擦试验单元

图 1.3.1 给出了高真空、紫外、质子和电子辐照环境及摩擦试验单元的示意图。本装置可以分别模拟紫外辐照、质子辐照和电子辐照空间环境。一般可以采用一种辐照作用或几种辐照形式的顺序作用方法来考察空间辐照对材料的影响。本装置中自带球-盘摩擦试验机,可以进行大气环境下、真空环境和辐照环境下的摩擦试验。

(1) 超高真空环境模拟技术。超高真空系统包括全金属密封的真空室和连接管道、阀门等。真空容器为两端开门的卧式结构,它的直径和长度分别为 1 m 和 1.2 m。真空室采用 1Cr18Ni9Ti 材料制造,并且采用金属-氟橡胶混合密封。采用两台涡轮分子泵作为高真空维持泵(600 L 和 1200 L 各一台),前级泵为一台 8 L 直联式旋片泵。该真空系统的性能:总体加工漏率不大于 8×10^{-10} Pa · m³/s,从大

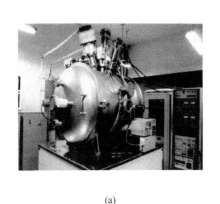

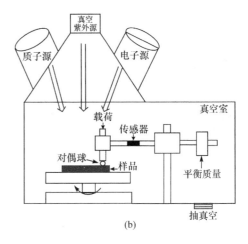

(a)　　　　　　　　　　　　(b)

图 1.3.1　空间高真空、紫外、质子和电子辐照环境(a)及摩擦试验单元(b)示意图

气压开始 40 min 之内达到 6×10^{-4} Pa,经过大约 2 h 可达到极限真空 6×10^{-5} Pa。

(2) 紫外辐照。将氘灯和氙灯光路叠加产生波长为 115～400 nm 的紫外线束,经过紫外滤光片和光学系统获得截面直径为 50 mm 的紫外平行光束。采用紫外照度计测量的辐照最大强度约为 300 W/m^2,相当于 3 倍太阳紫外常数。

(3) 质子和电子辐照。采用微波 ECR 等离子体技术获得氢等离子体,通过引出系统将质子引出至加速电场中,可获得 20 keV、25 keV 和 30 keV 的质子束。电子束源采用六硼化镧阴极,采用静电加速方式获得能量为 20 keV、25 keV 和 30 keV 的电子束。采用法拉第杯测出质子和电子的总流强均可达到 10 mA 量级,平均束流密度为 500 mA/cm^2。

(4) 球-盘摩擦试验机。辐照装置中自带的球-盘摩擦试验机,其位于真空室的几何中心如图 1.3.1 所示,该摩擦试验机构载荷范围是 0.5～5 N,最大转速 3000 r/min,对偶球的直径为 3～8 mm,盘的直径为 20～50 mm。

1.3.4.2　原子氧辐照模拟装置

图 1.3.2 给出了原子氧辐照装置,其采用微波 ECR 等离子体方式获得氧等离子体,经永磁不对称磁镜结构磁场约束及偏压电场加速至中性化金属钼靶表面,经碰撞获得电子而中性化,在与离子入射方向垂直的方向获得定向原子氧束流。该装置通过调节反射靶负偏压和输入微波功率等试验参数可获得平均动能 5 eV。以 Kapton 的质量损失标定得到原子氧的通量密度为 5.0×10^{15} atoms/(cm² · s)。由于原子氧束为中性,所以原子氧束距离样品材料的距离不能太长,这样不能在原子氧辐照装置中原位安装摩擦试验机。

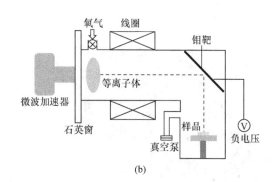

(a) (b)

图 1.3.2 原子氧辐照模拟装置

(a) 装置实物图；(b) 设计图

1.3.4.3 空间高低温交变环境摩擦试验单元

高真空系统为上盖开启的立式结构，包括全金属密封的真空室和连接管道、阀门等，直径和高度分别为 1 m 和 0.6 m，采用全金属密封，底板及法兰盘的厚度为 24 mm，侧壁厚度为 6 mm。超高真空维持泵为两台 400 L 溅射离子泵，通过串联一台 600 L 和一台 1200 L 涡轮分子泵作预抽泵，以期获得更高的前级真空度，缩短烘烤和启动离子泵的时间，从而获得更高的极限真空。通过液氮热沉和辐射加热器实现温度调控，采用 PT-100 电阻温度传感器以及集成了 YUDIAN V7.0 人工智能控制单元的 CRYO-2300 温度测控仪进行温度测控，拥有参数自整定功能，易于获得较高的控制精度。采用 Lab-view7.0 编制测控软件，通过串口与 Advan-tech5000 工控机连接。真空室内置球-盘摩擦试验机，摩擦试验系统的内部结构如图 1.3.3 所示[35]。

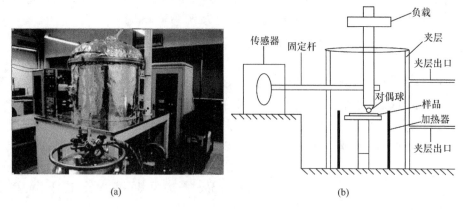

(a) (b)

图 1.3.3 空间高低温交变环境摩擦试验装置

(a) 装置实物图；(b) 设计图

1.4　聚合物及其复合材料摩擦学

聚合物材料是在一定温度和压力下可塑制成型的高分子合成材料。聚合物材料分为两大类:热固性聚合物材料和热塑性聚合物材料。聚合物材料因其具有轻质、高强度、比模量大、耐腐蚀、抗辐照、成型方便等优点而被广泛应用于航天科学领域[36-38]。聚合物摩擦学是摩擦学领域中的一个重要分支,其解决的主要问题是聚合物的摩擦、磨损和润滑。在固体润滑领域,聚合物材料具有很多优点,如自润滑性能好、密度小、抗冲击性能好、设计灵活性好、绝缘性好和吸振性能好等。在摩擦学的应用领域,与金属材料、无机非金属材料及其复合材料相比,聚合物及其复合材料作为摩擦副材料已显示出无与伦比的优越性和强大的生命力,从而使聚合物及其复合材料成为当今许多机械上理想的摩擦副材料。

聚合物的摩擦磨损行为非常复杂,一个完整的摩擦学系统,主要由三个基本部分组成:①结构,包括材料的类型和接触的方式;②工况,包括运动方式、载荷、速度、应力、温度和时间等;③摩擦学体系中各组分间发生的相互作用。在材料的摩擦过程中,以上诸多因素会共同作用于材料的接触表面,影响材料的摩擦磨损性能。聚合物材料由于其特有的黏弹性,摩擦过程中的变化更复杂。图 1.4.1 描述了摩擦学体系及其影响因素。

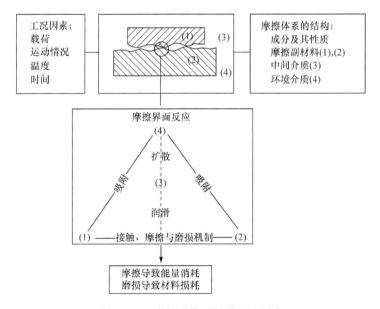

图 1.4.1　摩擦学体系及其影响因素

1.4.1　磨损机理

摩擦与磨损是紧密相关的,磨损是摩擦产生的必然结果,是相互接触的物体在相对运动中表层材料不断损伤的过程。磨损是多种因素相互影响的复杂过程。与金属材料相比,聚合物材料的磨损过程要复杂得多,这主要是由于聚合物的机械性能变化范围宽,并且对温度、变形速率有强烈的依赖性,以及失效过程对环境条件的敏感性。根据聚合物材料摩擦表面的损伤情况和破坏形式,聚合物材料的磨损机理主要分为四种:黏着磨损、磨粒磨损、疲劳磨损和化学磨损[39-42]。

1.4.1.1　黏着磨损

当聚合物材料与摩擦副表面相对滑动时,由于接触点之间的范德瓦耳斯力及库仑静电引力或者氢键的相互作用,聚合物材料转移到对偶面上而引起的磨损称为黏着磨损。黏着磨损除受聚合物自身的内聚能影响之外,对偶面的化学特性、表面粗糙度、界面温度及负荷、速度也有一定的影响。另外,填料在降低聚合物黏着磨损方面也起着重要的作用[43,44]。Buckley[45]认为,局部高应力状态下的接触和滑动是聚合物材料在接触区的塑性变形以及聚合物与对偶黏着的根本原因,而两个滑动表面发生黏着的重要标志就是材料的摩擦转移。Zalisz 等[46]提出,聚合物的摩擦转移包括三个主要过程:表面微凸体或高应力接触区的形变过程;聚合物的表面材料与基体的分离过程;聚合物在对偶表面的附着过程。Deli 等[47]提出了聚合物黏着转移磨损的物理模型,该模型很好地解释了转移膜的形成和脱落过程。根据这一模型,转移膜在摩擦过程中脱落可能发生在转移膜层间,也可能发生在转移膜与对偶的接触面间,决定转移膜脱落方式的主要原因在于聚合物与对偶表面间的相互作用及填料的摩擦学作用等因素。影响黏着磨损的主要因素:聚合物材料的内聚力,对偶面粗糙度、洁净度、界面温度、载荷及速度等。其中,聚合物自身的剪切强度决定了材料的转移特性与黏着磨损特性。当聚合物材料与金属摩擦时,表面间的黏着和剪切通常发生在内聚能较弱的聚合物中。因为内聚能低的聚合物材料,其本体的剪切强度低于转移膜与对偶结合处的剪切强度。材料从内聚能较小的一方向内聚能较大的一方转移,也就是表面能低的一方向表面能高的一方转移。在金属与聚合物摩擦时,一般都是聚合物材料向金属转移形成转移膜,这种转移膜与金属的结合强度,与聚合物的摩擦和磨损特性有很大的影响。如果在对偶面上形成的转移膜牢固,那么摩擦系数就低,磨损也小;如果不牢固,剪切发生在转移膜与对偶的结合处,则转移膜被不断磨损,又不断生成,这样磨损就会很大。因此,转移膜与对偶的牢固性是决定磨损的根本因素。

降低黏着磨损的方法有如下几种:①改变摩擦表面的粗糙度,一般来说,摩擦副表面粗糙度越低(即越光滑),其抗黏着磨损能力越大,而过分地降低表面粗糙度又会促进黏着磨损[44];②选取互溶性差的材料为配副;③外加润滑剂,如采用水润滑[48,49]、油润滑[50,51];④表面涂覆固体润滑剂等[52];⑤聚合物表面处理,如采用电沉积[53,54]、化学热处理[55,56]、气相沉积[57,58]和等离子体[59,60]等方法对聚合物表面进行改性。

1.4.1.2　磨粒磨损

接触界面处的硬质颗粒或者对摩表面上的硬突起物或粗糙峰在摩擦过程中切削聚合物而引起表面材料脱落的现象,称为磨粒磨损。磨粒磨损在工业中非常常见。据估计,工业中发生的磨损约 50% 属于磨粒磨损。磨粒磨损的特征是摩擦面上有明显的擦伤或因犁沟作用而产生的沟槽。一般来说,磨粒磨损颗粒的产生分为三个阶段:①与对摩面某一区域接触的聚合物材料发生变形;②与对摩面相对运动产生摩擦力;③变形的材料发生断裂剥落。可见,聚合物的磨粒磨损主要受硬质材料的表面性质(如微凸体的曲率半径、斜率、高度分布等)、聚合物自身的机械性能(断裂功和韧性)及环境因素(可改变聚合物的机械性能)的影响。此外,对偶材料的粗糙度在聚合物磨粒磨损中具有非常重要的作用,Lancaster[61]、Bahadur 和 Stiglich[62] 研究发现:当金属-聚合物配副中的金属表面比较光滑时($Ra < 0.05\ \mu m$),聚合物的磨损机理主要为黏着磨损;而当金属表面比较粗糙时($Ra \gg 0.05\ \mu m$),聚合物的磨损机理则主要为磨粒磨损。产生磨粒磨损的硬颗粒的大小对聚合物的磨粒磨损有很大影响,磨粒颗粒越大,磨损越严重。Tewari 和 Bijwe[63] 提出了聚合物的磨粒磨损与金属磨粒磨损的差别。金属磨粒磨损中的磨粒尺寸效应是一个重要性能,磨粒尺寸超过某一临界值后,金属的磨损量少量增加或不增加,这是由金属表面工程淬硬而引起的。但是这一理论不适合于聚合物,因为聚合物表面不产生工作淬硬。对于一些聚合物试件,当磨粒尺寸超过某一典型值时,磨损方式从剥层磨损变为切削磨损,磨损量迅速增大。

1.4.1.3　疲劳磨损

聚合物的疲劳磨损是指在摩擦过程中,聚合物与对偶材料表面部分微凸体会产生相互作用,从而引起接触区产生局部变形和应力集中,使得聚合物的表层和亚表层形成裂纹而导致聚合物损失或破坏的现象。在发生疲劳磨损过程中聚合物往往会伴随发生接触应力、形变、颗粒覆盖,以及疲劳阻力等。在摩擦过程中,摩擦力对聚合物所做的功包括两部分:一部分为作用在聚合物上的应力,它会引起聚合物的分子链发生滑动、断裂或者重排等内部结构的变化;另一部分则是聚合物发生内摩擦所消耗的能量,这会引起聚合物局部温升,进而加速第一部分作用的进行。这样聚合物内部高应力区在摩擦力的持续作用下会不断产生裂纹,而且这些裂纹将不断向表面层或更深处扩展,致使这些区域的机械强度不断降低,最终聚合物发生断裂,并且有磨屑从缝隙处脱落下来而产生明显的材料损伤。疲劳磨损过程十分复杂,影响因素很多,总的来说,影响聚合物的疲劳磨损的主要因素包括:干摩擦或者润滑条件下的宏观应力场;聚合物材料的机械性质和强度及表面粗糙度;聚合物内部缺陷的几何形状和分布密度;润滑剂或介质与聚合物材料的作用。温诗铸院士研究发现,附加拉伸弯曲应力能缩短接触疲劳寿命,而较小的附件压缩应力会增加疲劳寿命,较大的压缩应力将降低疲劳寿命[64]。一般来说,润滑剂中含氧和水将剧烈地降低接触疲劳寿命[65]。所以,通常情况下降低聚合物疲劳磨损的途径主要是从提高聚合物材料的韧性和内聚力、减小对偶面粗糙度及降低接触应力等方面来考虑的。

1.4.1.4　化学磨损

化学磨损是指在摩擦过程中接触表面与周围介质发生化学反应而产生的表面损伤。由于大部分聚合物材料是由饱和的化学键构成的,缺乏与周围介质形成化学作用的自由电子和离子,所以聚合物一般不会发生电化学腐蚀,因而也不会发生腐蚀磨损。聚合物的化学磨损主要表现为化学降解和氧化。影响聚合物化学磨损的因素有很多,其中温度的影响比较明显,在摩擦过程中,摩擦接触区域产生的局部高温会使某些聚合物发生严重降解,同时产生的局部温升也会引起聚合物的氧化,进而加剧磨损。除温度的影响之外,影响聚合物化学磨损的因素还有很多,如滑动速度、介质中氧化物以及聚合物中填料催化作用、聚合物的降解活化能、载荷等。Bahadur 和 Gong 等分别研究了填充改性后的聚四氟乙烯(PTFE)和聚醚醚酮(PEEK)复合材料与金属对偶的摩擦学性能,发现在摩擦过程中填料和聚合物之间发生的化学反应,促进了复合材料的转移,有利于形成稳定的转移膜,从而导致复合材料的磨损率大幅度降低[66,67]。但是如果添加的填料恰好是聚合物分解的催化剂,聚合物的磨损将大大提高,例如,铜是聚乙烯(PE)分解的催化剂,而铜又是较好的耐磨填料,但如果将铜作为高密度聚乙烯(HDPE)的填充改性剂,则会影响 HDPE 长期使用的耐磨性能[68]。

综上所述,聚合物材料的摩擦磨损机理错综复杂。在实际摩擦过程中,聚合物的磨损并不是单一地按照上述某一个磨损机制进行的,即使在最简单的摩擦副中,也会同时有两种或两种以上的磨损机理进行着。除了聚合物材料本身的分子结构、机械性能、热性能、化学性能等内部因素外,外界工况条件,如负载、转速、表面粗糙度、环境温度、湿度也会影响材料的摩擦磨损机理。因此,在磨损机理的研究过程中,必须借助各种先进的分析手段,如显微激光共聚焦拉曼(micro-Raman)、扫描电子显微镜(SEM)、X 射线光电子能谱(XPS)、透射电子显微镜(TEM)、原子力显微镜(AFM)、发射光谱分析(ES)等。对于磨损机理的研究将有利于针对性地采用提高材料耐磨性的措施,进而探索提高耐磨性抑制磨损的方法,通过对具体材料在应用中所表现的磨损现象的研究和特征分析,找出影响其磨损大小的内在规律和影响因素,对于提高材料的服役寿命,改善其应用性能,减少维修和更换成本具有重要的指导意义。

1.4.2 聚合物摩擦学的影响因素

1.4.2.1 聚合物内部结构的影响

任何一种材料,其宏观表现出来的各种性质,归根结底是由其微观结构决定的。聚合物的摩擦学性能同样与其结构密切相关。聚合物的摩擦磨损行为非常复杂,影响聚合物磨损的因素很多,例如,聚合物分子量的大小、分子结构的差别、不同的结晶度等内部因素都会对聚合物材料的摩擦磨损性能产生影响。

Guo 和 Luo[69]研究了聚酰亚胺(PI)、PE、聚碳酸酯(PC)、聚砜(PSU)、浇注尼龙(MCPA)、聚甲醛(POM)、丙烯腈(A)-丁二烯(B)-苯乙烯(S)的三元共聚物(ABS)、聚苯硫醚(PPS)、尼龙 1010(PA1010)、聚丙烯(PP)、高密度聚乙烯(HDPE)和超高分子量聚乙烯(UHMWPE)等 12 种未填充聚合物的微动摩擦,发现由于聚合物内部分子链结构和凝聚态结构的不同,聚合物的摩擦磨损性能是不同的,PPS 的耐磨性能最差,PI 的耐磨损性能最好,因为 PPS 的结构规整,分子间的作用力小,而 PI 分子间的作用力很大,熔点高,摩擦热使温度不易上升到玻璃化转变温度以上;同时还根据产生的磨屑不同把聚合物分为 5 种类型:PSU、MCPA 和 POM 产生含有三氧化铁的褐色磨屑,对对摩件也产生了损害,因为它们具有很高的黏附力和表面硬度;PI、ABS 产生的是颗粒状的聚合物磨屑,以黏着磨损为主,因为它们分子链的流动性很差,分子之间的作用力大;PC、PA1010、PP 产生的是纤维状的聚合物磨屑,以塑性流动为主;HDPE、UHMWPE 以塑性流动为主,没有磨屑产生,因为其分子链的柔性很好,分子链之间的作用力很小,易结晶,产生的摩擦热小;PPS、PTFE 以黏着转移为主,产生盘状的聚合物磨屑,因为其分子链规整,内聚能小,熔点高。通过实验结果得出:工程塑料的磨损过程主要是黏附转移、塑性变形、塑性流动和磨粒磨损等,其主要与聚合物的内部结构、分子链的流动性能、分子链之间的作用力,以及凝聚态结构和表面硬度有关。

Yamaguchi[70]用两种不同的试验装置研究了不同分子量 HDPE 的摩擦系数,发现 HDPE 的摩擦系数均随着分子量的增大而增加。Eiss 和 Vincent[71]的研究结果表明:聚氯乙烯(PVC)的磨损率随分子量的增大而减小。Friedrich 等[72]比较了聚醚醚酮(PEEK)、聚醚醚酮酮(PEEKK)、聚苯并咪唑(PBI)、PI 等高温聚合物的摩擦系数和磨损率,指出结晶度一定时,在同样压力和滑动速度下,磨损率随着聚合物分子量的增大而减小。Yamada[73]发现,聚合物的磨损与其内聚能密度有关,表现为聚合物的内聚能越大,其磨损越小;与其对摩的聚合物内聚能密度越大,该聚合物的磨损就越大。Zhang 等[74]研究了聚合物的结晶度对摩擦学性能的影响,发现结晶度较高的聚醚醚酮与无定型聚醚醚酮相比,有着更高的硬度和承载能力。并且随着摩擦界面处温度的升高,在剪切力反复作用下,无定型聚醚醚酮取向度的增加会导致聚合物进一步结晶,从而增强摩擦界面处聚合物的机械性能,进而使摩擦系数升高及磨损率下降。Yamada 和 Tanaka 研究了结晶度对聚对苯二甲酸乙二酯(PET)摩擦磨损性能的影响[75],发现其摩擦系数与结晶度的关系不大,当材料结晶度超过 10% 时,磨损增加幅度很大,并认为 PET 磨损随结晶度变化的结果是由滑动过程中的疲劳引起的。

1.4.2.2　外界测试条件的影响

除内部因素影响聚合物摩擦学体系的摩擦磨损特性外,摩擦对偶的滑动速度、滑动距离、接触载荷、表面粗糙度、环境温度、环境气氛等摩擦条件对聚合物及其复合材料的摩擦磨损性能均有一定的影响。

摩擦副的表面粗糙度对聚合物复合材料摩擦磨损性能方面的影响至今还未得到充分认识。通常认为,对于最小的磨损量而言,摩擦副应当具有一个最佳的表面粗糙度,并且最佳摩擦副的表面粗糙度会因复合材料试样及摩擦副材料的不同而有所不同。就最小磨损量的 UHMWPE 来讲,摩擦副为钢时最佳表面粗糙度是 0.37 μm[76],为钴-铬合金时是 0.11 μm[77],为奥氏体不锈钢时是 0.03 μm。

张人佶和冯显灿[78]通过研究 PEEK 发现,随着载荷的增加,PEEK 的磨损机制从以黏着磨损为主伴随有疲劳-剥离磨损转变为热塑性流动磨损,PEEK 的磨屑具有分形特征,其分形维数与载荷的关系对应于磨损率与载荷的关系,能够反映这种材料磨损机制的变化。Gascó 等[79]用三种测试仪考察了同种聚合物薄膜配副的摩擦系数随滑动速度的变化。他们发现,随着滑动速度的增大,醋酸纤维素(CA)的摩擦系数降低,低密度聚乙烯(LDPE)和 PTFE 的摩擦系数则升高,而 UHMWPE 的摩擦系数仅有微小降低。李飞等[80]研究了在相同滑动速度下,不同载荷下纳米 ZnO 填充 PTFE 复合材料摩擦系数和磨损量的影响。他们发现,当负荷由 50 N 增加到 200 N 时,未填充 PTFE 和纳米 ZnO 填充 PTFF 复合材料的摩擦系数迅速降低,而当负荷分别为 200 N 和 300 N 时,摩擦系数值相差不大。众所周知,黏弹性材料在低负荷情况下黏着部分的摩擦系数是其摩擦系数的主要部分,随着负荷的增加,黏着部分引起的摩擦系数显著减小,摩擦系数在减小到最低点以后随着负荷的增加而缓慢增加,此时的摩擦系数主要是由变形部分引起的,摩擦系数的最小值可作为从弹性变形到黏弹性变形的过渡点,李飞等认为负荷为 300 N 时基本接近了弹性变形与黏弹变形的过渡点。随着负荷的增大,PTFE、纳米 ZnO 填充 PTFE 复合材料的磨痕宽度也逐渐增大(当负荷为 300 N 时,纯 PTFE 样品因磨损而失效)。值得指出的是,当负荷超过 100 N 后,体积含量为 15% 的纳米

ZnO 填充的 PTFE 基复合材料具有最佳的磨损性能。Jain 和 Bahadur[81] 也报道
了材料的转移是从低内聚能密度聚合物转移到高内聚能密度聚合物的;滑动时间、
速度和载荷等实验条件会影响转移层厚度,即转移层厚度随载荷的增大而减小,而
随滑动速度的升高而增加。

　　由此可见,接触载荷(P)和滑动速度(V)对聚合物摩擦学性能的影响最为复
杂。李国禄等[82]考察了 SiC 颗粒填充单体浇铸尼龙的摩擦学性能,研究结果表
明,在干摩擦条件下 SiC 颗粒填充铸型(MC)尼龙的摩擦学性能与载荷和滑动速度
的乘积值(PV)的大小有关,复合材料的摩擦系数比纯尼龙大。当 PV 值较低时,
复合材料的耐磨性能比纯尼龙好,其磨损机理主要是磨粒磨损和黏着磨损;当 PV
值较高时,复合材料的耐磨性能不如纯尼龙,其磨损机理主要是疲劳剥落,并伴有
磨粒磨损和黏着磨损。在水润滑条件下,SiC 颗粒填充 MC 尼龙表现出较好的耐
磨性能,其摩擦学性能受 PV 值影响小,磨损机理主要是磨粒磨损。王乙潜和王政
雄[83]认为,滑移速度对 PTFE 复合材料的磨损和摩擦的影响主要表现在它对界面
温度的贡献,当超过临界界面温度(靠近软化温度)时,磨损很快。Zhang 等[84]研
究了速度和载荷对无定形 PEEK 的摩擦学性能影响情况,结果发现,材料表面的
摩擦热和应变随着速度变化而有明显的变化,进而影响着摩擦学性能;而载荷主要
是通过影响应变范围来影响材料的摩擦磨损性能的。Lu 等[85]研究发现复合材料
存在正常工作的极限 PV 值,当 PV 值小于极限值时磨损率变化不大,超过极限值
时磨损率急剧增加,导致材料出现严重磨损(脆性断裂或严重的塑性变形),甚至完
全破坏而失效。

　　聚合物复合材料的摩擦和磨损失效破坏,大多与材料性能依赖于温度有关。
温度的升高,引起材料发生软化、熔融、环化、交联、降解、分散、氧化、水解等变化。
聚合物的导热性较差,摩擦过程中产生的热量很容易在接触区域积累,导致摩擦界
面温度上升。而聚合物本质上是一种黏弹性材料,它的各种性质受温度的影响极
大。另外,诸如载荷、速度等因素对聚合物摩擦磨损性质的影响,又与温度在其中
起到的作用紧密相关。速度与载荷对材料性能的影响表现为因摩擦功转化为热能
而导致材料表面产生软化、熔融及炭化。Tanaka 等研究了在载荷与滑动速度固定
时聚醚砜(PES)、PEEK、PI、PTFE 及其复合材料摩擦磨损性能与温度的依赖关
系,发现除 PI 外,其他几种材料的摩擦磨损性能在很宽的一个温度范围内(室温～
300 ℃)对温度的依赖性很小,PTFE 高温下仍能保持良好的耐磨性[86]。Hanchi
等研究了玻璃纤维增强 PEEK 复合材料在 20～250 ℃范围内的摩擦磨损性能,发
现环境温度低于玻璃化转变温度时其摩擦系数随温度升高略有增大;而温度高于
玻璃化转变温度时摩擦系数急剧降低[87]。Tanaka 等[88]通过拉伸的方式制备了分
子取向 PTFE,讨论了温度对分子取向 PTFE 沿平行和垂直拉伸方向的摩擦磨损
性能的影响,发现其静摩擦系数与摩擦面预取向方向密切相关,平行于预取向方向

的静摩擦系数明显小于垂直方向。丛培红等[89]在连续升温的条件下对双醚酐型 PI 的摩擦磨损性能研究发现,连续升温时,PI 的摩擦系数随温度升高而增大,直至最高值 0.66,继而降低至 0.16;恒温实验时,其摩擦系数随滑动时间延长很快上升到最高值,继而急速降低趋于稳定,PI 的磨损率则随温度升高而增大。当环境温度由 100 ℃上升到 110 ℃时,摩擦表面逐渐由玻璃态转变为高弹态,导致真实接触面积增大,摩擦力中黏着项和犁削项都增大,使摩擦系数从 0.36 急剧增大到最高值 0.66,然后再随着温度的继续上升由高弹态渐变为黏流态,且黏度逐渐降低,从而使摩擦系数迅速下降到 0.16。Gopal 等[90]研究了玻纤增强酚醛树脂的摩擦磨损性能,发现随温度升高,摩擦系数呈下降趋势,磨损率略微增加。这是由于增强材料表面在摩擦过程中出现玻璃态、高弹态到黏流态的物理状态转变。

影响聚合物材料摩擦磨损性能的另一个关键因素是环境气氛,而目前关于这方面的研究还比较少[91]。通常情况下,研究者会忽略环境气氛的成分、浓度等对聚合物材料的摩擦磨损性能的影响,但实际上聚合物材料所处的环境气氛对其聚合物材料的摩擦学性能影响很大。比如,复合材料中填料增强相会与气氛发生化学反应而影响摩擦性能;环境气氛还会对聚合物材料在对摩面上转移膜的形成有很大的影响。复合材料中增强体起承载作用,对基体有保护强化作用。但是在气氛中增强体(相)由于部分氧化而影响材料的摩擦学特性。牛永平等[92]研究了不同气氛对未填充及纳米 Al_2O_3 复合材料摩擦磨损性能的影响情况。结果发现,在实验研究范围内,纳米 Al_2O_3 的加入可减小 PTFE 复合材料的磨损量,提高材料的抗磨性能;PTFE 和纳米 Al_2O_3/PTFE 复合材料在氧气(O_2)环境气氛下的摩擦系数最小,而在氮气(N_2)环境气氛下的摩擦系数最大,但磨损量最小;氧气气氛环境最有利于提高 PTFE 及其复合材料的摩擦学综合性能,N_2 环境次之,氧气和 N_2 环境则有利于增强材料的抗磨性。Onodera 和 Angela 等在研究中比较了 PTFE 及其复合材料在 N_2 和 H_2O 气氛中与 Al_2O_3 对偶球的摩擦学性能,发现 PTFE 在 H_2O 气氛中的摩擦系数和磨损率都明显低于在 N_2 气氛中的,这主要是由于 PTFE 在 H_2O 气氛中容易在 Al_2O_3 对偶球表面形成更加稳定的转移膜(图 1.4.2)[93,94]。但是 McCook 等的研究则发现 PEEK 和 PTFE 在干燥氮气环境中具有非常低的摩擦系数和磨损率[95];而且还有人发现 PTFE 涂层在真空中的摩擦系数和磨损率都要小于空气中的[96]。虽然气氛环境对聚合物材料的摩擦磨损性能的影响已得到公认,但是目前来说气氛环境对聚合物的摩擦学特性研究结果不尽相同,影响机制还不十分明确。

综上所述,不同的聚合物材料,其摩擦学性质有很大的差别,即使是同一材料,在不同的实验或使用条件下,其摩擦学性质也会有所不同,所以,我们不能将聚合物的摩擦磨损简单地理解为体系"材料本身的性质",而必须从整个"摩擦学"角度描述其摩擦磨损行为。

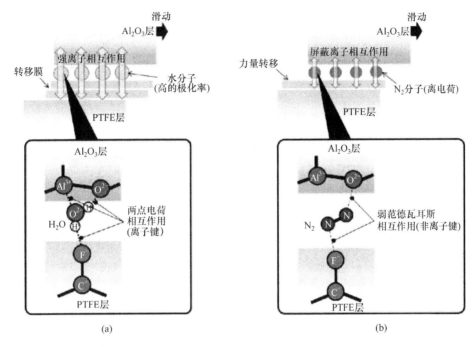

图 1.4.2　在 PTFE 和 Al_2O_3 界面间转移膜的形成过程

(a) 水分子；(b) N_2 分子

1.4.3　改性对聚合物材料摩擦学性能的影响

自 20 世纪 70 年代以来，国内外学者广泛开展了聚合物复合材料的摩擦学性能研究。由于聚合物材料的表面硬度低、承载能力差、易磨损，单独使用时摩擦性能较差，所以不能满足使用要求。人们通过各种物理化学改性和填料改性来改善聚合物基复合材料的摩擦学性能。聚合物的磨损机理主要有磨粒磨损、黏着磨损和疲劳磨损。磨粒磨损主要由硬质粗糙的对摩面或复合材料中的硬质颗粒引起，主要与对摩面的粗糙程度有关，任何可以提高表面硬度或强度的处理技术均可改善材料的耐磨粒磨损性能；黏着磨损主要与材料的分子间作用力有关，任何可以提高材料的润滑性能或交联反应的技术均可改善其耐黏着磨损性能；疲劳磨损主要是由裂纹的形成引起的，经常发生在对摩面表面很光滑、黏着磨损几乎可以被消除的情况下，疲劳磨损率一般比前两者低[97,98]。在聚合物复合材料中，纳米和微米填充材料可以显著改善基体的摩擦磨损特性，提高其机械性能和使用寿命。填充体的种类很多，主要有纤维和颗粒两种。一般认为在磨损过程中，纤维增强的复合材料，其主要承受体是纤维，而聚合物只起黏结作用；而对于颗粒增强的复合材料，颗粒和基体共同承受。填充材料的种类、含量和性能，以及环境因素等对聚合物复合材料的摩擦磨损性能、力学性能及使用寿命影响很大。

1.4.3.1　表面处理技术的影响

聚合物的表面处理技术有传统的火处理、湿化学法处理、电处理(电晕放电)，以及现代的等离子处理、粒子束处理(电子束、离子束、中子束、光子束)[99,100]。与传统的表面处理技术相比，粒子束处理灵活、有效，并且无污染，而其中离子束处理比紫外线、γ 射线、X 射线、电子束更为有效[101]。Rao 等采用尼龙 66 和钢球作为对偶在球-盘往复摩擦试验机上对离子注入处理的 PC、PEEK、聚苯砜(PS)、PE、PP、PES 的摩擦学性能进行了研究[102-105]。结果发现，2 MeV 的硼离子和氧离子注入 PC 后，以尼龙 66 为对偶时，除了小剂量(5×10^{14} ions/cm^2)的硼离子注入外，其他所有样品离子注入后，耐磨性都有了很大的提高。但是当以钢球为对偶时，只有在高剂量(5×10^{18} ions/cm^2)注入后，PC 的耐磨性才有显著的提高。耐磨性的提高主要是由于离子注入后，聚合物的分子量、交联密度、骨架结构硬度增大，材料的硬度增大。PEEK 经过氩离子注入后，材料的抗磨损性也有明显的提高。但当对偶换成钢球时，只是在小剂量(5×10^{14} ions/cm^2)、中等剂量(1×10^{15} ions/cm^2)或者大剂量(5×10^{15} ions/cm^2)时有较小的提高。在硼离子注入的 PS、PE、PP、PES 中，也发现了这样的剂量依赖性。吴瑜光等[106]研究了硅离子注入聚酯薄膜的摩擦磨损性能。结果表明，硅离子注入聚合物后，聚合物的共价键断裂，产生断键或交联，结果在聚酯膜表面形成了碳的聚集和硅化物颗粒的沉积。因此注入层的结构和抗磨损特性发生了变化，且随注入剂量的增加，其抗磨损能力增强。同时这也与离子种类相关，因为注入的硅很容易与沉积的碳相结合形成 SiC，SiC 质地坚硬，所以能有效地改善聚合物表面的强化特性。用透射电子显微镜对样品横截面观察表明：硅离子注入聚酯膜上厚度为 250 nm 的强化层已经形成，在低注量注入时表面摩擦系数略有增加；高注量注入时，由于表面粗糙度变差，表面摩擦系数增大，表面抗磨损特性得到了明显的提高。结合摩擦过程中磨损机理的转变可以更好地理解离子注入对聚合物磨损性能的影响[107]。非离子注入或小剂量注入的聚合物，黏着或磨粒磨损占主要优势；而对中等剂量离子注入的聚合物而言，轻微的磨粒磨损占优；对高剂量注入的聚合物而言，疲劳磨损和脆性裂纹占优。这主要是因为随着注入剂量的增加，聚合物的硬度增大，脆性增强。对离子注入技术而言，离子的种类，注入的能量、剂量，以及单重离子或双重离子注入对材料磨损性的影响差别很大。

1.4.3.2　填料产生的影响

近年来，聚合物材料在航空航天、制药机械、海水环境、精密机械、军工等特殊领域机械部件的摩擦副材料中的广泛应用，决定了聚合物材料要具有更加完美的综合性能来适应复杂的环境因素和运行工况。这样一来，就需要在聚合物基体材料中引入各种填料改善材料的性能，如硬度、刚度、热稳定性、摩擦特性、电导率、表面能和生物相容性等,来提高材料的环境适应性。常用的填料包括:各种纤维及晶须、金属及其化合物、固体润滑剂、纳米材料、聚合物填料等,以及多元复合材料。各种填料在摩擦磨损过程中的作用,主要有三种观点:①填料的减磨作用主要因为它增强了转移膜在对偶面上的黏着性;②填料的减磨作用是其颗粒破坏了聚合物晶粒结构,减少了基本材料向对偶面转移的结果;③填料减磨作用是由于摩擦界面上富集了大量的填料,大部分载荷由其承受。例如,无机填料能改善聚合物的刚度、硬度、耐热性、导电性及其密度和颜色,有时亦能改善其摩擦学特性;固体润滑剂主要用于减磨,但同时亦能降低磨损;而纤维则能显著地提高聚合物复合材料的力学性能和摩擦学性能。

　　1. 颗粒增强的影响研究

　　大量的研究发现,将润滑剂与聚合物复合,在摩擦过程中固体润滑剂逐渐转移进入摩擦界面而起到润滑作用,可提高聚合物复合材料的摩擦学性能,降低摩擦系数,提高耐磨性。常用的固体润滑剂填料有 PTFE、二硫化钼(MoS_2)、石墨、聚烯烃类润滑剂等。Bahadur 和 Gong[108]研究了固体润滑剂、金属填料、无机填料对聚合物摩擦磨损性能的影响,发现不同的填料性能和不同的聚合物基体,其作用结果不同。固体润滑剂(如 PTFE、石墨、MoS_2 等)填料对提高聚合物的摩擦磨损性能比金属填料、无机填料优越,它们在降低摩擦系数的同时,也降低了材料的磨损率。但对于不同的基体材料,其提高摩擦磨损性能的幅度不同,其中 PTFE 对于任何基体材料均有大幅度的提高,这是由于 PTFE 的特殊结构决定了其最容易在对摩面上形成具有较低剪切强度的转移膜,从而降低了摩擦热,而石墨次之,MoS_2 最差。对于金属填料,其摩擦磨损结果主要依赖于填料和聚合物的性能,其一看填料是否能提高转移膜和对摩面之间的黏合力,其二看填料能否提高材料的抗剪切强度,如对于 PTFE 等软质基体,银、铜、铁、铝、锌、铅等填料均能提高其耐磨损性能,但同时也提高了其摩擦系数;对于 PA11、PEEK 等较硬质的基体材料,有些填料反而增加了聚合物的磨损率,如锡和锌提高了 PA11 的磨损率,铁提高了 PEEK 的磨损率。对于无机填料,主要看在摩擦过程中填料能否分解还原为金属单体,金属单体增加了转移膜与对摩件的黏附能力,对转移膜起保护作用,从而增加了材料的耐磨损性能(如 CuS、CuO、CuF_2 和 PbS 等),但是金属及其化合物均增加了材料的摩擦系数。Bahadur 等研究了铜、锌、钙等金属的化合物对不同聚合物摩擦学性能的影响,发现凡是摩擦系数减小、耐磨性提高的复合材料,都能在对偶表面上形成薄、均匀且连续的转移膜;摩擦过程中填料发生分解,则对聚合物摩擦磨损性能的改善作用显著。微米级无机填料加入聚合物中可能会导致两种相反的结果。研究发现 CuS 和 CuO 可以有效地提高 PEEK 和 PA11[109-111]的耐磨性,而 ZnF_2、ZnS 和 PbS 的加入,降低了 PA11 的耐磨性[112]。CuS、Ag_2S 和 NiS 可以提高 PPS 的耐磨性,而 CaF_2、ZnF_2、SnS、PbSe 和 PbTe 不能[113-116]。

　　无机填料的粒径对其填充聚合物摩擦学性能有着显著的影响。当粒度在纳米尺度时,其填充效果与微米尺度时显著不同。由于纳米粒子尺寸下降,比表面积增大,与基体接触面积增大,而且纳米粒子表面活性中心多,可以和基体紧密结合。当受摩擦外力时,粒子不易与基体脱离。另外,个别脱落下来的纳米粒子,在瞬间摩擦升温下会镶嵌在摩擦副表面,对摩擦表面起到修复作用。作者所在课题组的前期研究发现,PEEK加入纳米、微米、晶须类的SiC后,其摩擦学性能均可以得到改善,并且纳米SiC的改善效果最佳;纳米ZrO_2的粒径越小,其填充PEEK的耐磨性越好[117,118]。一般来说,填料对磨损率的变化存在最佳填充比。大量的研究表明,Si_3N_4、SiO_2、SiC、ZrO_2、Al_2O_3、TiO_2、ZnO、CuO和$CaCO_3$等加入PEEK[117-122],PPS[123,124],聚甲基丙烯酸甲酯(PMMA)[125]和环氧树脂(Epoxy)[126,127]中来改善聚合物的摩擦学性能,其填料的最佳体积分数一般在1%~4%。聚合物在填充材料中主要以两种方式存在:一种是吸附在填料颗粒表面;另一种是填充在吸附有聚合物的填料之间,填料起到了物理交联点的作用。当填料含量较低时,复合材料的摩擦磨损行为主要依赖于聚合物基体的性能;当填料含量过高时,聚合物不足以填充颗粒之间的空隙,聚合物之间较差的黏合能力以及过量的空洞,导致了材料的摩擦磨损性能下降,只有填料的含量达到其临界堆积状态,即被填料吸附的聚合物能够相互接触并且聚合物能够填充其空间时,复合材料的磨损性能最佳。纳米填料填充聚合物的磨损机制主要是轻微的黏着转移和疲劳磨损,因此其复合材料一般不会损伤对偶表面。如何提高纳米材料在聚合物中的分散性和稳定性,充分发挥纳米粒子超细颗粒所具有的功能是未来聚合物基纳米复合材料研究中应解决的问题。

　　2. 纤维增强的影响

　　通过纤维填充增强聚合物改善其摩擦磨损性能是一个广泛而常用的方法[128-133]。图1.4.3为纤维增强复合材料的磨损机理示意图,纤维增强聚合物材料的磨损机理相当复杂,总的来说,纤维加入基体中提高耐磨性是通过择优转移、对摩面磨粒磨损、择优承载等几种机理起作用的。玻璃纤维(GF)、芳纶纤维(AF)和碳纤维(CF)是三种最常用的改善聚合物整体性能的增强纤维。玻璃纤维的优点是较低的成本、高的抗张强度和冲击强度,以及较好的耐化学药品性。但是它自身的模量较低、抗疲劳性能差、自磨粒磨损性,以及与树脂基体较差的结合力限制了它在摩擦领域的应用。此外玻璃纤维增强聚合物基复合材料也具有一些缺点,如材料比重增加、摩擦系数增大、制品透明性下降、材料力学性能及成型收缩率与热膨胀系数容易出现各向异性等。芳纶纤维具有较高的抗张强度、中等的模量、很小的密度、耐磨等,但是高温下较差的稳定性以及具有一定的吸湿性使其在摩擦领域中的应用受到一定的限制;碳纤维不仅具有较高的强度和模量,而且具有良好的热稳定性和化学惰性,除此之外,在很多情况下具有很好的摩擦学性能。目前,国际上大多数军用和民用干线飞机采用碳纤维增强基体的复合材料刹车副。

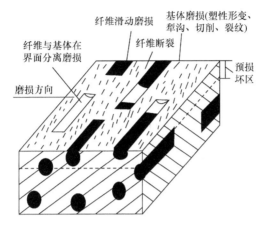

图 1.4.3　纤维增强复合材料的磨损机理示意图

纤维对聚合物复合材料的摩擦学性能影响主要包括纤维含量、取向、表面处理等。由于磨损显露出的纤维支撑了接触面之间的大部分载荷,因此纤维可提高复合材料的综合性能。但纤维在复合材料中所占体积分数过大将降低聚合物和纤维之间的黏合力及纤维的均匀分散性,从而影响其摩擦学特性。纤维增强聚合物复合材料的磨损过程受多种因素影响,为了获得较好的耐磨性,通常增强纤维含量存在一个适用范围。张士华等[134]研究了玻璃纤维增强 MC 尼龙复合材料的摩擦磨损性能,结果发现添加 30%(质量分数)的玻璃纤维时,复合材料的耐磨性最好。当玻璃纤维含量较低时,尼龙复合材料的磨损机制主要表现为黏着磨损和磨粒磨损;当玻璃纤维含量较高时,尼龙复合材料的黏着磨损减弱,磨损机制主要为磨粒磨损和疲劳磨损。Yu 和 Yang[135]研究了芳纶纤维增强 PPS 复合材料在摩擦过程中的摩擦化学变化以及在对偶面形成转移膜的特性与复合材料摩擦学性能的关系。研究发现,芳纶纤维显著提高了 PPS 复合材料的抗磨性能;30%芳纶纤维增强 PPS 复合材料在摩擦过程中在对偶表面形成均匀、致密的转移膜;芳纶纤维通过在摩擦过程中增加摩擦热,促进了 PPS 复合材料的降解和氧化作用,从而提高了 PPS 复合材料的抗磨性能。Flöck 等[136]探讨了以聚丙烯腈(PAN)和沥青基 CF 增强 PEEK 复合材料的摩擦学性能。他们发现,在 CF 含量 10%时,PEEK 复合材料的摩擦学性能最好,摩擦系数可降至 0.25 左右,磨损率可降至 10 $mm^3/(N \cdot m)$ 数量级。

对于纤维增强聚合物复合材料的摩擦磨损性能,另一个重要的影响因素是纤维的取向。纤维的取向方向有三种:①N(normal)取向,纤维垂直于摩擦面;②P(parallel)方向,纤维平行于摩擦面及滑动方向;③T(tangential)方向,纤维平行于摩擦面但垂直于滑动方向。增强纤维相对摩擦面及摩擦方向不同,材料的磨损机理也不大一样。Cirino 等[137]对磨粒磨损系统中,单向连续纤维增强聚合物在三个方向的磨损机理进行了详细的研究,如图 1.4.4 所示。在 N 取向下,亚表层(断裂区)的

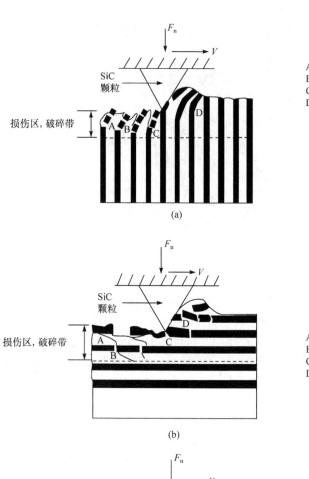

A. 纤维滑移
B. 纤维/树脂脱黏
C. 纤维断裂
D. 纤维弯曲

(a)

A. 界面裂缝扩展
B. 纤维断裂
C. 纤维/树脂脱黏
D. 纤维断裂

(b)

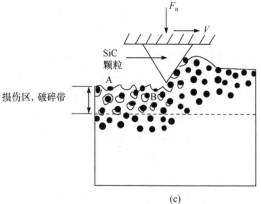

A. 纤维断裂
B. 纤维/树脂脱黏

(c)

图 1.4.4　不同纤维取向下磨损机理示意图
(a) N 取向；(b) P 取向；(c) T 取向

纤维末端被切断或折断,同时还出现摩擦方向上的纤维弯曲、纤维/基体的剥离现象,此时磨损主要是由纤维材料本身磨损特性决定的。P取向时,纤维断裂发生在对摩面的接触区及亚表面区。磨屑不断刮削纤维间的树脂,从而使纤维也从接触区剥离,此时纤维的柔性和纤维/界面的结合相当重要。T取向则是磨粒施加在纤维上的面内弯曲载荷作用使纤维发生高度塑性变形,最后断裂,其发生在2~3个纤维层中。El-Tayeb等[138]用栓-盘式摩擦磨损试验机研究了玻璃纤维的排列方向和不同实验条件对玻璃纤维增强聚酯树脂复合材料摩擦学性能的影响。研究发现,玻璃纤维增强聚酯树脂的摩擦学性能显著受纤维的排列方向、实验条件(如载荷和转速)的影响。在不同的转速条件下,玻璃纤维不规则排列时的磨损率是玻璃纤维垂直和平行对偶表面时磨损率的2倍左右;在转速较高(>2.8 m/s),玻璃纤维垂直于摩擦对偶面时,玻璃纤维增强的聚酯树脂可以获得较低的磨损率;而在转速较低(<1.7 m/s),玻璃纤维平行于摩擦面时,玻璃纤维增强的聚酯树脂可以获得较低的磨损率。梁亚南和李诗卓[139]研究了纤维排列方向对其磨粒磨损行为的影响。结果发现,0°维排列方向的样品具有最大的比能耗和摩擦系数;纤维方向在0°~60°变化时,摩擦系数随角度的增大而线性减小;而90°时的摩擦系数和30°时接近。另外,纤维方向对复合材料磨损的影响还与纤维的含量有关,纤维体积分数高于40%时,其方向对材料摩擦学性能影响不大。研究发现,碳纤维织物增强PEEK的磨损低于短切碳纤维增强PEEK,织物中向和纬向纤维对材料的抗磨损能力具有协同效应。Bijwe等[140]用SRV试验机研究了平纹和斜纹的玻璃纤维织物填充改性聚醚酰亚胺树脂的摩擦学性能。研究发现,玻璃纤维织物可以显著提高聚醚酰亚胺树脂复合材料的摩擦学性能;平纹玻璃纤维织物增强的聚醚酰亚胺树脂基复合材料比斜纹玻璃纤维织物增强的聚醚酰亚胺复合材料具有更好的摩擦学性能,比纯的聚醚酰亚胺树脂复合材料的磨损率降低了近3倍;对复合材料磨损表面的分析发现,一层均匀、致密的聚醚酰亚胺材料覆盖在玻璃纤维织物表面,是玻璃纤维织物能够提高聚醚酰亚胺复合材料摩擦学性能的主要原因。

聚合物相与纤维相之间的亲和力来源于纤维表面的孔隙浸入树脂而形成的机械作用力、物理吸附力及纤维表面的化学基团与树脂相中的活性基团反应形成的化学键。因为纤维与聚合物的结构和性质均有较大差别,为了改善纤维与聚合物的界面结构,提高纤维增强聚合物复合材料的机械性能和摩擦学性能,对纤维表面进行处理是必然的选择。玻璃纤维的主要成分是硅酸盐,与高聚物的界面黏结性不好,因此玻璃纤维的表面改性成为玻璃纤维增强复合材料的一个重要的研究内容。玻璃纤维表面常常采用有机硅烷偶联剂与有机络合物偶联剂来进行改性。碳纤维虽然具有很高的比强度和比模量,但是由于未经处理的碳纤维与聚合物的黏结性较差,所以复合材料的层间剪切强度比较低,为了提高层间剪切强度,必须对其进行表面处理,改变碳纤维的表面形状,以提高碳纤维和黏结树脂的结合力。常用的表面改性方法主要有氧化法、沉积法、电沉积与电聚合法、等离子体处理法等。近几年来,等离子体技术在处理碳纤维表面上得到了发展。等离子体处理有很多优点,如工艺简单、节省时间、对环境无污染。经低温等离子体处理后,可改变纤维的表面状态,使纤维表面的沟槽加深,粗糙度增加,并在纤维的表面产生一些活性基团,这样就改善了纤维表面的浸润性以及其与聚合物的反应活性。研究发现,等离子体处理后,纤维应尽快与基体复合,否则表面活性会发生退化。由于芳纶纤维分子链段中庞大苯环的位阻作用,酰胺基团较难与其他原子和基团发生化学反应,具有一定的化学惰性。与玻璃纤维和碳纤维相比,适用于芳纶纤维表面改性的方法不多,目前主要是基于化学键理论通过物理改性[141,142]或化学改性[143,144]在纤维表面引进或产生活性基团,从而改善纤维与聚合物的界面黏结性能。

宋艳江等[145]采用不同的硅烷偶联剂对玻璃纤维进行表面处理,制备了热塑性聚酰亚胺(TPI)复合材料,考察了纤维含量及粒径对复合材料摩擦学性能的影响,并利用 SEM 分析了磨损机理。研究表明:经表面处理的玻璃纤维填充 TPI 复合材料的力学性能和摩擦磨损性能均有提高,以 KH-550 处理效果最好;随着玻璃纤维含量的增大,KH-550 处理的 TPI 复合材料的磨损率逐渐增大,摩擦系数比纯TPI 略有增大;复合材料的磨损率与摩擦系数随纤维粒径的减小而降低;SEM 显示处理后的玻璃纤维与基体之间形成了良好的界面,复合材料的磨损以黏着磨损与磨粒磨损为主。易长海等[146]从偶联剂的界面反应机理进行了分析,认为含氨基的偶联剂优于不含氨基的;KH-550 中含有氨基,它的烷氧基水解后产生的羟基与玻璃纤维表面的吸附水反应形成氢键而覆盖在玻璃纤维表面,而活性氨部分可以与树脂反应生成共价键,最终形成玻璃纤维与树脂界面的良好结合。程先华等[147]分别用硅烷偶联剂 SG-Si900(SGS)、含 SG-Si900 的稀土溶液(SGS/RES)和稀土溶液(RES)对玻璃纤维进行表面改性,考察了稀土改性玻璃纤维填充的 PTFE复合材料在油润滑条件下的摩擦磨损性能,并用 SEM 分析了磨损表面形貌。结果表明,经表面改性后,耐磨性能得到提高,以 RES 的作用最明显,SGS/RES 次之,SGS 第三;在油润滑条件下,稀土改性玻璃纤维填充的 PTFE 复合材料只出现了轻微磨损,这是由于玻璃纤维经稀土表面改性后极大地改善了玻璃纤维与 PTFE基体之间的界面结合力,使稀土改性玻璃纤维填充的 PTFE 复合材料具有优异的摩擦磨损性能。

龚克和张海黔[148]采用硅烷偶联剂预处理碳纤维,与聚四氟乙烯复合成碳纤维复合材料(CFRP)密封材料,通过拉伸和磨损实验测定偶联剂用量对 CFRP 材料的强度和失重的影响。结果表明,偶联剂用量在 0.8%~1.0%(质量分数)范围,拉伸强度提高约 30%,抗磨损能力提高约 3 倍。SEM 观察发现,偶联剂能与碳纤维紧密连接在一起,主要是由于碳纤维表面残留羟基(—OH)和羧基(—COOH)所产生的醚键作用。Zhang 等[149]研究了空气氧化与低温液氮处理碳纤维对其增强环氧树脂摩擦学性能的影响。结果发现,在低 PV 下,表面改性后,摩擦学性能明显改善。其中,低温液氮的处理效果最佳。Su 等[150]分别用阳极氧化、空气等离子体和浓硝酸刻蚀处理碳纤维织物,在玄武三号栓-盘式摩擦磨损试验机上对其增强酚醛树脂的摩擦学性能进行了研究。结果发现,阳极氧化、空气等离子体和浓硝酸刻蚀处理可以在不同程度上提高制备的碳纤维织物复合材料的摩擦学性能和力学性能。其中阳极氧化处理制备的碳纤维织物复合材料获得最佳的摩擦学性能和力学性能以及最大的承载能力,其次是空气等离子体处理。这主要是由于阳极氧化、空气等离子体以及浓硝酸氧化刻蚀处理改变了碳纤维织物表面的形态和结构,在碳纤维织物表面生成了大量的活性元素和基团,特别是阳极氧化处理,从而增加了碳纤维织物与黏结树脂的浸润性能,增强了复合材料中纤维束与黏结树脂间的结合力,增强了纤维束抗变形和抗断裂的能力,使载荷和摩擦力可以平均分配到纤维之间,避免了应力集中。

Zhang 等[151]把碳纤维用冷氧气等离子在真空度为 100 Pa,输出功率为 175 W 的等离子处理仪中处理,10 min 后各元素的相对含量发生了明显变化。如表 1.4.1 所示,碳纤维经过等离子处理后,O/C 比①由 12.6% 上升到 21.5%,升高了 70.6%。而表面形貌变化如图 1.4.5 所示,可以看出,碳纤维经过等离子处理后,纤维表面沟槽加深,粗糙度增加,并在纤维的表面产生了一些活性基团,这样就改善了纤维表面浸润性和聚合物的反应性。

表 1.4.1　碳纤维表面经等离子处理前后的表面元素相对含量

样品	元素相对含量/%			O/C
	C	O	N	
未处理的	87.92	11.06	0.96	0.126
处理的	79.89	17.19	3.02	0.215

Guo 等[152]用空气等离子体处理 Kevlar 后,其增强酚醛树脂摩擦性能得到了极大的改善,并且功率为 50 W、时间为 15 min 时,增强效果最佳。苏峰华等[153]研究发现,溴水刻蚀和接枝活性羧基基团能够有效地提高 Nomex 纤维织物复合材料的减摩和抗磨性能,以提高其最大承载能力。溴水刻蚀发生的化学反应生成的 N_2 能够增大 Nomex 纤维织物表面的粗糙度,增大其与黏结树脂的浸润性能,从而改善了 Nomex 纤维织物复合材料的结构,提高了 Nomex 纤维织物复合材料的摩擦学性能。接枝活性羧基基团可以显著提高 Nomex 纤维表面的化学活性和 Nomex 纤维与黏结树脂的结合力,在 Nomex 纤维织物与黏结树脂间形成强有力的化学键,显著改善了复合材料的结构,最终提高了复合材料的摩擦学性能。

---

① 为方便表达,本书中以元素符号之比代表各元素原子分数占比。

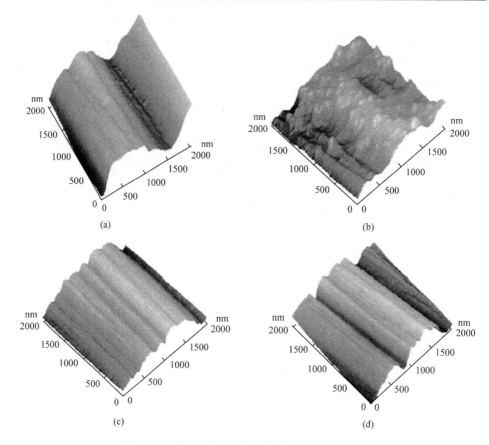

图 1.4.5　等离子处理前后碳纤维表面的 AFM 图

(a) 未处理的碳纤维；(b) 处理 5 min；(c) 处理 7 min；(d) 处理 10 min

3. 复合填充

虽然各种纤维增强的聚合物复合材料在力学性能、耐热性、尺寸稳定性等方面得到了显著的提高，但是单独填充纤维的聚合物的摩擦磨损性能的改善效果略显不足。固体润滑剂虽然改善了聚合物的摩擦磨损性能，但一般情况下，它的加入会降低材料的力学性能。人们通常采用多种功能性填料来复合填充。比如填充固体润滑剂来减小聚合物与金属对偶的黏结力，填充芳纶、玻璃、碳纤维来增加聚合物的抗蠕变能力。Voort 等[154]研究发现，PEEK 填充 PTFE 和微米级的 CuS 后，摩擦学性能得到明显改善。这主要是由于 PTFE 降低了聚合物的摩擦系数，而 CuS增加了转移膜与对偶的结合力，进而降低材料的磨损率。Bahadur 和 Polineni[155]在 CuS 增强尼龙复合材料中填入碳纤维时发现，碳纤维能使 CuS 还原出单质 Cu并产生协同效应，增大了转移膜与对偶件的结合强度，提高了尼龙材料的抗磨损能力。杨生荣等[156]研究了钢纤维、铜纤维混杂增强 PTFE 基复合材料的摩擦学性能,认为混杂纤维增强复合材料的磨损率比单一纤维低,这是由于钢纤维具有较高的刚度和强度,铜纤维具有良好的延展性和疲劳性,两者间产生协同效应。Chang和 Zhang[157]研究了短碳纤维和纳米 TiO$_2$ 粒子协同增强环氧树脂复合材料的摩擦学性能,发现直径为 300 nm 的 TiO$_2$ 粒子的加入能有效保护碳纤维,降低摩擦系数、接触温度和磨损率。Zhang 等[158]研究发现将一定量的石墨、纳米 TiO$_2$ 和短切碳纤维复合材料填充到酚醛树脂中,其耐磨性提高 100 倍以上。碳纤维主要起增强抗磨性的作用,而纳米 TiO$_2$ 可以在摩擦副之间有效滚动,进而降低剪切力和摩擦热,摩擦系数得到降低,此外,TiO$_2$ 可以保护碳纤维不受严重磨损刮伤。

复合材料的稳态磨损率很少与其基体组分有直接关系,而是取决于滑行过程中其自身产生的表面条件。滑动过程中表面的变化是由所谓的"第三体"引起的。第三体不同于材料的组分,它可能存在于复合材料的表面和(或)以转移膜的形式存在于对摩面上。影响第三体形成的因素包括聚合物材料自身的内部结构,以及滑动的几何结构、运行参数(载荷、速度、温度、表面粗糙度)和运动类型等。

1.4.4 成型工艺产生的影响

聚合物复合材料的工艺水平直接影响到材料或制品的性能。例如,纤维增强聚合物复合材料制备中,纤维与树脂间的界面黏结除与纤维的表面性质有关之外,还与样品的空隙率有关,它们都直接影响到复合材料的层间剪切强度。聚合物复合材料在性能方面有许多独到之处,其成型工艺与其他材料加工工艺相比也有其特点。首先,聚合物复合材料的形成与样品的成型同时完成;其次,聚合物复合材料的成型比较方便。聚合物复合材料的摩擦学性能在成分确定后,主要取决于成型工艺。成型工艺主要包括两方面:一是成型;二是固化。目前在生产中采用的成型工艺方法有:①手糊成型;②真空袋压法成型;③压力袋成型;④树脂注射和树脂传递成型;⑤喷射成型;⑥真空辅助树脂注射成型;⑦夹层结构成型;⑧模压成型;⑨ 注射成型;⑩挤出成型;⑪拉挤成型;⑫ 热塑性片状模塑料热冲压成型等。

宋艳江等[159]考察了注射和热模压两种成型工艺对碳纤维/热塑性聚酸酰胺复合材料性能的影响情况。结果表明,注射成型试样的各项力学性能均比模压成型的高,达到 1.5～2.0 倍。相比模压成型,注射成型试样具有较高的断裂强度和断裂伸长率,其应力-应变曲线斜率也较大。由于纤维在注射流动方向上高度取向,注射成型试样具有最佳的高温尺寸稳定性。注射成型试样的摩擦系数和磨损率分别为模压成型的 1.7 倍和 1.5 倍。扫描电镜分析表明,纤维在注射流动方向上高度取向,模压成型试样呈现黏着磨损,注射成型试样以磨粒磨损为主。田农等[160]研究了不同成型温度、成型压力下压制出的 PEK-C 的性能,发现成型温度和成型压力对 PEK-C 的抗弯强度、磨损率均有较大的影响。成型温度为 310～330 ℃时,具有较好的综合性能。成型压力为 100 MPa 时,材料的摩擦磨损性能和力学性能都处于最佳状态。

参 考 文 献

[1] 李成功,傅恒志,于翘. 航空航天材料. 北京:国防工业出版社,2002.

[2] 赵雪,蔡震波. 空间环境与卫星在轨异常分析. 中国空间科学学会空间探测专业委员会第十七次学术会议论文集,2004:43-49.

[3] 王永滨. 蜗杆传动空间环境适应性研究. 哈尔滨:哈尔滨工业大学,2009.

[4] 朱光武,李保权. 空间环境对航天器的影响及其对策研究. 上海航天,2002,19(5):1-7.

[5] 冯伟泉. 航天器材料空间环境适应性评价与认定准则研究. 航天器环境工程,2010,27:139-143.

[6] Kaully T,Siegmann A,Shacham D. Rheology of highly filled natural CaCO₃ composites. IV. Effect of surface treatment. Polym. Adv. Technol. ,2007,18:696-704.

[7] 特里布尔 A C. 空间环境. 唐贤明译. 北京:中国宇航出版社,2009.

[8] 刘宇明. 空间紫外辐照及效应研究. 航天器环境工程,2007,24:359-365.

[9] 田海,李丹明,薛华,等. 星用热控涂层空间辐照环境等效模拟试验方法研究. 航天器环境工程,2009,26(z1):24-27.

[10] Reddy M R. Effect of low earth orbit atomic oxygen on spacecraft materials. J. Mater. Sci. ,1995,30:281-307.

[11] Deev I S,Nikishin E F. Effect of long-term exposure in the space environment on the microstructure of fibre-reinforced polymers. Compos. Sci. Technol. ,1997,57:1391-1401.

[12] Park S Y,Choi H S,Choi W J,et al. Effect of vacuum thermal cyclic exposures on unidirectional carbon fiber/epoxy composites for low earth orbit space applications. Composites Part B-Eng. , 2012,43:726-738.

[13] Shin K B,Kim C G,Hong C S,et al. Prediction of failure thermal cycles in graphite/epoxy composite materials under simulated low earth orbit environments. Composites Part B-Eng. , 2000,31:223-235.

[14] Arnold G S,Peplinski D R. Reaction of atomic oxygen with vitreous carbon-laboratory and STS-5 data comparisons. AIAA J. ,1985,23:976-977.

[15] Arnold G S,Peplinski D R. Reaction of atomic oxygen with polyimide films. AIAA J. , 1985,23:1621-1626.

[16] Haruvy Y. Radiation durability and functional reliability of polymeric caterials in space systems. Radiat. Phys. Chem. ,1990,35:204-212.

[17] Dinter H,Leuschner A,Tesch K,et al. The field of scattered radiation in the tunnel of the proton storage ring HERA:measurements and calculations. Nucl. Instrum Methods Phys. Res. ,Sect. A,1999,438:560-572.

[18] Yamakawa H,Yoshizaki T. A Monte Carlo study of effects of chain stiffness and chain ends on dilute solution behavior of polymers. I. Gyration-radius expansion factor. J. Chem. Phys. ,2003,118:2911-2918.

[19] Ziegler J F, Ziegler M D, Biersack J P. SRIM-the stopping and range of ions in matter

(2010). Nucl. Instrum Methods Phys. Res. ,Sect. B,2010,268:1818-1823.

[20] Liu Y,Liu X E,Li G H,et al. Numerical investigation on atomic oxygen undercutting of the protective polymer film using Monte Carlo approach. Appl. Surf. Sci. , 2010, 256: 6096-6106.

[21] 李瑞琦,李春东,何世禹,等. 质子辐照 Kapton/Al 的蒙特卡罗模拟. 宇航材料工艺,2007, 37:13-16.

[22] 高禹,代小杰,董尚利,等. 热循环作用下单向炭纤维/环氧树脂复合材料的热应力. 高分子材料科学与工程,2012,28:178-181.

[23] Banks B,Mirtich M,Rutledge S,et al. Ion beam sputter-deposited thin film coatings for protection of spacecraft polymers in low earth orbit. 23rd Aerospace Sciences Meeting: American Institute of Aeronautics and Astronautics,1985.

[24] Bruce B,Sharon R,Linda G,et al. SiO(X) coatings for atomic oxygen protection of polyimide Kapton in low earth orbit. Materials Specialist Conference-Coating Technology for Aerospace Systems:American Institute of Aeronautics and Astronautics,1992.

[25] Troya D,Pascual R Z,Garton D J,et al. Theoretical studies of the O(P-3) plus ethane reaction. J. Phys. Chem. A,2003,107:7161-7169.

[26] Minton T K,Garton D J,Troya D,et al. Model atomic oxygen reactions:detailed experimental and theoretical studies of the reactions of ground-state O(P-3) with H_2,CH_4,CH_3, CH_3,and $CH_3CH_2CH_3$ at hyperthermal collision energies//Fletcher K. Proceedings of the 9th International Symposium on Materials in a Space Environment,2003:129-136.

[27] Garton D J,Brunsvold A L,Minton T K,et al. Experimental and theoretical investigations of the inelastic and reactive scattering dynamics of O(3P) + D2. The Journal of Physical Chemistry A,2005,110:1327-1341.

[28] Li G,Liu X,Li T. Effects of low earth orbit environments on atomic oxygen undercutting of spacecraft polymer films. Composites Part B-Eng. ,2013,44:60-66.

[29] 沈自才,李衍存,丁义刚. 航天材料紫外辐射效应地面模拟试验方法. 航天器环境工程, 2015,32:43-48.

[30] 刘宇明,冯伟泉,丁义刚,等. 辐照环境中 ZnO 类热控涂层性能退化预示模型研究. 航天器环境工程,2008,25(1):15-17.

[31] Minton T K. Protocol for Atomic Oxygen Testing of Materials in Gorund-based Facilities. Pasadena:JPL Publication,1995:17.

[32] 柯受全,黄本诚,何传大. 卫星环境工程和模拟试验上. 北京:中国宇航出版社,2009.

[33] Marce J L. Interspace from 1970 to the present day and cost effective testing for the 21th century. 19th Space Simulation Conference,1990:217-230.

[34] 童靖宇. 我国空间环境试验的现状与发展建议. 航天器环境工程,2012,25(3):237-241.

[35] 孙晓军,刘维民. 模拟空间环境摩擦试验技术. 工程与试验,2009,(b12):24-29.

[36] Silverman E M,Griese R A,Forbes W C. Property performance of thermoplastic composites for spacecraft systems. SAMPE J. ,1989,25:38-47.

[37] Silverman E M,Jones R J. Property and processing performance of graphite/PEEK prepreg tapes and fabrics. SAMPE J. ,1988,24:33-40.

[38] Packirisamy S,Schwam D,Litt M H. Atomic oxygen resistant coatings for low earth orbit space structures. J. Mater. Sci. ,1995,30:308-320.

[39] Uchiyama Y,Tanaka K. Wear laws for polytetrafluoroethylene. Wear,1980,58:223-235.

[40] Amuzu J K A. The effect of humidity on friction and shear strength of nylon. J. Mater. Sci. Lett. ,1984,3:291-292.

[41] Hornbogen E. The role of fracture toughness in the wear of metals. Wear,1975,33:251-259.

[42] Youn J R,Su C L. Elastic contact stress analysis of semi-crystalline polymers under normal and tangential loading. Polymer Engineering & Science,1987,27:999-1005.

[43] Giltrow J P. A relationship between abrasive wear and the cohesive energy of materials. Wear,1970,15(1):71-78.

[44] Bahadur S. The development of transfer layers and their role in polymer tribology. Wear,2000,245:92-99.

[45] Buckley D H. Surface Effect in Adhesion TS. Vol. 5. Amsterdam:Elservier,1981.

[46] Zalisz Z,Vroegop P H,Bosma R. A running-in model for the reciprocating sliding of Nylon 6. 6 against stainless steel. Wear,1988,121:71-93.

[47] Geli G, Qunji X,Hongli W. Physical models of adhesive wear of polytetrafluoroethylene and its composites. Wear,1991,147:9-24.

[48] Yamamoto Y,Takashima T. Friction and wear of water lubricated PEEK and PPS sliding contacts. Wear,2002,253:820-826.

[49] Wang J,Gu M. Wear properties and mechanisms of nylon and carbon-fiber-reinforced nylon in dry and wet conditions. J. Appl. Polym. Sci. ,2004,93:789-795.

[50] Shangguan Q Q,Cheng X H. On the friction and wear behavior of PTFE composite filled with rare earths treated carbon fibers under oil-lubricated condition. Wear,2006,260:1243-1247.

[51] Liu C Z,Wu J Q,Li J Q,et al. Tribological behaviours of PA/UHMWPE blend under dry and lubricating condition. Wear,2006,260:109-115.

[52] 郑友华,李冀生,王平,等. 二硫化钼基润滑涂层在润滑油中的作用机理及实际应用. 润滑与密封,2005,(2):127-129.

[53] 邓纶浩,郭忠诚. PTFE 在复合镀层中应用及进展. 电镀与环保,1999,19:3-7.

[54] 郭忠诚,邓纶浩. 电沉积 RE-Ni-W-P-SiC-PTFE 复合材料的耐磨性研究. 材料保护,2001,34:4-5.

[55] 李海红,阎逢元. 热处理对石墨填充高岭土基矿物聚合物复合材料摩擦学性能的影响. 润滑与密封,2007.32:106-110.

[56] 高红霞,纪莲清,王小杰. 塑料模具化学复合镀工艺及摩擦性能研究. 郑州轻工业学院学报(自然科学版),2004,18:56-58.

[57] Memming R, Tolle H J, Wierenga P E. Properties of polymeric layers of hydrogenated amorphous carbon produced by a plasma-activated chemical vapour deposition process. II. Tribological and mechanical properties. Thin Solid Films, 1986, 143: 31-41.

[58] Tenhaeff W E, Gleason K K. Initiated and oxidative chemical vapor deposition of polymeric thin films: iCVD and oCVD. Adv. Funct. Mater. , 2008, 18: 979-992.

[59] Guzman L, Man B Y, Miotello A, et al. Ion beam induced enhanced adhesion of Au films deposited on polytetrafluoroethylene. Thin Solid Films, 2002, 420-421: 565-570.

[60] Kalácska G, Zsidai L, Keresztes R, et al. Effect of nitrogen plasma immersion ion implantation of polyamide-6 on its sliding properties against steel surface. Wear, 2012, 290-291: 66-73.

[61] Lancaster J K. Abrasive wear of polymers. Wear, 1969, 14: 223-239.

[62] Bahadur S, Stiglich A J. The wear of high density polyethylene sliding against steel surfaces. Wear, 1981, 68: 85-95.

[63] Tewari U S, Bijwe J. On the abrasive wear of some polyimides and their composites. Tribology International, 1991, 24: 247-254.

[64] 温诗铸. 复合应力对接触疲劳的影响. 机械工程学报, 1982, 18: 1-7.

[65] 王汝霖. 润滑剂摩擦化学. 北京: 中国石化出版社, 1994.

[66] Bahadur S, Gong D. The role of copper compounds as fillers in the transfer and wear behavior of polyetheretherketone. Wear, 1992, 154: 151-165.

[67] Deli G, Bing Z, Qun J X, et al. Investigation of adhesion wear of filled polytetrafluoroethylene by ESCA, AES and XRD. Wear, 1990, 137: 25-39.

[68] 钟明强, 孙莉, 郭绍义. 无机颗粒填充复合材料摩擦磨损性能研究进展. 工程塑料应用, 2003, 31: 69-71.

[69] Guo Q, Luo W. Mechanisms of fretting wear resistance in terms of material structures for unfilledengineering polymers. Wear, 2001, 249: 924-931.

[70] Yamaguchi Y. Tribology of Plastic Materials. New York: Elsevier, 1990: 27-51.

[71] Eiss N, Jr, Vincent G. The effect of molecular weight, surface roughness, and sliding speed on the wear of rigid polyvinyl chloride. ASLET Transactions, 1982, 25: 175-182.

[72] Friedrich K, Lu Z, Hager A M. Recent advances in polymer composites' tribology. Wear, 1995, 190: 139-144.

[73] Yamada Y. Investigation of transfer phenomenon by X-ray photoelectron spectroscopy and tribological properties of polymers sliding against polymers. Wear, 1997, 210: 59-66.

[74] Zhang G, Liao H, Cherigui M, et al. Effect of crystalline structure on the hardness and interfacial adherence of Xamesprayed poly (ether-ether-ketone) coatings. European Polymer Journal, 2007, 43: 1077-1082.

[75] Yamada Y, Tanaka K. Effect of the degree of crystallinity on friction and wear of polyethylene terephthalate//Lee L H. Polymer Wear and its Control. Washington D. C: ACS, 1985: 363-374.

[76] Buckley D H. Advances in polymer friction and wear// Lee L H. Polymer Wear and Its Control. ACS WDC,1985,1:601-603.

[77] Santner E. Tribology of polymers. Tribo. Int. ,1989,(22):103-109.

[78] 张人佶,冯显灿. 聚醚醚酮及其复合材料的摩擦学研究进展. 材料研究学报,2002,16(1): 5-8.

[79] Gascó M C, Rodriguez F,Long T. Polymer-polymer friction as a function of test speed. J. Appl. Polym. Sci. ,1998,67:1831-1836.

[80] 李飞,胡克鳌,阎逢元,等. 纳米 ZnO 填充的 PTFE 基复合材料摩擦学性能研究. 润滑与密封,2000,(6):37-39.

[81] Jain V K, Bahadur S. Material transfer in polymer-polymer sliding. Wear, 1978, 46: 177-188.

[82] 李国禄,王昆林,崔周平,等. SiC 颗粒填充单体浇铸尼龙的摩擦学性能. 清华大学学报(自然科学版),2000,40(4):111-114.

[83] 王乙潜,王政雄. 高聚物磨损研究的近况. 材料科学与工程学报,1997,(3):46-51.

[84] Zhang G,Zhang C,Nardin P,et al. Effects of sliding velocity and applied load on the tribological mechanism of amorphous poly-ether-ether-ketone (PEEK). Tribology International, 2008,41:79-86.

[85] Lu Z,Friedrich K,Pannhorst W,et al. Wear and friction of a unidirectional carbon fiber-glass matrix composite against various counterparts. Wear,1993,s162-164:1103-1113.

[86] Tanaka K,Yamada Y,Ueda S. Effect of temperature on the friction and wear of heat-resistant polymer-based composites. Journal of Synthetic Lubrication,1992,8:281-294.

[87] Hanchi J,Eiss N S. Dry sliding friction and wear of short carbon-fiber-reinforced polyetheretherketone (PEEK) at elevated temperatures. Wear,1997,203:380-386.

[88] Tanaka K,Miyata T. Studies on the friction and transfer of semicrystalline polymers. Wear,1977,41:383-398.

[89] 丛培红,李同生,刘旭军,等. 温度对聚酰亚胺摩擦磨损性能的影响. 摩擦学学报. 1997, 17:220-226.

[90] Gopal P,Dharani L R,Blum F D. Fade and wear characteristics of a glass-fiber-reinforced phenolic friction material. Wear,1994,174:119-127.

[91] 杨晓伟,张永振,邱明,等. 氮气气氛条件下钢/铜摩擦副的摩擦磨损特性研究. 摩擦学学报,2007,27:25-28.

[92] 牛永平,蔡利华,张永振. 不同气氛环境中纳米 Al_2O_3/PTFE 复合材料摩擦磨损特性研究. 润滑与密封,2009,34:24-27.

[93] Onodera T,Park M,Souma K,et al. Transfer-film formation mechanism of polytetrafluoroethylene:a computational chemistry approach. J. Phys. Chem. C,2013,117:10464-10472.

[94] Pitenis A A,Ewin J J,Harris K L,et al. In vacuo tribological behavior of polytetrafluoroethylene (PTFE) and alumina nanocomposites:the importance of water for ultralow wear. Tribol. Lett. ,2014,53:189-197.

[95] McCook N L,Hamilton M A,Burris D L,et al. Tribological results of PEEK nanocomposites in dry sliding against 440C in various gas environments. Wear,2007,262:1511-1515.

[96] Yuan X D,Yang X J. A study on friction and wear properties of PTFE coatings under vacuum conditions. Wear,2010,269:291-297.

[97] Dong H,Bell T,Technology C. State-of-the-art overview:ion beam surface modification of polymers towards improving tribological properties. Surface & Coatings Technology,1999, 111:29-40.

[98] 蔡立芳,黄承亚,黄兴. 聚合物基复合材料摩擦磨损性能的研究进展. 润滑与密封,2005, (06):188-194,199.

[99] Feast W J,Munro H S,Richards R W. Polymer Surfaces and Interfaces II. New York:John Wiley and Sons,1987.

[100] Brewis D M. Polymer surface modification and characterisation. International Journal of Adhesion & Adhesives,1998,(1):61.

[101] Gaylord N G,Adler G. Radiation chemistry of polymeric systems high polymers. Journal of Polymer Science Part A:General Papers Banner,1963,1(6):2237.

[102] Rao G R,Lee E H,Bhattacharya R,et al. Improved wear properties of high energy ion-implanted polycarbonate. Journal of Materials Research,1995,10:190-201.

[103] Rao G R,Blau P J,Lee E H. Friction microprobe studies of ion implanted polymer surfaces. Wear,1995,184:213-222.

[104] Rao G R,Lee E H,Mansur L K. Wear properties of argon implanted poly(ether ether ketone). Wear,1994,174:103-109.

[105] Rao G R,Lee E H,Mansur L K. Structure and dose effects on improved wear properties of ion-implanted polymers. Wear,1993,s162-164:739-747.

[106] 吴瑜光,张通和,张旭,等. 硅离子注入聚合物摩擦特性研究. 核技术,2002,25(12):1007-1012.

[107] Pivin J C. Hardening and embrittlement of polyimides by ion implantation. Naclear Instruments & Methods in Physics Research,1994,84:484-490.

[108] Bahadur S,Gong D. The action of fillers in the modification of the tribological behavior of polymers. Wear,1992,158:41-59.

[109] Bahadur S,Gong D. The role of copper compounds as fillers in the transfer film formation and wear of nylon. Wear,1992,154:207-223.

[110] Bahadur S,Gong D. The transfer and wear of nylon and CuS-nylon composites:filler proportion and counterface characteristics. Wear,1993,(162/163/164):397-406.

[111] Bahadur S,Gong D,Anderegg J W. Tribochemical studies by XPS analysis of transferfilms of nylon 11 and its composites containing copper compounds. Wear,1993,165:205-212.

[112] Bahadur S,Kapoor A. The effect of ZnF_2,ZnS and PbS fillers on the tribological behavior of nylon 11. Wear,1992,155:49-61.

[113] Zhao Q,Bahadur S. The mechanism of filler action and the criterion of filler selection for

reducing wear. Wear,1999,(225/226/227/228/229):660-668.

[114] Zhao Q,Bahadur S. A study of the modification of the friction and wear behavior of polyphenylene sulfide by particulate Ag_2S and PbTe fillers. Wear,1998,217:62-72.

[115] Yu L G. Bahadur S. An investigation of the transferfilm characteristics and the tribological behaviors of polyphenylene sulfide composites in sliding against tool steel. Wear,1998, 14:245-251.

[116] Schwartz C J, Bahadur S. The role of filler deformability, filler-polymer bonding, and counterface material on the tribological behavior of polyphenylene sulfide (PPS). Wear, 2001,251:1532-1540.

[117] Xue Q J,Wang Q H. Wear mechanisms of polyetheretherketone composites filled with various kinds of SiC. Wear,1997,213:54-58.

[118] Wang Q,Xue Q,Liu H,et al. The effect of particle size of nanometer ZrO_2 on the tribological behaviour of PEEK. Wear,1996,198:216-219.

[119] Wang Q,Xu J,Shen W,et al. An investigation of the friction and wear properties of nanometer Si_3N_4 filled PEEK. Wear,1996,196:82-86.

[120] Wang Q,Xue Q,Shen W. The friction and wear properties of nanometre SiO_2 filled polyetheretherketone. Tribol. Int. ,1997,30:193-197.

[121] Wang Q H,Xu J F,Shen W C,et al. The effect of nanometer SiC filler on the tribological behavior of PEEK. Wear,1997,209:316-321.

[122] Wang Q,Xue Q,Shen W,et al. The friction and wear properties of nanometer ZrO_2-filled polyetheretherketone. J. Appl. Polym. Sci. ,1998,69:135-141.

[123] Schwartz C J,Bahadur S. Studies on the tribological behavior and transfer film-counterface bond strength for polyphenylene sulfide filled with nanoscale alumina particles. Wear, 2000,237:261-273.

[124] Bahadur S,Sunkara C. Effect of transfer film structure,composition and bonding on the tribological behavior of polyphenylene sulfide filled with nano particles of TiO_2,ZnO,CuO and SiC. Wear,2005,258:1411-1421.

[125] Avella M,Errico M E,Martuscelli E. Novel $PMMA/CaCO_3$ nanocomposites abrasion resistant prepared by an in situ polymerization process. Nano Lett. ,2001,1:213-217.

[126] Zhang M Q,Rong M Z,Yu S L,et al. Effect of particle surface treatment on the tribological performance of epoxy based nanocomposites. Wear,2002,253:1086-1093.

[127] Wetzel B,Haupert F,Zhang M Q,et al. Epoxy nanocomposites with high mechanical and tribological performance. Composites Science & Technology,2003,63:2055-2067.

[128] Fu H,Liao B,Qi F J,et al. The application of PEEK in stainless steel fiber and carbon fiber reinforced composites. Composites Part B-Eng. ,2008,39:585-591.

[129] Cheng X,Xue Y,Xie C. Tribological investigation of PTFE composite filled with lead and rare earths-modified glass fiber. Mater. Lett. ,2003,57:2553-2557.

[130] He J M,Zheng N,Ye Z M,et al. Investigation on atomic oxygen erosion resistance of self-

assembly film at the interphase of carbon fiber composites. J. Reinf. Plast. Compos. , 2012,31:1291-1299.

[131] Oyamada T,Ono M,Miura H,et al. Effect of gas environment on friction behavior and tribofilm formation of PEEK/carbon fiber composite. Tribol. Trans. ,2013,56:607-614.

[132] Khan M J,Wani M F,Gupta R. Tribological properties of glass fiber filled polytetrafluoroethylene sliding against stainless steel under dry and aqueous environments:enhanced tribological performance in sea water. Materials Research Express,2018,(1-13):055309.

[133] Wang Q,Wang H,Wang Y,et al. Modification effects of short carbon fibers on mechanical properties and fretting wear behavior of UHMWPE composites. Surf. Interface. Anal. , 2016,48:139-145.

[134] 张士华,陈光,崔崇,等. 玻璃纤维增强 MC 尼龙复合材料的摩擦磨损性能研究. 摩擦学学报,2006,26(5):452-455.

[135] Yu L G,Yang S R. Investigation of the transfer film characteristics and tribochemical changes of Kevlar fiber reinforced polyphenylene sulfide composites in sliding against a tool steel counterface. Thin Solid Films,2002,413:98-103.

[136] Flöck J,Friedrich K,Wear Q. On the friction and wear behaviour of PAN-and pitch-carbonfiber reinforced PEEK composites. Wear,1999,229:304-311.

[137] Cirino M,Pipes R B,Friedrich K. The abrasive wear behaviour of continuous fibre polymer composites. Journal of Materials Science,1987,22:2481-2492.

[138] El-Tayeb N S M,Yousif B F,Yap T C. Tribological studies of polyester reinforced with CSM 450-R-glass fiber sliding against smooth stainless steel counterface. Wear,2006, 261:443-452.

[139] 梁亚南,李诗卓. 增强塑料中纤维排列方向对冲击磨粒磨损行为的影响. 北京:秋季中国材料研讨会,1994.

[140] Bijwe J,Indumathi J,Ghosh A K. Influence of weave of glass fabric on the oscillating wear performance of polyetherimide (PEI) composites. Wear,2002,253:803-812.

[141] Man'Ko T A,Dzhur E A,Sanin F P,et al. Effect of magnetic treatment on the structure and properties of aramid-fiber-reinforced epoxy plastics. Mechanics of Composite Materials,2001,37:171-174.

[142] Luo S J,van Ooij W J,Mäder E. Surface modification of textile tire cords by plasma polymerization for improvement of rubber adhesion. Rub. Chem. Tech. ,2000,73:121-137.

[143] Lin T K,Wu S J,Lai J G,et al. The effect of chemical treatment on reinforcement/matrix interaction in Kevlar-fiber/bismaleimide composites. Composites Science & Technology, 2000,60:1873-1878.

[144] Breznick M J B,Baklagina Y G,et al. Surface treatment techniques for aramid fibers. Polym. Commun. ,1987,28:55-60.

[145] 宋艳江,黄丽坚,朱鹏,等. 偶联剂处理玻璃纤维改性聚酰亚胺摩擦磨损性能研究. 材料工程,2009,(2):58-62.

[146] 易长海,许家瑞. 玻璃纤维增强聚氯乙烯复合材料的研究. 长江大学学报(社会科学版),1999,(2):63-67.

[147] 程先华,薛玉君,谢超英. 稀土改性玻璃纤维对 PTFE 复合材料摩擦磨损性能的影响. 无机材料学报,2002,17(6):1321-1326.

[148] 龚克,张海黔. 硅烷偶联处理工艺对 CFRP 的增强效果研究. 润滑与密封,2007,32(4):142-144.

[149] Zhang H,Zhang Z,Breidt C,et al. Comparison of short carbon fibre surface treatments on epoxy composites : I. Enhancement of the mechanical properties. Composites Science & Technology,2004,64:2031-2038.

[150] Su F H,Zhang Z Z,Wang K,et al. Tribological and mechanical properties of the composites made of carbon fabrics modified with various methods. Composites Part A. 2005,36:1601-1607.

[151] Zhang X,Huang Y,Wang T,et al. Plasma activation of carbon fibres for polyarylacetylene composites. Surface & Coating Technology,2007,201:4965-4968.

[152] Guo F,Zhang Z Z,Liu W M,et al. Effect of plasma treatment of Kevlar fabric on the tribological behavior of Kevlar fabric/phenolic composites. Tribology International,2009,42:243-249.

[153] 苏峰华,张招柱,姜葳,等. 水解/接枝处理诺梅克斯纤维织物复合材料的摩擦磨损性能研究. 摩擦学学报,2006,26(6):551-555.

[154] Voort J V,Bahadur S. The growth and bonding of transfer film and the role of CuS and PTFE in the tribological behavior of PEEK. Wear,1995,s181-183:212-221.

[155] Bahadur S,Polineni V K. Tribological studies of glass fabric-reinforced polyamide composites filled with CuO and PTFE. Wear,1996,200:95-104.

[156] 杨生荣,刘维民,薛群基,等. 金属纤维增强 PTFE 基复合材料的摩擦学性能. 摩擦学学报,1998,18(1):66-70.

[157] Chang L,Zhang Z. Tribological properties of epoxy nanocomposites. Part II. A combinative effect of short carbon fibre with nano-TiO_2. Wear,2006,260:869-878.

[158] Zhang Z,Breidt C,Chang L,et al. Enhancement of the wear resistance of epoxy:short carbon fibre,graphite,PTFE and nano-TiO. Composites Part A,2004,35:1385-1392.

[159] 宋艳江,章刚,来育梅,等. 成型工艺对碳纤维增强热塑性聚酰亚胺复合材料性能的影响. 中国塑料,2008,2:59-62.

[160] 田农,阎逢元,刘维民. 酚酞聚芳醚酮的成型工艺及其摩擦磨损性能研究. 机械工程材料,2003,27(12):10-12.

第 2 章　原子氧辐照对聚合物摩擦学性能的影响

随着航天事业的发展,低地球轨道环境中的原子氧(AO)受到研究者的广泛关注。如前所述,原子氧与材料表面会发生复杂的物理和化学反应,造成材料的剥蚀和性能的退化,进而会影响飞行器的寿命,更严重的会导致飞行任务的失败[1]。研究表明,航天器材料在原子氧环境下都会发生表面形貌变化、质量损失和厚度损失,材料的光学、电学、热学、力学等性能不可避免地下降,而飞行器进行真实空间环境试验费用太昂贵,因此空间环境地面模拟试验就成了主要的考察手段。进行更多更有效的地面模拟试验,对空间用材料的研制是非常有意义的。本章首先概述国内外原子氧对聚合物影响的研究现状,然后详细介绍作者所在课题组近年来在研究原子氧对空间用典型聚合物摩擦副材料的影响及耐原子氧聚合物复合材料的设计制备方面取得的进展。

2.1　概　　述

原子氧是低地球轨道空间环境的主要组成成分之一。原子氧的密度为$10^8 \sim 10^9$ atoms/cm³。尽管气体分子在低地球轨道空间的平均热运动速度很低,但是由于航天器的在轨运行速度大约为 8 km/s,也就相当于原子氧束流在该环境下以$10^{13} \sim 10^{15}$ atoms/(cm² · s)的通量和约 5 eV 的动能与航天器表面相撞[2-4]。虽然人们很早以前就认识到了原子氧的存在,但直到 20 世纪 80 年代初期,才真正意识到原子氧会对低地球轨道运行的航天器造成严重影响。NASA 等的飞行试验(如 STS-8、STS-17[5]、STS-41[6]、STS-44[7])、长期暴露试验(LDEF)[8,9]和有限期选择性暴露试验(LDCE)[10]都证实了原子氧是导致材料发生性能变化的主要因素。原子氧具有非常强的氧化性,它与材料的相互作用可造成表面材料剥蚀及材料性能退化,进而严重影响飞行器的使用寿命。

聚合物材料具有许多独特的性能,如高的强重比及优异的机械、电和光学性能,因此聚合物材料被广泛用于空间科学领域,但是聚合物材料易受到外围空间环境的影响,原子氧辐照可以诱发聚合物材料的断键、交联和新化学结构形成等辐照效应,这些效应的出现会对聚合物材料的宏观性能产生极其重要的影响[11,12],因此考察原子氧辐照对聚合物材料的结构和性能的影响具有十分重要的意义。目前许多国家的研究人员对聚合物材料在原子氧环境中的结构和性能变化进行了研究。

2.1.1　原子氧对聚合物材料影响的研究

Gotoh 等[13]研究了原子氧辐照对聚酰亚胺(PI)材料表面性能的影响,研究发现,随着原子氧辐照剂量的增加,材料表面的粗糙度和 O/C 比也随之增大。原子氧对 PI 表面的轰击使材料润湿性增加,水滴在原子氧辐照后 PI 上的接触角随着 O/C 比的增加而线性减小,另外,可以清楚地看出,接触角的减小应归因于基体材料表面自由能的增加。原子氧辐照之后,PI 表面会吸附氧而形成表面官能团,这些官能团起到了给电子体的作用。亲水性 PI 表面会导致表面与污染物相结合,从而加速 PI 热控材料性能的失效,因此,在将来评估低地球轨道材料的降解作用时应该同时考虑原子氧导致的亲水性作用。Naddaf 等[14]考察了原子氧对 Kapton-H 表面性质的影响,研究表明原子氧是影响表面结构和黏附性能的主要因素,它使材料表面产生高度的交联结构。同时,原子氧通过破坏酰亚胺环和苯环而产生高极性基团,生成新的结构,如 C—O 键、C—N—O 键等,这导致了材料表面润湿性的增大。另外,原子力显微镜分析表明,原子氧辐照导致聚酰亚胺表面粗糙度增大。Kleiman 等[15]研究了原子氧辐照对聚合物材料表面结构和性能的影响,研究发现,原子氧辐照导致 Kapton-HN,PMDA-ODA 严重氧化降解,材料表面的超分子结构和形貌发生了明显变化,形成了类球果结构形貌。Zhao 等[16]发现,原子氧辐照改变了聚酰亚胺的表面形貌,形成"绒毯"状形貌。随着辐照时间的增加,材料的质量损失呈线性增加的趋势,体积损失率大约为 $3 \times 10^{-24} \, cm^3/atom$。

Zhao 等[17]研究了低地球轨道原子氧对聚四氟乙烯(PTFE)的影响,发现 PTFE 经过原子氧辐照实验后,外观和光学性质几乎没有变化,但其剥蚀相当严重,不仅产生了相当大的质量损失,而且其表面形貌明显变化,并且其质量损失随着样品温度的升高而增大。可见,原子氧对 PTFE 的影响不容忽视。Gonzalez 等与 Hoflund 和 Everett[18,19]研究了原子氧对聚氟乙烯(PVF,F/C=1∶2),聚偏氟乙烯(PVDF,F/C=1∶1)和聚四氟乙烯(PTFE,F/C=2∶1)的剥蚀效应,发现原子氧首先攻击样品表面的 F,使得近表面的 F 浓度下降(F/C 降低),并且这些含氟化合物的化学组成和原子氧导致结构变化之间存在一定关系,如经过 $10^{15} \, atoms/(cm^2 \cdot s)$ 的原子氧 15 min 辐照实验,PVF、PVDF、PTFE 的近表面 F/C 分别降低了 68%、39%和 18.5%。但是由于 C—F 键键能较大,原子氧不太可能与其反应,所以 F/C 的降低很可能是原子氧对样品表面的 F 原子造成了选择性的物理溅射。Hoflund 等[20]还发现,相同的原子氧辐照条件下,Tedlar 和 Tefzel 表面的 F 原子几乎全部脱除,并且与 PTFE 相比,原子氧辐照后 Tedlar 和 Tefzel 表面化学吸附大量的 O。由于 Tedlar 和 Tefzel 含有 C—H 键,这就说明 C—H 键尤其容易受到原子氧的攻击(很可能生成水)。此后,F 容易脱除。TFE Teflon 因为不含 C—H

键,所以与 Tedlar 和 Tefzel 不同。Grossman 和 Gouzman[21]也发现,含 C—H 键的聚合物,主要的原子氧效应是化学侵蚀,即通过化学反应生成挥发性的产物导致质量损失;而含 C—F 键的聚合物通常具有更高的耐氧化性能,并且随着氟化程度增大,其耐氧化性能提高。Yi 等[22]考察了原子氧对 Teflon FEP/A1 薄膜性质的影响,发现 Teflon FEP/A1 薄膜的质量损失正比于原子氧辐照剂量;并且,其表面形貌随着辐照剂量的增大由光滑变成"绒毯"状,表面粗糙度的增大使得其太阳吸收率增大。此外其表面化学组成有所变化,如 C、F 含量降低,O 含量升高。通过分析,Chu 等指出原子氧可以剥蚀样品表面,生成 C_nF_m、CO、CO_2 等挥发性的产物,造成样品的质量损失,以及表面形貌、粗糙度及光学性质的变化。目前,有关含氟聚合物材料原子氧效应的研究已经开展了很多,对原子氧导致的含氟材料的结构变化和剥蚀机理的研究将有助于进一步发展可抵抗原子氧剥蚀的新型聚合物材料。Han 和 Kim[23]研究了低地球轨道环境对石墨/环氧树脂复合材料的影响,发现原子氧辐照导致复合材料表面的侵蚀、质量损失和拉伸性能的降低。

2.1.2　耐原子氧聚合物材料的研究

如前所述,原子氧辐照环境对聚合物材料的化学结构、元素组成和表面形貌都有不同程度的影响,因此会改变聚合物材料的物理和化学性能。为了提高聚合物材料在原子氧环境中的使用性能和寿命,人们提出了一些对聚合物材料进行改性的方法,主要有[24-29]:①使用耐原子氧的涂层,如 SiO_2、Al_2O_3 等;②通过表面硅烷化或离子注入来改变材料的表面组成,当表面暴露于原子氧和紫外辐照时,一层防护性的氧化层就会形成;③向树脂基体中添加不与原子氧反应的无机填料(如 SiO_2、Al_2O_3、TiO_2 等)或含 Si、Al、Sn 等的有机化合物,这些填料可以提高聚合物材料耐原子氧的能力。

Wang 等[30]考察了 SiO_2 填充改性 PI 复合材料的抗原子氧性能,在 GF/PI 复合材料中填充纳米 SiO_2 可以显著提高复合材料的抗原子氧性能,材料的质量损失和侵蚀率也有很大程度的降低。复合材料的质量损失和侵蚀率随着纳米 SiO_2 含量的增加而减小,研究发现 SiO_2 含量为 5%,10%,15% 的复合材料的侵蚀率分别降低到非填充 SiO_2 复合材料的 58%,34% 和 16%。在原子氧辐照过程中,材料表面的树脂基体首先被侵蚀,然后纳米 SiO_2 颗粒暴露在材料表面,SiO_2 颗粒可以有效地保护下面的纤维和树脂。原子氧辐照之后材料的 O 和 Si 含量增加,另外,材料表面的 C 元素仍然有很高的含量,在填充颗粒和树脂基体之间可能生成一些具有一定抗原子氧性能的新结构。SiO_2 颗粒表现出抗原子氧辐照的作用,纳米颗粒可以与基体很好地结合,从而增加材料的抗原子氧性能。Wang 等[31]利用粉煤灰空心微珠填充改性酚醛树脂(PF)复合材料以提高材料的抗原子氧性能,研究发现,粉煤灰空心微珠能够极大地提高酚醛树脂复合材料的抗辐照性能,材料的质量损失和侵蚀率随着粉煤灰空心微珠含量的增加而减小,填充 200 份粉煤灰空心微珠可以使 GF/PF 和 CF/PF 复合材料的侵蚀率分别降低到其非填充复合材料的 9% 和 13%。对于没有空心微珠填充的材料来说,树脂会直接被原子氧侵蚀并表现出明显的侵蚀现象,而空心微珠填充之后,其会在材料表面暴露,起到保护树脂的作用,从而使材料受到轻微侵蚀。

Duo 等[27]利用溶胶-凝胶法在 Kapton 表面生成一层 PDMS/SiO$_2$ 薄膜,这层复合薄膜具有很好的附着力和弹性,原子氧辐照对材料的侵蚀率范围为(0.3~1.4)×10^{-26} cm^3/atom,比 PI 薄膜的侵蚀率减少了 2~3 个数量级,复合薄膜的抗原子氧性能随着 SiO$_2$ 含量的升高而增强。傅里叶转换红外光谱(FTIR)和 X 射线光子电能谱分析(XPS)分析结果表明,原子氧辐照之后在 PDMS/SiO$_2$ 表面形成了一层无机 SiO$_2$ 层,这层 SiO$_2$ 层可以有效地阻碍原子氧对薄膜的渗透破坏,表明 PDMS/SiO$_2$ 复合薄膜具有很好的抗原子氧性能。Duo 等[26]还用溶胶-凝胶法制备了 PI/SiO$_2$ 杂化薄膜,通过原子氧辐照实验发现,SiO$_2$ 质量含量为 20% 时,杂化薄膜的剥蚀率为 4.0×10^{-26} cm^3/atom,与聚酰亚胺薄膜(3.0×10^{-24} cm^3/atom)相比降低了两个数量级。在原子氧辐照实验中,杂化薄膜表面形成了一层钝化的无机 SiO$_2$ 层,该钝化层可以阻止原子氧穿透样品的表面层,从而阻止了原子氧对基体聚合物的进一步降解。原子氧辐照实验后,杂化薄膜的光学性质没有改变,说明 SiO$_2$ 的加入提高了其耐原子氧特性。Hu 等[28]在 PI 基底上生成聚硅氮烷(PSZ)涂层用以保护材料抵抗原子氧和真空紫外辐照的能力,研究表明 PSZ 涂层具有非常优越的抗原子氧性能,其在原子氧(AO)和原子氧和真空紫外辐照(AO+VUV)辐照环境下的侵蚀率分别为 3.5×10^{-26} cm^3/atom 和 2.1×10^{-26} cm^3/atom,PSZ 涂层具有很好的抗原子氧性能,这是因为其表面在辐照的过程中会形成一层富 SiO$_2$ 层。同时,PSZ 层在原子氧辐照环境中有很少的收缩倾向,在 AO+VUV 辐照环境中,VUV 辐照可以激活 PSZ 表面,促进均匀富 SiO$_2$ 层的快速形成,增强了 PSZ 涂层的抗原子氧性能。Zhang 等[32]采用溶胶-凝胶法在 Kapton 表面制备了一层 SiO$_2$ 薄膜以提高基底的抗原子氧性能,实验表明,在 Kapton 表面形成的 SiO$_2$ 表现出类岛状形貌,随着沉积循环次数的增加,SiO$_2$ 薄膜逐渐变得致密和光滑,研究发现薄膜结构并非是严格的稳定 SiO$_2$ 结构。在原子氧辐照环境中,随着沉积循环次数的增加,SiO$_2$ 改性的 Kapton 抗原子氧性能增加。研究发现,循环 10 次的 SiO$_2$ 改性 Kapton 具有最好的抗原子氧性能,其侵蚀率比纯 Kapton 薄膜的小两个数量级,但原子氧辐照会使薄膜形成裂纹。

Kiefer 等[33]用 BTO(Bis(triphenyltin) oxide)改性聚醚酰亚胺(Ultem),研究发现,BTO 的添加大幅度降低了 Ultem 在原子氧环境中的质量损失。另外,他们用乙酰丙酮铝(aluminum acetylacetonate)对 Kapton 进行改性,发现乙酰丙酮铝能有效地提高材料的抗原子氧辐照能力。在辐照过程中材料表面会形成一层防护性的氧化膜,这层氧化膜可以保护材料免受原子氧的侵蚀。Xiao 等[34]利用溶胶-凝胶法制备了聚酰亚胺/二氧化锆(PI/ZrO$_2$)复合薄膜,考察了 PI/ZrO$_2$ 材料的抗原子氧辐照性能,发现复合材料的抗原子氧性能随着 ZrO$_2$ 含量的增加而提高,复合材料的质量损失和侵蚀率随原子氧辐照时间的增加表现出非线性的特征,当 ZrO$_2$ 的质量含量增加到 10% 时,复合材料的侵蚀率减小到 Kapton-H 的 13%。在原子氧辐照环境中,醚键和 C—N 键首先与原子氧发生反应,这将导致 PI 分子链的断裂,同时生成挥发性物质而造成材料的质量损失,在原子氧辐照过程中会形成富含 ZrO$_2$ 的保护层,由于 ZrO$_2$ 的稳定性和不易挥发性而增强了 PI 的抗原子氧性能。PI 在原子氧辐照之后表面出“类丘”状的表面形貌,这说明材料遭受了侵蚀,这种表面形貌是原子氧的钻蚀作用引起的,而 PI/ZrO$_2$ 在辐照之后的表面表现出完全不同的形貌,表面相对比较平坦,其表面可能是由 ZrO$_2$ 的三维网状结构组成的。

　　Verker 等[29]制备了 POSS-PI(polyhedral oligomeric silsesquioxanes-PMDA-ODA[35])复合薄膜并考察了其在原子氧环境中的性能,发现当填充质量分数为 15% 的 POSS 时,复合薄膜表面在原子氧辐照之后会形成一层 SiO$_2$ 钝化层,阻碍原子氧对材料的进一步侵蚀。Wright 等[35]通过在氟化的聚酰亚胺骨架上共价接枝 POSS 对其进行改性,经过原子氧辐照实验发现,相对于 Kapton-H,POSS 质量含量约为 31% 的氟化聚酰亚胺在相同辐照条件下没有观察到剥蚀,表明 POSS 改性显著提高了材料耐原子氧的特性。Tan 等[36]通过等离子体灌输沉积处理聚合物材料以提高材料在空间应用中的性能,采用铝离子注入,在 Kapton 材料表面形成一层氧化铝层。实验结果表明,在磁化的等离子体中直接进行铝离子注入可以形成有效的保护层,将其暴露在氧等离子体中,其质量损失可以忽略不计,同时可以保持其透明性。另外,由于其形成的是离子混合层,所以在热循环之后,材料不会发生分层现象。同时,发现在未磁化的等离子体中进行铝离子注入会形成不均匀的保护层,这样铝将会在样品部分区域沉积,表现出抗氧化性能,而在其他区域就表现为未沉积的性能。

2.2　原子氧对典型聚合物摩擦副材料的影响

2.2.1　聚酰亚胺

　　聚酰亚胺(PI)是综合性能最佳的有机高分子材料之一。PI 作为一种特种工程材料,已广泛应用在航空航天、微电子、液晶、激光等领域,成为 21 世纪最有希望的工程塑料之一。PI 性能优良,耐高温达 400 ℃ 以上,长期使用温度范围是 −200~300 ℃,具有优良的机械性能和电性能[37],一些 PI 品种不溶于有机溶剂,对稀酸稳定,具有很高的耐辐照性能和良好的介电性能,是自熄性聚合物,发烟率低,在真空下放气量少,无毒。而且,PI 具有很好的耐磨性,被广泛用作具有良好润滑性能的空间润滑材料[38-40]。另外,还可通过添加纤维提高力学性能,添加润滑剂提高耐磨性能,亦可与其他聚合物或者纳米材料共混,使改性材料具有更优异的性能。

PI 是指主链上含有酰亚胺环的一类聚合物。本节中所用的 PI 模塑粉(YS-20)是由上海合成树脂研究所生产的,其结构式见图 2.2.1。利用热压成型制备材料。

图 2.2.1　PI 分子结构式

2.2.1.1　表面形貌和质量损失的变化

图 2.2.2 所示为原子氧辐照时间对 PI 材料表面形貌的影响。比较图 2.2.2(a)~(d)所示的不同辐照时间之后的表面形貌,可以发现,材料表面在辐照前表现为相对平滑的形貌,同时分布有不同程度的缝隙,这是对材料进行打磨时产生的犁沟。而原子氧辐照之后材料表面遭到了一定程度的侵蚀破坏,辐照过程中材料表面首先被侵蚀而布满微坑,进而形成"绒毯"状形貌,且具有裂缝的位置最容易受到原子氧的侵蚀,这是因为原子氧可以通过裂缝进入材料表面进行侵蚀降解。原子氧辐照时间越长,表面被侵蚀得越严重,由辐照前相对平滑的表面变为辐照之后的粗糙表面。这是由于,原子氧具有较高的能量,在辐照的过程中 PI 分子链被原子氧撞击打断,另外原子氧具有氧化性能,PI 分子链被氧化降解,因此在原子氧环境中材料表面的 PI 基体受到严重侵蚀,从而造成 PI 材料表面形貌的变化[17,41]。由于原子氧对 PI 材料的氧化降解作用(图 2.2.3)[42],产生 CO、CO_2 气体和小分子易挥发性产物并从材料表面逸出,因此可造成材料的质量损失[43,44],由图 2.2.4 可知,PI 在原子氧辐照环境中的质量损失随着辐照时间的增加呈线性增大的趋势。

(a)

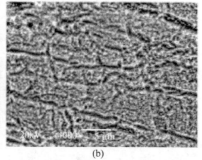
(b)

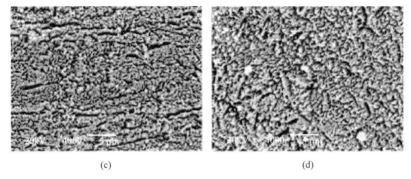

图 2.2.2　原子氧辐照前后 PI 的表面 SEM 形貌

（a）辐照前；（b）辐照 2 h；（c）辐照 4 h；（d）辐照 6 h

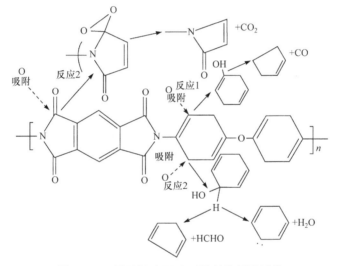

图 2.2.3　原子氧对 PI 表面的氧化侵蚀过程

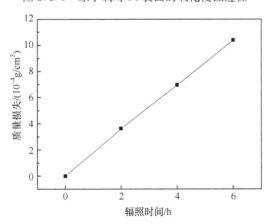

图 2.2.4　PI 在原子氧辐照之后的质量损失

2.2.1.2　表面结构和组成的变化

图 2.2.5 给出了原子氧辐照 6 h 前后 PI 的傅里叶变换衰减全反射红外光谱 (FTIR-ATR)。可以看出,原子氧辐照之后,PI 材料位于 1776 cm^{-1}(υ_{as}C=O),1720 cm^{-1}(υC=O),1500 cm^{-1}(υ C=C),1373 cm^{-1}(υ_{as}C—N—C),1239 cm^{-1}(υ_{as}C—O—C),1170 cm^{-1}(υ_sC—O—C),1114 cm^{-1}(υ C=C),1085 cm^{-1}(υ_sC—N—C),879 cm^{-1}和 821 cm^{-1}(苯环上的 C—H 键)的特征吸收峰强度明显减弱,表明 PI 材料表面的酰亚胺环和芳环结构在一定程度上受到了破坏[45-47]。PI 分子结构的破坏是因为原子氧的高碰撞能和氧化特性,在辐照的过程中会生成 CO 和 CO$_2$ 产物并从材料表面逸出[48]。由此可以推断,PI 在原子氧辐照环境中会发生非常复杂的化学反应。

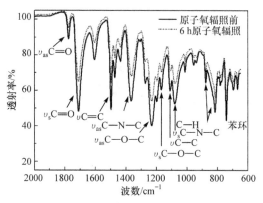

图 2.2.5　PI 在原子氧辐照 6 h 前后的 FTIR-ATR 谱

为了进一步考察 PI 在原子氧的侵蚀过程中可能发生的化学反应,图 2.2.6 给出了原子氧辐照 6 h 前后 PI 的 XPS 谱图,从图中可以看出,在原子氧辐照之后,C1s 谱峰的相对强度降低,而 O1s 和 N1s 谱峰的相对强度增加,说明辐照之后材料中的含氧基团含量增加。为了更清楚地考察材料表面元素含量的变化,计算了辐照前和不同时间原子氧辐照之后 PI 表面的元素组成(表 2.2.1)。可以看出,辐照前 C 元素相对含量为 75.6%(本书中的元素含量均指原子分数),经过 2 h,4 h 和 6 h 的原子氧辐照之后,其相对含量分别降低到 63.5%,62.8% 和 61.1%;而 O 元素在辐照之前的相对含量为 20.1%,辐照之后的相对含量分别为 25.1%,25.4% 和 27.4%;同时 N 元素在原子氧辐照之后的相对含量也有明显增大,且不同时间原子氧辐照之后 N 的相对含量基本保持稳定。原子氧辐照造成材料表面元素含量的变化主要归因于原子氧的碰撞能和氧化性能,分子中的 C—O,C—N 和 C—C 等键被打断[14],使材料表面形成许多自由基,这些基团部分与氧原子结合形成含氧基团,同时生成 CO 和 CO$_2$ 等气体放出[48],因此造成元素组成的变化,这与 FTIR 表征结果相一致。

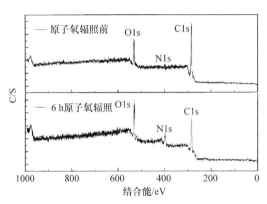

图 2.2.6 PI 在原子氧辐照 6 h 前后的 XPS 谱

表 2.2.1 原子氧辐照前后 PI 表面的元素组成

试样	元素相对含量/%(原子分数)		
	C	N	O
原子氧辐照前	75.6	4.3	20.1
2 h 原子氧辐照	63.5	11.4	25.1
4 h 原子氧辐照	62.8	11.8	25.4
6 h 原子氧辐照	61.1	11.5	27.4

2.2.1.3 辐照前后的摩擦磨损行为

图 2.2.7(a)给出了 PI 在原子氧不同时间辐照后的摩擦系数。可以看到,原子氧辐照对 PI 摩擦系数的影响比较小。经过原子氧辐照 2 h 之后,材料的摩擦系数减小,从辐照前的 0.24 减小到 0.18,随着辐照时间增加,摩擦系数继续减小,当辐照时间大于等于 4 h 之后,摩擦系数基本稳定,保持在 0.16 附近。PI 在辐照之后摩擦系数减小的原因主要是原子氧导致 PI 表面的化学结构和表面形貌的变化。原子氧辐照导致 PI 表面分子链的破坏,同时发生复杂的化学反应和物理作用,破坏的结果会使材料表面生成许多小分子物质,当钢球与材料表面对摩时,这些小分子物质会起到润滑作用[49],减小钢球与材料表面之间的摩擦力,而材料表面由于受到原子氧的侵蚀,材料表面的结构变得松散,减小了摩擦过程中的黏着力。材料表面变化的综合因素使材料的摩擦系数减小。

图 2.2.7(b)是原子氧辐照时间对 PI 磨损率的影响。发现随着辐照时间的增加,PI 的磨损率先减小后增加,当辐照时间为 2 h 时,材料的磨损率较辐照前的 4.57×10^{-5} mm³/(N·m)减小到 3.66×10^{-5} mm³/(N·m),而当辐照时间继续

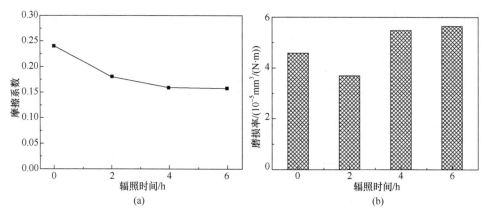

图 2.2.7　原子氧辐照时间对 PI 摩擦系数(a)和磨损率(b)的影响(1 N,0.063 m/s)

增大时,PI 的磨损率又增大并高于辐照前的磨损率,当辐照时间达到 6 h 时,PI 的磨损率增大到 $5.72×10^{-5}$ mm³/(N·m)。当原子氧辐照时间较短时,材料表面虽然受到原子氧的破坏,但分子链会形成一定程度的交联,增大了材料的抗磨性。随着辐照时间增加,材料表面遭到严重的侵蚀,分子链的氧化断裂是主要的破坏形式,材料表面变得疏松,抗剪切性能降低,减小了材料的抗磨性,磨损率增大。

　　图 2.2.8 给出了原子氧不同辐照时间后 PI 的磨痕形貌、对偶钢球上的磨屑和转移膜。原子氧辐照前和辐照 2 h 之后,PI 的磨痕内表现为塑性变形,材料的磨损形式以黏着磨损为主。但是原子氧辐照 2 h 之后,对偶钢球上的磨屑较辐照前有所减少,这对应于材料磨损率的减小。对偶钢球上的转移膜薄而均匀。对于原子氧辐照 4 h 和 6 h 之后的材料,磨痕形貌的塑性变形减少,出现磨屑和微断裂现象,说明材料的磨损以擦伤为主,这主要是由于材料在长时间原子氧辐照之后,分子链氧化降解,材料的抗剪切能力降低了,抗磨性降低,在与钢球对摩时,材料分子链容易被剪断,形成擦伤形貌,而对应的对偶钢球上的磨屑增多,对应于材料的磨损率的增大。长时间原子氧辐照之后,对偶钢球上的转移膜厚而均匀,且有少量的微犁沟出现,对应于材料磨痕的擦伤形貌。

2.2.2　聚四氟乙烯

　　聚四氟乙烯(PTFE)是空间环境中常用的固体润滑剂材料,它独特的分子结构是其润滑性能优越的主要原因。PTFE 的分子式是$\{CF_2{-}CF_2\}_n$,为标准的"流线型"分子结构,这种结构决定了它的分子间内聚力低;在分子内部 C—C 键和 C—F 键结合能大,结合牢固。PTFE 作为润滑材料子金属表面滑移时,其分子会以库仑力和范德瓦耳斯力附着于金属表面,形成一层转移膜。金属表面连续运行中的相对运动将发生在 PTFE 分子之间,这是因为其分子内聚力相对要低得多。

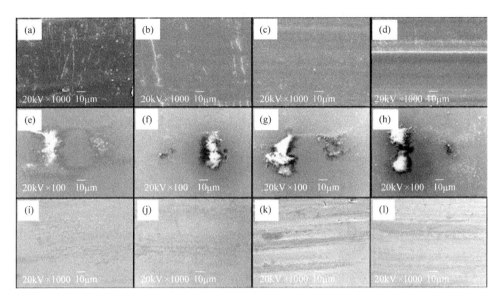

图 2.2.8　PI 在原子氧不同辐照时间后的磨痕形貌、对偶钢球上的磨屑和转移膜

(a)、(b)、(c)、(d)分别是辐照前、2 h、4 h 和 6 h 原子氧辐照之后的磨痕形貌；(e)、(f)、(g)、(h)分别是辐照前、
2 h、4 h 和 6 h 原子氧辐照之后对偶钢球上的磨屑；(i)、(j)、(k)、(l)分别是辐照前、
2 h、4 h 和 6 h 原子氧辐照之后对偶钢球上的转移膜

　　PTFE 是有机高聚物。PTFE 一般为乳白色、不透明、表面光滑的蜡状固体。表面硬度较低(邵氏硬度 50~70)。熔点 327 ℃,最高使用温度 260~300 ℃。表面能很小,疏水性较强,具有很好的化学稳定性。PTFE 是由四氟乙烯经聚合而成的高分子化合物,PTFE 的分子链之间极易滑动,因此表现出低摩擦系数的特性,且润滑性能优良,应用广泛。

2.2.2.1　表面性质的变化

　　图 2.2.9 给出了原子氧辐照前后 PTFE 的 FTIR-ATR 谱,可以看出 PTFE 的 FTIR 特征谱峰在原子氧辐照 6 h 前后没有明显变化,说明材料的官能团结构在辐照之后没有发生大的变化,仍然很好地保持了辐照前的结构。图 2.2.10 给出了 PTFE 在原子氧辐照 6 h 前后的 XPS 全谱和 C1s 及 F1s 精细谱,从图中可以看出 PTFE 的 XPS 谱在原子氧辐照之后也没有大的变化,主要包括位于~292 eV 的 C1s 谱峰和位于~689 eV 的 F1s 谱峰,这与 FTIR-ATR 的结果一致。另外,原子氧辐照 6 h 之后,在~532 eV 的位置出现很弱的新峰,这对应于 O1s 谱峰,因此辐照导致材料与氧产生微弱的化学反应,从 C1s 和 F1s 精细谱可以看出辐照之后的峰基本保持不变,只是 C1s 谱有些微加宽,这是因为 PTFE 分子链被打断,生成新的基团,并伴随有极少量 C—O 键的生成。通过计算 PTFE 表面的元素含量

(表 2.2.2),可以发现,原子氧辐照前后材料表面的 C、F 相对含量变化不大,C/F 比基本保持在 1/2,只是辐照之后材料表面出现了极少量的 O 元素。综上所述可知,原子氧辐照导致 PTFE 分子链发生断裂(如 C—C 键的断裂),生成易挥发的 C_nF_m 物质,因为原子氧具有很强的碰撞动能,其对 PTFE 的侵蚀机制主要是碰撞诱导降解(通过分子链断裂方式),而不是通过化学作用导致降解(通过形成含 O 易挥发性物质)[50]。图 2.2.11 所示为 PTFE 在原子氧辐照前后的 XRD 谱,可以看出原子氧辐照导致 PTFE 结晶度的降低,并且随着原子氧辐照时间的增加,结晶度进一步降低。这也说明 PTFE 材料的结构在原子氧辐照过程中发生了变化。

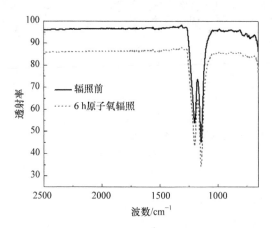

图 2.2.9　原子氧辐照前后 PTFE 表面的 FTIR-ATR 谱

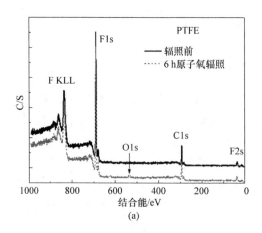

(a)

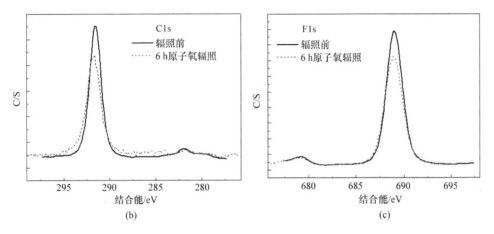

图 2.2.10 原子氧辐照前后 PTFE 的全谱(a)和 C1s(b)及 F1s(c)精细谱

表 2.2.2 原子氧辐照前后样品表面元素相对含量的变化

试样	元素相对含量/%(原子分数)		
	C	F	O
辐照前	32.8	67.2	—
6 h 原子氧辐照	32.5	66.9	0.6

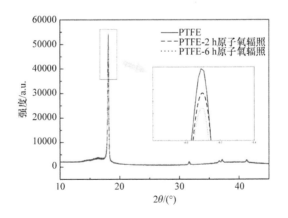

图 2.2.11 原子氧辐照前后 PTFE 的 XRD 谱

通过考察 PTFE 在原子氧辐照前后的表面形貌(图 2.2.12),可以看出,PTFE 的表面在辐照之前表现出相对平滑的形貌特征,并分布一些颗粒状物质,这是在材料制备烧结过程中形成的微凸体;而原子氧辐照之后,PTFE 表面表现为粗糙状形貌特征,当辐照时间较短时,表面表现为轻微侵蚀形貌,微凸体减少,当辐照时间增加时,表面形成微孔结构,随着辐照时间的增加,微孔逐渐增大,最终形成"蜂窝"状形貌,这是因为原子氧辐照侵蚀导致 PTFE 分子链断裂,生成易挥发的产物损失掉了[50],加上原子氧具有一定的动能,对材料具有掏蚀作用,导致材料形成"蜂窝"状形貌。另外,考察了 PTFE 在不同辐照时间之后的质量损失(图 2.2.13),表明 PTFE 的质量损失随原子氧辐照时间的增加表现为线性增大的趋势。

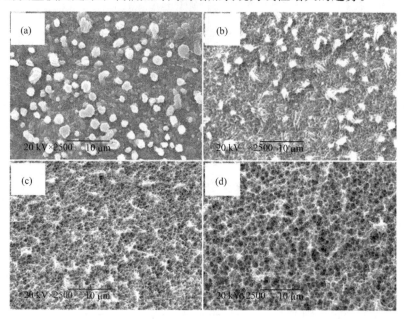

图 2.2.12　PTFE 在原子氧辐照前(a)后((b)2 h,(c)4 h,(d)6 h)的表面形貌

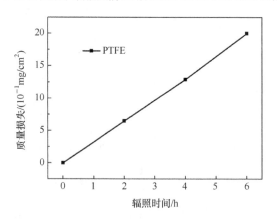

图 2.2.13　PTFE 在原子氧辐照之后的质量损失

2.2.2.2　辐照前后的摩擦磨损特性

图 2.2.14 给出了不同时间原子氧辐照前后 PTFE 的摩擦系数和磨损率。可

以看出,原子氧辐照导致 PTFE 的摩擦系数稍微增大,且随着辐照时间的增加,摩擦系数也随之缓慢增加(图 2.2.14(a)),经过原子氧辐照 6 h 之后,PTFE 的摩擦系数由辐照前的 0.14 增加到 0.17。辐照之后,PTFE 的摩擦系数虽然有所增加,但仍然保持较低值,这是因为辐照导致材料分子链的破坏,但仍然保持其基本构型。由辐照前后材料的摩擦系数随摩擦时间的变化(图 2.2.15)可知,辐照之后材料在摩擦过程的初始摩擦系数有较大的增加,这可能是由材料的表面形貌和结构的变化引起的。通过考察 PTFE 在辐照前后的磨损率(图 2.2.14(b)),可知原子氧辐照导致 PTFE 磨损率增大。辐照前 PTFE 的磨损率为 1.47×10^{-3} mm^3/(N·m),当辐照时间为 2 h 时,材料的磨损率明显增大(2.31×10^{-3} mm^3/(N·m)),随着辐照时间的增加,磨损率缓慢增加(原子氧辐照 6 h 后:2.49×10^{-3} mm^3/(N·m))。磨损率在辐照之后增大,这是因为原子氧导致材料分子链的断裂降解,同时表面的"蜂窝"状形貌使表面变得疏松,这些因素降低了材料的抗剪切能力,降低了材料的抗磨性。

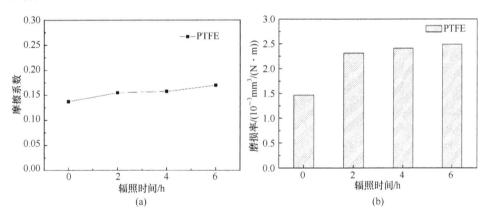

图 2.2.14　PTFE 在原子氧辐照前后的摩擦系数(a)和磨损率(b)(0.5 N,0.063 m/s)

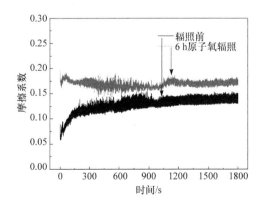

图 2.2.15　PTFE 在原子氧辐照 6 h 前后的摩擦系数随摩擦时间的变化(0.5 N,0.063 m/s)

　　图 2.2.16 给出了 PTFE 在原子氧辐照 6 h 前后的磨痕形貌、对偶钢球上的磨屑和转移膜。发现辐照前后材料均以黏着磨损为主，磨痕表现为黏着现象和塑性变形(图 2.2.16(a)，(d))。辐照之后对偶钢球上的磨屑较辐照前增多(图 2.2.16(b)，(e))，这是因为辐照之后材料表面的抗剪切性能降低，导致材料表面容易被剪切破坏，这与材料的磨损率结果一致。材料的转移膜在辐照前后都表现为均匀的形貌特征(图 2.2.16(c)，(f))，这是因为材料的分子结构在辐照之后还保持了原有的基本构型。

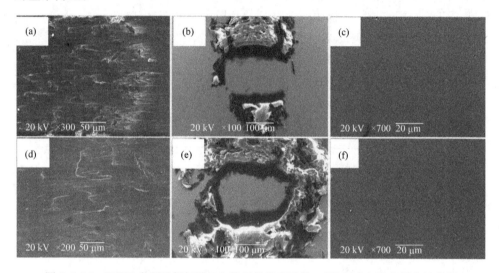

图 2.2.16　PTFE 在原子氧辐照 6 h 前后的磨痕形貌、对偶钢球上的磨屑和转移膜
(a)和(d)、(b)和(e)、(c)和(f)分别为辐照前后的磨痕形貌、磨屑和转移膜

2.3　耐原子氧聚合物复合材料的研究

2.3.1　Al_2O_3/PI 复合材料

　　氧化铝(Al_2O_3)颗粒增强复合材料具有质量轻、比强度和比刚度高、耐高温性能好、抗磨性卓越等特点。研究发现，Al_2O_3 填充改性材料有助于提高材料的摩擦学性能[51-53]。另外，Al_2O_3 还可以增强材料的耐原子氧性能，减小原子氧对材料的侵蚀和破坏作用[54,55]。

2.3.1.1　表面结构的变化

　　图 2.3.1 给出了 PI 和 3‰Al_2O_3/PI 复合材料在原子氧辐照 4 h 前后的 FTIR-ATR 谱。从中可以看出，原子氧辐照后 PI 和 3‰Al_2O_3/PI 的复合材料的红外特

征吸收峰都有明显的降低。这一结果表明,即使在 PI 中引入 Al_2O_3 后,原子氧还是会对 PI 的分子结构中的酰亚胺环和芳环结构产生一定程度上的侵蚀破坏[45-47]。从图 2.3.1(b)还可以看出,3% Al_2O_3/PI 复合材料位于 $650\sim900$ cm^{-1} 的谱峰的相对强度在原子氧辐照之后有所增强,并形成了宽峰。这是因为,在原子氧辐照过程中,复合材料表面的 PI 基体材料首先被氧化降解,之后 Al_2O_3 被暴露在材料表面并形成富含 Al_2O_3 的表面层。

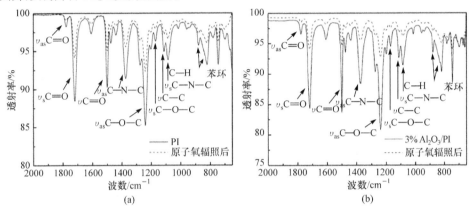

图 2.3.1　PI(a)和 3% Al_2O_3/PI(b)在原子氧辐照 4 h 前后的 FTIR-ATR 谱

表 2.3.1 给出了 PI 和 5% Al_2O_3/PI 复合材料的表面元素在原子氧辐照前后的相对含量。结果显示,材料表面 C 元素的相对含量在原子氧辐照之后有所降低,纯 PI 和 5% Al_2O_3/PI 复合材料的 C 元素的相对含量分别从辐照前的 75.6% 和 73.7% 降低到辐照之后的 69.0% 和 65.9%,同时,O 元素的相对含量从辐照前的 20.1% 和 20.4% 增加到辐照之后的 22.9% 和 24.5%。这说明材料表面发生了氧化现象,在辐照过程中,C—O、C—N 和 C—C 等化学键被原子氧碰撞断裂[49]。C 原子会生成 CO 和 CO_2 等小分子产物而损失[56,57],导致材料表面 C 元素相对含量降低,O 元素相对含量增加。对于 5% Al_2O_3/PI 复合材料,Al 的相对含量在原子氧辐照之后明显增加,说明 Al_2O_3 在材料表面富集,这与 FTIR-ATR 的测试结果一致。

表 2.3.1　原子氧辐照前后材料表面元素的相对含量

样品	元素相对含量/%(原子分数)			
	C	N	O	Al
PI 辐照前	75.6	4.3	20.1	—
PI 辐照后	69.0	8.1	22.9	—
5% Al_2O_3/PI 辐照前	73.7	5.6	20.4	0.3
5% Al_2O_3/PI 辐照后	65.9	7.6	24.5	2.0

聚合物材料的空间摩擦学

图 2.3.2 所示的是 PI 材料和 5% Al_2O_3/PI 复合材料的 C1s XPS 谱的分解谱图,从图中可以看出所有 C1s 谱可以分解为 3 个独立谱,这 3 个分解谱分别对应于不同的 C 键环境:①芳香环基团中的 C 原子;②C—N 和 C—O 基团中的 C 原子;③羰基(C=O)基团中的 C 原子[58]。3 种成分的含量如表 2.3.2 和表 2.3.3 所示。通过比较 PI 和 5% Al_2O_3/PI 复合材料在原子氧辐照前后的结果,可以发现对应于 C—N/C—O 和 C=O 基团谱峰的半高全宽增大,对应于这些基团的 C 含量增加,这说明 PI 基体在原子氧辐照过程中遭到侵蚀,并产生了更多的含 O 基团。另外,5% Al_2O_3/PI 复合材料对应的不同 C 基团含量在原子氧辐照之后的变化较小,这是因为在材料表面形成的富含 Al_2O_3 的表面层具有抗辐照性能[59,60]。

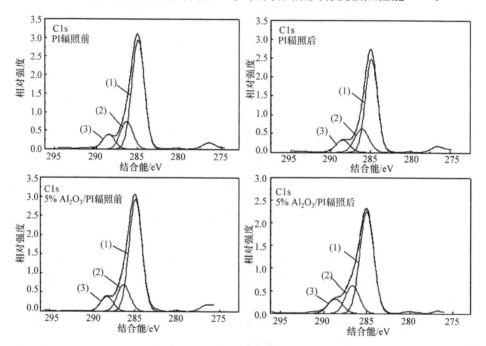

图 2.3.2　PI 和 5% Al_2O_3/PI 复合材料在原子氧辐照前后的 C1s XPS 谱

表 2.3.2　PI 材料的 C1s XPS 分解谱结果

分解谱	辐照前			辐照 4 h 后		
	结合能 /eV	FWHM /eV	相对含量 /%	结合能 /eV	FWHM /eV	相对含量 /%
芳香环基团中的 C 原子	284.94	1.5	72	284.90	1.5	68
C—N 和 C—O 基团中的 C 原子	286.32	1.5	18	286.10	1.8	21
C=O 基团中的 C 原子	288.50	1.5	10	288.50	1.7	11

表 2.3.3 5%Al$_2$O$_3$/PI 材料的 C1s XPS 分解谱结果

分解谱	辐照前			辐照 4h 后		
	结合能 /eV	FWHM /eV	相对含量 /%	结合能 /eV	FWHM /eV	相对含量 /%
芳香环基团中的 C 原子	284.90	1.5	73	285.00	1.6	70
C—N 和 C—O 基团中的 C 原子	286.30	1.5	17	286.65	1.6	19
C=O 基团中的 C 原子	288.30	1.5	10	288.64	1.7	11

2.3.1.2 表面形貌和质量损失率

图 2.3.3 给出了 PI 复合材料在原子氧辐照前后的表面形貌。原子氧辐照之前,纯 PI 和 PI 复合材料的表面形貌相对平滑(图 2.3.3(a),(c),(e),(g))。但是在原子氧辐照之后,材料表面表现出不同的形貌特征,材料表面遭受严重的侵蚀,转变为"绒毯"状形貌(图 2.3.3(b),(d),(f),(h))。表面形貌的变化主要是由原子氧的碰撞动能作用和氧化特性造成的,在原子氧辐照的过程中,材料表面的 PI 基体会生成 CO 和 CO$_2$ 等易挥发产物逸出材料表面[48,56,57]。同时也会生成非易失性产物(小分子量聚合物颗粒物、填料氧化物等),并保留在材料的表面上。对于 Al$_2$O$_3$ 填充的复合材料,材料表面的 PI 基体分子链首先被破坏降解,填料 Al$_2$O$_3$ 与低分子量 PI 一起被保留下来,造成了复合材料表面形成了颗粒状产物。所有这些作用造成了材料表面形貌的变化。图 2.3.4 给出了不同复合材料在原子氧辐照 4 h 之后的质量损失,与纯 PI 相比,Al$_2$O$_3$ 填充的复合材料在原子氧辐照之后的质量损失减少,说明 Al$_2$O$_3$ 填充可以明显提高 PI 材料的抗原子氧性能[59,60]。

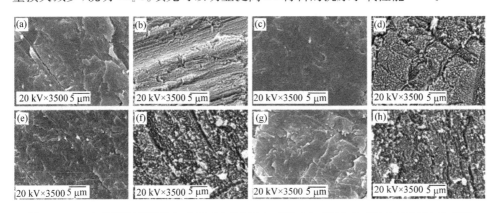

图 2.3.3 4 h 原子氧辐照前((a)PI,(c)1%Al$_2$O$_3$/PI,(e)3%Al$_2$O$_3$/PI,(g)5%Al$_2$O$_3$/PI)
后((b)PI,(d)1%Al$_2$O$_3$/PI,(f) 3%Al$_2$O$_3$/PI,(h)5%Al$_2$O$_3$/PI)材料的表面形貌

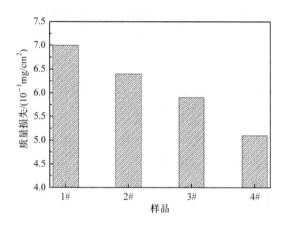

图 2.3.4　材料在原子氧辐照 4 h 之后的质量损失
1#:PI,2#:1%Al₂O₃/PI,3#:3%Al₂O₃/PI,4#:5%Al₂O₃/PI

2.3.1.3　辐照前后 Al₂O₃/PI 的摩擦磨损特性

图 2.3.5 给出了 PI 复合材料在原子氧辐照 4 h 前后的摩擦系数和磨损率。可以看出,除了 1% Al₂O₃填充的复合材料的摩擦系数有所增加外,其他复合材料的摩擦系数随着 Al₂O₃含量的增加而减小(图 2.3.5(a))。原子氧辐照之后,复合材料的摩擦系数相对于辐照前的材料有所降低,特别是纯 PI 和 1%Al₂O₃填充的复合材料,其摩擦系数有明显的减小,这可能是由于在辐照过程中生成的小分子物质起到了润滑剂的作用[49]。但是原子氧辐照对 3%和 5% Al₂O₃填充的复合材料的摩擦系数的影响较小。从图 2.3.5(b)可以看出,随着 Al₂O₃含量的增加,复合材料

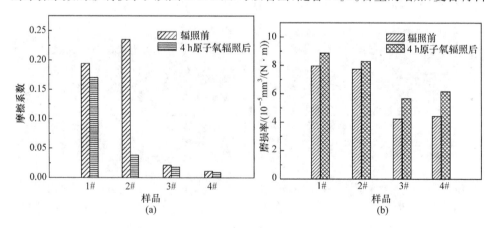

图 2.3.5　PI 复合材料在原子氧辐照 4 h 前后的摩擦系数(a)和磨损率(b)(1N,0.063 m/s)
1#:PI,2#:1%Al₂O₃/PI,3#:3%Al₂O₃/PI,4#:5%Al₂O₃/PI

的磨损率先减小后增加,3%Al$_2$O$_3$填充的复合材料的磨损率有明显减小,当 Al$_2$O$_3$含量继续增加时,材料的磨损率又有所增加。原子氧辐照之后,材料的磨损率较辐照前有所增加,说明原子氧的侵蚀作用降低了材料的耐磨性。值得一提的是,当填充 3% Al$_2$O$_3$时,复合材料在原子氧辐照前后具有较好的耐磨性。综上可知,填充适量的 Al$_2$O$_3$可以提高 PI 材料的抗原子氧性能,同时可以提高材料在原子氧环境中的摩擦学性能。

图 2.3.6 和图 2.3.7 分别给出了纯 PI 和 3%Al$_2$O$_3$/PI 复合材料在原子氧辐照前后的磨痕形貌,原子氧辐照之前,PI 材料的磨痕形貌表现出明显的黏着和塑性变形(图 2.3.6(a)),而 3%Al$_2$O$_3$/PI 复合材料的磨痕形貌表现出相对光滑的形貌(图 2.3.7(a)),这与 Al$_2$O$_3$填充可以增强 PI 材料的抗磨性相一致。原子氧辐照之后,纯 PI 材料的磨痕形貌表现出严重的犁沟现象和擦伤(图 2.3.6(b))。与之不同的是,3%Al$_2$O$_3$填充的 PI 复合材料在原子氧辐照之后的磨痕出现轻微的断裂(图 2.3.7(b)),相对于辐照前,材料的磨损率有所增加,但相对于纯 PI 材料,Al$_2$O$_3$填充可使 PI 复合材料的抗磨性增大。因此,适量的 Al$_2$O$_3$填充可以增强材料在原子氧环境中的摩擦学性能。

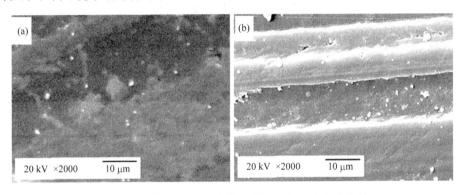

图 2.3.6　纯 PI 在原子氧辐照前(a)后(b)的磨痕形貌

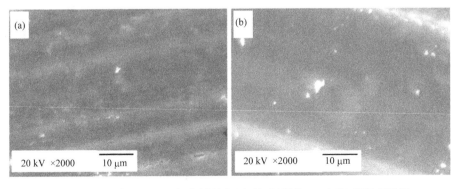

图 2.3.7　3%Al$_2$O$_3$/PI 复合材料在原子氧辐照前(a)后(b)的磨痕形貌

2.3.2　ZrO₂/PI 复合材料

氧化锆(ZrO₂)是一种多功能材料,具有独特的电、热、力等方面的性能。目前关于 ZrO₂ 无机纳米粒子掺杂改性的 PI 复合材料的介电性能和摩擦学性能的研究很多,但是关于其抗原子氧的研究较少[61]。本书实验在 PI 中通过湿法共混的方式引入了纳米 ZrO₂,探索纳米 ZrO₂ 含量和材料的耐原子氧性能及摩擦磨损性能之间的关系。所用的纳米 ZrO₂ 的形貌见图 2.3.8。

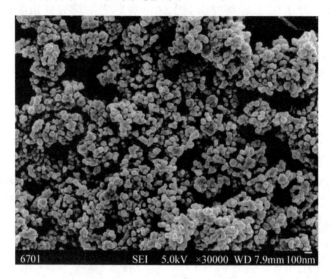

图 2.3.8　纳米 ZrO₂ 的形貌

2.3.2.1　辐照前后 ZrO₂/PI 的表面结构变化和质量损失

图 2.3.9 给出了原子氧辐照前后 PI 及其复合材料表面的 FTIR-ATR 谱图。从中可以看出,原子氧辐照后 PI 和 ZrO₂/PI 的复合材料的红外特征吸收峰都有明显的降低。这一结果表明了,即使在 PI 中引入 ZrO₂ 后,原子氧还是会对 PI 的分子结构中的酰亚胺环和芳环结构产生一定程度的侵蚀破坏。

原子氧对 PI 结构的破坏作用主要是氧化侵蚀作用。这种氧化侵蚀使得分子链被剪断氧化成可挥发的低分子量产物,溢出材料表面从而造成了质量损失,并且对材料的表面形貌产生一定的影响[62,63]。图 2.3.10 给出了原子氧辐照造成的 PI 和 ZrO₂/PI 复合材料的质量损失率的变化。从中可以看出,ZrO₂ 的引入明显地减低了质量损失率,而且随着 ZrO₂ 含量的增加,质量损失率明显降低。因此,虽然原子氧对 ZrO₂/PI 复合材料的分子链也造成一定程度的破坏,但是聚合物中 ZrO₂ 的存在提高了聚合物材料耐原子氧侵蚀的能力。实验进一步用 SEM 观察了原子氧

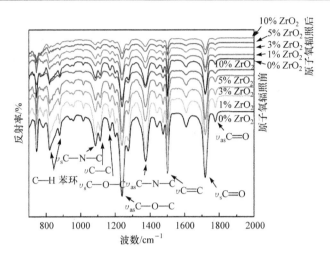

图 2.3.9 原子氧辐照前后 PI 及其复合材料表面的 FTIR-ATR 谱图

辐照对材料表面形貌的侵蚀,结果如图 2.3.11 所示。从图中可以看出,辐照前 PI 和 ZrO$_2$/PI 复合材料的表面都比较光滑。经过原子氧辐照后,材料表面呈现绒毯状,而且随着纳米 ZrO$_2$ 含量的增加,表面变得更加无序和粗糙,绒毯状表面上出现了一些蓬松的鳞片状结构。这主要是由于复合材料表面的 PI 分子结构被侵蚀后,对原子氧呈惰性的纳米氧化锆在表面上形成了一层保护层以阻止原子氧对 PI 的进一步侵蚀作用[64]。

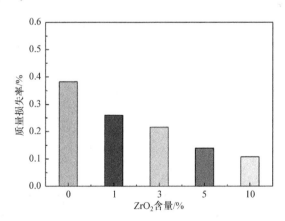

图 2.3.10 原子氧辐照造成的 PI 和 ZrO$_2$/PI 复合材料的质量损失率

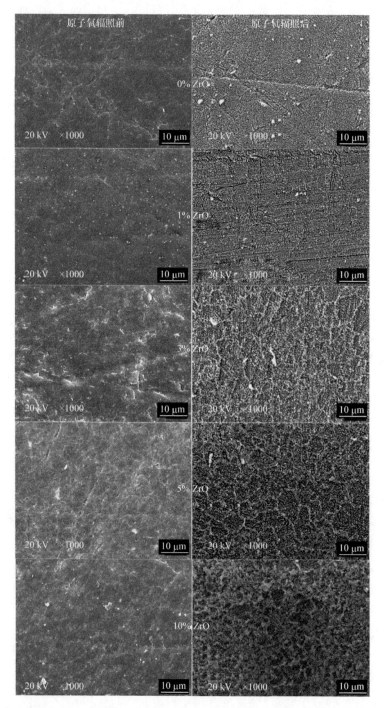

图 2.3.11　原子氧辐照前后 PI 和 ZrO_2/PI 复合材料的 SEM 图

2.3.2.2　辐照前后 ZrO_2/PI 的摩擦磨损特性

图 2.3.12 给出了原子氧辐照前后 PI 及其复合材料的摩擦系数和变化率。对比图中数据,发现随着纳米 ZrO_2 含量的增加,摩擦系数逐渐降低。这说明了在 PI 中引入纳米 ZrO_2 可降低 PI 材料的摩擦系数,这一结果与文献中的结果相一致[61]。原子氧辐照后,PI 的摩擦系数减小,而含纳米 ZrO_2 的复合材料的摩擦系数增大。分析原因,PI 摩擦系数的降低是由于原子氧对 PI 表面的氧化降解;而 ZrO_2/PI 的摩擦系数的升高是由于复合材料被原子氧氧化侵蚀后在表面生成了氧化层[62]。在实际的空间应用中,航天器摩擦副材料摩擦系数的稳定性对航天器的寿命是至关重要的[65]。因此,实验中还比较了 PI 及其复合材料在经过原子氧辐照前后的摩擦系数的变化率(图 2.3.12(b)),从中可以看出 1%ZrO_2/PI 复合材料的摩擦系数在原子氧辐照前后呈现出最低的变化率。这说明了 1%ZrO_2/PI 在原子氧辐照环境中具有最稳定的摩擦系数。

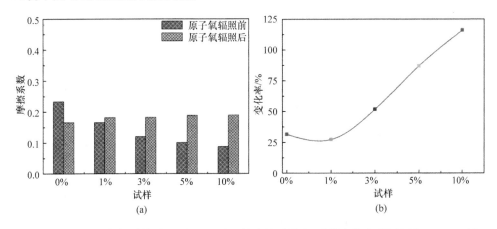

图 2.3.12　原子氧辐照前后 PI 和 ZrO_2/PI 的摩擦系数(a)及其变化率(b)(2 N,0.126 m/s)

图 2.3.13 给出了原子氧辐照前后 PI 及其复合材料的磨损率和变化率。分析图中数据可知,在 PI 中引入纳米 ZrO_2 会使材料的摩擦系数稍有增加,而且随纳米 ZrO_2 含量的增加,磨损率逐渐增加。经过原子氧辐照后 PI 和 ZrO_2/PI 的磨损率都有所增大,这主要是因为原子氧辐照引起了材料表面的降解。从图中还可以看出,辐照前后 1%ZrO_2/PI 的磨损率具有最低的变化率。这说明 1%ZrO_2/PI 在辐照环境具有最稳定的磨损性能。图 2.3.14 给出了 PI 和 ZrO_2/PI 复合材料磨痕的表面形貌。未辐照的 PI 和 ZrO_2/PI 复合材料磨痕表面形貌比辐照后的粗糙;而且随着 ZrO_2 含量的增加,表面的磨屑增多,表面由黏着和塑性变形逐渐转变成犁沟和撕裂。辐照后磨痕表面呈现出更深的犁沟和更严重的撕裂,这说明辐照加重了对材料的摩擦,这一现象与前面的辐照后更高的摩擦系数和磨损率的结果相一致。

而且还可以看出 $1\%ZrO_2/PI$ 复合材料辐照前后的磨痕形貌呈现出比较小的变化,这同样对应其低的摩擦系数和磨损率的变化率。这些结果表明,辐照前随着 ZrO_2 的引入,材料的磨损机理由黏着磨损逐渐转变成磨粒磨损。辐照后主要是磨粒磨损,而原子氧辐照后生成的 ZrO_2 的保护层增大了材料的摩擦系数和磨损率。

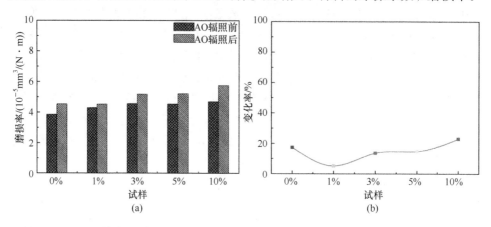

图 2.3.13　原子氧辐照前后 PI 和 ZrO_2/PI 的磨损率(a)及其变化率(b)(2 N,0.126 m/s)

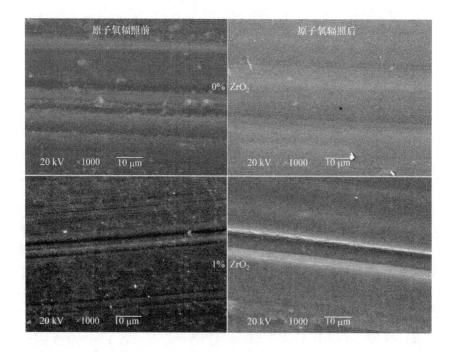

图 2.3.14　原子氧辐照前后 PI 和 ZrO₂/PI 复合材料磨痕的 SEM 图

2.3.3　MoS₂/PI 复合材料

　　二硫化钼(MoS_2)由于结构和电子组态的特殊性而被广泛用作空间固体润滑剂,特别适用于高温高压环境,它被誉为"高级固体润滑油王"。使用 MoS_2 润滑剂可以彻底消灭漏油,节省大量的润滑油脂,减小机械磨损,延长摩擦设备的使用寿命,减少设备零件的损耗,并具有防潮、防水、防碱、防酸等特性。但是在空间原子氧环境下,MoS_2 润滑膜被氧化为高摩擦系数和高磨损率的 MoO_3,导致润滑性能下降,甚至消失[66,67]。本小节中通过湿法共混的方式将 MoS_2 引入 PI 中得到复合材料,揭示原子氧辐照对 MoS_2/PI 复合材料表面性质的影响机理,阐明复合材料的摩擦磨损性能在原子氧环境中的变化规律。

2.3.3.1 辐照前后 MoS_2/PI 的表面性质

图 2.3.15 给出了原子氧辐照前后 PI 和 15% MoS_2/PI 材料表面的 FTIR-ATR 谱图。通过比较可以看出,原子氧辐照之后,PI 和 15% MoS_2/PI 材料表面树脂基体 PI 的位于 1776 cm^{-1} (υ_{as} C=O),1720 cm^{-1} (υ_s C=O),1500 cm^{-1} (υ C=C),1373 cm^{-1} (υ C—N—C) 和 1239 cm^{-1} (δ_{as} C—O—C) 的特征吸收峰强度明显减弱,这说明酰亚胺环和苯环结构遭到了一定程度的破坏[45-47]。从图 2.3.15(b) 可以看出,对于 15% MoS_2/PI 复合材料,原子氧辐照之后,在 690～1000 cm^{-1} 范围内出现 MoO_3 的特征宽峰,与原吸收峰叠加从而使峰值增强。这是因为,辐照之后材料表面 PI 分子被氧化降解,更多 MoS_2 暴露在表面,然后 MoS_2 被氧化为 MoO_3[68],使 MoO_3 在材料表面富集。在辐照过程中,复合材料与原子氧的作用是复杂的,PI 分子链结构降解为小分子物质,同时释放出易挥发产物,如 CO 和 CO_2[48,56,57]。聚合物的降解反应来自于原子氧碰撞动能和氧化特性。

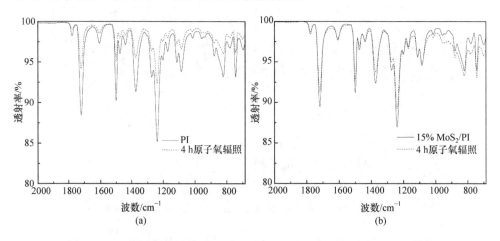

图 2.3.15 原子氧辐照前后 PI 和 15% MoS_2/PI 表面的 FTIR-ATR 谱图

表 2.3.4 给出了辐照前后材料表面元素相对含量的变化。可以看出,原子氧辐照之后,碳的相对含量明显减少。这说明,材料表面发生了氧化降解,聚合物分子链被破坏并生成低分子量物质,进而被氧化为易挥发的碳氧化合物[48,56,57]。同时,材料在辐照过程中结合的氧的量大于放出的氧的量,生成富含氧的基团,表面氧含量增加[11]。另外,复合材料在辐照之前 Mo 和 S 的相对含量比(Mo/S)约为 1/2,而在原子氧辐照之后,Mo/S 比明显增大,这是因为,在辐照的过程中,随着表面聚合物的氧化降解,MoS_2 逐渐暴露在表面,并被氧化为 MoO_3[68],形成富含 Mo 元素的表面层,这与 FTIR-ATR 的结果是一致的。

表 2.3.4　原子氧辐照前后材料表面元素相对含量的变化

样品	元素相对含量/%(原子分数)			
	C	O	Mo	S
PI 辐照前	79.0	21.0	—	—
PI 辐照后	68.9	31.1	—	—
5% MoS₂/PI 辐照前	79.8	17.9	0.8	1.5
5% MoS₂/PI 辐照后	67.4	28.0	2.9	1.7
10% MoS₂/PI 辐照前	79.2	16.5	1.3	3.0
10% MoS₂/PI 辐照后	57.6	34.9	4.6	2.9
15% MoS₂/PI 辐照前	67.4	23.7	2.9	6.0
15% MoS₂/PI 辐照后	50.2	38.3	9.8	1.7

图 2.3.16 给出了原子氧辐照前后,15% MoS₂/PI 复合材料表面元素的 XPS 谱。可以看出,原子氧辐照之后,C1s 和 S2p 的 XPS 谱强度明显降低,说明在辐照过程中,材料表面的 C 和 S 被氧化为易挥发产物,如 CO、CO₂、SO 和 SO₂ 等[48,56,57,69-71],并溢出材料表面;S2p 谱线在 169.6 eV 处出现新峰,这可能是 S 被氧化为 SO_4^{2-} 所致[41]。O1s 和 Mo3d 的 XPS 谱强度明显增加,这是原子氧辐照使材料表面发生了氧化降解,Mo 元素在材料表面富集。同时,原子氧辐照之后,O1s 和 Mo3d 的峰值有明显的位移。对于 O1s 的谱峰,辐照前为位于 532.0 eV 的酰亚胺羰基(C=O)峰和位于 533.6 eV 的醚键(C—O—C)峰的叠加;辐照之后位于 533.6 eV 的谱明显减弱,这是因为原子氧辐照容易破坏 C—O—C 键,而整个谱向低结合能方向偏移,这应归因于新的氧化物的生成。对于 Mo3d 谱,其双峰从 229.0 eV 和 232.2 eV 移动到 232.5 eV 和 235.7 eV(229.0 eV 和 232.5 eV 属于 Mo3d5/2;232.2 eV 和 235.7 eV 属于 Mo3d3/2),移动幅度约为+3.5 eV,说明 MoS₂ 被氧化成 MoO₃[69-71]。另外,从图 2.3.16 还可看出,C1s 和 O1s 谱峰有所展宽,说明材料表面被氧化生成低分子量物质和新的含氧键。

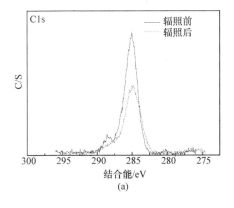

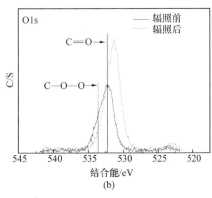

(a)　　　　　　　　　　　　　　　　(b)

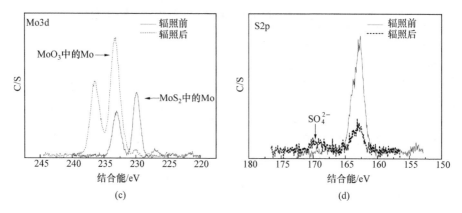

图 2.3.16　原子氧辐照前后 15%MoS$_2$/PI 表面(a)C1s,
(b)O1s,(c)Mo3d 和(d)S2p 的 XPS 谱

　　图 2.3.17 给出了原子氧辐照前后复合材料的表面形貌。从图中可以看出,辐照前复合材料表面相对平滑,辐照之后材料表面发生了明显的氧化降解,失去了其原有的形貌特征。这是因为,在辐照过程中,由于原子氧的撞击侵蚀和氧化作用,聚合物被降解为低分子量物质,同时生成易挥发物质溢出材料表面。而随着辐照剂量的增加,材料表面形成"绒毯"状形貌。由图 2.3.17(b)～(e)可以看出,随着 MoS$_2$

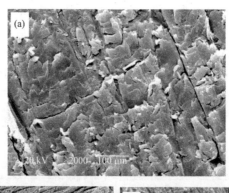

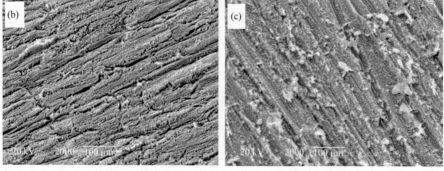

图 2.3.17　原子氧辐照前(a)和辐照后((b)PI,(c)5% MoS_2/PI,
(d)10% MoS_2/PI,(e)15% MoS_2/PI)复合材料的表面形貌

含量的增加,在相同的辐照条件下,材料表面形成的颗粒状物增加,并黏附在材料表面上。在辐照过程中,最表层的聚合物首先被氧化降解,更多 MoS_2 暴露在表面,并被原子氧氧化为 MoO_3[69-71],形成富含 MoO_3 的表面层,阻止了原子氧对材料的进一步侵蚀,在一定程度上起到了抗原子氧作用。

2.3.3.2　辐照对 MoS_2/PI 摩擦磨损性能的影响

图 2.3.18 给出了原子氧辐照前后 MoS_2/PI 复合材料的摩擦系数及磨损率。从图 2.3.18(a)可以看出,辐照前后材料的摩擦系数都随着 MoS_2 含量的增加而降低。辐照前,MoS_2 含量为 5% 和 10% 的复合材料的摩擦系数相对于 PI 减小不明显,当含量增加到 15% 时,摩擦系数有明显的减小;辐照之后,与 PI 材料相比,填充 MoS_2 的复合材料的摩擦系数减小,且不同 MoS_2 含量的复合材料的摩擦系数相差不大。另外,比较相同 MoS_2 含量的材料在辐照前后的摩擦系数可以看出,除了原子氧对 15% MoS_2/PI 的摩擦系数影响不大之外,辐照使其他三种材料的摩擦系数都有不同程度的减小。材料的摩擦系数在辐照之后减小,可能是由于材料表面的氧化降解形成的小分子物质在一定程度上起到了润滑作用[49]。从图 2.3.18(b)可以看出,原子氧辐照明显增大了纯 PI 的磨损率,添加 5% 和 10% MoS_2 的复合材料的磨损率在原子氧辐照后有所降低,当 MoS_2 含量增大到 15% 时,原子氧辐照增大了复合材料的磨损率,但仍远小于纯 PI 在原子氧辐照之后的磨损率。以上磨损率的变化趋势说明,MoS_2 填充 PI 复合材料的磨损率受原子氧辐照的影响较纯 PI 小,其原因在于复合材料的耐原子氧性能较纯 PI 有所提高。而复合材料磨损率的变化与复合材料表面 MoS_2 润滑剂的化学状态及其与基体之间的黏结程度有关。

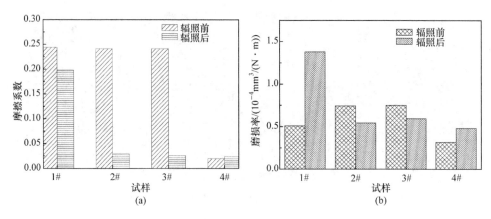

图 2.3.18　材料的摩擦系数(a)和磨损率(b)(2 N,0.063 m/s)
1♯:PI;2♯:5%MoS₂/PI;3♯:10%MoS₂/PI;4♯:15%MoS₂/PI

图 2.3.19 和图 2.3.20 给出了原子氧辐照前后 PI 和 15%MoS₂/PI 的磨损表面形貌。从图 2.3.19 可以看出,PI 在辐照前表现为黏着磨损和塑性变形(图 2.3.19(a)),在辐照之后表现出擦伤(图 2.3.19(b)),这与磨损率的变化趋势是一致的,其原因在于原子氧造成的 PI 表面的剥蚀降低了其抵抗对偶剪切和擦伤的能力。与纯 PI 的磨痕相比,15% MoS₂/PI 复合材料的磨痕仍以黏着为主,表面打磨产生的犁沟仍然存在(图 2.3.20(a)),而原子氧辐照后,复合材料的磨痕较平滑,原子氧辐照形成的侵蚀表面形貌基本被磨掉(图 2.3.20(b))。如前所述,复合材料表面部分 MoS₂固体润滑剂的氧化降低了其润滑性能[69],而原子氧剥蚀产生的低分子量物质可能起到一定程度的润滑作用[49],同时,原子氧剥蚀造成填料与基体间黏结强度的减弱,以上因素的综合作用使得复合材料的磨损率表现出如图 2.3.18 所示的变化趋势。

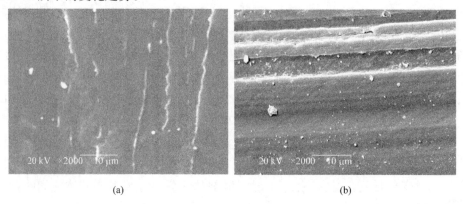

图 2.3.19　原子氧辐照前(a)后(b)纯 PI 材料磨损的 SEM 照片

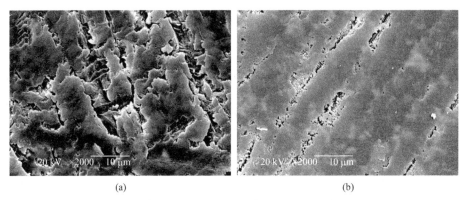

(a)　　　　　　　　　　　　　　(b)

图 2.3.20　原子氧辐照前(a)后(b) 15％MoS₂/PI 材料磨损的 SEM 照片

2.3.4　GF/MoS₂/PTFE 复合材料

2006 年,NASA 公布了其国际空间站聚合物腐蚀与污染实验的结果[72]。该实验通过将 41 种不同的聚合物材料置于国际空间站表面,考察上述聚合物长期暴露于低地球轨道环境中的腐蚀情况。该计划于 2001 年开始实行,经过近 4 年的考察,于 2005 年结束。考核的聚合物涵盖了目前航天器制造中已经广泛使用的材料。测试结果表明含氟的聚合物的原子氧侵蚀率相对较低。PTFE 是航天器上常用的一种聚合物材料。PTFE 具有抗酸抗碱、抗各种有机溶剂的特点,几乎不溶于任何溶剂。同时,PTFE 具有耐高温的特点,它的摩擦系数极低,所以可作为润滑材料[73-78]。但由于其尺寸稳定性差、导热性能差、蠕变大、硬度低,尤其是在高载荷下易磨损,所以它在机械承载、摩擦磨损和密封润滑等领域的应用受到限制[53]。

为了拓展 PTFE 的应用领域,需要对其填充改性。即利用填充粒子硬度大、耐磨、尺寸稳定、导热性好等优点来改善 PTFE 的缺陷。常用的填充粒子包括纤维、纳米氧化物、青铜粉、石墨、炭黑、各种陶瓷粉,以及一些耐高温有机物等[54,55]。在 PTFE 中加入纤维可以大幅度提高材料的抗压强度、拉伸强度等机械性能。加入石墨、MoS₂、铜粉等固体润滑剂,可以明显改善复合材料的润滑性能和力学性能。玻璃纤维(GF)是一种性能优异的无机非金属材料,它是由熔融的玻璃经快速拉伸后冷却所形成的纤维状物质。玻璃纤维的主要成分是二氧化硅、氧化铝、氧化钙、氧化硼、氧化镁、氧化钠等。与其他纤维相比,玻璃纤维不会与原子氧发生反应[79]。本小节中选用玻璃纤维和二硫化钼作为填充粒子,比较原子氧辐照对单独填充和共同填充的 PTFE 复合材料的影响。

2.3.4.1　辐照对 GF/MoS₂/PTFE 的表面性质的影响

图 2.3.21 给出了 15％GF/15％MoS₂/PTFE 复合材料在原子氧辐照 6 h 前后的 XPS 谱,从图中可以看出,在原子氧辐照之前,复合材料的 XPS 谱主要包括位

于～292 eV 的 C1s 谱峰和位于～689 eV 的 F1s 谱峰,表现出 PTFE 的特征峰,这是因为,填充材料被包覆在 PTFE 基体材料中,表面主要表现的是 PTFE 的结构。在原子氧辐照之后,PTFE 的特征峰强度减弱,在～531 eV 和～232 eV 的位置出现强峰,这两个峰分别对应于 O1s 和 Mo3d。辐照之后出现新峰是因为原子氧辐照使 PTFE 分子链断裂降解,表面 PTFE 降解损失,然后 MoS_2 被暴露在材料表面,在辐照的过程中,MoS_2 会被氧化生成 MoO_3[68,70],另一方面,GF 也会暴露在材料表面。而在前面对纯 PTFE 进行研究时发现,原子氧辐照对 PTFE 主要是碰撞侵蚀作用,氧化侵蚀作用很小。因此辐照后 15%GF/15%MoS_2/PTFE 复合材料的 O 峰主要归因于 MoO_3 和 GF。通过计算 15%GF/15%MoS_2/PTFE 复合材料表面的元素含量(表 2.3.5),发现在原子氧辐照之后,材料表面的 O 和 Mo 含量明显增加,MoS_2 中的 S 在辐照的过程中被氧化生成挥发性物质而损失掉[68,70]。

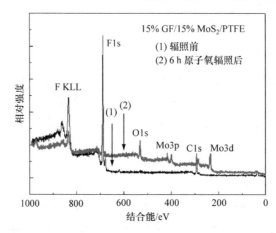

图 2.3.21　15%GF/15%MoS_2/PTFE 复合材料在原子氧辐照 6 h 前后的 XPS 谱

表 2.3.5　原子氧辐照 6 h 前后 15%GF/15%MoS_2/PTFE 表面元素相对含量的变化

试样	元素相对含量/%(原子分数)					
	C	F	O	Si	S	Mo
辐照前	32.27	66.53	0.76	0.29	0.10	0.04
6 h 原子氧辐照后	31.26	45.20	17.45	0.96	0.16	4.97

　　通过考察不同填充改性的 PTFE 复合材料在原子氧辐照前后的表面形貌(图 2.3.22),可以看出 PTFE 复合材料的表面在辐照之前都表现出相对平滑的形貌特征(图 2.3.22(a)～(c)),并分布有一些颗粒状物质,这是在材料制备烧结过程中形成的微凸体,对于有 GF 填充的复合材料,GF 被包覆在聚合物基体中。对于不同的填充改性 PTFE 复合材料,它们在原子氧辐照之后表现出不同的形貌特征。对于 15%GF/PTFE 复合材料,原子氧导致 PTFE 降解,部分 GF 完全暴露在

材料表面(图 2.3.22(d));对于 15%MoS$_2$/PTFE 复合材料,PTFE 首先被降解,使 MoS$_2$ 暴露在材料表面并被氧化为 MoO$_3$[70],MoO$_3$ 富集层可以在一定程度上阻止原子氧对材料的降解作用,材料表面形成大量颗粒状物质(图 2.3.22(e));对于 15% GF/15%MoS$_2$/PTFE 复合材料,由于生成 MoO$_3$ 的保护作用,GF 被部分地暴露在表面,相对于 15%GF/PTFE 复合材料,其暴露程度降低(图 2.3.22(f))。另外,考察不同的 PTFE 复合材料在不同辐照时间之后的质量损失(图 2.3.23),可以看出,15% GF/PTFE 复合材料的质量损失随辐照时间的增加呈线性增大的趋势,但相对于纯 PTFE,其质量损失减小;随着辐照时间的增加,15%MoS$_2$/PTFE 和 15%GF/15% MoS$_2$/PTFE 复合材料的质量损失明显减小,这归因于生成 MoO$_3$ 的抗原子氧性能,其中 15%GF/15%MoS$_2$/PTFE 复合材料的质量损失最小。

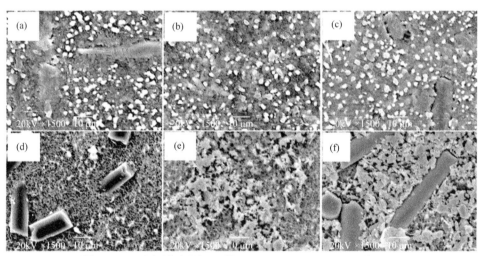

图 2.3.22　原子氧辐照 6 h 前((a)GF,(b)MoS$_2$,(c)GF/MoS$_2$)
后((d)GF,(e)MoS$_2$,(f)GF/MoS$_2$)的表面形貌

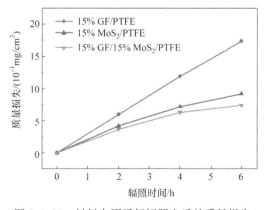

图 2.3.23　材料在原子氧辐照之后的质量损失

2.3.4.2　辐照前后 $GF/MoS_2/PTFE$ 的摩擦磨损特性

图 2.3.24 给出了不同时间原子氧辐照前后各 PTFE 复合材料的摩擦系数和磨损率变化。由图可见,原子氧辐照导致各 PTFE 复合材料的摩擦系数和磨损率产生一定的变化,对于 15%GF/PTFE 复合材料,除了原子氧辐照 4 h 之后摩擦系数有所降低之外,其他原子氧辐照导致复合材料摩擦系数稍微增加(图 2.3.24 (a)),从其摩擦系数随摩擦时间的变化,可以看出原子氧辐照导致复合材料初始时刻的摩擦系数明显增大(图 2.3.25(a)),这是因为辐照导致 PTFE 基体材料降解,GF 暴露在材料表面,因此初始时刻的摩擦发生在对偶钢球与 GF 之间,因此摩擦系数较高,随着摩擦的进行,基体 PTFE 会在 GF 上形成润滑膜,因此摩擦系数随后降低并达到稳定值。复合材料的磨损率随辐照时间的增加而降低,这是因为在摩擦的过程中,暴露的 GF 被嵌入基体,增加了材料的承载能力和抗剪切能力,提高了材料的抗磨性。对于 $15\%MoS_2/PTFE$ 复合材料,其摩擦系数随辐照时间的增加而增大(图 2.3.24(a)),与纯 PTFE 的摩擦系数相近。辐照之后,其初始时刻的摩擦系数也有所增加(图 2.3.25(b)),这是由材料表面形貌和结构变化所致。辐照之后材料的磨损率变化较小,这是因为 MoS_2 被氧化生成的 MoO_3 起到了保护作用,材料基本保持了辐照前的耐磨性。对于 $15\%GF/15\%MoS_2/PTFE$ 复合材料,材料综合了 GF 和 MoS_2 对材料的增强作用,材料的摩擦系数在辐照之后表现出较好的稳定性(图 2.3.24(a)),辐照之后的初始摩擦系数只有较小的变化(图 2.3.25(c)),材料的磨损率在辐照之后明显降低,并随辐照时间的增加而减小(图 2.3.24(b)),所有这些性能应归因于 GF 的承载和抗剪切的作用以及 MoS_2 对材料的保护和抗原子氧辐照的作用协同影响的结果。综上所述,GF 和 MoS_2 共同填充改性可以很好地提高 PTFE 复合材料在原子氧辐照之后的摩擦学特性。

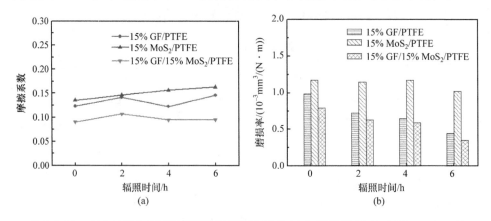

图 2.3.24　复合材料在原子氧辐照前后的摩擦系数(a)和磨损率(b)(0.5 N,0.063 m/s)

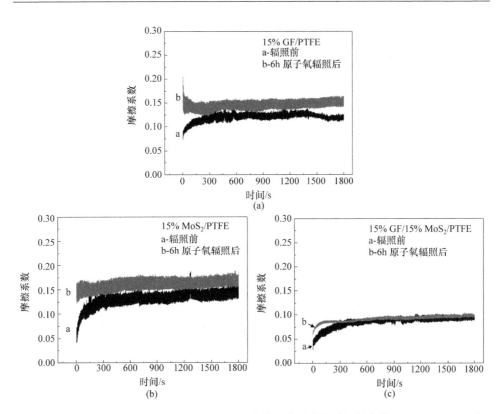

图 2.3.25 复合材料在原子氧辐照 6 h 前后的摩擦系数随摩擦时间的变化(0.5 N,0.063 m/s)

图 2.3.26 给出了各种复合材料在原子氧辐照 6 h 前后的磨痕形貌、对偶钢球上的磨屑和转移膜,可以看出,15%GF/PTFE 复合材料在辐照前后的磨痕内有较多的 GF(图 2.3.26(a)、(d)),黏着和塑性变形是主要的磨损形式,辐照之后对偶钢球上的磨屑减少(图 2.3.26(b)、(e)),转移膜都较均匀,辐照之后 GF 引起的犁沟较辐照前明显(图 2.3.26(c)、(f))。对于 15%MoS$_2$/PTFE 复合材料,辐照前后的磨痕形貌、磨屑和转移膜没有明显的变化,磨痕内黏着现象减小,对偶钢球上的磨屑都较多,转移膜均匀光滑(图 2.3.26(g)、(h)、(i)、(j)、(k)、(l))。对于 15%GF/15%MoS$_2$/PTFE 复合材料,相对于辐照之前,辐照之后的磨痕内除了表现为光滑形貌,还明显嵌有 GF(图 2.3.26(m)、(p)),其承载性、抗剪切性和耐磨性增加,因此对偶钢球上的磨屑在辐照之后明显减少(图 2.3.26(n)、(q)),对应于材料的磨损率在辐照之后明显地减小,辐照前后的转移膜都较均匀光滑(图 2.3.26(o)、(r))。

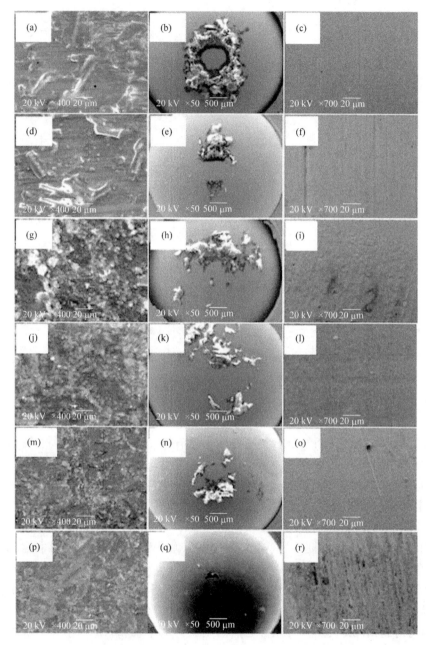

图 2.3.26　材料在原子氧辐照 6 h 前后的磨痕形貌、对偶钢球上的磨屑和转移膜

(a)、(b)、(c)为 15%GF/PTFE 辐照前；(d)、(e)、(f)为 15%GF/PTFE 辐照后；(g)、(h)、(i)为 15%MoS$_2$/PTFE 辐照前；(j)、(k)、(l)为 15%MoS$_2$/PTFE 辐照后；(m)、(n)、(o)为 15%GF/15%MoS$_2$/PTFE 辐照前；(p)、(q)、(r)为 15%GF/15%MoS$_2$/PTFE 辐照后的磨痕形貌(左列)、磨屑(中列)和转移膜(右列)

2.3.5　GF/Al$_2$O$_3$/PTFE 复合材料

2.3.5.1　辐照前后 GF/Al$_2$O$_3$/PTFE 的表面性质

图 2.3.27 给出了 15%GF/10%Al$_2$O$_3$/PTFE 复合材料在原子氧辐照 6 h 前后的 FTIR-ATR 谱,可以看出,位于 1201 cm^{-1} 和 1145 cm^{-1} 的特征峰(分别对应于 CF$_2$ 的对称和不对称伸缩振动峰[80])峰值在原子氧辐照之后明显降低,同时波数范围为 650~900 cm^{-1} 的宽峰峰值强度明显增强,这个宽峰位置对应于 Al$_2$O$_3$ 的特征峰。因此可以推断,材料表面的 PTFE 基体材料在原子氧辐照过程中首先被侵蚀降解,同时生成挥发性物质从材料表面逸出,导致样品表面材料损失,之后 Al$_2$O$_3$ 被暴露在材料表面,形成富含 Al$_2$O$_3$ 的表面层。图 2.3.28 给出了 15%GF/10%Al$_2$O$_3$/PTFE 复合材料在原子氧辐照 6 h 前后的 XPS 谱,从图中可以看出,在原子氧辐照之前,复合材料的 XPS 谱主要包括位于 ~292 eV 的 C1s 谱峰和位于 ~689 eV 的 F1s 谱峰,表现出的是 PTFE 的特征峰,这是因为填充材料被包覆在 PTFE 基体材料中,表面主要表现的是 PTFE 的结构。在原子氧辐照之后,PTFE 的特征峰强度急剧减弱,同时在 ~531 eV,~103 eV,~120 eV 和 ~73 eV 的位置出现新的峰值,这些峰分别对应于 O1s,Si2p,Al2s 和 Al2p 的特征峰。辐照之后出现新峰,这是因为,原子氧辐照使 PTFE 分子链断裂降解,导致表面 PTFE 降解损失[50],然后 Al$_2$O$_3$ 被暴露在材料表面,另外 GF 也会暴露在材料表面。出现的 O 峰主要归因于 Al$_2$O$_3$ 和 GF。通过计算 15%GF/10%Al$_2$O$_3$/PTFE 复合材料表面的元素含量(表 2.3.6),发现在辐照之后,材料表面 Al 和 O 的相对含量明显增加,说明形成了富含 Al$_2$O$_3$ 的表面层。这与 FTIR-ATR 的表征结果相一致。

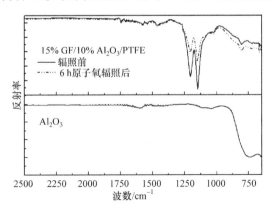

图 2.3.27　原子氧辐照 6 h 前后 15%GF/10%Al$_2$O$_3$/PTFE 的 FTIR-ATR 谱

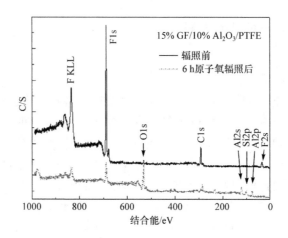

图 2.3.28　原子氧辐照 6 h 前后 15％GF/10％Al$_2$O$_3$/PTFE 复合材料的 XPS 谱

表 2.3.6　原子氧辐照 6 h 前后 15％GF/10％Al$_2$O$_3$/PTFE 表面元素相对含量的变化

试样	元素相对含量/%（原子分数）				
	C	F	O	Al	Si
辐照前	31.5	64.5	2.1	1.2	0.7
6 h 原子氧辐照后	26.3	19.6	29.7	14.8	9.6

　　通过考察不同填充改性的 PTFE 复合材料在原子氧辐照前后的表面形貌（图 2.3.29），可以看出，PTFE 复合材料的表面在辐照之前都表现出相对平滑的形貌特征（图 2.3.29(a)～(c)），与前面所述的纯 PTFE 材料和 PTFE 复合材料一样，表面也分布有一些颗粒状物质，这是在材料制备烧结过程中形成的微凸体，GF 被包覆在聚合物基体中，GF 表面也包覆了一层聚合物基体材料。对于不同含量 Al$_2$O$_3$ 填充改性的 PTFE 复合材料，它们在原子氧辐照之后表现出基本相似的形貌特征，只是被侵蚀的程度有所不同，其表面表现为松散状形貌，但与 15％GF/15％MoS$_2$/PTFE 复合材料相比，其暴露出来的 GF 表面仍然覆盖一层 Al$_2$O$_3$/PTFE 复合材料（图 2.3.29(d)～(f)），说明 Al$_2$O$_3$ 具有比 MoS$_2$ 更好的抗原子氧侵蚀的能力。通过考察不同含量 Al$_2$O$_3$ 填充改性的 PTFE 复合材料在不同辐照时间之后的质量损失（图 2.3.30），可以看出，复合材料的质量损失随辐照时间的增加呈非线性增大的趋势，在较大的辐照剂量条件下质量损失逐渐变得平稳，这归因于形成的富含 Al$_2$O$_3$ 的表面层具有抗原子氧性能[59]，保护基底材料免受原子氧的持续侵蚀，其中 15％GF/10％Al$_2$O$_3$/PTFE 复合材料的质量损失最小，而当填充 Al$_2$O$_3$ 的含量增大到 15％时，材料的质量损失又有所增加，这是因为 Al$_2$O$_3$ 含量太高会导致 Al$_2$O$_3$ 与 PTFE 基体的黏结性降低，质量损失增加。综上也可看出填充适量的 Al$_2$O$_3$，PTFE 复合材料具有比 MoS$_2$ 复合材料更好的抗原子氧性能。

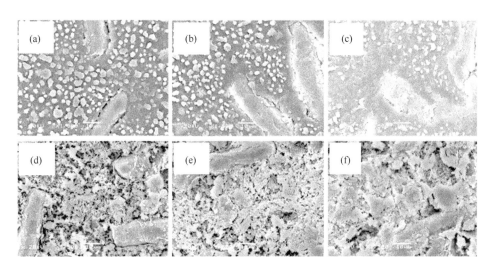

图 2.3.29 原子氧辐照 6 h 前((a)5%Al$_2$O$_3$,(b)10%Al$_2$O$_3$,(c)15%Al$_2$O$_3$)后((d)5%Al$_2$O$_3$,
(e)10%Al$_2$O$_3$,(f)15%Al$_2$O$_3$)的表面形貌

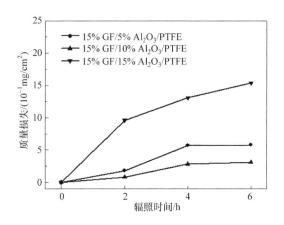

图 2.3.30 材料在原子氧辐照之后的质量损失

2.3.5.2 辐照前后 GF/Al$_2$O$_3$/PTFE 的摩擦磨损特性

图 2.3.31 给出了不同时间原子氧辐照前后各 PTFE 复合材料的摩擦系数和
磨损率变化。由图可见,原子氧辐照导致各 PTFE 复合材料的摩擦系数和磨损率
产生一定的变化,材料在原子氧辐照之后的摩擦系数都有一定程度的增加,这主要
是因为辐照导致材料表面形貌和结构的变化,另外,辐照之后材料表面 Al$_2$O$_3$ 含量
增加和 GF 暴露,PTFE 聚合物基体含量减少,所有这些原因共同作用致使材料表
面润滑性能降低,摩擦系数增大。另外,随着 Al$_2$O$_3$ 含量的增加,材料在原子氧辐
照之后的摩擦系数增大,特别是含量为 15% Al$_2$O$_3$ 的 PTFE 复合材料的摩擦系数

在原子氧辐照之后增大最明显,并明显大于其他含量的复合材料的摩擦系数(图 2.3.31(a))。原子氧辐照对复合材料的磨损率有较大的影响,对于 5% Al_2O_3的 PTFE 复合材料,磨损率随辐照时间的增加有少量的减小,这是因为材料表面Al_2O_3含量增加,材料的抗磨性增大;对于 10% Al_2O_3 的 PTFE 复合材料,其磨损率在原子氧辐照之后有较大幅度的降低,并随辐照时间的增加而降低,这是因为填充 10%Al_2O_3,材料的表面抗磨性在辐照之后有较大程度的增加,同时 Al_2O_3 与基体聚合物还保持较好的黏结性[81],表现为增强剂的作用,有效地提高了材料的抗磨性[81];对于 15% Al_2O_3 的 PTFE 复合材料,在较短时间原子氧辐照之后,Al_2O_3 与聚合物基体有较好的黏结性,材料表面的 Al_2O_3 含量有助于材料抗磨性的增加,当经过较长时间原子氧辐照之后,材料表面的 Al_2O_3 含量增加,与基体聚合物黏结性降低,Al_2O_3 表现为磨损作用,材料的抗磨性降低[81],因此材料的磨损率在长时间原子氧辐照之后又有所增加(图 2.3.31(b))。

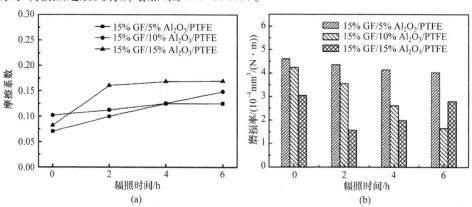

图 2.3.31　复合材料在原子氧辐照前后的摩擦系数(a)和磨损率(b)(0.5 N,0.063 m/s)

图 2.3.32 给出了不同 PTFE 复合材料在原子氧辐照 6 h 前后的磨痕形貌、对偶钢球上的磨屑和转移膜,可以看出,材料在辐照之前的磨痕都较平滑(图 2.3.32(a),(g),(m)),而辐照之后磨痕表面变得粗糙,这是因为辐照导致材料表面降解,变成松散状形貌,在摩擦过程中,这种松散状物被碾压黏附在磨痕表面,形成粗糙状磨痕表面(图 2.3.32(d),(j),(p)),对应于辐照之后材料摩擦系数的增加。对于 5%Al_2O_3填充改性的复合材料,其对偶钢球上的磨屑较多(图 2.3.32(b),(e)),对应于较大的磨损率,而 10%Al_2O_3 和 15%Al_2O_3 的复合材料的对偶钢球上的磨屑较少,对应于较低的磨损率。填充 5%Al_2O_3 的复合材料的转移膜表现为均匀光滑(图 2.3.32(c),(f)),因此材料的摩擦系数较低,而填充 10%Al_2O_3 和 15%Al_2O_3 的复合材料的转移膜失去均匀性,因此其摩擦系数较大,特别是 15%Al_2O_3 的复合材料在原子氧辐照之后较难形成转移膜,因此其摩擦系数在原子氧辐照之后明显增大。

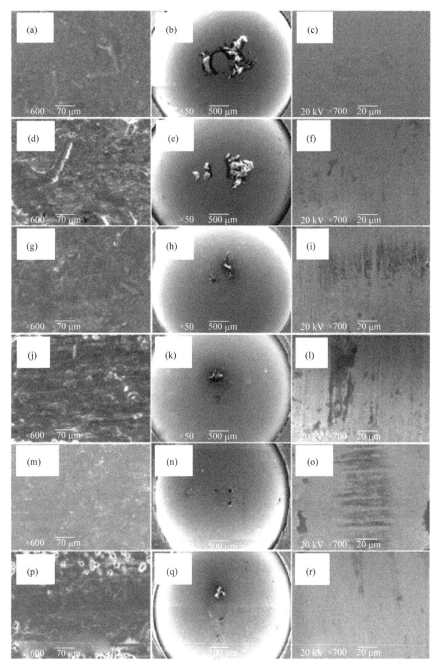

图 2.3.32　材料在 6 h 原子氧辐照前后的磨痕形貌、对偶钢球上的磨屑和转移膜

(a)～(c)为 5％Al₂O₃辐照前；(d)～(f)为 5％Al₂O₃辐照后；(g)～(i)为 10％Al₂O₃辐照前；(j)～(l)为
10％Al₂O₃辐照后；(m)～(o)为 15％Al₂O₃辐照前；(p)～(r)为 15％Al₂O₃辐照后的磨痕形貌(左列)、磨
屑(中列)和转移膜(右列)

2.4　耐原子氧杂环聚合物的研究

低地球轨道环境中原子氧辐照对聚合物材料的性能产生不同程度的破坏甚至失效,从而大大降低了这些材料的空间服役时间[82,83]。无机填料纳米颗粒的加入,在提高材料的抗原子氧性能的同时也不同程度地降低了该材料的机械性能[30,34]。耐原子氧性能的涂层由于与基底的热膨胀系数不同,长时间处在温差相差极大的空间环境中时,涂层与基底之间将发生断裂、分层等[84,85]。原子氧很容易从裂缝中渗入基体内部导致"掏蚀"现象,由此产生的应力集中会使得材料的拉伸强度和伸长率明显降低[86]。聚芳酰胺(aromatic polyamide,PA)凭借其优异的热稳定性、机械性能,以及突出的化学稳定性等特点成为空间环境中不可或缺的高性能聚合物[43,87]。本节介绍通过原位合成的方法直接合成含磷聚芳酰胺无机-有机杂环聚合物材料,借助于原子氧地面模拟设备考察原子氧对聚芳酰胺薄膜性能的影响,并较为深入地探讨其侵蚀机理。

2.4.1　含磷聚芳酰胺的制备

聚芳酰胺的合成如图 2.4.1 所示,并将其分别命名为 PA-1 和 PA-2。然后将合成的聚芳酰胺溶解在 N-甲基吡咯烷酮(NMP)中形成黏稠状液体。采用滴涂的方式得到聚芳酰胺的薄膜材料,并且对合成的薄膜材料进行了红外检测。图 2.4.2 是 PA-1 和 PA-2 的傅里叶红外光谱图(FTIR),特征吸收峰均已在图中标出。由该图可以看出,因两种聚芳酰胺的特征官能团相同,所得红外光谱的峰形大致相同。在 3300 cm^{-1} 处的宽峰以及 1529 cm^{-1} 的吸收峰分别表示 N—H 的伸缩和弯曲振动吸收峰,1670 cm^{-1} 波长处的吸收峰归属为酰胺键中 C≕O 的伸缩振动特征峰,这两种特征吸收峰的存在表明该材料已经发生了聚合反应。1247 cm^{-1} 和 1437 cm^{-1} 分别代表 P≕O 和的 P—Ph 的伸缩振动,为含磷聚芳酰胺(PA-2)的特征吸收[88]。综上所述,由红外光谱图中特征峰的显示可以更加确定聚芳酰胺的结构。

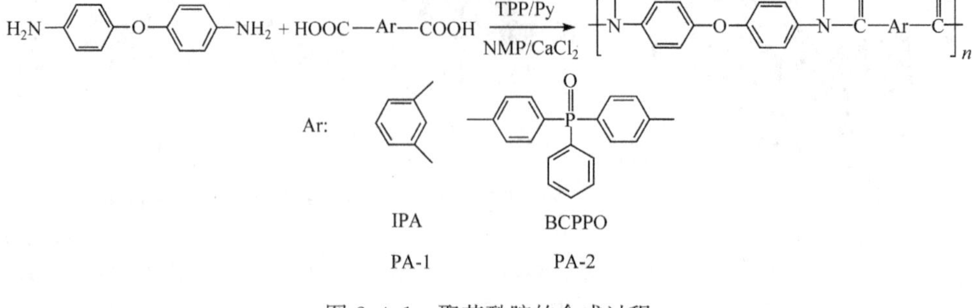

图 2.4.1　聚芳酰胺的合成过程

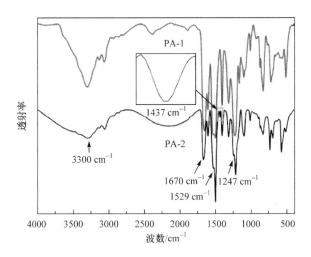

图 2.4.2　PA-1 和 PA-2 两种聚合物的红外光谱图

2.4.2　辐照前后薄膜的表面性质

为了考察聚芳酰胺薄膜在原子氧辐照 0 h,2 h,4 h 以及 6 h 时表面元素的百分含量以及所处能量状态的变化,对这两种材料分别进行了 XPS 表征。从表 2.4.1 中比较不同辐照时间下各元素的百分含量变化,可以明显地看出,原子氧辐照 2 h 后,PA-1 和 PA-2 表面的 C 元素含量均明显降低,与此同时 O 元素和 N 元素的含量均有不同程度的升高。然而,随着辐照时间的延长,发现每种元素的含量变化虽按之前的趋势发展,但变化的幅度没有辐照 2 h 时明显。这是因为原子氧辐照时,材料表面在原子氧作用下发生氧化反应并生成了挥发性气体(如 CO、CO_2 等)从表面脱除,从而使得 C 元素含量降低,O 元素含量增加。辐照 2 h 后,材料表面发生的化学反应达到动态平衡,从而材料表面的元素含量变化幅度不很明显。

表 2.4.1　不同辐照时间聚芳酰胺表面元素的百分含量变化

样品		氧浓度/%				
		0 h	2 h	4 h	6 h	理论值
PA-1	C1s	75.8	55.21	52.87	49.8	76.92
	O1s	18.34	38.43	40.52	41.65	15.38
	N1s	5.86	6.36	6.61	8.55	7.70
PA-2	C1s	74.69	38.12	32.8	31.71	76.34
	O1s	18.82	38.3	41.43	41.38	12.72
	N1s	4.79	9.88	11.34	14.1	4.77
	P2p	1.71	13.7	14.43	12.81	6.16

图 2.4.3 为含磷聚芳酰胺所含四种元素的 XPS 精细谱图,将 C 元素的结合能定标在 285.0 eV,观察 O,N,P 三种元素在原子氧辐照前后的峰形和峰位变化。可以看出,三种元素的峰均变宽而且都表现出不同程度的向高结合能方向的偏移,结合能的变化以及峰形变宽说明原子氧在薄膜表面吸附时发生了氧化反应[89]。原子氧辐照前,O 元素的结合能在 532.0 eV 仅有一个,为聚合物中的双键氧(C=O或 P=O)。辐照 6 h 后,发现 O 元素的峰分裂为两个,说明双键氧在原子氧的作用下部分被破坏生成了结合能在 532.8 eV 的单键氧。PA-2 聚合物的苯氧磷基团中 P 的结合能为 132.2 eV,辐照后偏移到 134.3 eV 为聚磷酸酯中 P 的结合能[90]。从表 2.4.1 中可以发现,辐照 6 h 后材料表面 P 元素的百分含量从最初的1.71 ％上升为 12.81 ％,远远超过了理论含量 6.16 ％,表明在材料表面形成了富磷层。结合之前的分析说明材料表面形成了聚磷酸酯富集层。辐照前,聚芳酰胺表面的 N 元素只有一种化合价,即酰胺基团中的氮结合能为 400.1 eV。辐照后,N 元素部分向高结合能位移产生新的化合价,说明 PA-2 在原子氧的作用下酰胺键被部分破坏,从而形成一种新的氮的氧化态[84]。

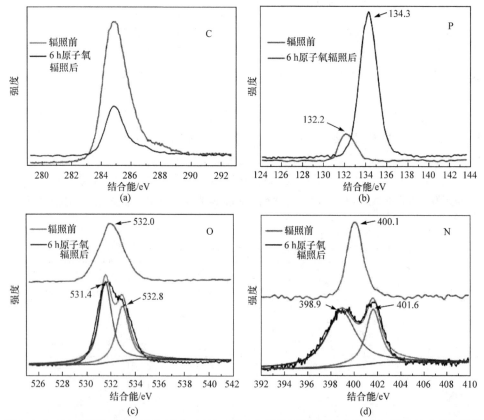

图 2.4.3　PA-2 四种元素((a)C,(b)P,(c)O,(d)N)在原子氧辐照前和辐照 6 h 后的 XPS 精细谱图

　　由 XPS 的结果推测,在原子氧作用下分子链中的苯氧磷(PPO)基团容易发生氧化反应形成磷酸酯的结构,同时有形成聚磷酸酯的趋势。随着原子氧对聚合物的侵蚀,P 元素在聚合物表面逐渐富集,聚磷酸酯的链段不断扩张,最终形成一层网状聚磷酸酯结构。当原子氧沿着网眼处"掏蚀"时,下层的 PPO 基团便被暴露到表面,进而与表面的聚磷酸酯网连接在一起,起到了修补网眼的作用,从而聚磷酸酯网络越来越致密,保护到底层材料不受原子氧的进一步侵蚀[90],图 2.4.4 为聚磷酸酯形成过程的示意图。

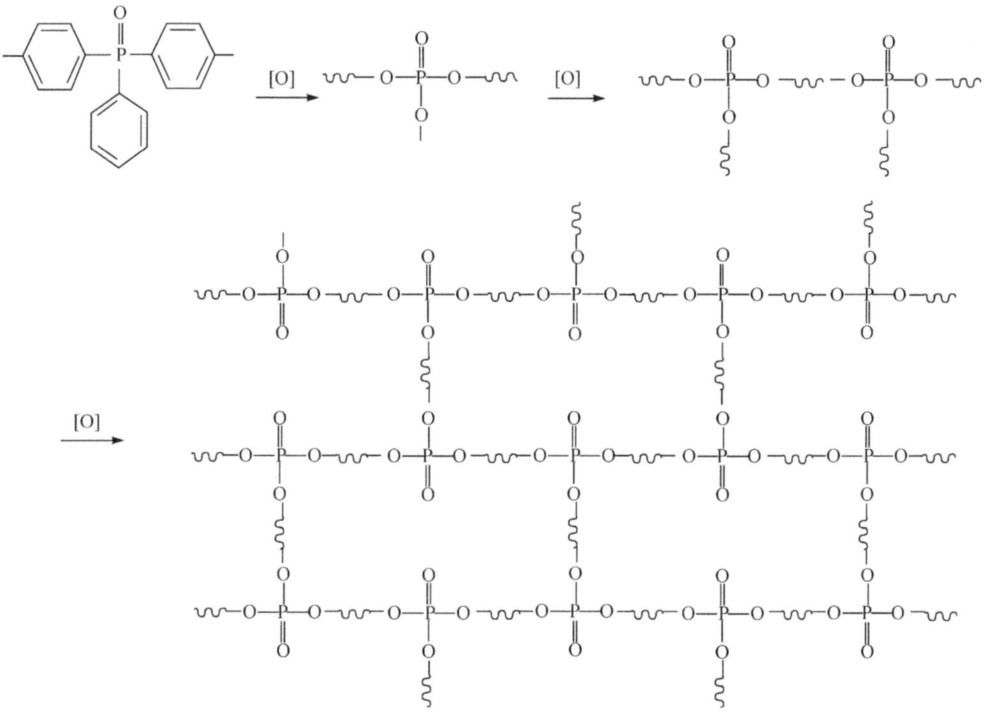

图 2.4.4　含有苯氧磷基团聚合物抗原子氧保护层形成示意图

　　图 2.4.5 为两种聚芳酰胺薄膜在不同原子氧辐照时间时单位面积上的质量损失。可以明显看出,普通型的 PA-1 在原子氧辐照后质量损失比较大,几乎呈线性趋势发展,在辐照 6 h 后单位面积上的质量损失为 0.49 mg。与此同时,相对于 PA-1 含苯氧磷基团的 PA-2 表现出明显低的质量损失率。6 h 的原子氧辐照后,PA-2 的质量损失仅为 0.15 mg/cm^2,只占 PA-1 总质量损失的 30.6%。另外,PA-2 的质量损失曲线可分为两个部分,在最初的辐照阶段表现出相对较高的质量损失率,这是因为,在原子氧辐照初期,材料表面首先形成大量的可挥发性气体,如 CO 和 CO_2[63]。在随后的辐照时间内,PA-2 的质量损失变得相对平缓,主要就是因为原子氧辐照过程中形成的无机聚磷酸酯表层保护了基底材料不受破坏而降低

了材料的质量损失。

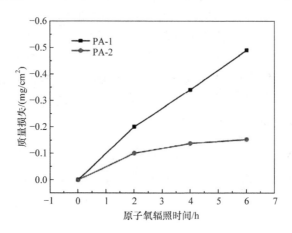

图 2.4.5　不同时间原子氧辐照时 PA-1 和 PA-2 单位面积上的质量损失

　　为了更直观地观察 PA-1 和 PA-2 在原子氧辐照过程中的表面形貌变化情况，分别对其进行了电镜扫描，所得的 SEM 照片如图 2.4.6 所示。可明显看到，辐照前两种材料的表面都相对平整(图 2.4.6(a)和(b))，然而在原子氧环境中辐照不同时间后，所有材料表面都呈现出不同程度的破坏。PA-1 薄膜的表面剥蚀较为严重，原子氧辐照 2 h 后，PA-1 表面便形成了类似于地毯状的形貌(图 2.4.6(d))。随着辐照时间的增加，表面被侵蚀得更加严重，辐照 4 h 时表面已经形成了大量的沟壑和突起，而且沟壑底部还疏松多孔，这是由原子氧对表面进行"掏蚀"以及其与有机聚合物反应生成挥发性的氧化物从中逸出导致的。辐照 6 h 后，材料表面大面积的突起部分已被破坏而成为树根状结构(图 2.4.6(h))。与 PA-1 相比，辐照后 PA-2 仍有一个相对较为平整的表面，只是延长辐照时间，PA-2 的表面有微量的侵蚀，形貌变化不是很明显。聚磷酸酯的保护作用使得材料受破坏程度不如 PA-1 严重[91]，这一现象与之前提到的材料在不同辐照时间下的质量损失趋势是一致的。

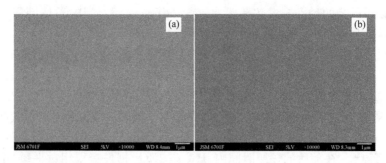

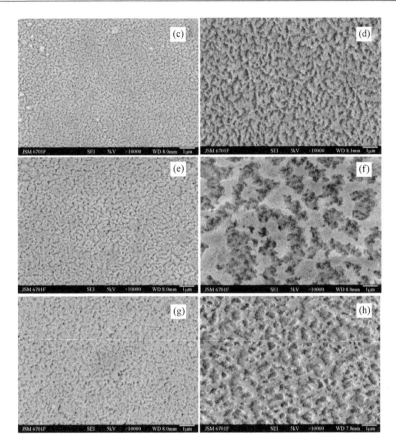

图 2.4.6　PA-1 和 PA-2 在原子氧辐照不同时间时的 SEM 图片

PA-2 ((a)0 h、(c)2 h、(e)4 h、(g)6 h)和 PA-1((b)0 h (d)2 h、(f)4 h、(h)6 h)

2.4.3　辐照前后薄膜的光学性能、力学性能和摩擦学性能

　　辐照不同时间后,薄膜表面都呈现出不同程度的"雾化"现象,可直观地看出透光率随辐照时间的延长有一定程度的下降。材料受到原子氧的侵蚀,表面变得粗糙,从而影响了薄膜的透光性。因此,采用紫外分光光度计对薄膜的透光性进行测试,得到的结果如图 2.4.7 所示。取波长为 450 nm 处的透光率作为对比点,并将未辐照时的聚芳酰胺薄膜的透光率定为 100%。我们可以清楚地看到,随着辐照时间的增加,PA-1 的透光率急剧下降,辐照 6 h 时,PA-1 的相对透光率仅为 10%,归因于材料表面形成了较厚的雾化层,从而明显降低材料的透光率。其实质是因为材料表面严重破坏,这一现象我们从 SEM 图片中可以清楚地看到。相比之下,PA-2 在长时间辐照之后仍保持高的透光率,而且两种聚芳酰胺的透光率之差随着辐照时间的增加而越大。普通型聚芳酰胺 PA-1 材料无法应用到空间环境领域,相比之下,含磷的 PA-2 却可以对自身材料起到很好的保护作用。

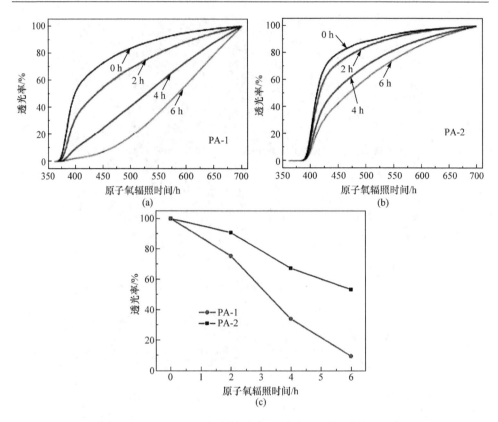

图 2.4.7　PA-1 和 PA-2 在不同原子氧辐照时间时的透光率

　　正如之前所说,含苯基氧化磷的聚合物具有很好的抗原子氧性能,为了进一步证明,对 PA-1 和 PA-2 的拉伸强度进行了测试,如图 2.4.8 所示。与我们预想的结果一样,两种材料的拉伸强度在辐照后都有所降低。PA-1 的拉伸强度从 102 MPa

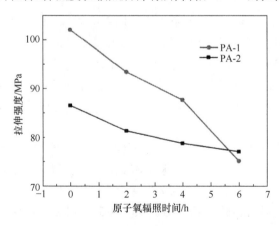

图 2.4.8　PA-1 和 PA-2 在原子氧辐照不同时间时的拉伸强度

降低为 75 MPa。尽管 PA-2 的起始拉伸强度(86.5 MPa)比 PA-1 的低,这或许是由材料本身结构决定的。但是,辐照 6 h 后它仅降低了 9.5 MPa。很显然,在原子氧环境中 PA-2 更适合于长期应用。

为了研究苯氧磷基团的引入对聚芳酰胺聚合物的摩擦学性能的影响,对该实验中制备的两种聚芳酰胺分别进行了研究。图 2.4.9 为这两种聚芳酰胺在压力为 2 N 和转速为 0.1256 m/s 时的摩擦系数。从图 2.4.9 可见,在摩擦初期约 700 s 内,两种材料的摩擦系数都比较低,保持在 0.15 左右而且相差不大。此外,在这段摩擦过程中,两种聚芳酰胺薄膜都呈现出相对平稳的状态。但是在 700 s 之后,PA-2 的摩擦系数突然急剧增大超过 0.55,并且摩擦系数波动很大。从图 2.4.10 的摩擦面的 SEM 照片可以看到,PA-2 的表面被磨破,在摩擦热作用下材料表面发生了塑性变形而导致聚合物薄膜破裂。破裂以后薄膜表面的粗糙度增大,摩擦系数上升,同时薄膜表面粗糙度不均一而使得摩擦系数发生波动。这说明了 PA-2 不适用于耐磨材料。

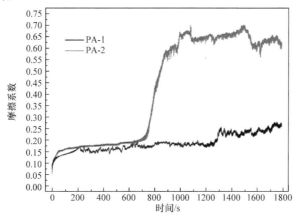

图 2.4.9 PA-1 和 PA-2 两种薄膜在载荷为 2 N 时的摩擦系数(2 N,0.1256 m/s)

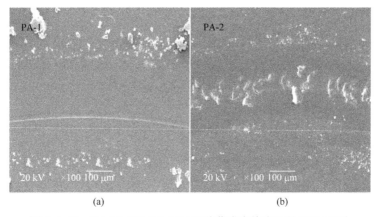

图 2.4.10 PA-1(a)和 PA-2(b)两种薄膜摩擦表面的 SEM 照片

参 考 文 献

[1] 孙九立,张秋禹,刘金华,等. 低地球轨道环境中原子氧对空间材料的侵蚀及防护方法. 腐蚀与防护,2010,31：631-635.

[2] Koontz S L,Leger L J,Rickman S L,et al. Oxygen interactions with materials 3. mission and induced environments. J Spacecr Rockets,1995,32：475-482.

[3] Koontz S L,Leger L J,Visentine J T,et al. Eoim-III mass-spectrometry and polymer chemistry-STS-46,July-August 1992. J Spacecr Rockets,1995,32：483-495.

[4] Harris I L,Chambers A R,Roberts G T. Preliminary results of an atomic oxygen spaceflight experiment. Mater. Lett. ,1997,31：321-328.

[5] 张蕾,严川伟,屈庆,等. 原子氧对聚酰亚胺表面侵蚀及有机硅涂层保护. 腐蚀科学与防护技术,2002,02：78-81.

[6] 朱鹏,费海燕,陈震霖,等. 碳纤维改性热塑性聚酰亚胺材料摩擦磨损性能. 润滑与密封,2007,02：98-101.

[7] Dunnet A,Kirkendall T D. Assessment of atomic oxygen erosion of silver interconnects on Intelsat 6,F3. ESA,European Space Power Conference,1991：701-706.

[8] Stein B A,YoungP R. LDEF materials data analysis workshop. NASA CP-10046,1990.

[9] Levine A S. Proceedings of the first LDEF post-retrieval symposium. NASA CP-3134,1992.

[10] Schwam D. Better materials for space structures. Space,1993,9：14.

[11] Pei X,Sun X,Wang Q. Changes of surface chemical structure and composition of phenol-phthalein poly(ether sulfone) in different radiations. Surf. Interface Anal. ,2008,40：1406-1408.

[12] Kiefer R L,Anderson R A,Kim M H Y,et al. Modified polymeric materials for durability in the atomic oxygen space environment. Nucl. Instrum. Methods Phys. Res. ,Sect. B,2003,208(1)：300-302.

[13] Gotoh K,Tagawa M,Ohmae N,et al. Surface characterization of atomic oxygen beam-exposed polyimide films using contact angle measurements. Colloid. Polym. Sci. ,2001,279：214-220.

[14] Naddaf M,Balasubramanian C,Alegaonkar P S,et al. Surface interaction of polyimide with oxygen ECR plasma. Nuclear Instruments and Methods in Physics Research Section B：Beam Interactions with Materials and Atoms,2004,222：135-144.

[15] Kleiman J I,Gudimenko Y I,Iskanderova Z A,et al. Surface-structure and properties of polymers irradiated with hyperthermal atomic oxygen. Surface and Interface Analysis,1995,23：335-341.

[16] Zhao W,Li W,Liu H,et al. Erosion of a polyimide material exposed to simulated atomic oxygen environment. Chinese Journal of Aeronautics,2010,23：268-273.

[17] Zhao X H,Shen Z G,Xing Y S,et al. An experimental study of low earth orbit atomic oxygen and ultraviolet radiation effects on a spacecraft material—polytetrafluoroethylene.

Polym. Degrad. Stab. ,2005,88:275-285.

[18] Gonzalez R I,Phillips S H,Hoflund G B. In situ atomic oxygen erosion study of fluoropoly-mer films using X-ray photoelectron spectroscopy. J. Appl. Polym. Sci. , 2004, 92: 1977-1983.

[19] Hoflund G B,Everett M L. Chemical alteration of poly(vinyl fluoride) Tedlar by hyper-thermal atomic oxygen. Appl. Surf. Sci. ,2005,239:367-375.

[20] Hoflund G B,Everett M L. Chemical alteration of poly(tetrafluoroethylene) (TFE) teflon induced by exposure to hyperthermal atomic oxygen. J. Phys. Chem. B, 2004, 108(40): 15721-15727.

[21] Grossman E,Gouzman I. Space environment effects on polymers in low earth orbit. Nuclear Inst. & Methods in Physics Research B,2003,208:48-57.

[22] Yi C W,Qin Y S,Yu H S,et al. Simulated atomic oxygen of space environment effects on the properties of teflon FEP/Al films. Journal of Natural Science of Heilongjiang Universi-ty,2005,22:710-715.

[23] Han J H,Kim C G. Low earth orbit space environment simulation and its effects on graph-ite/epoxy composites. Composite Structures,2006,72:218-226.

[24] Jin J,Smith D W,Topping C M,et al. Synthesis and characterization of phenylphosphine oxide containing perfluorocyclobutyl aromatic ether polymers for potential space applica-tions. Macromolecules,2003,36:9000-9004.

[25] Gindulyte A,Massa L,Banks B A,et al. Direct C-C bond breaking in the reaction of O(P-3) with flouropolymers in low earth orbit. J. Phys. Chem. A,2002,106:5463-5467.

[26] Duo S,Li M,Zhu M,et al. Resistance of polyimide/silica hybrid films to atomic oxygen at-tack. Surface and Coatings Technology,2006,200:6671-6677.

[27] Duo S,Li M,Zhu M,et al. Polydimethylsiloxane/silica hybrid coatings protecting kapton from atomic oxygen attack. Materials Chemistry and Physics,2008,112:1093-1098.

[28] Hu L,Li M,Xu C,et al. A polysilazane coating protecting polyimide from atomic oxygen and vacuum ultraviolet radiation erosion. Surface & Coatings Technology, 2009, 203: 3338-3343.

[29] Verker R,Grossman E,Gouzman I,et al. POSS-polyimide nanocomposite films: simulated hypervelocity space debris and atomic oxygen effects. High Performance Polymers,2008, 20:475-491.

[30] Wang X,Zhao X,Wang M,et al. The effects of atomic oxygen on polyimide resin matrix composite containing nano-silicon dioxide. Nuclear Instruments and Methods in Physics Re-search Section B:Beam Interactions with Materials and Atoms,2006,243:320-324.

[31] Wang M,Zhao X,Shen Z,et al. Effects of plerospheres on the atomic oxygen resistance of a phenolic resin composite. Polymer Degradation and Stability,2004,86:521-528.

[32] Zhang X,Wu Y,He S,et al. An investigation on the atomic oxygen erosion resistance of surface sol-gel silica films. Surface and Coatings Technology,2008,202:3464-3469.

[33] Kiefer R L, Anderson R A, Kim M H Y, et al. Modified polymeric materials for durability in the atomic oxygen space environment. Nuclear Instruments and Methods in Physics Research Section B: Beam Interactions with Materials and Atoms, 2003, 208: 300-302.

[34] Xiao F, Wang K, Zhan M. Atomic oxygen erosion resistance of polyimide/ZrO$_2$ hybrid films. Appl. Surf. Sci. , 2010, 256: 7384-7388.

[35] Wright M E, Petteys B J, Guenthner A J, et al. Chemical modification of fluorinated polyimides: New thermally curing hybrid polymers with POSS. Macromolecules, 2006, 39: 4710-4718.

[36] Tan I H, Ueda M, Dallaqua R S, et al. Treatment of polymers by plasma immersion ion implantation for space applications. Surf. Coat. Technol. , 2004, 186: 234-238.

[37] Chen Y, Wang Q, Wang T. Facile large-scale synthesis of brain-like mesoporous silica nanocomposites via a selective etching process. Nanoscale. , 2015, 7: 16442-16450.

[38] Chen Y, Wang Q, Wang T. One-pot synthesis of M (M=Ag, Au)@SiO$_2$ yolk-shell structures via an organosilane-assisted method: preparation, formation mechanism and application in heterogeneous catalysis. DTr. , 2015, 44: 8867-8875.

[39] Merstallinger A, Bieringer H, Kubinger E, et al. Self lubricating composites for medium temperatures in space based on polyimide SINTIMID. Proceedings of 11th European Space Mechanisms and Tribology Symposium, 2005, 591(591): 355-360.

[40] Gofman I, Zhang B D, Zang W C, et al. Specific features of creep and tribological behavior of polyimide-carbon nanotubes nanocomposite films: effect of the nanotubes functionalization. J Polym Res. , 2013, 20: 258-267.

[41] Pei X, Li Y, Wang Q, et al. Effects of atomic oxygen irradiation on the surface properties of phenolphthalein poly(ether sulfone). Applied Surface Science. , 2009, 255: 5932-5934.

[42] Li F, Hu K A, Li J L, et al. The friction and wear characteristics of nanometer ZnO filled polytetrafluoroethylene. Wear, 2001, 249: 877-882.

[43] García J M, García F C, Serna F, et al. High-performance aromatic polyamides. Prog. Polym. Sci. , 2010, 35: 623-686.

[44] Zhang J, Garton D J, Minton T K. Reactive and inelastic scattering dynamics of hyperthermal oxygen atoms on a saturated hydrocarbon surface. The Journal of Chemical Physics, 2002, 117: 6239-6251.

[45] Sahre K, Eichhorn K J, Simon F, et al. Characterization of ion-beam modified polyimide layers. Surf. Coat. Technol. , 2001, 139: 257-264.

[46] 裴先强, 孙晓军, 王齐华. 原子氧辐照下 GF/PI 和 nano-TiO$_2$/GF/PI 复合材料的摩擦学性能研究. 航天器环境工程, 2010, 27: 144-147.

[47] 孙友梅, 朱智勇, 李长林. MeV 离子辐照聚酰亚胺的化学结构及电性能转变. 核技术, 2003, 26: 931-934.

[48] Tagawa M, Yokota K. Atomic oxygen-induced polymer degradation phenomena in simulated LEO space environments: how do polymers react in a complicated space environment?

Acta Astronautica,2008,62:203-211.

[49] Tian N,Li T S,Liu X J,et al. Effect of radiation on the friction-wear properties of poly-etherketone with a cardo group. J. Appl. Polym. Sci. ,2001,82:962-967.

[50] Grossman E,Gouzman I. Space environment effects on polymers in low earth orbit. Nucl. Instrum. Methods Phys. Res. ,Sect. B,2003,208:48-57.

[51] 杨真,陈飞帆,魏绍生,等. 纳/微米 Al_2O_3 颗粒混杂增强铝基复合材料的磨损性能. 润滑与密封,2011,36:87-91.

[52] Cai H,Yan F Y,Xue Q J,et al. Investigation of tribological properties of Al_2O_3-polyimide nanocomposites. Polym. Test. ,2003,22:875-882.

[53] 钱知勉,包永忠. 氟塑料加工与应用. 北京:化学工业出版社,2010:119-203.

[54] 顾红艳,何春霞. 表面处理纳米 Si_3N_4/PTFE 复合材料的力学与摩擦性能. 润滑与密封,2009,34:40-43.

[55] Burris D L,Sawyer W G. Improved wear resistance in alumina-PTFE nanocomposites with irregular shaped nanoparticles. Wear,2006,260:915-918.

[56] 多树旺,李美栓,张亚明,等. 原子氧环境中聚酰亚胺的质量变化和侵蚀机制. 材料研究学报,2005,19:337-342.

[57] Zhang J M,Garton D J,Minton T K. Reactive and inelastic scattering dynamics of hyper-thermal oxygen atoms on a saturated hydrocarbon surface. J. Chem. Phys. ,2002,117:6239-6251.

[58] Pei X,Wang Q. Different responses of several kinds of copolymerized polyimide films to ul-traviolet irradiation. Appl. Surf. Sci. ,2007,253:5494-5500.

[59] 多树旺,李美栓,张亚明,等. Kapton 抗原子氧侵蚀的 Al_2O_3 涂层研究. 宇航学报,2002,23:68-72.

[60] Cooper R,Upadhyaya H P,Minton T K,et al. Protection of polymer from atomic-oxygen erosion using Al_2O_3 atomic layer deposition coatings. Thin Solid Films, 2008, 516: 4036-4039.

[61] Wang Q,Xue Q,Liu H,et al. The effect of particle size of nanometer ZrO_2 on the tribologi-cal behaviour of PEEK. Wear,1996,198:216-219.

[62] Liu B X,Pei X Q,Wang Q H,et al. Effects of atomic oxygen irradiation on structural and tribological properties of polyimide/Al_2O_3 composites. Surf. Interface Anal. ,2012,44:372-376.

[63] Pei X Q,Li Y,Wang Q H,et al. Effects of atomic oxygen irradiation on the surface proper-ties of phenolphthalein poly(ether sulfone). Appl. Surf. Sci. ,2009,255:5932-5934.

[64] Liu B X,Pei X Q,Wang Q H,et al. Structural and tribological properties of polyimide/Al_2O_3/SiO_2 composites in atomic oxygen environment. J. Macromol. Sci. Phys. ,2012,51:224-234.

[65] Ma G,Xu B,Wang H,et al. Excellent vacuum tribological properties of Pb/PbS film depo-sited by Rf magnetron sputtering and ion sulfurizing. ACS Appl. Mater. Inter. ,2014,6:532-538.

［66］Zhang D,Tao L,Ju J,et al. Postmodification of linear poly-p-phenylenes to prepare hyper-crosslinked polymers:Tuning the surface areas by the molecular weight. Polymer,2015,60: 234-240.

［67］Wang Q,Bai Y,Chen Y,et al. High performance shape memory polyimides based on［small pi］-［small pi］interactions. J. Mater. Chem. A,2015,3:352-359.

［68］Tagawa M,Yokota K,Ohmae N,et al. Hyperthermal atomic oxygen interaction with MoS (2) lubricants relevance to space environmental effects in low earth orbit-atomic oxygen-induced oxidation. Tribol. Lett. ,2004,17:859-865.

［69］Tagawa M,Muromoto M,Hachiue S,et al. Hyperthermal atomic oxygen interaction with MoS_2 lubricants and relevance to space environmental effects in low earth orbit - effects on friction coefficient and wear-life. Tribol. Lett. ,2005,18:437-443.

［70］Ma G,Xu B,Wang H,et al. Research on the microstructure and space tribology properties of electric-brush plated Ni/MoS_2-C composite coating. Surf. Coat. Technol. ,2013,221: 142-149.

［71］Tagawa M,Yokota K,Matsumoto K,et al. Space environmental effects on MoS_2 and diamond-like carbon lubricating films:atomic oxygen-induced erosion and its effect on tribological properties. Surf. Coat. Technol. ,2007,202:1003-1010.

［72］de Groh K K,Banks B A,McCarthy C E,et al. Misse 2 peace polymers atomic oxygen erosion experiment on the international space station. High Perform Polym. , 2008, 20: 388-409.

［73］Mu L,Feng X,Zhu J,et al. Comparative study of tribological properties of different fibers reinforced PTFE/PEEK composites at elevated temperatures. Tribology Transactions, 2010,53:189-194.

［74］Wang L Q,Jia X M,Cui L,et al. Effect of aramid fiber and ZnO nanoparticles on friction and wear of PTFE composites in dry and LN_2 conditions. Tribology Transactions,2008, 52:59-65.

［75］Li J,Xia Y C. Effect of interfacial compatibility on the mechanical and tribological properties of blending PTFE with PA6. Polymer-Plastics Technology and Engineering,2009,48: 1153-1157.

［76］Shi Y,Feng X,Wang H,et al. The effect of surface modification on the friction and wear behavior of carbon nanofiber-filled PTFE composites. Wear,2008,264:934-939.

［77］Li J,Ran Y. Evaluation of the friction and wear properties of PTFE composites filled with glass and carbon fiber. Materialwissenschaft und Werkstofftechnik,2010,41:115-118.

［78］Zhang H J,Zhang Z Z,Guo F. Studies of the influence of graphite and MoS_2 on the tribological behaviors of hybrid PTFE/nomex fabric composite. Tribology Transactions,2011, 54:417-423.

［79］赵小虎,王鑫,邢玉山. 玻璃纤维复合材料的原子氧剥蚀效应试验研究. 宇航学报,2006, 27:1347-1405.

[80] Su J,Wu G,Liu Y,et al. Study on polytetrafluoroethylene aqueous dispersion irradiated by gamma ray. Journal of Fluorine Chemistry,2006,127:91-96.

[81] Cai H,Yan F,Xue Q,et al. Investigation of tribological properties of Al_2O_3-polyimide nanocomposites. Polymer Testing,2003,22:875-882.

[82] Grossman E,Gouzman I. Space environment effects on polymers in low earth orbit. Nucl. Instrum. Methods Phys. Res. Sect. B,2003,208:48-57.

[83] Awaja F,Moon J B,Gilbert M,et al. Surface molecular degradation of selected high performance polymer composites under low earth orbit environmental conditions. Polym. Degrad. Stab. ,2011,96:1301-1309.

[84] Packirisamy S,Schwam D,Litt M H. Atomic oxygen resistant coatings for low earth orbit space structures. J. Mater. Sci. ,1995,30:308-320.

[85] Hojabri L,Kong X,Narine S S. Fatty acid-derived dilsocyanate and biobased polyurethane produced from vegetable oil:synthesis,polymerization,and characterization. Biomacromolecules,2009,10:884-891.

[86] Shimamura H,Nakamura T. Mechanical properties degradation of polyimide films irradiated by atomic oxygen. Polym. Degrad. Stab. ,2009,94:1389-1396.

[87] Reddy M R. Effect of low earth orbit atomic oxygen on spacecraft materials. J. Mater. Sci. ,1995,30:281-307.

[88] Wang L S,Wang X L,Yan G L. Synthesis,characterisation and flame retardance behaviour of poly(ethylene terephthalate) copolymer containing triaryl phosphine oxide. Polym. Degrad. Stab. ,2000,69:127-130.

[89] Connell J W,Smith J G,Hergenrother P M. Oxygen plasma-resistant phenylphosphine oxide-containing polyimides and poly(arylene ether heterocycle)s:1. Polymer,1995,36:5-11.

[90] Smith C D,Grubbs H,Webster H F,et al. Unique characteristics derived from poly(arylene ether phosphine oxide)s. High Perform. Polym. ,1991,3:211-229.

[91] Sun C,Zhou F,Shi L,et al. Tribological properties of chemically bonded polyimide films on silicon with polyglycidyl methacrylate brush as adhesive layer. Appl. Surf. Sci. ,2006,253:1729-1735.

第 3 章　紫外辐照对聚合物摩擦学性能的影响

3.1　概　　述

图 3.1.1 为真空太阳光谱能量分布图。其中太阳紫外(UV)的波长范围为 10～400 nm,主要来源于太阳色球层。紫外波段可分为两个部分:波长为 10～200 nm 的远紫外(FUV)和波长为 200～400 nm 的近紫外(NUV),这两个波段内的紫外辐照是影响材料性能最主要的原因之一[1,2]。我国未来地球同步轨道卫星设计寿命将要达到 15 年,15 年中地球同步轨道环境卫星表面接收太阳紫外线总曝辐照量约为 13 万等效太阳小时(ESH)[3]。聚合物材料被广泛用于空间环境中,研究表明,高分子材料长期暴露在紫外辐照环境下会发生化学反应,使材料的成分和结构发生改变,影响材料的正常应用。紫外辐照对高分子材料有两种不同效应:瞬态效应(剂量率效应)和累积效应(总剂量效应)。其中瞬态效应是可逆的,当外界紫外辐照撤掉后,高分子材料的性能基本保持不变;累积效应则是不可逆的,高分子材料在长期紫外辐照后发生成分和结构的变化,造成材料性能退化[4]。本章首先介绍了紫外辐照对聚合物材料影响的研究现状,然后考察了紫外辐照对两种典型聚合物自润滑材料聚酰亚胺和酚酞聚芳醚砜(PES-C)薄膜表面性质和摩擦学特性的影响,揭示了材料微观结构变化与摩擦磨损性能的关系。紫外辐照对聚合物影响的研究现状如下。

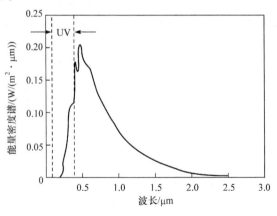

图 3.1.1　真空太阳光谱能量分布图

3.1.1　紫外辐照对化学结构的影响

Caykara 和 Guven[5]研究了紫外辐照对聚甲基丙烯酸甲酯(PMMA)化学结构的影响,发现紫外辐照对 PMMA 的侧链有破坏作用,这一点可以从 FTIR 谱图及其差谱中观察到。另外,紫外辐照后 PMMA 的 UV-VIS 吸收谱中位于 235 nm 的 C=C 的吸收峰强度增大,说明紫外辐照在剪断 PMMA 的分子侧链后生成了不饱和的烯结构。在另一个 PMMA 的紫外辐照实验中,Yu 等[6]也发现,在紫外辐照条件下,PMMA 的分子链发生了氧化降解,主要表现在 FTIR 谱图中 C=O 和 C—O 的吸收峰强度明显降低,说明 PMMA 的侧链遭到了破坏。此外,出现了弱的 C=C 伸缩振动峰,这与紫外辐照后 PMMA 的紫外吸收谱得出的结论一致,也与 Caykara 等[5]的研究结果一致。Kaczmarek 和 Chaberska[7]则考察了不同类型基底上 PMMA 薄膜的紫外辐照效应,发现粗糙铝基底上 PMMA 薄膜的紫外光化学反应程度最大,而玻璃上 PMMA 受到的影响最小。FTIR 分析表明,紫外辐照导致 PMMA 分子链发生的光化学反应主要是侧链的消除和新氧化基团的形成。而不同基底对 PMMA 光化学反应的影响与以下因素有关:一方面,与光子在样品中的不同路径有关;另一方面,与薄膜和基底的相互作用对 PMMA 表面光化学反应的影响有关。可见,不同基底对聚合物薄膜的紫外光化学反应有一定的影响。

Guadagno 等[8]考察了紫外辐照引起的线性低密度聚乙烯(LLDPE)的化学结构变化,发现在紫外辐照的初期会产生氢过氧化物,之后的降解主要是形成羰基和乙烯基物种;并且随着辐照时间的延长,乙烯基和羰基基团的 FTIR 吸收逐渐增强,羰基的吸收峰逐渐宽化,说明存在不同的氧化降解产物。在高密度聚乙烯的紫外辐照过程中,氧化降解的发生也被发现[9]。通过 FTIR 分析,Carrasco 等[9]认为高密度聚乙烯的降解机理主要包括分子链的断裂、支化及氧化。

Kaczmarek 等[10]考察了少量聚乙酸乙烯酯(PVAC)对聚氯乙烯(PVC)光氧化降解的影响,发现 PVAC 的加入对 PVC 的光氧化降解有阻滞效应,这种效应可以从以下两个方面得到解释:一方面,PVAC 相形成的低分子降解产物(如自由基、过氧化物)可以与 PVC 和 PVAC 中的大分子自由基和大分子链快速反应;另一方面,PVAC 中的羰基基团可以吸收有害的紫外辐照,从而减轻紫外线对 PVC 的光损伤。Sionkowska 等[11]考察了胶原质/聚乙烯醇共混物的光化学稳定性,发现胶原质/聚乙烯醇共混物在紫外辐照条件下更稳定。以上关于聚合物共混物的紫外光化学稳定性的研究说明,在一种聚合物中共混另一种聚合物有可能提高聚合物材料的光化学稳定性。Gu 等[12]研究了聚偏氟乙烯/聚甲基丙烯酸甲酯-聚丙烯酸乙酯共聚物的共混物(PVDF/PMMA-co-PEA)的紫外辐照效应,发现 PVDF 在材料的表面富集,而丙烯酸共聚物在界面上富集。FTIR 分析表明,共混物表面发生的化学反应主要是由丙烯酸共聚物的降解引起的,尤其当共混物中 PVDF 的质量分数较低时,共混物中的 PMMA-co-PEA 共聚物会发生大量的降解。由此也说明,共混物中组分的比例也会对共混物的紫外光氧化行为产生重要影响。

可见,紫外辐照会导致聚合物材料发生光氧化。聚合物的类型、薄膜的基底类型、其他聚合物的加入等因素都会影响聚合物材料的光氧化行为。

3.1.2　紫外辐照对表面性质的影响

研究还发现紫外辐照也可以导致材料表面形貌发生变化,聚乙烯亚胺的表面在紫外辐照后出现了不同形状和大小的微孔,这是因为在紫外辐照过程中,材料发生光氧化从而形成挥发性产物从材料表面逸出,在材料表面留下微孔形貌,并且微孔的形成使氧的吸附点和扩散通道增加,促使聚乙烯亚胺发生加速的氧化作用[13,14]。使用紫外辐照对 3-氯-1,2-环氧丙烷和环氧乙烷的共聚物进行辐照,共聚物表面出现微裂纹,随着紫外辐照时间的增加,这些裂纹的尺寸增大,进而导致薄膜发生破裂,这是因为,辐照导致聚合物分子链断裂生成碎片状物质,使分子链内应变和应力产生变化,导致聚合物微裂纹的产生[15]。李燕等[16]研究了紫外辐照对 MoS$_2$/酚醛环氧树脂黏结固体润滑涂层摩擦学性能的影响,SEM 观察发现辐照后涂层表面出现低分子碎片堆积,XPS 分析发现辐照后涂层表面 O 的相对含量显著增加,而 C 含量明显降低,这说明紫外辐照导致了涂层表面的氧化降解,而氧化作用使得涂层表面的黏结剂发生部分降解。对固体润滑剂 MoS$_2$ 的分析表明,辐照导致 MoS$_2$ 发生部分氧化。辐照后涂层摩擦系数增大,耐磨性降低。姜利祥等[17]研究了 TiO$_2$ 改性 M40/EP648 复合材料的抗真空紫外辐照性能,发现纳米TiO$_2$ 具有明显的抗真空紫外的作用。辐照之后,与 EP648 和 M40/EP648 相比,纳米复合材料 TiO$_2$＋EP648 和 M40/TiO$_2$＋EP648 的质量损失率大幅降低;纳米复合材料 M40/TiO$_2$＋EP648 的层间剪切强度随着辐照时间的延长呈上升趋势,M40/EP648 呈下降趋势;辐照后,纳米复合材料 M40/TiO$_2$＋EP648 的表面形貌无明显变化,M40/EP648 表面破损严重。

Gotoh 等[18]对紫外辐照后聚乙烯(PE)、聚酰亚胺(PI)和聚四氟乙烯(PTFE)的表面润湿性进行了研究,发现在实验条件下,紫外辐照的 PE 和 PI 的表面润湿性提高,而 PTFE 的润湿性没有明显变化(表 3.1.1)。XPS 分析表明,PE 和 PI 表面润湿性提高的主要原因是紫外辐照导致了薄膜表面氧浓度的增大。但当紫外辐照的 PE 和 PI 薄膜保存在大气环境中时,水在薄膜表面的接触角又会在一定时间内增大,其原因是辐照过程中薄膜表面形成的低分子量氧化材料发生了气化,同时氧化表面层的分子链发生了迁移和重新排列。这种液体在辐照聚合物薄膜上的接触角在材料的储存过程中发生变化的现象在 PVC 的空气等离子体或紫外辐照改性中也被发现[19]。Kaczmarek 和 Chaberska[7]发现,紫外辐照前,三种不同基底上的 PMMA 薄膜均表现出疏水性,但极性液体水在紫外辐照 PMMA(玻璃基底)表面上的接触角显著降低,而非极性液体二碘甲烷在其表面的接触角变化不大。通过计算发现,紫外辐照后,PMMA 的表面能明显增大,而表面能的增大主要是因为紫外辐照后其极性分量显著增大,这与紫外辐照导致其表面发生光氧化是一致的。研究还发现,铝基底上的 PMMA 薄膜的润湿性在紫外辐照后变化更大,并且表面光洁度较差的铝基底上的薄膜对紫外辐照更加敏感,其原因与 3.1.1 小节中讨论的不同基底对 PMMA 光氧化行为的影响是一致的。

表 3.1.1　水在未辐照和紫外辐照(60 s)后的聚合物薄膜表面的前进和后退接触角[18]

样品	辐照条件	θ_a	θ_r
PE	未辐照	102.8	90.5
	紫外辐照	60.5	28.4
PI	未辐照	76.9	39.4
	紫外辐照	23.5	10.5
PTFE	未辐照	133.5	96.8
	紫外辐照	133.0	95.8

　　Kaczmarek 等考察了聚氯乙烯/聚乙酸乙烯酯(PVC/PVAC)共混物在紫外辐照前后表面自由能的变化,发现共混物的表面能在紫外辐照后下降,这是由于紫外辐照后其色散分量降低,尽管光氧化降解形成的官能团使其极性分量有所增大。Chen 等[20] 系统考察了聚氯乙烯/甲基丙烯酸甲酯-丁二烯-苯乙烯共聚物的共混物(PVC/MBS)的表面能随着紫外辐照时间的变化,发现 PVC/MBS 共混物的表面能存在一个最大值(图 3.1.2),其表面能的极性分量在一定时间内逐渐增大,这主要是由于 PVC 光氧化过程中形成了羰基和羟基基团。而长时间的紫外辐照会降低极性分量,这是由于长时间的光氧化会形成小分子,后者导致聚合物表面极性基团和氧的含量下降,从而降低了表面能的极性分量。而表面能的色散分量受到聚合物表面密度的影响[21]。在辐照的初期,光交联的速率高于光降解,聚合物表面的密度增大,色散分量也增大。然而,随着辐照时间的延长,光降解的速率逐渐增大,并在长时间辐照后超过光交联的速率,从而使得聚合物表面的密度和表面能的色散分量降低。PVC/MBS 共混物的表面能的极性分量和色散分量变化的总的结果使得其表面能存在一个最大值。Sionkowska 等[22] 则发现壳聚糖/聚乙烯吡咯烷酮(chitosan/PVP)共混物的表面能在实验条件下增大,其中其极性分量增大,色散分量降低,其表面能增大是光氧化导致的新极性基团的形成和聚合物链结构的变化。可见,聚合物共混物在紫外辐照后表面能的变化除了与共混物的组成有关外,辐照过程中光氧化降解和交联所起的作用也是一个非常重要的影响因素。

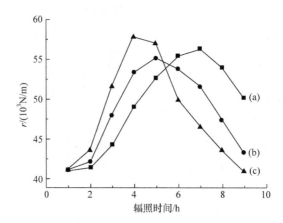

图 3.1.2　辐照时间对纯 PVC 和 PVC/MBS 共混物表面能的影响[20]

(a) 100/0；(b) 100/3；(c) 100/6(比值代表 PVC 与 MBS 的质量比)

　　紫外辐照在改变聚合物材料表面润湿性和表面能的同时,也会对聚合物材料的表面形貌造成影响。目前,关于紫外辐照对聚合物表面形貌影响的研究已经取得了很大进展,其主要的表征手段是扫描电子显微镜(SEM)、光学显微镜(OM)和原子力显微镜(AFM)。

　　李燕等[23]研究了紫外辐照对 MoS$_2$/酚醛环氧树脂黏结固体润滑涂层摩擦学性能的影响,SEM 观察发现辐照后涂层表面出现低分子碎片堆积,这主要是紫外辐照导致了涂层表面的氧化降解。Soto-Oviedo 和 de Paoli[15]发现,3-氯-1,2-环氧丙烷和环氧乙烷的共聚物在紫外辐照后表面上出现微裂纹,这些裂纹随着辐照时间延长而增大,并会导致薄膜破裂。而裂纹的形成与分子链的断键有关,即聚合物链断裂生成碎片,后者比原有的大分子占据更大的体积,由此导致分子链内应变和应力的产生,这是微裂纹产生的原因。

　　Kotek 等[24]用光学显微镜观察到,聚丙烯在紫外降解过程中伴随着表面裂纹的形成,并且随着辐照时间延长,表面裂纹越来越密,大的裂纹之间还形成了细的裂纹(图 3.1.3)。Kaczmarek 和 Chaberska[7]则发现,在长时间紫外辐照后,PMMA 薄膜的表面上出现裂纹、孔洞和气泡等缺陷。Rosu 等[25]也用光学显微镜观察到了紫外辐照导致的聚合物材料表面微裂纹及微孔的形成,并且发现薄膜表面形貌的变化与辐照时间有密切的关系。

　　Sionkowska 等[26]考察了紫外辐照胶原质/聚乙烯吡咯烷酮(collagen/PVP)共混物薄膜的表面特性,AFM 分析发现,紫外辐照过程中 collagen/PVP 薄膜的表面形貌仅发生了很小的变化。与 collagen/PVP 薄膜的表面形貌变化不同,Fischbach 等[27]发现,聚 D,L-乳酸-聚乙二醇——甲基醚二嵌段共聚物(Me. PEG-PLA)的表面在 2 h 紫外辐照后几乎没有变化;但 24 h 紫外辐照后,其表面变得非常光

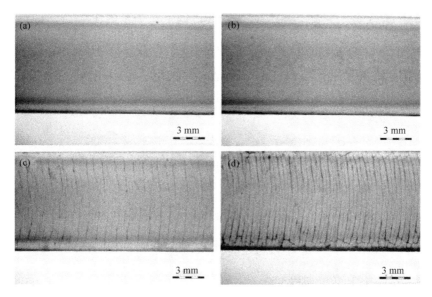

图 3.1.3　紫外辐照引起的聚丙烯样品表面裂纹的形成
(a) 24 h;(b) 96 h;(c) 264 h;(d) 720 h

滑。紫外辐照引起的聚合物薄膜表面形貌的变化在胶原质/聚乙烯醇共混物薄膜的紫外辐照效应中也被观察到[11],而这些表面形貌的变化是聚合物表面发生光化学反应的结果。

　　由于空间紫外辐照的能量与高分子材料中大量存在的 C—C,C—O 等共价键能量相当,因此,高分子材料中共价键吸收紫外辐照能量而处于激发态。激发态分子链进一步反应而发生共价键的断裂,形成具有很大活性的极性自由基,自由基通过再组合而产生分子链交联或断链,这是造成高分子材料成分和性能变化的根本原因。为增强高分子材料耐空间紫外辐照能力,一方面可通过提高高分子材料中高共价键能官能团的含量,尽可能地减少由紫外辐照所形成的强极性自由基数量;另一方面可通过增加结晶度及选择高分子主链结构稳定的材料,降低紫外辐照后产生的强极性自由基活性,从而减缓化学反应速率,延长高分子材料工作寿命[4]。

3.2　紫外辐照对酚酞聚芳醚砜摩擦学性能的影响

　　酚酞聚芳醚砜(PES-C)是一种新型的耐高温抗氧化聚合物[28-30]。与其他聚芳醚砜树脂相比较,PES-C 具有较高的玻璃化转变温度(T_g=260 ℃),而且分子链中存在着酚酞侧基,从而能够与多种有机溶剂相溶,其化学结构如图 3.2.1 所示。PES-C 树脂具有良好的耐水解、耐酸碱性、抗氧化性,所以,PES-C 拥有广阔的应用前景。例如,PES-C 树脂因其优异的性能,广泛应用在航空航天元件、汽车元件、电路板材等方面。PES-C 树脂在高温和潮湿条件下依然能保持良好的力学性能,令其在医疗、餐饮行业也有良好的应用前景。本节考察了主波长为 185 nm/254 nm 的紫外线辐照 PES-C 薄膜后,其表面物理化学性质和摩擦特性的变化,以扩大紫外辐照对聚合物材料损伤的研究。

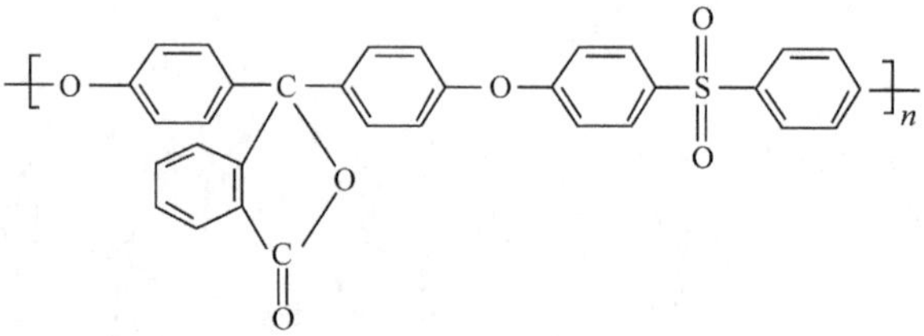

图 3.2.1　PES-C 的结构式

3.2.1　表面结构和化学组成变化

图 3.2.2 给出了紫外辐照前后 PES-C 薄膜的 FTIR-ATR 谱图。比较紫外辐照前后的 IR 谱图可以看出,经过 120 min 紫外辐照,PES-C 薄膜表面位于 1770 cm^{-1}(υ C=O),1488 cm^{-1}(υ C=C),1242 cm^{-1}(δ_{as} C—O—C)和 1150 cm^{-1}($υ_s$O=S=O)的特征吸收峰强度明显减弱,表明紫外辐照导致了 PES-C 分子链在一定程度上的破坏[31-33]。除了上述吸收峰强度的减弱,位于 1770 cm^{-1} 的吸收峰明显宽化,说明 PES-C 表面羰基含量有所增加[34]。为了更清楚地看出 PES-C 表面特征吸收峰强度的减弱,图 3.2.2 中还给出了紫外辐照前后 PES-C 的 FTIR 差谱,差谱中负的吸收表示在紫外辐照过程中相应的基团在一定程度上损失掉了[25],从差谱中可以明显看到 PES-C 分子链的破坏。

图 3.2.3 给出了紫外辐照前后 PES-C 薄膜表面的 C1s XPS 谱图。可以看到,紫外辐照对其 C1s XPS 谱图的峰形没有产生显著的影响,但通过拟合可以发现紫外辐照对 PES-C 薄膜表面不同化学环境的碳原子产生了明显的影响,这种影响归纳在表 3.2.1 中。从表 3.2.1 可以看出,经过 120 min 紫外辐照,一个很重要的变化是羰基中 C 的结合能从辐照前的 288.0 eV 升高到 288.5 eV,造成这一现象的原因是 PES-C 表面生成了新的羰基基团,这与 FTIR 谱图中位于 1770 cm^{-1} 的吸收峰明显宽化是一致的。另外,经过 120 min 紫外辐照,PES-C 表面 C—O/C—S 和 C=O 中 C 的半峰宽(FWHM)明显增大,说明紫外辐照后表面生成了新的 CO 基团。以上结合能的增大和半峰宽的宽化都说明紫外辐照后 PES-C 表面的氧含量增加,这与通过 XPS 计算得到的相对原子浓度的变化是一致的。例如,经过

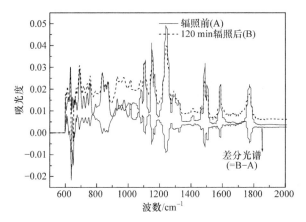

图 3.2.2　紫外辐照前后 PES-C 薄膜的 FTIR-ATR 谱图

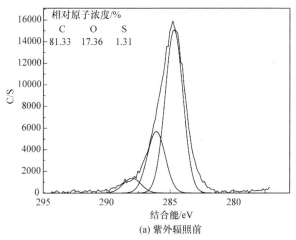

图 3.2.3　PES-C 薄膜表面的 C1s XPS 谱图

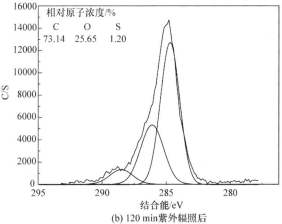

120 min 紫外辐照,氧的相对原子浓度从 17.36% 增大到 25.65%。然而,造成 PES-C 表面氧含量升高的原因是,紫外辐照导致了光氧化的发生,同时 PES-C 表面由于发生键的断裂而被光敏化[35],进而被原子氧氧化生成更多的含氧基团。

表 3.2.1　紫外辐照前后 PES-C 薄膜表面 C1s XPS 谱图的拟合结果

归属	辐照前		辐照 120 min 后	
	结合能/eV	半峰宽/eV	结合能/eV	半峰宽/eV
苯环碳	284.7	1.4	284.7	1.5
C—O/C—S	286.1	1.4	286.1	1.8
C=O	288.0	1.4	288.5	1.8

3.2.2　表面润湿性

接触角测量是表征表面变化的一种很灵敏的方法。液滴在固体表面上的接触角取决于其表面的化学、物理性质及表面粗糙度等[36]。所以,测量紫外辐照前后 PES-C 薄膜表面接触角的变化可以反映出其表面性质的变化。图 3.2.4 给出了 PES-C 薄膜的接触角随紫外辐照时间的变化关系。可以看到,随着紫外辐照时间的增长,PES-C 的接触角逐渐降低,表明其润湿性提高。分析原因,这主要是紫外辐照导致了光氧化的发生,使得 PES-C 表面发生键的断裂并被氧化生成更多的含氧基团,表面极性增大,从而提高了表面的润湿性[7,19,21,22]。

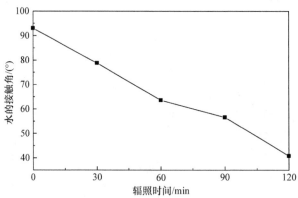

图 3.2.4　PES-C 的接触角随紫外辐照时间的变化关系

3.2.3　表面形貌变化

图 3.2.5 是紫外辐照前后 PES-C 薄膜的 2D 和 3D AFM 形貌。可以看到,在紫外辐照前,PES-C 薄膜表面相对光滑,表面上分布着细小的颗粒状结构(图 3.2.5(a)),这些结构是在薄膜的制备过程中形成的。而经过 120 min 紫外辐照,PES-C 的表面变得很粗糙,表面上出现了许多较大的颗粒状团聚物(图 3.2.5

(b)),这些物质是紫外辐照导致的光氧化在 PES-C 表面上留下的碎片。这些碎片与基体相比具有相对低的分子量,但其氧含量比基体高,这可以从 XPS 分析的结论中得到证实。有关紫外辐照对聚合物材料表面形貌的影响,许多研究者用不同的仪器进行了研究。研究表明,紫外辐照引起的表面形貌的变化取决于聚合物类型、辐照条件等。由于上述条件的不同,有的发现紫外辐照对表面形貌影响很小[26,37],有的发现紫外辐照后表面变得更光滑[27],还有的发现紫外辐照引起表面裂纹的形成[15,38,39]。在本书研究中,经过 120 min 紫外辐照,PES-C 薄膜的表面形貌变得粗糙,其均方根表面粗糙度(RMS)从辐照前的 2.097 nm 增大到 7.403 nm。引起表面粗糙度增大的原因是紫外辐照导致的光氧化的发生,光氧化产生的挥发性产物溢出薄膜表面,并在表面上留下一些相对低分子量的碎片,从而使得 PES-C 薄膜表面变得粗糙。

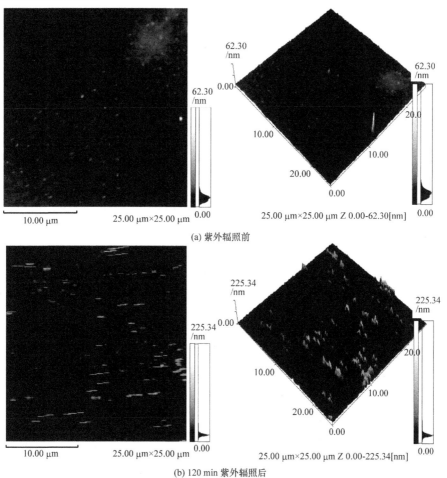

(a) 紫外辐照前

(b) 120 min 紫外辐照后

图 3.2.5　PES-C 薄膜的 2D(左)和 3D(右)AFM 图

3.2.4　摩擦系数变化情况

图 3.2.6 给出了 PES-C 薄膜的摩擦系数随紫外辐照时间的变化。可以看到，随着紫外辐照时间的延长，PES-C 的摩擦系数逐渐增大。影响摩擦的因素很多，不仅取决于摩擦副的材料性质，还与摩擦副所处的环境(力学环境、热学环境、化学环境)、材料表面的状况(几何形貌、表面处理)和工况条件有关。基于前面的分析，这里可以将 PES-C 薄膜摩擦系数增大的原因归结为以下两方面：一方面，紫外辐照导致的 PES-C 薄膜表面粗糙度的增大，增大了 PES-C 薄膜表面与 Si_3N_4 陶瓷球对摩时的犁沟力；另一方面，紫外辐照后 PES-C 薄膜表面残留的相对低分子量的碎片使得薄膜表面的承载能力下降，陶瓷球与薄膜表面的实际接触面积增大。以上两个方面综合作用的结果使得紫外辐照后 PES-C 薄膜与 Si_3N_4 陶瓷球对摩时摩擦系数增大。

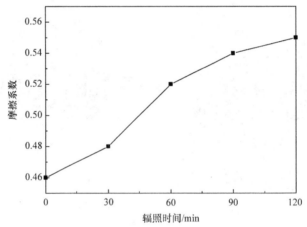

图 3.2.6　PES-C 薄膜的摩擦系数随紫外辐照时间的变化(0.5 N，2.2 m/s)

3.3　紫外辐照对聚酰亚胺摩擦学性能的影响

聚酰亚胺是一类具有酰亚胺环结构特征的高性能聚合物材料，具有优异的机械性能、电学性能、耐热性和耐辐照性能。因此，在航空、航天、电子及微电子等高新技术领域得到了广泛应用[40]。但目前，有关紫外辐照对聚酰亚胺摩擦学性能影响的研究还较少。

Gotoh 等[18]研究了紫外辐照对聚酰亚胺薄膜表面物理化学性质的影响，发现在空气中经过紫外辐照，薄膜的润湿性显著提高，其原因是薄膜表面氧浓度的提高。Blach-Watson 等[41]用亲水和疏水的探针研究了紫外辐照对聚酰亚胺表面黏着和摩擦的影响，发现紫外辐照后表面的黏着和摩擦增大，并归因于表面亲水性的提高以及由此引起的更大的毛细管相互作用。本节考察了紫外辐照对三种聚酰亚胺薄膜的表面性质和摩擦磨损性能的影响。

3.3.1　几种共聚型聚酰亚胺薄膜的制备及结构表征

按照文献[42]和[43]的方法,制备了三种共聚型聚酰亚胺薄膜。反应方程式如图 3.3.1 所示。根据共聚时所用单体的不同,以下将这三种聚酰亚胺分别标记为 o-PI,m-PI 和 p-PI。

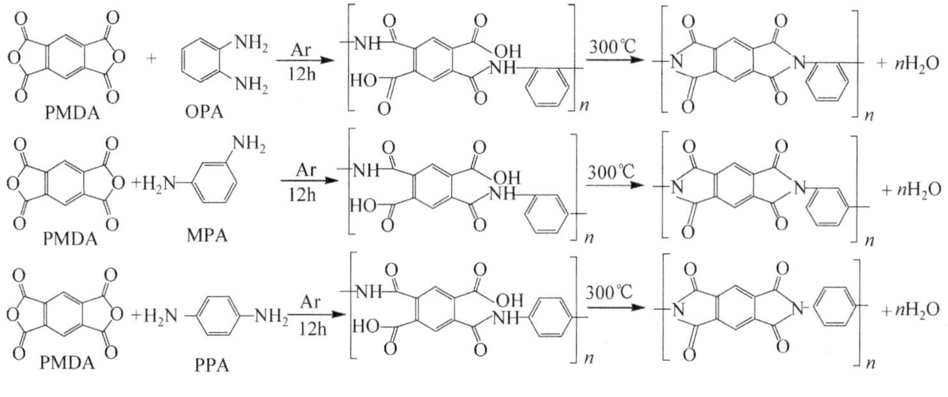

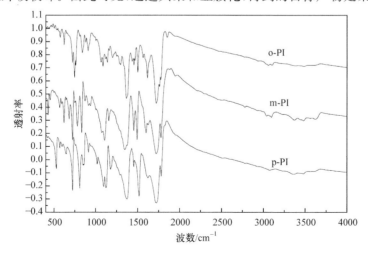

图 3.3.1　三种聚酰亚胺的制备反应方程式

三种聚酰亚胺的红外光谱分析结果如图 3.3.2 所示。可以看到,红外谱图中出现了聚酰亚胺的特征吸收峰,位于 1778 cm^{-1} 和 1720 cm^{-1} 处的吸收峰归属于亚胺环上 C=O 的伸缩振动峰,位于 1370 cm^{-1} 和 720 cm^{-1} 处的吸收峰归属于亚胺环上 C—N 的伸缩振动峰。此外,在 1860 cm^{-1}、1806 cm^{-1} 和 1770 cm^{-1} 处未出现酸酐的红外吸收峰。由此可见,通过共聚和亚胺化,得到的目标产物是聚酰亚胺。

图 3.3.2　三种聚酰亚胺的红外谱图

3.3.2　表面化学组成变化

　　图 3.3.3 和图 3.3.4 分别给出了三种聚酰亚胺薄膜在紫外辐照前后的 C1s XPS 谱图。可以看到,紫外辐照对三种聚酰亚胺薄膜的 C1s XPS 谱图的峰形没有产生明显的影响。而通过拟合可以发现,紫外辐照对各种化学状态的 C 产生了影响,如表 3.3.1～表 3.3.3 所示。

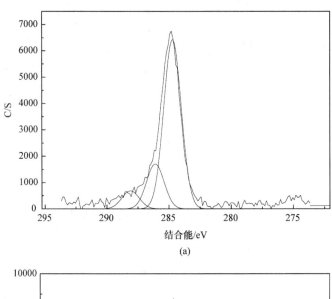

(a)

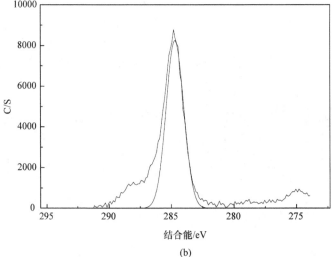

(b)

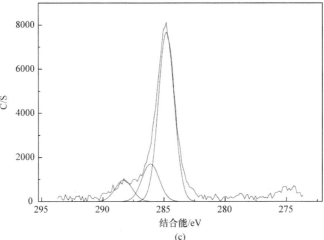

(c)

图 3.3.3　紫外辐照前三种聚酰亚胺薄膜表面的 C1s XPS 谱图

(a) o-PI；(b) m-PI；(c) p-PI

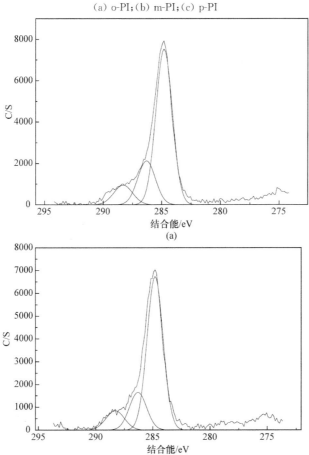

(a)

(b)

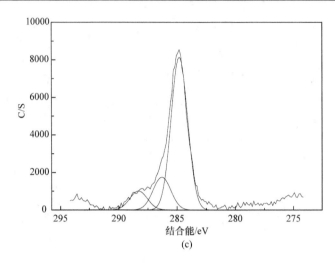

(c)

图 3.3.4　紫外辐照后(6 h)三种聚酰亚胺薄膜表面的 C1s XPS 谱图

(a) o-PI；(b) m-PI；(c) p-PI

表 3.3.1　紫外辐照前后 o-PI 薄膜的 C1s XPS 谱图的拟合结果

归属	辐照前			紫外辐照 6 h 后		
	结合能/eV	半峰宽/eV	相对浓度/%	结合能/eV	半峰宽/eV	相对浓度/%
苯环碳	284.7	1.4	73	284.8	1.4	69
C—N/C—O	286.1	1.4	19	286.3	1.5	21
C=O	288.1	1.4	8	288.3	1.6	10

表 3.3.2　紫外辐照前后 m-PI 薄膜的 C1s XPS 谱图的拟合结果

归属	辐照前			紫外辐照 6 h 后		
	结合能/eV	半峰宽/eV	相对浓度/%	结合能/eV	半峰宽/eV	相对浓度/%
苯环碳	284.7	1.4	70	284.8	1.4	71
C—N/C—O	286.1	1.4	20	286.3	1.5	19
C=O	288.1	1.4	10	288.3	1.6	10

表 3.3.3　紫外辐照前后 p-PI 薄膜的 C1s XPS 谱图的拟合结果

归属	辐照前			紫外辐照 6 h 后		
	结合能/eV	半峰宽/eV	相对浓度/%	结合能/eV	半峰宽/eV	相对浓度/%
苯环碳	284.8	1.3	73	284.8	1.4	73
C—N/C—O	286.1	1.4	17	286.3	1.5	17
C=O	288.3	1.4	10	288.3	1.5	10

从表 3.3.1～表 3.3.3 可以看出,紫外辐照对三种聚酰亚胺薄膜表面不同化学状态的碳产生了影响。对 o-PI 来说,经过 6 h 紫外辐照,C—N/C—O 和 C=O 中 C 的半峰宽(FWHM)和结合能有所增大,相对含量也增大,说明表面产生了更多的含氧基团。紫外辐照对 m-PI 的影响与 o-PI 类似,只是含氧基团相对含量的变化较后者小。与前两者不同,紫外辐照对 p-PI 的影响较小,主要表现在半峰宽(FWHM)和结合能的变化相对较小。以上 C1s XPS 谱图的不同变化是由三种聚酰亚胺薄膜不同的光化学稳定性引起的。而 C1s XPS 谱图的以上变化说明,紫外辐照导致了薄膜表面光氧化的发生。光氧化发生的原因主要有以下两个方面:一方面,空气中的氧分子被激发生成臭氧和原子氧;另一方面,聚酰亚胺表面由于发生键的断裂而被光敏化[35],进而与原子氧反应生成更多的含氧基团。但由于三种聚酰亚胺薄膜的分子链结构不同,紫外辐照对它们表现出不同的影响程度。

3.3.3　辐照前后的表面形貌

在一些研究中,扫描电子显微镜和光学显微镜用来观察紫外辐照引起的聚合物薄膜表面形貌的变化[13,37]。近年来,原子力显微镜因其许多优点而逐渐被用来表征聚合物薄膜表面形貌的变化[44,45]。

图 3.3.5～图 3.3.7 分别给出了紫外辐照前后 o-PI、m-PI 和 p-PI 薄膜的 2D 和 3D AFM 形貌。可以看到,辐照前 o-PI 薄膜表面上存在一些颗粒状的结构(图 3.3.5(a))。与 o-PI 薄膜的原始表面相比,m-PI 和 p-PI 薄膜的原始表面比较光滑,表面上存在着较小的颗粒状结构(图 3.3.6(a)和图 3.3.7(a)),这些结构都是在亚胺化过程中形成的。经过 6 h 紫外辐照,三种聚酰亚胺薄膜表面形貌的差别变得更加明显。对 o-PI 薄膜来说,经过 6 h 紫外辐照,表面上出现了许多团聚在一起的疏松状结构,这些结构是由许多小的颗粒状结构组成的(图 3.3.5(b))。而 m-PI 薄膜表面上出现了两种结构,一种是类似于 o-PI 薄膜表面上出现的疏松结构,另一种是一些包状结构(图 3.3.6(b))。与 o-PI 和 m-PI 不同,经过 6 h 紫外辐照,p-PI 薄膜的表面上出现了以包状结构为主的结构(图 3.3.7(b))。上述这些疏松结构及包状结构的形成可以归因于紫外辐照导致的光氧化的发生。通常,这些结构被称为"低分子量氧化材料"(LMWOM),这些材料的形成是聚合物薄膜表面分子链剪断的结果[46,47]。光氧化导致这些"LMWOM"的氧含量高于基体聚酰亚胺,所以这些结构与基体之间存在表面能的差异。为了降低表面的表面能,"LMWOM"聚集到一起形成了上述结构[44,46]。而本书中不同形态的"LMWOM"是由于氧化程度的不同,也反映出这几种 PI 薄膜的耐光氧化性能不同。结合 XPS 分析,可以推断,疏松结构的"LMWOM"的氧化程度高于包状结构的。从以上分析可以看出,p-PI 薄膜的耐紫外线氧化性能优于 o-PI 和 m-PI。其原因主要与这

几种 PI 薄膜的分子链结构有关。当聚合单体为对苯二胺时,形成的聚合物分子链能够紧密排列,使其具有较高的内聚能和硬度。当暴露在紫外辐照环境中时,这种较致密的分子链结构表现出相对于 o-PI 和 m-PI 较高的耐光氧化性能。

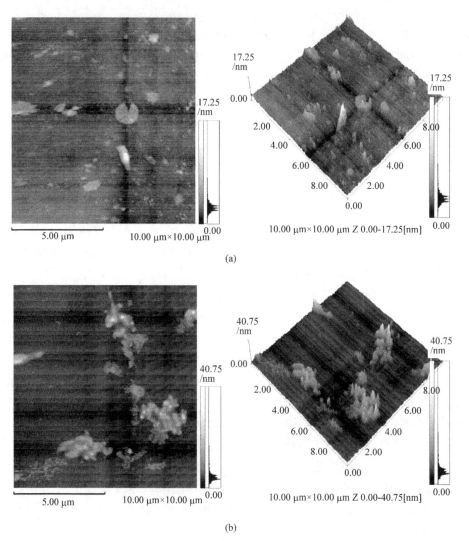

图 3.3.5　o-PI 薄膜的 2D (左) 和 3D (右) AFM 形貌

(a) 辐照前 RMS=0.971 nm;(b) 辐照 6 h 后 RMS=2.374 nm

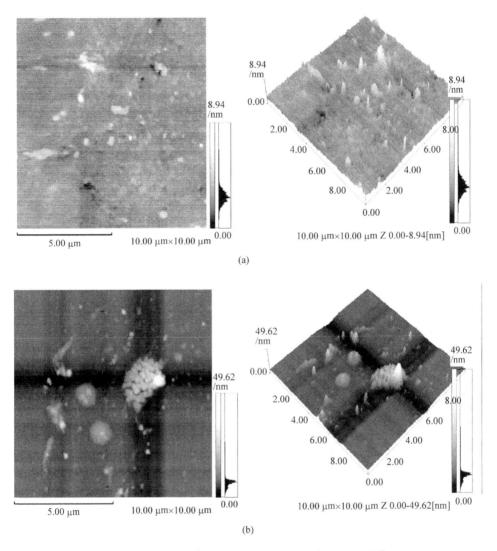

(a)

(b)

图 3.3.6　m-PI 薄膜的 2D（左）和 3D（右）AFM 形貌

（a）辐照前 RMS=0.675 nm；（b）辐照 6 h 后 RMS=3.294 nm

3.3.4　辐照前后的摩擦特性

图 3.3.8 给出了 o-PI,m-PI 和 p-PI 薄膜的摩擦系数随紫外辐照时间的变化关系。可以看到,随着紫外辐照时间的延长,三种聚酰亚胺薄膜的摩擦系数的变化趋势有所不同。对 o-PI 和 m-PI 来说,经过 2 h 和 4 h 紫外辐照,其摩擦系数变化不大。但当辐照时间延长到 6 h,其摩擦系数分别从 0.11,0.12 增大到 0.16 和 0.15。而 p-PI 的摩擦系数在 2 h 紫外辐照时达到最大值,此后又降低。为了解释

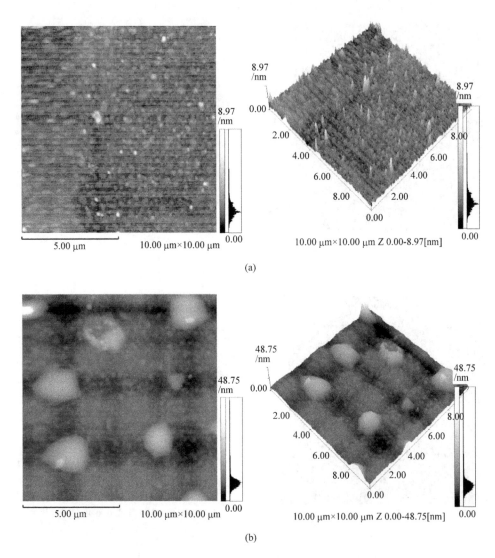

图 3.3.7　p-PI 薄膜的 2D（左）和 3D（右）AFM 形貌

（a）辐照前 RMS＝0.628 nm；（b）辐照 6 h 后 RMS＝3.866 nm

o-PI，m-PI 和 p-PI 三种薄膜摩擦系数的不同变化趋势，对经过 2 h 紫外辐照的 PI 薄膜进一步进行了表面形貌分析，如图 3.3.9 所示。可以看到，经过 2 h 紫外辐照，o-PI 薄膜表面出现了许多堆积在一起的颗粒状结构（图 3.3.9（a）），而 m-PI 的表面上出现了较小的颗粒堆积在一起的结构（图 3.3.9（b））。与前两者不同，经过 2 h 紫外辐照，p-PI 薄膜表面出现了均匀分布的颗粒状结构，这些结构在 3D 形貌图中表现为均匀分布的针状突起（图 3.3.9（c）），这些突起可能是由紫外辐照导致的 p-PI 分子链的交联形成的。而在 o-PI 和 m-PI 的 2 h 紫外辐照过程中，分子链的剪断起主要作用,所以表面上形成了一些光氧化的碎片。正是由于分子链的剪断或交联在不同结构的 PI 薄膜中起的作用不同,所以它们的摩擦系数变化的规律不同。对 o-PI 和 m-PI 薄膜来说,在紫外辐照过程中,分子链的剪断起主要作用。后者使得薄膜的表面软化,在摩擦过程中,薄膜与对偶的接触面积增大,所以摩擦系数增大[48]。对 p-PI 薄膜而言,在 2 h 紫外辐照时间内,分子链的交联起主要作用,此时交联会增大表面的硬度和剪切强度,从而使摩擦系数增大。当辐照时间超过 2 h,分子链的剪断作用超过交联作用,表面硬度降低,同时生成低分子量氧化材料,这都会使其摩擦系数下降。

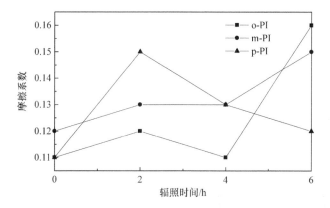

图 3.3.8 三种聚酰亚胺薄膜的摩擦系数随紫外辐照时间的变化关系

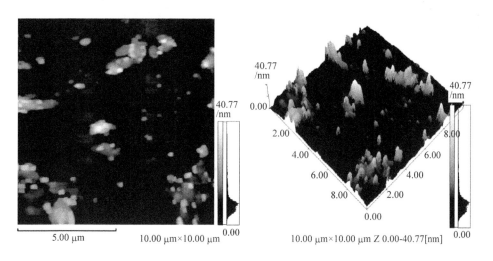

(a)

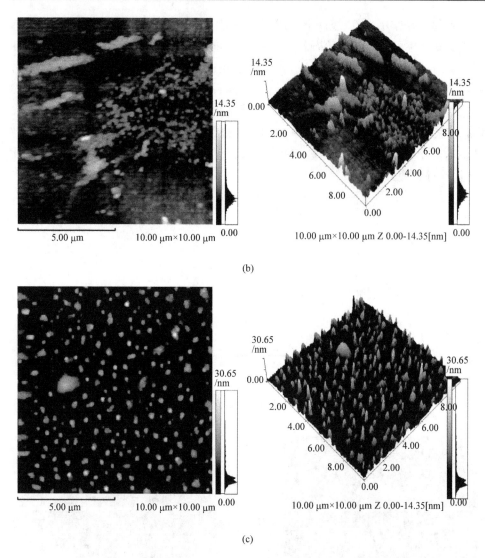

图 3.3.9　紫外辐照 2 h 后 PI 薄膜的 2D(左)和 3D(右)AFM 形貌

(a) o-PI,RMS＝4.709 nm;(b) m-PI,RMS＝1.442 nm;(c) p-PI,RMS＝3.484 nm

参 考 文 献

[1] Dever J A. Low earth orbital atomic oxygen and ultraviolet radiation effects on polymers. Cleveland:NASA Lewis Research Center,1991.

[2] Slemp W S. Ultraviolet radiation effects. NASA N89-23551[R],1989.

[3] 田海,李丹明,薛华,等. 星用热控涂层空间辐照环境等效模拟试验方法研究. 航天器环境工程,2009,26(s1):24-27.

[4] 徐坚,杨斌,杨猛,等. 空间紫外辐照对高分子材料破坏机理研究综述. 航天器环境工程,2011,28(1):25-30.

[5] Caykara T,Guven O. UV degradation of poly(methyl methacrylate) and its vinyltriethoxysilane containing copolymers. Polym. Degrad. Stab. ,1999,65:225-229.

[6] Yu J M,Tao X M,Tam H Y,et al. Modulation of refractive index and thickness of poly (methyl methacrylate) thin films with UV irradiation and heat treatment. Appl. Surf. Sci. ,2005,252:1283-1292.

[7] Kaczmarek H,Chaberska H. The influence of UV irradiation and support type on surface properties of poly(methyl methacrylate) thin films. Appl. Surf. Sci. ,2006,252:8185-8192.

[8] Guadagno L,Naddeo C,Vittoria V,et al. Chemical and morphologial modifications of irradiated linear low density polyethylene (LLDPE). Polym. Degrad. Stab. ,2001,72:175-186.

[9] Carrasco F,Pages P,Pascual S,et al. Artificial aging of high-density polyethylene by ultraviolet irradiation. Eur. Polym. J. ,2001,37:1457-1464.

[10] Kaczmarek H,Drag R,Swiatek M,et al. The influence of UV-irradiation on poly(vinyl chloride) modified by poly(vinyl acetate). Surf. Sci. ,2002,507:877-882.

[11] Sionkowska A,Skopinska J,Wisniewski M. Photochemical stability of collagen/poly (vinyl alcohol) blends. Polym. Degrad. Stab. ,2004,83:117-125.

[12] Gu X,Michaels C A,Nguyen D,et al. Surface and interfacial properties of PVDF/acrylic copolymer blends before and after UV exposure. Appl. Surf. Sci. ,2006,252:5168-5181.

[13] Kaczmarek H,Oldak D,Malanowski P,et al. Effect of short wavelength UV-irradiation on ageing of polypropylene/cellulose compositions. Polym. Degrad. Stab. ,2005,88:189-198.

[14] Kaczmarek H. Changes to polymer morphology caused by u. v. irradiation:1. surface damage. Polymer,1996,37:189-194.

[15] Soto-Oviedo M A,de Paoli M A. Photo-oxidative degradation of poly(epichlorohydrin-co-ethylene oxide) elastomer at 254 nm. Polym. Degrad. Stab. ,2002,76:219-225.

[16] 李燕,安宇龙,周惠娣,等. 紫外辐照对 MoS_2/酚醛环氧树脂黏结固体润滑涂层摩擦学性能的影响. 摩擦学学报,2009,29:227-232.

[17] 姜利祥,何世禹,杨德庄. TiO_2 改性 M40/EP648 复合材料的抗真空紫外辐照性能. 材料研究学报,2003,17(4):427-431.

[18] Gotoh K,Nakata Y,Tagawa M,et al. Wettability of ultraviolet excimer-exposed PE,PI and PTFE films determined by the contact angle measurements. Colloids and Surfaces a-Physicochemical and Engineering Aspects,2003,224:165-173.

[19] Kaczmarek H,Kowalonek J,Szalla A,et al. Surface modification of thin polymeric films by air-plasma or UV-irradiation. Surf. Sci. ,2002,507-510:883-888.

[20] Chen X D,Wang J S,Shen J R. Effect of UV-irradiation on poly(vinyl chloride) modified by methyl methacrylate-butadiene-styrene copolymer. Polym. Degrad. Stab. , 2005, 87:527-533.

[21] Suchocka-Galas K, Kowalonek J. The surface properties of ionomers based on styrene-co-acrylic acid copolymers. Surf. Sci. ,2006,600:1134-1139.

[22] Sionkowska A, Wisniewski M, Skopinska J, et al. The influence of UV irradiation on the mechanical properties of chitosan/poly(vinyl pyrrolidone) blends. Polym. Degrad. Stab. , 2005,88:261-267.

[23] 李燕,安宇龙,周惠娣,等. 紫外辐照对 MoS$_2$/酚醛环氧树脂黏结固体润滑涂层摩擦学性能的影响. 摩擦学学报, 2009,29(3):227-232.

[24] Kotek J, Kelnar I, Baldrian J, et al. Structural transformations of isotactic polypropylene induced by heating and UV light. Eur. Polym. J. ,2004,40:2731-2738.

[25] Rosu L, Cascaval C N, Ciobanu C, et al. Effect of UV radiation on the semi-interpenetrating polymer networks based on polyurethane and epoxy maleate of bisphenol A. Journal of Photochemistry and Photobiology A Chemistry,2005,169:177-185.

[26] Sionkowska A, Kaczmarek H, Wisniewski M, et al. Surface characteristics of UV-irradiated collagen/PVP blended films. Surf. Sci. ,2004,566:608-612.

[27] Fischbach C, Tessmar J, Lucke A, et al. Does UV irradiation affect polymer properties relevant to tissue engineering? Surf. Sci. ,2001,491:333-345.

[28] 纪芹,郎万中,郑斐尹,等. 酚酞型聚醚砜(PES-C)超滤膜的制备及性能. 功能高分子学报, 2012,25(2):81-87.

[29] 鄢田婷. 蛭石/酚酞型聚芳醚砜(PES-C)复合膜提高棉纶织物隔热性能的研究. 上海:东华大学硕士学位论文,2010.

[30] 樊新民,车剑飞. 工程塑料及其应用. 北京:机械工业出版社,2006.

[31] Qin X D, Tzvetkov T, Liu X, et al. Site-selective abstraction in the reaction of 5-20 eV O$^+$ with a self-assembled monolayer. J. Am. Chem. Soc. ,2004,126:13232-13233.

[32] Jin J Y, Smith D W, Topping C M, et al. Synthesis and characterization of phenylphosphine oxide containing perfluorocyclobutyl aromatic ether polymers for potential space applications. Macromolecules,2003,36:9000-9004.

[33] Gindulyte A, Massa L, Banks B A, et al. Direct C—C bond breaking in the reaction of O(P-3) with flouropolymers in low earth orbit. J. Phys. Chem. A,2002,106:5463-5467.

[34] Chang H T, Su Y C, Chang S T. Studies on photostability of butyrylated, milled wood lignin using spectroscopic analyses. Polym. Degrad. Stab. ,2006,91:816-822.

[35] Hollander A, Klemberg-Sapieha J E, Wertheimer M R. The influence of vacuum-ultraviolet radiation on poly(ethylene terephthalate). Journal of Polymer Science Part a-Polymer Chemistry,1996,34:1511-1516.

[36] Yoshimitsu Z, Nakajima A, Watanabe T, et al. Effects of surface structure on the hydrophobicity and sliding behavior of water droplets. Langmuir,2002,18:5818-5822.

[37] Sionkowska A. The influence of UV light on collagen/poly(ethylene glycol) blends. Polym. Degrad. Stab. ,2006,91:305-312.

[38] Sionkowska A. Modification of collagen films by ultraviolet irradiation. Polym. Degrad. Stab. ,2000,68:147-151.

[39] Obadal M,Čermák R,Raab M,et al. Structure evolution of α- and β-polypropylenes upon UV irradiation:a multiscale comparison. Polym. Degrad. Stab. ,2005,88:532-539.

[40] Bian L J,Qian X F,Yin J,et al. Preparation and properties of rare earth oxide/polyimide hybrids. Polym. Test. ,2002,21:841-845.

[41] Blach-Watson J A,Watson G S,Brown C L,et al. UV patterning of polyimide:differentia-tion and characterization of surface chemistry and structure. Appl. Surf. Sci. ,2004,235:164-169.

[42] 阿尔库克 H R,兰普 F W,马克 J E. 当代聚合物化学. 张其锦,董炎明,宗惠娟,等译. 北京:化学工业出版社,2006.

[43] 杨祖华. 聚酰亚胺薄膜的制备及其摩擦学性能研究. 兰州:中国科学院兰州化学物理研究所硕士学位论文,2003:42.

[44] Boyd R D,Kenwright A M,Badyal J P S,et al. Atmospheric nonequilibrium plasma treat-ment of biaxially oriented polypropylene. Macromolecules,1997,30:5429-5436.

[45] Greenwood O D,Hopkins J,Badyal J P S. Non-isothermal O-2 plasma treatment of phenyl-containing polymers. Macromolecules,1997,30:1091-1098.

[46] Boyd R D,Badyal J P S. Nonequilibrium plasma treatment of miscible polystyrene/poly (phenylene oxide) blends. Macromolecules,1997,30:5437-5442.

[47] Truica-Marasescu F,Wertheimer M R. Vacuum ultraviolet-induced photochemical nitriding of polyolefin surfaces. J. Appl. Polym. Sci. ,2004,91:3886-3898.

[48] Ton-That C,Campbell P A,Bradley R H. Frictional force microscopy of oxidized polysty-rene surfaces measured using chemically modified probe tips. Langmuir,2000,16:5054-5058.

第4章　质子辐照对聚合物摩擦学性能的影响

4.1　概　　述

空间辐射环境中存在着大量的带电粒子,质子是最多的粒子。高能质子能够击穿航天器表面的结构材料,进入到航天器内部,对内部的仪器设备构成威胁,航天器表面的材料也吸收了它的一部分能量;而低能量的质子不能穿透结构材料,其能量全部被航天器表面的材料吸收。航天器的表面材料吸收能量后,内部原子会出现激发、电离等状态,改变其微观结构,从而使其性能发生变化。因此,质子对航天器的辐射损伤是影响航天器可靠性和寿命的主要因素之一。质子辐照对航天器外表材料的损伤主要表现为材料的光学性能、热性能、力学性能和导电性能等的退化。航天器材料中对质子辐照比较敏感的主要是非金属材料,特别是聚合物材料。质子辐照会引起聚合物材料的分子链发生断裂、交联和新的化学结构形成等反应,对材料的性质和结构产生影响,从而使得材料的性能逐渐退化甚至完全丧失。例如,玻璃钢在质子辐照环境中会失去附着力而脱离基体;质子辐照会使得塑料和涂层等材料表面的颜色偏离初始颜色,表现为褪色、变暗、变黄等;聚合物的光亮表面会变得粗糙,并且出现不规则的裂纹。影响质子辐照对聚合物材料化学结构和性能的因素很多,如聚合物本身的性质、辐照能量、辐照剂量等。质子辐射会导致一系列的化学反应,这些反应会使得聚合物的分子量增大或者降低。质子辐射对聚合物材料的影响,与质子的能量、剂量以及聚合物的类型都有着重要的关系。质子辐照对聚合物影响的研究进展如下。

4.1.1　质子辐照对聚合物化学结构和组成的影响

Abdel-Fattah 等[1]研究了质子辐照对聚氯乙烯(PVC)的影响,发现质子辐照之后,PVC 的 FTIR 谱图中位于 $700~\mathrm{cm^{-1}}$ 的 C—Cl 键的特征峰强度减弱,而在 $1620\sim1680~\mathrm{cm^{-1}}$ 出现 C=C 的特征峰,并且该特征峰的强度随着辐照剂量的增大而增大(图 4.1.1),表明质子辐照导致了 PVC 表面脱 HCl 反应的发生和 C=C 的形成。上述反应也可以从 UV-VIS 谱中得到证实,即随着辐照剂量增大,PVC 的UV-VIS 谱向长波方向移动(图 4.1.2),表明质子辐照导致了 PVC 中共轭 C=C 的形成。Zhang 等[2]考察了质子辐照对甲基硅橡胶的影响,发现在低剂量下,甲基硅橡胶中的 Si—O 键含量增加,表明质子辐照导致了甲基硅橡胶分子链交联的发生,也说明在低剂量下,分子链的交联起主要作用。而当剂量较高时,Si—O 键含量降低,表明在高辐照剂量下甲基硅橡胶分子链的降解起主要作用。Mishra 等[3]研究了质子辐照对一种聚碳酸酯(MFN)和聚酰亚胺(PI)的改性,发现质子辐照后聚碳酸酯的 FTIR 谱图中 C—H 的变形振动和 C＝O 的伸缩振动峰强度降低,表明聚碳酸酯发生了断键反应。与聚碳酸酯不同,质子辐照没有导致聚酰亚胺发生显著的结构变化,其原因是芳香族的聚酰亚胺具有较强的耐辐照性能。Singh 等[4]研究了质子辐照对聚氯乙烯和聚对苯二甲酸乙二醇酯(PET)共混物的影响,发现共混物中两种聚合物的 FTIR 特征吸收峰强度降低,并且随着辐照剂量的增大,所有的特征吸收峰逐渐消失,这一现象的出现可以归因于质子辐照导致的聚合物分子链中化学键的断裂和低分子气体产物及自由基的形成和溢出,也说明质子辐照导致了共混物中聚合物分子链的降解。Choi 等[5]考察了质子辐照引起的聚甲基丙烯酸甲酯(PMMA)的结构改性,发现质子辐照后,PMMA 的 FTIR 和 Raman 谱中特征基团的吸收峰强度都降低,说明在质子辐照下,PMMA 主要发生降解反应。张丽新等[6]利用空间辐照环境地面模拟设备研究了质子辐照对甲基硅橡胶的破坏,发现在辐照能量和辐照剂量分别为 180 keV 和 10^{16} protons/cm^2 的条件下,硅橡胶生成 CH_3SiOCH_3 气体产物,这是由于质子直接攻击甲基硅橡胶高分子链中的 O 而导致高分子链断裂,是唯一的放热渠道。计算结果表明,在质子进攻高分子主链时,直接导致分子形成断键产物。

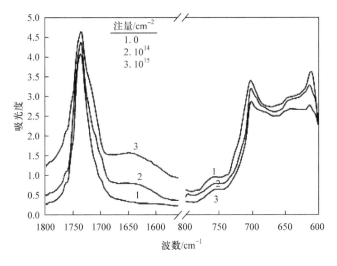

图 4.1.1　不同质子辐照剂量的 PVC 薄膜的 FTIR 谱图 (能量 25 MeV)[11]

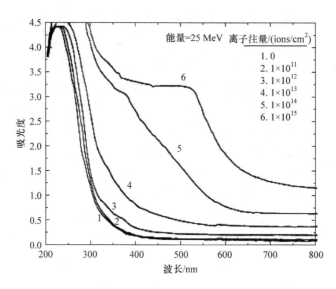

图 4.1.2　不同质子辐照剂量的 PVC 薄膜的 UV-VIS 谱图[11]

　　如上所述,聚合物材料的 FTIR 谱图中特征吸收峰强度的变化可以反映聚合物分子链中特征基团的相对含量的变化。所以,FTIR 被广泛用来表征离子辐照引起的聚合物材料化学结构的变化。除此之外,X 射线光电子能谱(XPS)则可以用来研究离子辐照对聚合物材料化学组成的影响。例如,Gao 等[7]研究了质子辐照 AG-80 环氧树脂的化学组成变化,发现随着质子辐照剂量的增加,C 的相对含量增加,而 N 的相对含量减小,上述变化说明在质子辐照条件下,C—C,C—H,C—N 和 C—O 键发生断裂,生成低分子的产物,后者溢出材料表面,致使 C 在环氧树脂表面富集。并且,随着辐照剂量增加,C 在表面富集的程度增加,表面层出现碳化的趋势。Li 等[8]研究了质子辐照对 Teflon FEP 薄膜的降解作用,发现在质子辐照条件下,Teflon FEP 薄膜的大分子链被激发,F 原子和—CF_3 基团可以被轰击出主链,在表面层形成自由基(如—C^*F—,—C^*=,—C^{**}—)和自由 C 原子。同时,质子存在注入效应,从而形成—CF_2H—,—CFH_2—,—CFH—,—CH_3,—CH_2—,=CH—等官能团。

　　Kumar 等[9]研究了高能质子辐照对低密度聚乙烯(LDPE)化学结构的影响,从材料的紫外谱可以看出,对于低通量质子辐照,材料在 280 nm 处有最大的吸收,而对于高通量辐照,材料的紫外谱有红移现象,这说明材料形成了发色基团,这可能是延长的共轭多烯体系,其在这个范围内有最大的吸收。红外表征结果显示质子作用使材料形成了亚乙烯基、反式乙烯、端乙烯基、不饱和键和羰基,这可能是由交联结构的形成引起的。另外发现在质子作用之后有羰基形成,这是因为在辐照过程中形成了稳定的烯丙基,在空气中其可以与氧反应。正电子湮灭谱显示,自由体积孔洞的尺寸和相对含量随着质子通量的增加先减小并达到最小值,然后又表现出增加的趋势,这是因为随着辐照通量的增加,链断裂代替交联作用占据主要作用形式。Parada 等[10]考察了 1 MeV 质子轰击对聚偏氯乙烯(PVDC)聚合物薄膜的破坏作用,发现在质子轰击的过程中聚合物化学键的断裂主要发生在 C—O 和 C—Cl 键处,同时伴随着 Cl 的释放和 C 键的形成。当质子通量高于 10^{15} protons/cm^2时,散发出来的气体慢慢减少,因为易受攻击的分子键随着质子通量的增加而减少。质子辐照过程中的残余气体分析仪(RGA)谱如图 4.1.3 所示。Peng 等[11]考察了质子辐照对聚对苯二甲酸乙二酯薄膜的降解作用,结果显示,材料的质量损失随辐照通量的增加快速地增大,然后在较大的通量时趋向于平稳。C1s 的相对强度随辐照通量的增加而增大直至一个稳定水平,而 O1s 的相对强度随通量的增加而减小,这说明质子对材料具有脱羧作用。

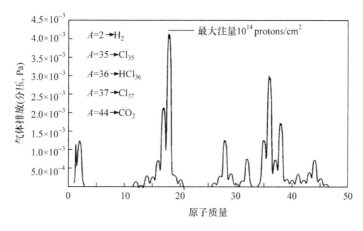

图 4.1.3　质子辐照过程中的 RGA 谱

Huszank 等研究了质子辐照能量对聚二甲基硅氧烷(PDMS)的化学组成的影响,发现高能量质子主要引起了分子链发生断键和交联反应,而低能质子主要引起分子链发生断键反应(图 4.1.4)[12]。Zhang 等研究了质子辐照剂量对甲基硅橡胶的影响,发现在低剂量下,甲基硅橡胶中的 Si—O 键含量增加,表明质子辐照导致了甲基硅橡胶分子链发生了交联反应;而当剂量较高时,Si—O 键含量降低,表明在高辐照剂量下甲基硅橡胶分子链主要发生降解反应[13]。

影响质子辐照对聚合物材料化学结构和组成改变的因素很多,如聚合物本身的性质、辐照剂量、气氛等。所以,质子辐照对聚合物材料化学结构和组成的影响非常复杂,而这些化学结构和组成的变化是引起聚合物材料其他性质变化的原因。因此,继续深入研究质子辐照对聚合物材料化学结构和组成的影响,对于扩大聚合物材料在空间科学中的应用具有重要的理论和实际意义。

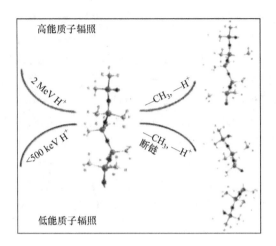

图 4.1.4　PDMS 在不同能量质子作用下的降解机理

4.1.2　质子辐照对聚合物热学性质的影响

　　Mishra 等[14,15]考察了一种聚碳酸酯(MFN)和聚酰亚胺(PI)的质子辐照效应,发现对于聚碳酸酯而言,质子辐照使得其热稳定性降低(图 4.1.5),同时其玻璃化转变温度和熔化温度也降低(图 4.1.6),其原因是质子辐照导致了聚碳酸酯分子链的断裂。与聚碳酸酯不同,质子辐照之后,聚酰亚胺的热稳定性提高,玻璃化转变温度和熔化温度也升高,这种变化可以归因于质子辐照导致的聚酰亚胺分子链交联的发生。上述不同的变化趋势主要是由于两种聚合物材料的分子链结构不同。在聚丙烯的质子辐照研究中,Tripathy 等[16,17]也发现质子辐照导致的聚丙烯分解温度和熔点的升高,并把这一变化归因于质子辐照导致的聚丙烯分子链交联的发生,而 PADC 分子链的降解导致了其热稳定性的下降。Zhang 等[18]考察了

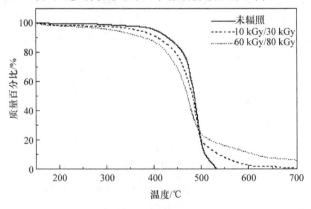

图 4.1.5　未辐照和辐照 MFN 的热重分析 TGA 曲线[13]

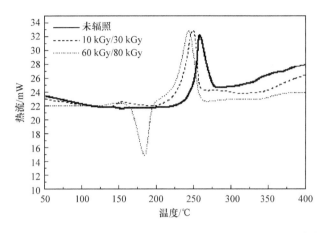

图 4.1.6 未辐照和辐照 MFN 的差示扫描热量 DSC 曲线[13]

质子辐照甲基硅橡胶的热学性质变化,发现当剂量低于 10^{15} cm^{-2} 时,甲基硅橡胶的玻璃化转变温度升高,当超过该剂量时,其玻璃化转变温度则降低,说明当剂量低于 10^{15} cm^{-2} 时,甲基硅橡胶分子链的交联起主要作用,而当剂量继续增大时,其分子链的降解起主要作用。与上述热学性质的变化不同,Artiaga 等[19]发现质子辐照虽然导致了聚酰亚胺断链的发生,但其玻璃化转变温度降低很小,说明聚酰亚胺对质子辐照具有高的稳定性。

上述热学性质的变化取决于质子辐照导致的聚合物材料分子链降解或交联所起的作用,即质子辐照导致的聚合物材料化学结构和组成的变化是其热学性质变化的主要原因。

4.1.3 质子辐照对聚合物机械性能的影响

Shah 等[20]研究了质子辐照聚酰亚胺薄膜的显微硬度,发现随着辐照剂量增加,聚酰亚胺薄膜的硬度显著增大,并且直至载荷达到 300 mN,其硬度随着载荷增加而增加。当载荷超过 400 mN,其硬度不再增加。这种硬度随着载荷增加而增加可以用应变硬化来解释。Di 等[21]考察了 MQ 硅树脂增强的甲基硅橡胶的质子辐照效应,发现当辐照剂量低于 10^{14} cm^{-2} 时,材料的硬度和拉伸强度随着辐照剂量的增加而增大,而断裂伸长率则下降,通过分析发现,在上述剂量下,材料主要发生了交联反应。而当辐照剂量继续增大,材料的硬度、拉伸强度和断裂伸长率表现出与前面相反的变化趋势(表 4.1.1),其原因是,质子辐照对材料的损伤此时主要表现为降解反应。Zhang 等[18]也发现,不同的辐照剂量条件下,甲基硅橡胶的机械性质变化趋势不同。例如,在 200 keV 质子辐照条件下,当辐照剂量低于 10^{15} cm^{-2} 时,甲基硅橡胶的拉伸强度和硬度都增加,而当剂量超过 10^{15} cm^{-2} 时,其拉伸强度和硬度降低,其原因在于剂量低于 10^{15} cm^{-2} 时,甲基硅橡胶的交联是主要的效应,而当剂量继续增大时,降解变为质子辐照导致的主要效应。这种机械性质随着质子辐照剂量的增大先增加后降低的现象在 150 keV 质子辐照甲基硅橡胶的研究中也被发现[12]。

表 4.1.1 质子辐照剂量对硅橡胶机械性质的影响[24]

通量/cm^{-2}	硬度 HA	拉伸强度/MPa	断裂伸长率/%
0	70	6.6	70
10^{14}	71	6.8	68
10^{15}	69	4.8	70
5×10^{15}	68	3.8	73
10^{16}	66	3.2	76

由于在离子辐照过程中,聚合物分子链的断键和交联同时存在[24-28],两者中的哪一者起主要作用将最终决定辐照材料的性质,但由于不同的聚合物类型具有不同的耐辐照性能,所以在不同的聚合物材料的辐照过程中,分子链的断键和交联所起的作用有所不同。

4.2 质子辐照能量和剂量对酚酞聚芳醚砜的影响

4.2.1 表面结构的变化

质子辐照会引起聚合物表面分子链的断裂,聚合物的特征峰会发生变化。图 4.2.1 为质子辐照的能量和剂量对酚酞聚芳醚砜(PES-C)的红外特征峰的影响。可以看出,质子辐照之后,PES-C 位于 1770 cm^{-1}(υ C=O),1488 cm^{-1}(υ C=C),1242 cm^{-1}(δ_{as}C—O—C)和 1150 cm^{-1}(υ_sO=S=O)的特征吸收峰强度减弱,表明 PES-C 表面的分子结构在一定程度上被破坏。为了进一步考察辐照剂量对 PES-C 表面化学结构的影响,图 4.2.2 给出了质子辐照能量为 2.0 MeV 时辐照剂量对 PES-C 的特征吸收峰强度的影响。很明显,随着辐照剂量的增大,PES-C 的特征吸收峰强度逐渐降低,特征峰的降低主要是质子辐照造成了 PES-C 表面分子链的破坏。聚合物受到质子的撞击作用时,在聚合物表面的化学键发生断裂,在表层生成各种自由基,这些自由基会发生进一步的交联反应,也进一步降解生成低分子的产物,如 CO_2、CO、N_2 和 H_2 等。而从辐照前后的红外谱图中发现,辐照后并没有出现新的特征峰,这说明,在当前的质子能量和剂量下,聚合物 PES-C 表面只发生了断键反应,没有发生交联反应。

进一步用电子顺磁共振(EPR)检测辐照聚合物材料表面的自由基。图 4.2.3 为不同能量质子辐照对 PES-C 的 EPR 的影响。从中可以看出,辐照后生成的自由基被成功地捕捉到。分析 PES-C 的分子结构,我们可以知道辐照会使得 PES-C

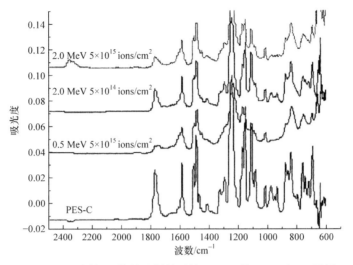

图 4.2.1　不同辐照能量和剂量下的 PES-C 的 FTIR-ATR 谱图

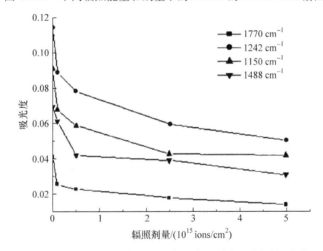

图 4.2.2　PES-C 的特征吸收峰强度随着辐照剂量的变化

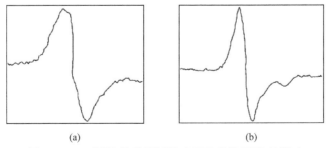

图 4.2.3　不同能量质子辐照对 PES-C 的 EPR 的影响

(a) 0.5 MeV,5.0×10^{15} ions/cm^2；(b) 2.0 MeV,5.0×10^{15} ions/cm^2

失去碳酸基而形成苯基自由基。生成的自由基引起自由基反应从而加速聚合物的降解。最终会引起聚合物材料表面颜色、硬度、粗糙度等性质的变化，从而造成了其化学性能、机械性能等的退化，下面主要讨论对摩擦磨损性能的影响。

4.2.2　摩擦磨损性能的变化

材料的摩擦磨损主要发生在材料的表面，表面的硬度、粗糙度和表面元素组成等对聚合物的摩擦磨损具有重要的影响作用。图 4.2.4 给出了质子辐照剂量和能量对 PES-C 的摩擦系数的影响。从图 4.2.4(a)辐照剂量对摩擦系数的影响来看，质子辐照引起了 PES-C 摩擦系数的增大。在低剂量时，质子辐照引起的摩擦系数增大的幅度很小；而当质子辐照的剂量达到 5.0×10^{15} ions/cm^2 时，摩擦系数的增加很明显，从 0.782 增大到 1.235。图 4.2.4(b)给出了不同辐照能量(0.5~2.0 MeV)在固定剂量 5.0×10^{15} ions/cm^2 时，摩擦系数的变化情况。从中可以看出，当质子的辐照剂量固定时，四种能量的质子辐照都使得 PES-C 的摩擦系数比辐照前有明显的增大。但是，随着质子辐照能量的增大，摩擦系数略有降低。这些结果说明，PES-C 的摩擦系数随着质子辐照剂量的增大而增大，而在固定剂量时随着辐照能量的增大有轻微的降低。

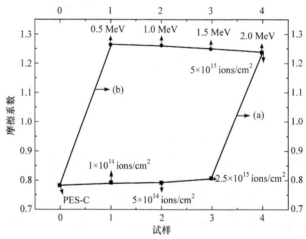

图 4.2.4　质子辐照剂量(a)和能量(b)对 PES-C 的摩擦系数的影响
速度＝0.15 m/s，载荷＝1N，滑动距离＝0.5 km

图 4.2.5 给出了质子辐照剂量和能量对 PES-C 的磨损率的影响。从辐照剂量对磨损率的影响来看，磨损率的变化不是单调变化的，随着辐照剂量的增大是先增大后降低。当辐照剂量达到 5.0×10^{15} ions/cm^2 时，磨损降低了一个数量级，从 1.96×10^{-13} 降低到 1.394×10^{-14}。从辐照能量对磨损率的影响来看，辐照后的磨损率明显低于辐照前的，而且磨损率随着能量的变化不很明显。这些结果说明了随着剂量的增大，磨损率先增大后降低，而在固定剂量时，磨损率随着能量的增大

出现轻微的增大。

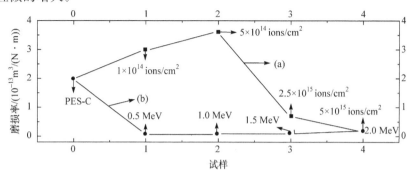

图 4.2.5　质子辐照剂量(a)和能量(b)对 PES-C 磨损率的影响
速度＝0.15 m/s,载荷＝1 N,滑动距离＝0.5 km

　　图 4.2.6 给出了辐照前后 PES-C 磨损表面的形貌图。辐照前,PES-C 的磨痕表面比较光滑,并有大量的磨屑被挤压成片层状结构黏附在磨损表面。质子辐照后,PES-C 的磨痕形貌出现明显的变化。经过剂量为 5.0×10^{14} ions/cm² 的质子辐照后,样品的磨痕表面出现了大量的犁沟和明显的擦痕,并且伴随着细小磨屑堆积在磨痕内,擦伤的出现和大量细小磨屑的堆积增大了材料的磨损率。当辐照剂量增大到 5.0×10^{15} ions/cm² 时,磨损表面出现明显的疲劳现象。这说明当质子能为2.0 MeV 时,随着辐照剂量的增加,材料表面的磨损机理从黏着磨损转化成磨粒磨损最后到疲劳磨损,这一转化降低了磨损率。而剂量保持在 5.0×10^{15} ions/cm² 不变,质子辐照能量由 2.0 MeV 降低到 0.5 MeV 时,材料表面还是表现为疲劳磨损。

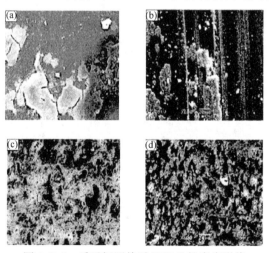

图 4.2.6　质子辐照前后 PES-C 的磨痕形貌

(a) 未辐照的;(b) 2.0 MeV,5.0×10^{14} ions/cm²;

(c) 2.0 MeV,5.0×10^{15} ions/cm²;(d) 2.0 MeV,5.0×10^{15} ions/cm²

图 4.2.7 给出了辐照前后 PES-C 材料对偶形成转移膜的形貌图。对于辐照前的 PES-C,对偶表面没有明显的转移膜。而辐照后的 PES-C 材料的对偶表面上出现了相对均匀和连续的转移膜。转移膜的形成有助于改进材料的抗磨性能,也就是说,随着相对均匀和连续的转移膜的形成,随后的滑动摩擦主要发生在材料和转移膜之间,因此会得到相对较低的磨损率。而且,发现在 0.5 MeV 时比 2.0 MeV 出现更多的材料转移。因为两者具有相同的磨损机理,所以两者的磨损率很接近。

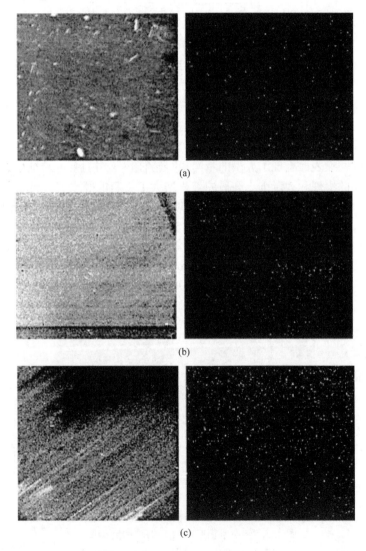

图 4.2.7　辐照前后 PES-C 对摩钢球磨损表面的 SEM 形貌(左×50)以及 C 元素表面分布图(右)
(a) 未辐照的;(b) 2.0 MeV,5.0×10^{15} ions/cm^2;(c) 0.5 MeV,5.0×10^{15} ions/cm^2

由此可见,质子辐照对 PES-C 聚合物材料的摩擦磨损性能影响最大的是辐照剂量。由于在实际的空间模拟环境中高能质子辐照存在很多困难,所以在后面的实验中主要研究了低能质子辐照剂量对聚合物材料的摩擦磨损性能的影响。

4.3　低能质子辐照产生的影响

高能质子能够击穿航天器表面的结构材料,进入到航天器内部,对内部的仪器设备构成威胁,航天器表面的材料也吸收了带电粒子的一部分能量。虽然低能量的质子不能穿透结构材料,但其能量能够全部被航天器表面的材料吸收。航天器的表面材料吸收低能质子的能量后,内部原子会出现激发、电离等状态,改变其微观结构,从而使其性能发生变化。因此,低能质子辐照对航天器的损伤也是影响航天器可靠性和寿命的主要因素之一[22,23]。本书在自行设计的质子辐照地面模拟装置中,采用微波 ECR 等离子体技术获得氢等离子体,通过引出系统将质子引出至加速电场中,可获得 20 keV, 25 keV 和 30 keV 的质子束;详细比较研究不同能量下的低能质子束对聚四氟乙烯和聚酰亚胺的表面性质和摩擦磨损性能的影响;并进一步研究能量为 25 keV 的质子辐照前后聚酰亚胺的磨损机理的演变过程。

4.3.1　不同能量的低能质子辐照对聚四氟乙烯的影响

4.3.1.1　表面性质的变化

利用运输离子(transport of ion in matter, TRIM)程序计算不同能量质子在 PTFE 材料中的分布和分布峰值的深度,如图 4.3.1 所示。TRIM 是计算离子灌输过程常用的程序包[24]。从图 4.3.1(a)可以看出,质子在材料的表面层有一定的深度分布,其分布图像基本表现为高斯分布。图 4.3.1(b)给出了不同能量质子辐照后,质子分布曲线峰值的深度,可以看出,质子能量越大,质子分布的区域越深,峰值位置随辐照能量的增加呈线性增大的趋势。

图 4.3.2 给出了不同能量的质子辐照前后 PTFE 表面的 FTIR-ATR 谱。可以看出,位于 1204 cm^{-1} 和 1145 cm^{-1} 的特征峰强度在质子辐照之后仍然很好地保持了辐照前的特征,这两个峰分别对应于 CF_2 的对称和不对称伸缩振动[25,26],因此可以推断 PTFE 在质子辐照之后仍然基本保持了辐照前的主要链结构。但是从图中可以看出,CF_2 键振动特征峰的底部在质子辐照后有加宽现象,这是材料在质子辐照过程中结构发生变化所致。从 FTIR-ATR 谱中还可以看出,质子辐照之后,在波数为 1715 cm^{-1} 的位置出现了 C=O 的谱峰,这是因为,在质子辐照的过程中,分子链中生成了许多活性基团,当材料从真空室取出时,部分活性基团会与氧气结合生成 C=O 基团[27,28]。同时,在波数为 2851 cm^{-1} 和 2920 cm^{-1} 的位置

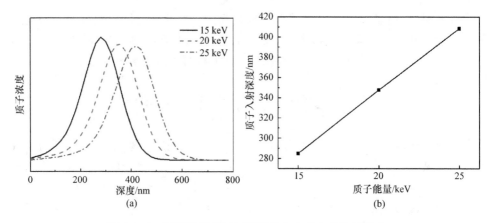

图 4.3.1　不同能量质子辐照的分布和分布峰值的深度

出现了 C—H 键的特征峰,说明部分 C—F 键在质子辐照过程中发生断裂,使 C 与质子结合生成 C—H 键[27]。在质子辐照的过程中会生成许多小分子物质,并从材料表面逸出[27,28],形成放气现象,导致辐照过程中真空室的真空度降低。另外,在波数约为 981 cm^{-1} 的位置出现小峰,这个峰通常是 CF$_3$ 基团振动引起的特征峰[29,30],说明 PTFE 的分子链在质子辐照的过程中发生结构变化,并生成 CF$_3$ 基团。

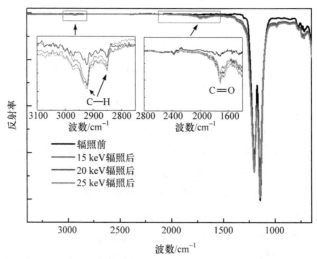

图 4.3.2　PTFE 在质子辐照前后的 FTIR-ATR 谱(扫描封底二维码可看彩图)

图 4.3.3 给出了 PTFE 在质子辐照前后的 XPS 全谱及 C1s 和 F1s 的 XPS 精细谱。从 XPS 全谱可以看出,材料主要包括位于 291.7 eV 的 C1s 特征峰和 689.0 eV 的 F1s 特征峰,这两个特征峰强度在质子辐照之后都有不同程度的降低,说明材料表面的元素组成发生了变化。表 4.3.1 列出了材料在质子辐照前后表面的元素含

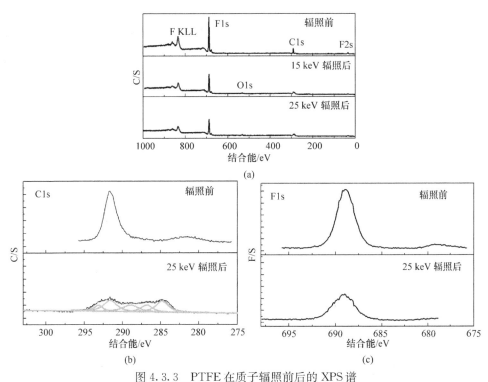

图 4.3.3 PTFE 在质子辐照前后的 XPS 谱

(a) 质子辐照前后的 XPS 全谱;(b) C/S 辐照前后精细谱;(c) F/S 辐照前后精细谱

表 4.3.1 质子辐照前后材料表面元素的相对含量

样品	元素相对含量/%(原子分数)		
	C	F	C/F
辐照前	34.1	65.9	0.52
15 keV 辐照后	45.8	54.2	0.85
25 keV 辐照后	46.6	53.4	0.87

量,结果显示,经过 15 keV 和 25 keV 质子辐照之后,材料表面的 C 元素的相对含量从辐照前的 34.1%分别增加到了 45.8%和 46.6%,而 F 元素的相对含量从辐照前的 65.9%分别减少到了 54.2%和 53.4%。说明材料表面的元素组成在辐照过程中发生了变化,C—C 和 C—F 键受到质子的碰撞并发生断裂[27,28],由于 F 原子包覆在 PTFE 分子链的表面,C—F 键在辐照过程中首先发生碰撞断裂,同时生成易挥发的物质逸出材料表面[27,28],导致 C 相对含量的增加和 F 相对含量的减少,质子辐照也导致 PTFE 表面发生碳化。通过比较 25 keV 质子辐照前后的 C1s 精细谱(图 4.3.3(b)),可以看出其在辐照前基本呈对称曲线,结合能位置为 291.7 eV,但经过质子辐照之后,PTFE 材料 C1s 谱表现为非对称结构,通过高斯

拟合对其进行解谱,可分解为 5 个谱峰,结合能位置分别约为 293.4 eV,291.6 eV, 288.9 eV,286.8 eV 和 284.8 eV。其中结合能位于 291.6 eV 的峰对应于 PTFE 分子链结构 C 的特征峰;结合能位于 284.9 eV 的峰对应于不与 F 成键的 C,同时其相邻的 C 原子也不与 F 成键;结合能位于 286.8 eV 的峰对应于不与 F 成键的 C,但其相邻的碳原子与 F 成键,如 CF_2CH_2 基团中的 CH_2 键;结合能位于 288.9 eV 的峰对应于 CFHCFH 的结合能;293.4 eV 的结合能对应于 CF_3,如 $CF(CF_3)CF_2$;另外辐照过程中产生的 C—O 和 C=O 键的结合能分别为 286.6 eV 和 288.5 eV[27,28,31,32]。对于 F1s 精细谱,可以看出,其在质子辐照之后仍然保持辐照前的形状,但是其强度有明显的减弱(图 4.3.3(c))。由以上 XPS 分析可知, PTFE 分子链在质子辐照过程中被打断,然后生成的活性基团会与质子反应结合,同时生成挥发性物质逸出材料表面。这与 FTIR-ATR 分析结果一致。

图 4.3.4 给出了质子辐照前后 PTFE 的表面形貌。材料的表面形貌在辐照前相对平滑,伴随有小突起的颗粒状物(图 4.3.4(a)),这是样品制备过程生成的形貌特征。对于暴露在质子辐照环境中的样品来说,其表面被严重地侵蚀,随着质子辐照能量的增大,材料表面被侵蚀得越严重,表面逐渐变为"蜂窝"状形貌特征(图 4.3.4(b)~(d))。当 PTFE 暴露在质子辐照环境中时,质子与材料之间会发生复杂的物理和化学反应过程,在这个过程中材料的分子链会发生断裂、交联,并伴随有挥发性物质的生成与释放,所有这些因素导致材料的表面形貌发生较大的变化。比较质子辐照对 PI 表面形貌的影响,发现 PTFE 经过质子辐照后形貌变化较大。

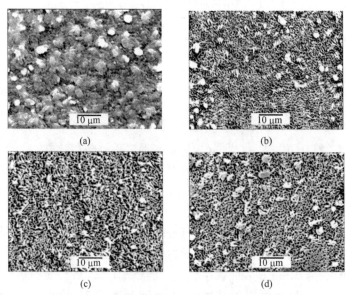

图 4.3.4　质子辐照前后 PTFE 的表面 SEM 形貌
(a)辐照前;(b)15 keV;(c)20 keV;(d)25 keV

4.3.1.2　摩擦磨损的变化

图 4.3.5 给出了 PTFE 材料在质子辐照前后的摩擦系数和磨损率。从图 4.3.5(a)可以看出,与辐照前相比,质子辐照导致材料的初始摩擦系数明显增大,这是由材料表面结构和元素组成在辐照的过程中发生变化以及材料表面形貌变化等因素综合作用引起的。质子辐照之后,在摩擦过程中材料的摩擦系数有两个明显的跳跃点,而且这两个跳跃点的时间间隔随着辐照质子能量的增加而增大。从 TRIM 分析的结果,我们可以推断,在摩擦过程中出现的第一个跳跃点是由对偶钢球与质子沉积层的上表面接触导致的(图 4.3.6(a)),而第二个跳跃点是由对偶钢球触到了质子沉积层的下表面导致的(图 4.3.6(b))。从图 4.3.5(b)可以看出,材料的磨损率随质子辐照能量的提高而减小,这是质子辐照导致材料分子链发生了交联,增大了材料的内聚强度和抗剪切性能,以及材料的抗磨性[33],同时也增大了材料的摩擦系数[34]。

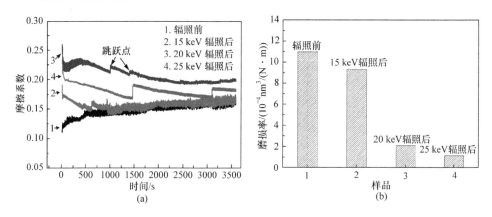

图 4.3.5　质子辐照能量对 PTFE 摩擦系数(a)和磨损率(b)的影响

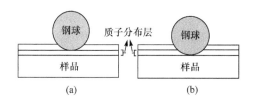

图 4.3.6　钢球与质子辐照分布区域的接触示意图

图 4.3.7 给出了 PTFE 在质子辐照前后的磨痕形貌和对偶钢球上的磨屑。质子辐照前材料的磨痕形貌表现为黏着和塑性变形(图 4.3.7(a)),说明黏着磨损是主要的磨损机制。在摩擦过程中,产生了许多磨屑并黏附在对偶钢球上(图 4.3.7(e)),对应于 PTFE 在质子辐照前较大的磨损率。对于 15 keV 质子辐照的 PTFE

材料,其磨痕形貌和钢球上的磨斑与辐照前的相似(图 4.3.7(b),(f))。对于 20
keV 和 25 keV 质子辐照的材料,其磨痕表现为相对光滑的形貌,黏着现象明显减
弱(图 4.3.7(c),(d))。粒子辐照会导致材料表面硬度增大[35-38],使材料的承载能
力和抗剪切性能增强[39],提高了材料的抗磨性,从而在对偶钢球表面形成的磨屑
小而少(图 4.3.7(g),(h)),这对应于质子辐照之后材料较小的磨损率。

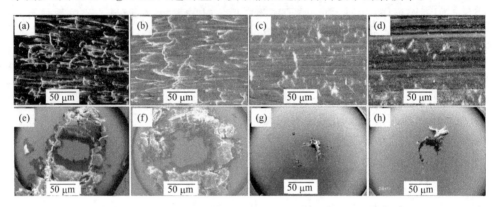

图 4.3.7　PTFE 在不同能量质子辐照前后的磨痕形貌和对偶钢球上的磨屑
(a),(b),(c),(d)分别是辐照前,15 keV,20 keV 和 25 keV 质子辐照之后的磨痕形貌;
(e),(f),(g),(h)分别是辐照前,15 keV,20 keV 和 25 keV 对偶钢球上的磨屑

4.3.2　不同能量的低能质子辐照对聚酰亚胺的影响

4.3.2.1　表面性质的变化

图 4.3.8 所示为质子辐照对 PI 材料表面形貌的影响。比较图 4.3.8(a)～
(d)所示的不同能量质子辐照后的表面形貌,可以看出,材料在辐照之后有极小的
变化,基本保持了辐照前的形貌特征,说明质子辐照对 PI 表面形貌的影响不大。
图 4.3.9 给出了质子辐照前后 PI 的 FTIR-ATR 谱图。可以看出,质子辐照之后,
PI 材料的位于 1776 cm^{-1}(υ_{as}C=O),1720 cm^{-1}(υ_sC=O),1500 cm^{-1}(υ C=C),
1373 cm^{-1}(υ_{as} C—N—C),1239 cm^{-1}($\upsilon_{\delta s}$ C—O—C),1170 cm^{-1}(υ_s C—O—C),
1114 cm^{-1}(υ C—C),1085 cm^{-1}(υ_sC—N—C),879 cm^{-1}和 821 cm^{-1}(苯环上的
C—H 键)的特征吸收峰强度明显减弱,表明 PI 材料表面的酰亚胺环和芳环结构
在一定程度上受到了破坏[40]。与此同时,还发现红外光谱中并没有新的峰出现,
这说明了低能的质子辐照仅仅导致 PI 分子链部分发生断键反应[41]。而且,在辐
照过程中还会生成易挥发的小分子 CO、CO$_2$、N$_2$ 和 H$_2$ 等,从而改变材料的表面元
素组成[42]。

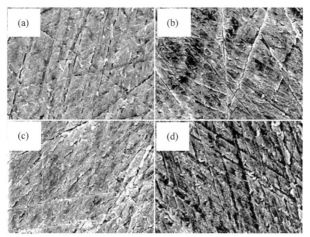

图 4.3.8　质子辐照前后 PI 的表面 SEM 形貌

（a）辐照前；（b）15 keV；（c）20 keV；（d）25 keV

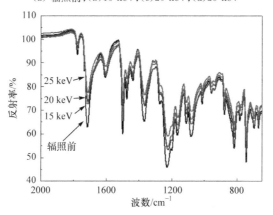

图 4.3.9　PI 在质子辐照前后的 FTIR-ATR 谱

　　为了进一步研究在辐照过程中可能发生的化学反应。图 4.3.10 给出了 25 keV 质子辐照前后 PI 的 C1s XPS 谱图，辐照前 PI 的 C1s 谱表现为不对称性，其包含 C=O,C—N/C—O 和 C—C 键的特征峰。25 keV 质子辐照后,C1s 谱基本呈对称分布,其主要对应于 C—C 键的特征峰。为了更清楚地考察材料表面元素含量的变化,计算了质子辐照前和不同能量质子辐照之后 PI 表面的元素组成（表 4.3.2）。可以看出,辐照之前 C 元素相对含量为 75.6%,经过 15 keV 和 25 keV 质子辐照之后,其相对含量分别增大到 79.7% 和 82.7%；而 O 元素在辐照之前的相对含量为 20.1%,辐照之后的相对含量分别为 17.7% 和 15.1%；同时 N 元素在质子辐照之后的相对含量也有明显减少,不同能量质子辐照之后 N 的相对含量基本保持稳定。由此可以看出,质子辐照使 PI 表面发生了碳化反应,表面生成了富碳结构。

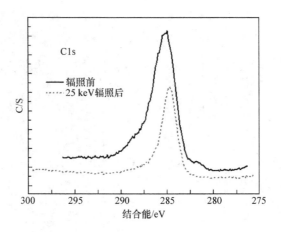

图 4.3.10　PI 在质子辐照前后的 C1s XPS 谱

表 4.3.2　质子辐照前后 PI 表面的元素组成

样品	元素相对含量/%（原子分数）		
	C	N	O
PI 辐照前	75.6	4.3	20.1
15 keV 辐照	79.7	2.6	17.7
25 keV 辐照	82.7	2.2	15.1

4.3.2.2　摩擦磨损的变化

图 4.3.11 分别给出了 PI 在不同能量质子辐照前后的摩擦系数和磨损率的变化情况。从中可以看出,辐照引起的 PI 的摩擦系数的变化规律与 PTFE 的变化规律正好相反,而两者的磨损率的变化率是相一致的。从图 4.3.11(a)可以看到,质子辐照使 PI 的摩擦系数明显减小,这是因为,在摩擦的过程中,对偶钢球面上形成了转移膜,同时在辐照过程中所形成的富碳表面层起到了润滑作用,因此随着摩擦时间的增加,摩擦系数急剧下降,并远小于辐照前材料的摩擦系数,之后,材料的摩擦系数基本保持稳定。随着辐照能量的增加,PI 的摩擦系数有所增加。图 4.3.11(b)是质子辐照能量对 PI 磨损率的影响,发现质子辐照使 PI 的磨损率减小。质子注入不仅可以使 PI 表面硬度增加,也可以增加机体结构的刚度,硬度和刚度的增加提高了 PI 的承载能力和抵抗对偶剪切的能力,因此材料的耐磨性提高[39]。

由此可见 PI 的表面形貌在质子辐照之后没有发生明显的变化。质子辐照改变了 PI 材料的分子结构。质子辐照使 PI 表面发生碳化现象。辐照 PI 材料的摩擦系数随着摩擦时间的增加急剧降低并远小于辐照前的摩擦系数。质子辐照提高了 PI 的抗磨性。

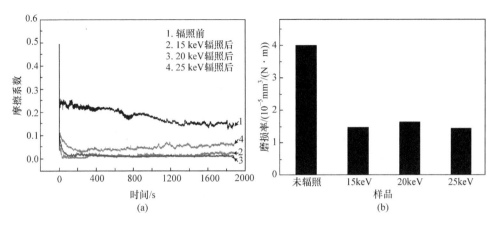

图 4.3.11　质子辐照对 PI 摩擦系数(a)和磨损率(b)的影响

4.3.3　25 keV 的质子辐照前后聚酰亚胺磨损机理的演变

影响摩擦磨损的因素很多,材料的表面性质对摩擦磨损的影响更为直接和明显。低能粒子辐照不能穿透材料,仅对材料的浅层表面造成了辐射损伤。很多文献中讨论粒子辐照对材料的摩擦磨损性能的影响时,都没有考虑到辐照对材料造成的损伤深度与摩擦磨损行为的关系[43-45]。本小节中设计的不同条件下的摩擦实验将详细研究低能质子辐照前后材料的磨损机理的演变过程。

4.3.3.1　质子辐照深度的模拟计算

蒙特卡罗(MC)方法可用来分析粒子在材料中的输运过程及效应,是较为成熟和普遍认同的计算机模拟方法,目前在空间辐照、离子注入,以及核辐射等领域已得到广泛研究。MC 方法通过计算机模拟跟踪一大批入射粒子在介质中输运和碰撞的过程,跟踪存储了整个过程中粒子的位置、能量损失,以及次级粒子的各种参数。MC 方法是建立在二元碰撞基础之上的,主要适用于模拟能量在 keV 以上的离子在固体中的散射过程,它不仅可以模拟离子的运动历史,同时也可以模拟出固体中反冲原子的运动历史,并由此可以确定移位原子的空间分布及靶原子的溅射情况。在模拟程序中,采用了如下基本假设:①固体是一个非晶靶,即原子在靶中的排列是随机的;②入射离子同固体中单个原子的相互作用被看成是一个二体碰撞过程,忽略周围原子的影响;③核散射和电子阻止被认为是两个独立的过程[46]。

具有一定能量的带电粒子入射到固体表面,一方面它将同表面层附近的原子发生弹性和非弹性碰撞而不断损失能量(当入射粒子的能量损失到某一临界值时,将停止在固体表面层内);另一方面,固体中的原子通过与入射粒子的碰撞而获得能量,并做反冲运动。初始反冲原子与其他静止的原子碰撞会产生新的反冲原子,进而形成一系列原子的级联运动。阻止本领是用来描述载能粒子在固体材料的入射过程中的能量损失。入射粒子的能量损失可以分为两部分:一部分是靶原子核的反冲运动对应于核阻止本领;另一部分是电子阻止本领,用于激发或电离靶原子核外的电子[47,48]。

　　这里采用 TRIM 软件计算模拟质子在 PI 中的能量损失过程及入射深度。TRIM 软件是建立在 MC 理论基础上的[48-50]。图 4.3.12 给出了 25 keV 的质子入射深度和电子阻止本领及核阻止本领的关系。从中可以看出,质子在材料大约 514 nm 深度几乎完全损失了能量,这说明 25 keV 的质子不能穿透 PI 材料,对材料产生了纳米级的损伤深度。虽然仅仅是纳米级的损伤,也会对聚合物的性能造成很大的损伤。

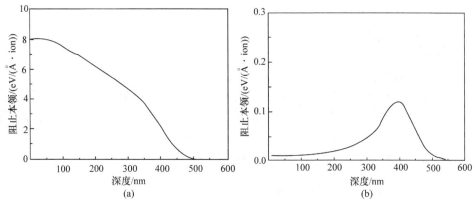

图 4.3.12　TRIM 模拟计算的质子辐照深度和能量阻止的关系图
(a) 电子阻止;(b) 核阻止

4.3.3.2　表面性质的变化

　　虽然质子辐照仅仅对 PI 材料的浅表面造成了损伤,但是 PI 的表面性质变化却很明显。辐照前 PI 表面呈现黄色透明,辐照后 PI 表面出现了一层黑色不透明物质。与对偶钢球进行一定时间的摩擦后,这层不透明物质被磨穿,在磨痕处又呈现出黄色透明。我们采用微区激光拉曼光谱仪检测了辐照前后 PI 表面和辐照后磨痕面的拉曼特征峰的变化,结果如图 4.3.13 所示。

　　对比图 4.3.13 中(b)和(c)可以看出,质子辐照后 PI 的特征峰 C—N (1376 cm^{-1}),C=O (1780 cm^{-1}),C=C (1613 cm^{-1})都基本消失,而且在 1350 cm^{-1} 和 1583 cm^{-1} 处出现了两个宽峰,这说明质子辐照使得 PI 表面形成无定型的碳化层。从图 4.3.13(a)可以看出,辐照后 PI 的表面经过摩擦后的磨痕处又重新出现了 PI 的特征峰,这说明质子辐照只造成了 PI 浅表面的碳化,这一结果与 TRIM 的模拟结果相一致。

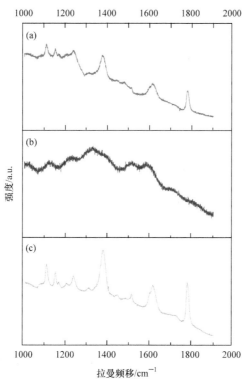

图 4.3.13　质子辐照前后 PI 的拉曼图

（a）辐照后的磨痕处；（b）辐照后；（c）辐照前

进一步用 Hysitron TI 950 TriboIndenter 纳米压痕仪检测辐照前后材料 500 nm 处的纳米硬度,结果见图 4.3.14。从图中可以看出,辐照前后 PI 的硬度是 184 MPa,辐照后硬度是 404 MPa,这说明质子辐照使得材料 PI 的硬度提高两倍多。PI 材料硬度的提高主要是由于聚合物表面碳化层的形成[51]。

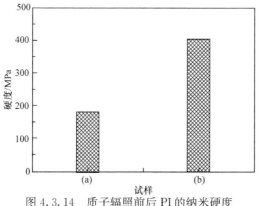

图 4.3.14　质子辐照前后 PI 的纳米硬度

（a）辐照前；（b）辐照后

4.3.3.3　摩擦磨损特性的变化

图 4.3.15 和图 4.3.16 分别给出了质子辐照前后的摩擦系数和磨损率。从中可以看出,辐照前 PI 的摩擦系数比较稳定,保持在 0.3 左右,磨损率是 1.98×10^{-4} mm³/(N·m)。辐照后的 PI 的摩擦系数先增大到 0.7 左右,然后急剧降低到 0.045 左右,磨损率是 2.87×10^{-5} mm³/(N·m)。结果表明,质子辐照的 PI 的摩擦过程可以分为两个过程:起始阶段和稳定阶段,PI 在起始阶段具有高的摩擦系数,在稳定阶段具有较低的摩擦系数和磨损率。在这个工作中,我们将辐照过的 PI 表面的碳化层轻轻打磨掉后再对其进行摩擦测试,发现摩擦系数与辐照前的 PI 的摩擦系数基本一致(图 4.3.15(c)),这同样说明质子辐照仅损伤了材料的近表面。

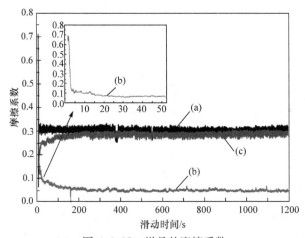

图 4.3.15　样品的摩擦系数

(a) 辐照前 PI;(b) 辐照后 PI;(c) 将辐照后 PI 表面的碳化层打磨掉的 PI

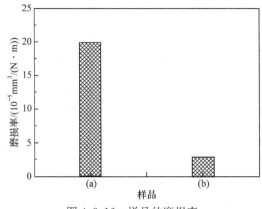

图 4.3.16　样品的磨损率

(a) 辐照前 PI;(b) 辐照后 PI

为了阐明辐照后的磨损机理的变化,分别设计了两个摩擦实验来详细讨论辐照后 PI 起始和稳定的摩擦。辐照后 PI 出现了起始的高摩擦,Wang 等发现起始阶段的高摩擦系数与紫外辐照产生的热量有关[52]。但是在本课题组的实验中初始的高摩擦系数与热效应没有关系,因为在质子辐照实验中样块的温度基本保持在 35 ℃左右。有的文献中认为起始的高摩擦是由于对偶最初与材料形成摩擦轨道而造成的高摩擦[53]。针对这种可能设计了摩擦实验,在对 PI 进行辐照之前,先将对偶在 PI 表面摩擦 600 s 形成磨痕轨道得到图 4.3.17 中(a)曲线,这时将对偶转移到旁边后对 PI 表面进行质子辐照,然后再把对偶放在前面形成的磨损轨道上摩擦 600 s,得到图 4.3.17 中(b)曲线。从结果可以看出,质子辐照前的样品没有起始的高摩擦系数(图 4.3.17(a)曲线),已有摩擦轨道的样品经过质子辐照后,继续进行摩擦还是能看到起始的高摩擦系数(图 4.3.17(b)曲线)的,这说明起始的高摩擦系数与磨痕轨道的形成没有关系,而是与质子辐照形成的碳化层有关系。对偶球与聚合物材料的表面的滑动摩擦过程中,界面黏着力和犁沟力是摩擦力的主要组成部分[44,54]。而且在聚合物材料的滑动过程中,摩擦力中的黏附力组分是非常重要的。文献中表明质子辐照会引起聚合物表面的黏附力增大[55]。而且对偶钢球在经过质子辐照后的 PI 表面滑动时,变硬的表面增大了表面犁沟力[54]。因此辐照后的 PI 样品在起始阶段具有高的摩擦系数。由于质子辐照仅对材料造成很浅的表面损伤,而且辐照层在摩擦过程中很容易被磨穿,所以起始阶段的高摩擦系数仅仅维持了几秒。

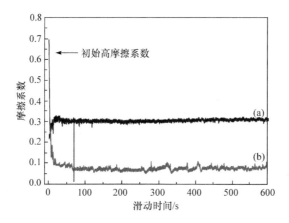

图 4.3.17　PI 在不同辐照环境中的摩擦系数的变化关系

(a) 质子辐照前摩擦以便形成磨痕轨迹;(b) 将前面的磨痕轨迹进行辐照后再摩擦

辐照碳化层被磨穿后生成的磨屑很容易吸附在对偶或者样块的表面,Liu 等认为,辐照的 Al_2O_3/PI 呈现的低摩擦系数是由磨屑吸附在对偶上形成转移膜造成的[56]。对此我们也设计了相关的摩擦实验。本实验将 PI 质子辐照后与对偶摩擦 1200 s 后,换用新的对偶再在原来的轨道上继续摩擦,发现即使换了新的对偶还是能得到与前面一样的低摩擦系数(图 4.3.18)。这一结果说明低的摩擦系数与对偶上的转移膜没有关系。为了进一步研究稳定阶段的磨损机理,本实验给出了辐照前后 PI 的磨痕表面的 SEM 图。从中可以看出,辐照前磨痕表面比较光滑,而且没有磨屑,但是存在一些撕裂结构(图 4.3.19(a),(b)),这主要表现为黏着磨损。相比之下,辐照后的 PI 的磨痕表面堆积了大量的磨屑(图 4.3.19(c)),磨痕表面出现很多犁沟(图 4.3.19(c),(d))。材料表面呈现不同磨痕形貌是由不同磨痕机理造成的。为了研究辐照后 PI 的磨痕机理,还对磨痕两边的磨屑组分进行了拉曼检测(图 4.3.20),发现磨屑的主要组分是无定型碳。碳化层被磨穿后形成的细小的硬质碳化磨屑充当第三体作用在表面上有滚动和润滑作用,因此表现出三体磨粒磨损机理[57,58]。而且这些富碳磨屑在磨痕表面造成了明显的犁沟现象。因此,在这里可以用图 4.3.21 给出辐照前后的磨损机理演变过程。从图中可以明显地看出,辐照前主要是黏着磨损,辐照后在碳化层磨损之前是黏着磨损。

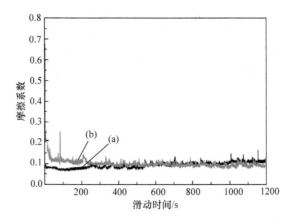

图 4.3.18　质子辐照后 PI 的摩擦系数

(a) 第一个对偶;(b) 新的对偶

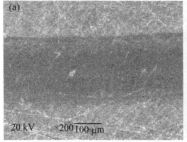

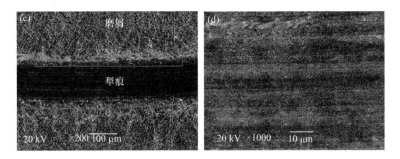

图 4.3.19 质子辐照前后 PI 的磨痕表面的 SEM 图

未辐照 PI:(a)×200,(b)×1000;辐照后的 PI:(c)×200,(d)×1000

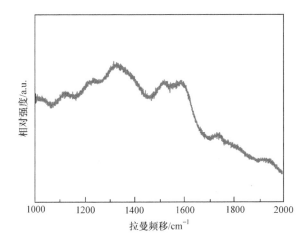

图 4.3.20 辐照后 PI 的磨痕两边的磨屑的拉曼光谱

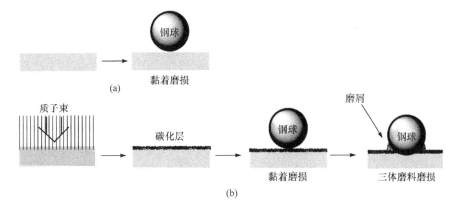

图 4.3.21 辐照前后磨损机理变化的示意图

4.4　质子辐照对聚合物复合材料的影响

4.4.1　110 keV 质子辐照对 MoS₂/PES-C 的影响

4.4.1.1　表面性质变化

图 4.4.1 给出了质子辐照前后 MoS₂/PES-C 复合材料表面的 FTIR-ATR 谱图。可以看到,质子辐照之后复合材料表面 PES-C 的位于 1770 cm^{-1}(υ C=O),1488 cm^{-1}(υ C=C),1242 cm^{-1}(δ_{as} C—O—C)和 1150 cm^{-1}($υ_s$ O=S=O)的特征吸收峰的强度明显减弱,表明复合材料表面 PES-C 的分子结构在一定程度上被破坏[14,59,60]。此外,1.25×10^{16} ions/cm² 质子辐照之后,在 1600~1800 cm^{-1} 出现一宽度的吸收峰,它相应于一种富碳结构的形成[60],表明质子辐照导致了 MoS₂/PES-C 复合材料表面富碳结构的形成,这种结构的形成是改变复合材料摩擦学行为的主要因素。

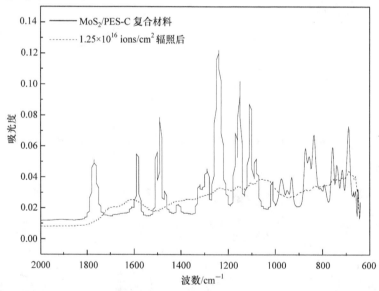

图 4.4.1　质子辐照前后 MoS₂/PES-C 复合材料表面的 FTIR-ATR 谱图

图 4.4.2 和图 4.4.3 分别给出了质子辐照前后复合材料表面元素 S 和 Mo 的 XPS 谱图。从图 4.4.2 可以看出,质子辐照之前复合材料表面元素 S 的结合能主要位于 162.6 eV 和 168.1 eV,分别相应于 MoS₂ 和 SO_4^{2-} 中的 S。而图 4.4.3 中质子辐照之前 Mo 的结合能主要位于 229.6 eV 和 232.6 eV,前者相应于 MoS₂ 中的

Mo,后者则是 Mo^{6+}。可见,在复合材料的热压制备过程中填料 MoS$_2$ 发生了部分氧化。另外,从图 4.4.2 和图 4.4.3 可以看出,质子辐照之后 Mo 和 S 主峰的结合能位置并没有明显变化,只是谱峰的强度随着辐照剂量增加有所降低,这表明质子辐照没有引起填料 MoS$_2$ 发生明显的化学变化,而谱峰强度的降低则是质子辐照导致的表面富碳结构的形成掩盖了填料 MoS$_2$,从而使得检测到的表面 MoS$_2$ 的含量降低。与此同时,随着辐照剂量的增大,复合材料表面的富碳结构含量也增加,后者是改变复合材料摩擦学行为的主要原因。

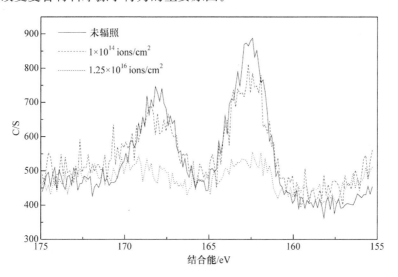

图 4.4.2 质子辐照前后复合材料表面元素 S 的 XPS 谱图

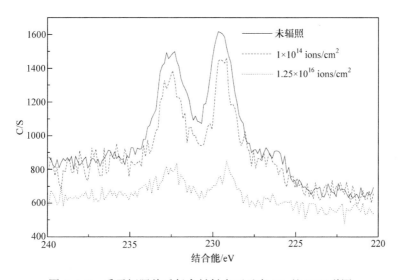

图 4.4.3 质子辐照前后复合材料表面元素 Mo 的 XPS 谱图

4.4.1.2 摩擦磨损特性的变化

图 4.4.4 是 MoS_2/PES-C 复合材料的摩擦系数和磨损率随辐照剂量的变化关系,可以看到,在辐照剂量达到 $2.5×10^{15}$ ions/cm² 之前,复合材料的摩擦系数始终高于未辐照样品,但随着辐照剂量的增加有降低的趋势。然而当剂量达到最大 $1.25×10^{16}$ ions/cm²时,复合材料的摩擦系数明显减小,从未辐照样品的 0.32 降低到 0.24。

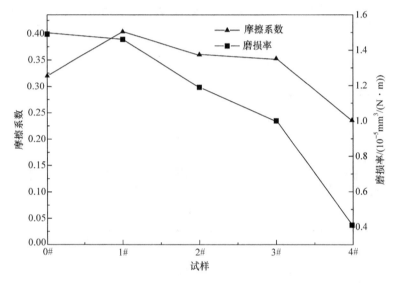

图 4.4.4　MoS_2/PES-C 复合材料的摩擦系数和磨损率随辐照剂量的变化关系
0♯:0;1♯:$1×10^{14}$ions/cm²;2♯:$5×10^{14}$ ions/cm²;3♯:$2.5×10^{15}$ ions/cm²;4♯:$1.25×10^{16}$ ions/cm²

此外,复合材料磨损率的变化趋势则有所不同,随着辐照剂量的增加,复合材料的磨损率呈现逐渐降低的趋势。未辐照样品的磨损率为 $1.49×10^{-5}$ mm³/(N·m),而当剂量达到最大 $1.25×10^{16}$ ions/cm² 时,其磨损率下降到 $0.41×10^{-5}$ mm³/(N·m),下降了 72.5%。

如前所述,质子辐照导致了 MoS_2/PES-C 复合材料表面基体 PES-C 的部分降解,并最终在复合材料表面形成一种富碳结构,后者能够增大复合材料表面的硬度和基体的刚度,是改变复合材料摩擦学行为的主要因素。当辐照剂量不超过 $2.5×10^{15}$ ions/cm²时,复合材料表面硬度和刚度的增加起主要作用,它增大了对偶钢环上微凸体与复合材料表面的黏着力和犁沟力,使得复合材料的摩擦系数逐渐增大。而当剂量达到最大 $1.25×10^{16}$ ions/cm²时,富碳结构可能主要起润滑作用,并与填料 MoS_2 协同作用,从而降低了复合材料的摩擦系数。

图 4.4.5 是质子辐照前后 MoS_2/PES-C 复合材料的磨痕形貌及对偶钢环上的转移膜形貌。可以看到,质子辐照之前复合材料的磨痕比较粗糙,磨痕内存在大片的塑性变形层和微断裂(图 4.4.5(a)),这些塑性变形层是由黏着和剪切下来的磨屑被反复挤压变形形成的。而质子辐照之后,复合材料的磨痕变得相对光滑,仅存在少量的微裂纹和疲劳的迹象(图 4.4.5(b)),这与其磨损率的变化是一致的。另外,从对偶钢环上转移膜的形貌可以看出,与未辐照的复合材料对摩的钢环上几乎看不到转移膜(图 4.4.5(c)),而与辐照后的复合材料对摩的钢环上形成了较为均匀连续的转移膜(图 4.4.5(d)),这种转移膜的形成避免了摩擦副的直接接触从而降低了复合材料的磨损率。

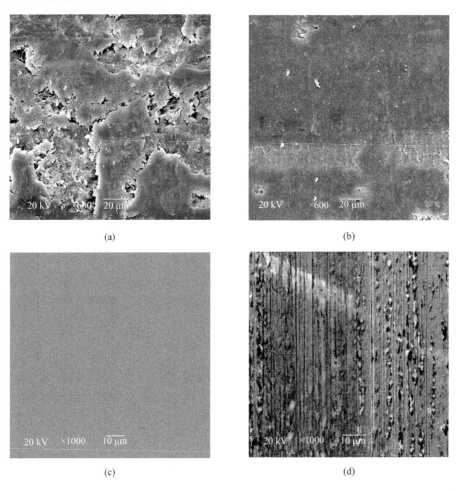

图 4.4.5　质子辐照前后 MoS_2/PES-C 复合材料的磨痕形貌及对偶钢环上的转移膜形貌

(a) 质子辐照前的磨痕形貌;(b) 1.25×10^{16} ions/cm^2 辐照后的磨痕形貌;

(c) 未辐照样品的对偶钢环上的转移膜;(d) 1.25×10^{16} ions/cm^2 辐照后对偶钢环上的转移膜

4.4.2　低能质子辐照时间对 MoS$_2$/PI 的影响

4.4.2.1　表面性质变化

图 4.4.6 给出了质子辐照前后 MoS$_2$/PI 复合材料的 FTIR-ATR 谱图。可以看出,质子辐照之后,MoS$_2$/PI 复合材料的位于 1776 cm^{-1}(υ_{as}C＝O),1720 cm^{-1}(υ_sC＝O),1500 cm^{-1}(υ C＝C),1373 cm^{-1}(υ_{as}C—N—C),1239 cm^{-1}($\upsilon_{\delta s}$C—O—C),1170 cm^{-1}(υ_sC—O—C),1114 cm^{-1}(υ C—C),1085 cm^{-1}(υ_sC—N—C)的特征吸收峰强度明显减弱,表明复合材料表面的聚合物 PI 的分子链结构发生了一定的破坏[44,61-66],特征峰强度的降低是因为化学键的断裂[67]。由此可以推断在质子辐照的过程中材料发生了复杂的化学反应,包括部分羰基(＼C＝O)和醚键(C—O—C)的破坏以及酰亚胺环(＝C—N)的开环反应[68]。同时从图 4.4.6 还可以看出,红外谱中位于 1776 cm^{-1}和 1720 cm^{-1}的对应于 C＝O 的特征谱峰相对强度降低较大,说明质子辐照对 PI 材料具有脱羰作用[11]。

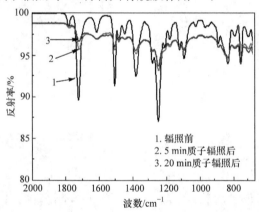

图 4.4.6　MoS$_2$/PI 复合材料在质子辐照前后的 FTIR-ATR 谱

图 4.4.7 给出了质子辐照前后 MoS$_2$/PI 复合材料的 XPS 全谱和 N1s 及 Mo3d 精细谱。从 XPS 全谱图可以看出,质子辐照之后,C1s 谱峰的相对强度增加,而 O1s 谱峰的相对强度降低。从 N1s 精细谱可以看出,质子辐照前,材料的 N1s 谱为位于～400 eV 的对称谱峰,辐照之后的谱峰明显展宽,表现为非对称曲线,这个曲线包含了位于～400 eV 的谱和位于较低结合能的谱峰,说明质子辐照导致 PI 分子链中酰亚胺环 C—N 键的破坏,生成了新的 C—N,C—N—C,C—O—N 或 O—C—N 基团[68]。对于 Mo3d 精细谱,与辐照前相比,除了位于 229.0 eV 和 232.2 eV 结合能位置的 MoS$_2$的特征峰外,Mo3d 谱位于 235.7 eV 的位置在质子辐照之后出现了新峰,这个峰对应于 MoO$_3$的 Mo 特征峰,说明质子辐照具有一定

的氧化性能。通过计算辐照前后 MoS_2/PI 复合材料表面的元素组成(表 4.4.1),
可以看出,辐照之前 C 元素相对含量为 75.6%,经过 5 min、10 min、15 min 和
20 min 质子辐照之后,其相对含量分别增加到 77.5%、78.9%、78.1% 和 77.7%;
而 O 元素在辐照之前的相对含量为 20.1%,辐照之后的相对含量分别为 17.4%、
15.6%、15.7% 和 15.4%;同时 N 元素在质子辐照之后的相对含量也有明显增大。
通过计算 Mo/S 元素含量比发现,质子辐照导致 Mo/S 比增大,说明在辐照的过程
中 S 元素会损失掉,致使 S 元素含量的减少,同时 Mo 元素被氧化。

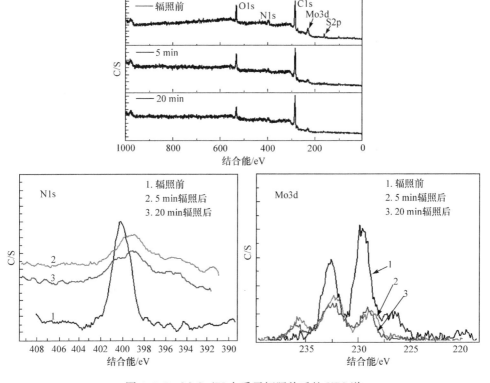

图 4.4.7　MoS_2/PI 在质子辐照前后的 XPS 谱

表 4.4.1　质子辐照前后 MoS_2/PI 表面的元素组成

样品	元素相对含量/%(原子分数)			Mo/S
	C	N	O	
辐照前	75.6	4.3	20.1	0.55
辐照 5 min	77.5	5.1	17.4	1.25
辐照 10 min	78.9	5.4	15.6	1.10
辐照 15 min	78.1	6.2	15.7	1.60
辐照 20 min	77.7	6.9	15.4	1.43

图 4.4.8 给出了 MoS_2/PI 在 20 min 质子辐照前后的拉曼谱,并对辐照之后的拉曼谱进行了高斯拟合。可以看出,复合材料在辐照前表现出 C—N(1380 cm^{-1}),C=C(1607 cm^{-1})和 C=O(1781 cm^{-1})等特征峰[68],而质子辐照之后这些特征峰基本消失,形成了强度较弱的鼓包(图 4.4.8(a))。对辐照后的拉曼谱进行高斯拟合分解,发现拉曼谱可以分解为位于 1375 cm^{-1} 和 1576 cm^{-1} 的两个峰,这两个峰分别对应于 D 和 G 特征峰。在拉曼谱中,G 峰来自于石墨晶的有序结构,而 D 峰则属于石墨的无序缺陷。通过高斯拟合可以得到 G 峰和 D 峰的强度[69],G 峰和 D 峰的强度比 I_G/I_D 与石墨化程度成正比[70],I_G/I_D 的值在 20 min 质子辐照之后为 1.02。综上所述,质子辐照导致复合材料表面发生碳化,这与 XPS 的结果一致。

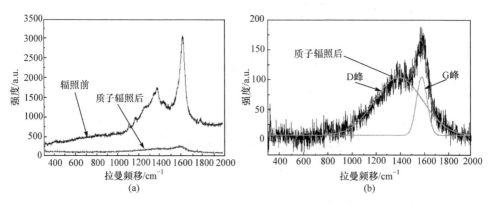

图 4.4.8 MoS_2/PI 在 20 min 质子辐照前后的拉曼谱(a)和对辐照之后拉曼谱的高斯拟合(b)

图 4.4.9 所示为质子辐照对 MoS_2/PI 复合材料表面形貌的影响。比较图 4.4.9(a)~(e)所示的不同时间质子辐照后的表面形貌,可以看出,材料在辐照之后有很小的变化,基本保持了辐照前的形貌特征,说明质子辐照对 MoS_2/PI 表面形貌的影响很小。

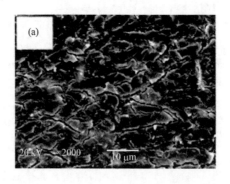

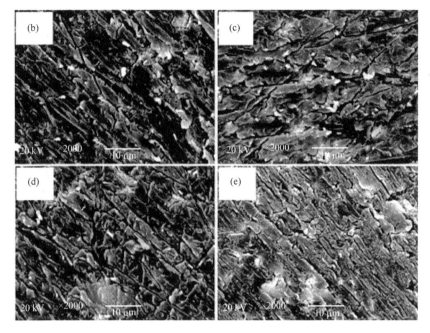

图 4.4.9　质子辐照前后 MoS_2/PI 的表面 SEM 形貌

(a) 辐照前；(b) 5 min；(c) 10 min；(d) 15 min；(e) 20 min

4.4.2.2　摩擦磨损特性的变化

图 4.4.10(a)给出了 MoS_2/PI 在不同时间质子辐照前后的摩擦系数。可以看到，质子辐照很大程度上减小了 MoS_2/PI 的摩擦系数，这主要是因为辐照导致材料表面发生碳化，这层碳化层在一定程度上起到了润滑作用[71]，同时也减小了摩擦过程中的黏着现象，导致材料摩擦系数的减小，随着辐照时间的增加，材料的摩擦系数缓慢增加，这是聚合物分子链的断裂、交联和表面化学结构变化等综合作用的结果。通过考察材料的摩擦系数随摩擦时间的变化(图 4.4.11)，发现质子辐照之后材料的摩擦系数随时间的变化与辐照前明显不同，这是因为随着摩擦的进行，对偶钢球上形成转移膜，对摩发生在转移膜与碳化层之间，同时有生成的石墨作为润滑剂[71]，因此摩擦系数急剧下降，并达到稳定值。

图 4.4.10(b)是质子辐照时间对 MoS_2/PI 磨损率的影响。发现质子辐照导致 MoS_2/PI 材料的磨损率先降低后增加，当辐照时间为 5 min 时，材料的磨损率较辐照前的 $0.82×10^{-4}$ $mm^3/(N \cdot m)$减小到 $0.40×10^{-4}$ $mm^3/(N \cdot m)$，而当辐照时间继续增大时，MoS_2/PI 的磨损率有所增大，但仍明显小于辐照前的磨损率，当辐照时间达到 20 min 时，MoS_2/PI 的磨损率增大到 $0.61×10^{-4}$ $mm^3/(N \cdot m)$。粒子辐照会导致材料表面硬度增大[35-38]，致使材料的承载能力和抗剪切性能增

强[39],提高了材料的耐磨性。随着辐照时间的增加,材料的磨损率有所增加,这是由于聚合物分子链的断裂、交联和表面化学结构变化,以及聚合物基体与 MoS₂ 之间的作用等综合因素影响的结果。

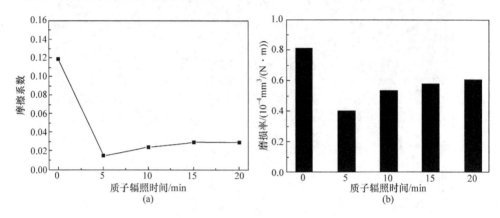

图 4.4.10　质子辐照时间对 MoS₂/PI 摩擦系数(a)和磨损率(b)的影响

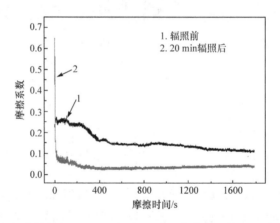

图 4.4.11　复合材料在 20 min 质子辐照前后的摩擦系数随摩擦时间的变化

图 4.4.12 给出了不同时间质子辐照前后 MoS₂/PI 的磨痕形貌、对偶钢球上的磨屑和转移膜。可以看出,辐照之前,复合材料的磨痕表面为黏着和塑性变形(图 4.4.12(a)),黏着磨损是主要的磨损形式,对偶钢球上形成的磨屑较多,且有较大的片状磨屑生成(图 4.4.12(b)),这对应于复合材料在辐照前较大的磨损率,钢球上形成的转移膜较均匀(图 4.4.12(c))。质子辐照之后,复合材料磨痕内的黏着和塑性变形减少,而片状脱落增多,特别是当辐照时间逐渐达到 20 min 时,材料磨痕内出现的片状层更明显(图 4.4.12(d)、(g)、(j)、(m)),说明材料在辐照之后主要表现为疲劳磨损。辐照之后,对偶钢球上的磨屑很少(图 4.4.12(e)、(h)、(k)、(n)),对应于材料磨损率的减小,形成的转移膜较均匀光滑(图 4.4.12(f)、 (i),(l),(o)),这与辐照后材料表现为较小的摩擦系数相对应。

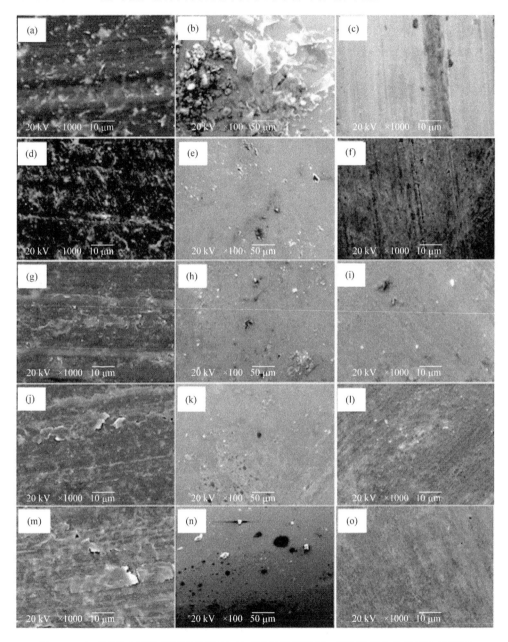

图 4.4.12　不同时间质子辐照前后 MoS_2/PI 的磨痕形貌、对偶钢球上的磨屑和转移膜

(a),(d),(g),(j)和(m)分别是辐照前,5 min,10 min,15 min 和 20 min 辐照之后的磨痕形貌;(b),(e),(h),(k)和(n)分别是辐照前,5 min,10 min,15 min 和 20 min 对偶钢球上的磨屑;(c),(f),(i),(l)和(o)分别是辐照前,5 min,10 min,15 min 和 20 min 对偶钢球上的转移膜

参 考 文 献

[1] Abdel-Fattah A A, Abdel-Hamid H M, Radwan R M. Changes in the optical energy gap and ESR spectra of proton-irradiated unplasticized PVC copolymer and its possible use in radiation dosimetry. Nucl. Instrum. Methods Phys. Res. , Sect. B, 2002, 196: 279-285.

[2] Zhang L X, Xu Z, Wei Q, et al. Effect of 200 keV proton irradiation on the properties of methyl silicone rubber. Radiation Physics and Chemistry, 2006, 75: 350-355.

[3] Mishra R, Tripathy S P, Dwivedi K K, et al. Dose-dependent modification in makrofol-N and polyimide by proton irradiation. Radiat. Meas. , 2003, 36: 719-722.

[4] Singh N L, Shah N, Singh K P, et al. Electrical and thermal behavior of proton irradiated polymeric blends. Radiat. Meas. , 2005, 40: 741-745.

[5] Choi H W, Woo H J, Hong W, et al. Structural modification of poly(methyl methacrylate) by protonirradiation. Applied Surface Science, 2001, 169: 433-437.

[6] 张丽新, 王承民, 何世禹. 在空间质子辐照下甲基硅橡胶的破坏模型. 材料研究学报, 2005, 19: 125-130.

[7] Gao Y, Sun M, Yang D, et al. Changes in mass loss and chemistry of AG-80 epoxy resin after 160 keV proton irradiations. Nuclear Instruments & Methods in Physics Research, 2005, 234: 275-284.

[8] Li C D, Yang D Z, He S Y, et al. Effects of proton exposure on aluminized teflon FEP film degradation. Nuclear Instruments & Methods in Physics Research, 2005, 234: 249-255.

[9] Kumar S V, Ghadei B, Chaudhuri S K, et al. Chemical transformations and changes in free volume holes in high-energy proton irradiated low-density polyethylene (LDPE). Radiation Physics and Chemistry, 2008, 77: 751-756.

[10] Parada M A, de Almeida A, Volpe P N, et al. Damage effects of 1 MeV proton bombardment in PVDC polymeric film. Surface & Coatings Technology, 2007, 201: 8052-8054.

[11] Peng G R, Yang D Z, Liu H, et al. Degradation of poly(ethylene terephthalate) film under proton irradiation. Journal of Applied Polymer Science, 2008, 107: 3625-3629.

[12] Huszank R, Szilasi S Z, Szikra D. Ion-energy dependency in proton irradiation induced chemical processes of poly(dimethylsiloxane). J. Phys. Chem. C, 2013, 117: 25884-25889.

[13] Zhang L X, He S Y, Xu Z, et al. Damage effects and mechanisms of proton irradiation on methyl silicone rubber. Mater. Chem. Phys. , 2004, 83: 255-259.

[14] Mishra R, Tripathy S P, Dwivedi K K, et al. Dose-dependent modification in makrofol-N and polyimide by proton irradiation. Radiation Measurements, 2003, 36: 719-722.

[15] Mishra R, Tripathy S P, Fink D, et al. Activation energy of thermal decomposition of proton irradiated polymers. Radiation Measurements, 2005, 40: 754-757.

[16] Mishra R, Khathing D T, Tripathy S P, et al. Dose-dependence modification of polypropylene by 62 MeV protons. Radiation Measurements, 2002, 35: 95-98.

[17] Tanner R J, Bartlett D T, Hager L G. Recent enhancements to the understanding of the re-

sponse of the NRPB neutron personal dosemeter. Radiation Measurements, 2001, 34: 457-461.

[18] Zhang L, Xu Z, Wei Q, et al. Effect of 200 keV proton irradiation on the properties of methyl silicone rubber. Radiation Physics & Chemistry, 2006, 75: 350-355.

[19] Artiaga R, Chipara M, Stephens C P, et al. Dynamical mechanical analysis of proton beam irradiated polyimide. Nuclear Instruments & Methods in Physics Research, 2005, 236: 432-436.

[20] Shah N, Singh N L, Desai C F, et al. Microhardness and radiation damage studies of proton irradiated Kapton films. Radiation Measurements, 2003, 36: 699-702.

[21] Di M, He S, Li R, et al. Radiation effect of 150 keV protons on methyl silicone rubber reinforced with MQ silicone resin. Nuclear Instruments & Methods in Physics Research, 2006, 248: 31-36.

[22] 唐锦, 赵杏文, 程新路. 空间高能质子对飞行器材料的损伤分析. 失效分析与预防, 2007, 3: 32-36.

[23] 丁义刚. 空间综合环境对航天器热控涂层性能退化效应研究. 北京: 国防科技大学, 2005.

[24] Warner J A, Gladkis L G, Geruschke T, et al. Tracing wear debris pathways via ion-implanted indium-111. Wear, 2010, 268: 1257-1265.

[25] Su J L, Wu G Z, Liu Y D, et al. Study on polytetrafluoroethylene aqueous dispersion irradiated by gamma ray. J. Fluorine Chem. , 2006, 127: 91-96.

[26] Ennis C P, Kaiser R I. Mechanistical studies on the electron-induced degradation of polymers: polyethylene, polytetrafluoroethylene, and polystyrene. Phys. Chem. Chem. Phys. , 2010, 12: 14884-14901.

[27] Peng G R, Yang D Z, He S Y. Effect of proton irradiation on structure and optical property of PTFE film. Polym. Advan. Technol. , 2003, 14: 711-718.

[28] Li C D, Yang D Z, He S Y. Effects of proton exposure on aluminized teflon FEP film degradation. Nucl. Instrum. Methods Phys. Res. , Sect. B, 2005, 234: 249-255.

[29] Katoh T, Zhang Y. Deposition of Teflon-polymer thin films by synchrotron radiation photodecomposition. Applied Surface Science, 1999, 138: 165-168.

[30] Lappan U, Geissler U, Lunkwitz K. Changes in the chemical structure of polytetrafluoroethylene induced by electron beam irradiation in the molten state. Radiation Physics and Chemistry, 2000, 59: 317-322.

[31] Clark D T, Brennan W J. An esca investigation of low-energy electron-beam interactions with polymers . 2. Pvdf and a mechanistic comparison between Ptfe and Pvdf. Journal of Electron Spectroscopy and Related Phenomena, 1988, 47: 93-104.

[32] Clark D T, Feast W J, Kilcast D, et al. Applications of esca to polymer chemistry . 3. Structures and bonding in homopolymers of ethylene and fluoroethylenes and determination of compositions of fluoro copolymers. J. Polym. Sci. Pol. Chem. , 1973, 11: 389-411.

[33] 裴先强, 王齐华, 刘维民. 质子注入聚芳醚砜/PTFE复合材料的摩擦性能. 塑料工业,

2005,33:54-56.

[34] Liu W M,Yang S R,Li C L,et al. Friction and wear behaviour of carbon ion-implanted PS against steel. Thin Solid Films,1998,323:158-162.

[35] Liu W M,Yang S R,Li C L,et al. Friction and wear behaviors of nitrogen ion-implanted polyimide against steel. Wear,1996,194:103-106.

[36] Lee E H,Lewis M B,Blau P J,et al. Improved surface-properties of polymer materials by multiple ion-beam treatment. J. Mater. Res. ,1991,6:610-628.

[37] Rao G R,Lee E H,Mansur L K. Structure and dose effects on improved wear properties of ion-implanted polymers. Wear,1993,162:739-447.

[38] Rao G R,Lee E H,Bhattacharya R,et al. Improved wear properties of high-energy ion-implanted polycarbonate. J. Mater. Res. ,1995,10:190-201.

[39] 裴先强,王齐华,刘维民. 质子注入聚酰亚胺的摩擦学特性. 高分子材料科学与工程, 2006,22:153-156.

[40] Lv M,Zheng F,Wang Q,et al. Effect of proton irradiation on the friction and wear properties of polyimide. Wear,2014,316:30-36.

[41] Szilasi S Z,Huszank R,Szikra D,et al. Chemical changes in PMMA as a function of depth due to proton beam irradiation. Mater. Chem. Phys. ,2011,130:702-707.

[42] David J T H, Andrew K W. Radiation chemistry of polymers//Encyclopedia of Polymer Science and Technology. New York:Wiley,2005:1-56.

[43] Pei X Q,Wang Q H,Wang H J,et al. Effect of proton implantation on the tribological properties of phenolphthalein poly (ether sulfone). J. Appl. Polym. Sci. , 2004, 94: 1043-1048.

[44] Pei X Q,Wang Q H,Chen J M. Tribological responses of phenolphthalein poly (ether sulfone) on proton irradiation. Wear,2005,258:719-724.

[45] Pei X,Wang Q. Effect of electron radiation on the tribological properties of polyimide. Tribol. Trans. ,2007,50:268-272.

[46] 李瑞琦,李春东,何世禹,等. 质子辐照 Kapton/Al 的蒙特卡罗模拟. 宇航材料工艺,2007, 37(3):13-16.

[47] Rousseau C C,Chu W K,Powers D. Calculations of stopping cross sections for 0. 8-to 2. 0-MeV alpha particles. Physical Review a-General Physics,1971,4:1066.

[48] Ziegler J F,Ziegler M D,Biersack J P. SRIM -the stopping and range of ions in matter. Nucl. Instrum. Methods Phys. Res. ,Sect. B,2010,268:1818-1823.

[49] Miyagawa Y,Nakadate H,Djurabekova F,et al. Dynamic-sasamal:simulation software for high-dose ion implantation. Surf. Coat. Technol. ,2002,158-159:87-93.

[50] Kitanovski K,Braunstein G. A simplified Monte-Carlo calculation to model ion-solid interactions in the classroom. Nucl. Instrum. Methods Phys. Res. Sect. B, 2007, 261: 255-257.

[51] Kondyurin A,Volodin P,Weber J. Plasma immersion ion implantation of pebax polymer.

Nucl. Instrum. Methods Phys. Res. ,Sect. B,2006,251:407-412.

[52] Ma G,Xu B,Wang H,et al. Research on the microstructure and space tribology properties of electric-brush plated Ni/MoS₂-C composite coating. Surf. Coat. Technol. ,2013,221: 142-149.

[53] Tagawa M,Muromoto M,Hachiue S,et al. Hyperthermal atomic oxygen interaction with MoS₂ lubricants and relevance to space environmental effects in low earth orbit—effects on friction coefficient and wear-life. Tribol. Lett. ,2005,18:437-443.

[54] Ge S,Wang Q,Zhang D,et al. Friction and wear behavior of nitrogen ion implanted UHM-WPE against ZrO₂ ceramic. Wear,2003,255:1069-1075.

[55] Lv M,Wang Y,Wang Q,et al. Structural changes and tribological performance of thermo-setting polyimide induced by proton and electron irradiation. Radiat. Phys. Chem. ,2015, 107:171-177.

[56] Liu B X,Pei X Q,Wang Q H,et al. Effects of proton and electron irradiation on the struc-tural and tribological properties of MoS₂/polyimide. Appl. Surf. Sci. , 2011, 258: 1097-1102.

[57] Sun J,Fang L,Han J,et al. Abrasive wear of nanoscale single crystal silicon. Wear,2013, 307:119-126.

[58] Bastwros M M H,Esawi A M K,Wifi A. Friction and wear behavior of Al-CNT compo-sites. Wear,2013,307:164-173.

[59] Abdel-Fattah A A,Abdel-Hamid H M,Radwan R M,et al. Changes in the optical energy gap and ESR spectra of proton-irradiated unplasticized PVC copolymer and its possible use in radiation dosimetry. Nuclear Instruments & Methods in Physics Research,2002,196: 279-285.

[60] Guenther M,Gerlach G,Suchaneck G,et al. Ion-beam induced chemical and structural modi-fication in polymers. Surface and Coatings Technology,2002,158:108-113.

[61] Sahre K,Eichhorn K J,Simon F,et al. Characterization of ion-beam modified polyimide lay-ers. Surf. Coat. Technol. ,2001,139:257-264.

[62] 裴先强,孙晓军,王齐华. 原子氧辐照下 GF/PI 和 nano-TiO₂/GF/PI 复合材料的摩擦学性能研究. 航天器环境工程,2010,27:144-147.

[63] 孙友梅,朱智勇,李长林. MeV 离子辐照聚酰亚胺的化学结构及电性能转变. 核技术, 2003,26:931-934.

[64] Pei X Q,Wang Q H,Chen J M. Friction and wear behavior of proton-implanted phenol-phthalein poly(ether sulfone). J. Appl. Polym. Sci. ,2006,99:3116-3119.

[65] Rosu L,Sava I,Rosu D. Modification of the surface properties of a polyimide film during ir-radiation with polychromic light. Applied Surface Science,2011,257:6996-7002.

[66] Pei X,Li Y,Wang Q,et al. Effects of atomic oxygen irradiation on the surface properties of phenolphthalein poly(ether sulfone). Applied Surface Science,2009,255:5932-5934.

[67] Shah S,Qureshi A,Singh N L,et al. Dielectric response of proton irradiated polymer com-

posite films. Radiat. Meas. ,2008,43:S603-S606.

[68] Li R Q,Li C D,He S Y,et al. Damage effect of keV proton irradiation on aluminized Kapton film. Radiation Physics and Chemistry,2008,77:482-489.

[69] Lua A C,Su J. Structural changes and development of transport properties during the conversion of a polyimide membrane to a carbon membrane. Journal of Applied Polymer Science,2009,113:235-242.

[70] Wang X B,Liu J,Li Z. The graphite phase derived from polyimide at low temperature. J. Non-Cryst Solids,2009,355:72-75.

[71] 裴先强,王齐华,刘维民. 质子注入对二硫化钼/聚芳醚砜复合材料摩擦学行为的影响. 复合材料学报,2006,23:24-28.

第5章　电子辐照对聚合物摩擦学性能的影响

5.1　概　　述

电子是空间环境中的辐射源之一,当具有一定能量的电子束射向物质内部时,它在路径上能引起材料电离或位移。受到高能电子辐射的物质,随后自身可能又产生进一步的分裂,从而使得材料的整体性质发生改变,性能下降。高能电子在与航天器碰撞的过程中会损失部分能量变成低能电子。低能电子也会对航天器材料产生一定的损伤作用,从而影响航天器的寿命[1]。聚合物材料作为航天器上电气、电子器件、热控涂层等的关键组成部分,其性能直接影响到仪器设备乃至航天器运行的可靠性和寿命。空间环境中的高能射线,尤其是高能电子辐照对绝缘聚合物材料的固有导电率、介电常数、热稳定性具有重要的影响。绝缘材料经过高能电子束辐照后将发生物理化学变化,进而引起其介电性能变化[2]。电子辐照会使航天器功能材料的性能发生退化,如热控涂层的光谱反射率随吸收能量的变化而变化,高能电子沉积在材料表面的能量只是很少一部分,大部分能量都能穿透到材料较深的内部[3]。为了考察聚合物材料在空间环境中受到电子辐照的影响,需要对材料进行空间环境地面模拟实验研究,用以考察材料性能的变化,提高材料的空间使用寿命和可靠性。本节将对电子辐照对聚合物影响的研究进展作一介绍。

5.1.1　电子辐照对聚合物化学结构的影响

Ravat 等[4]用红外光谱研究了电子辐照聚醚型氨基甲酸酯引起的化学结构变化,发现电子辐照后,N—H(3330 cm^{-1})的吸收峰强度明显下降,并把这种降低归因于类似醌的醌型化合物的形成,而后者的形成引起原来分子链的脱芳构化和不饱和结构的形成。此外,聚合物的烷基链可以被辐照中形成的自由基或电子直接脱氢,接着与氧生成过氧自由基。然后分子链断裂重组形成羰基、醇等官能团,新羰基的形成可以从 FTIR 谱中 C═O 的吸收峰发生宽化得到证实。从以上变化可以看出,电子辐照导致了聚醚型氨基甲酸酯分子链降解和氧化的发生。在另一个研究中,Ravat 等[5]发现电子辐照同样导致了聚酯型氨基甲酸酯分子链降解和氧化的发生,主要表现在 FTIR 谱图中 N—H,C—H,C—O 等官能团吸收强度的降低和 C═O 吸收峰的宽化及新的 O—H 键肩峰的形成。紫外光谱则揭示出电子辐照后聚酯型氨基甲酸酯的吸收向长波方向移动,说明电子辐照导致了多烯结构的形成。Ravat 等[4,5]是在真空条件下进行电子辐照的,他们认为发生氧化的氧的来源是"溶解"在聚合物中的氧。与之不同,Dannoux 等[6]在氧气气氛下对聚氨基甲酸乙酯(estane)进行电子辐照,也发现了降解和氧化的发生,但在氧气气氛下得到的降解和氧化产物与真空条件下得到的有所不同。例如,在氧气气氛下 N—H 的吸收峰强度降低的原因被认为是形成了伯胺或氢键,而氧化产物的形成表现为 FTIR 谱中 3600~3000 cm^{-1} 宽吸收峰的出现。可见,不同的辐照气氛下所生成的降解和氧化产物不同。

　　Nasef 等[7,8]考察了聚偏氟乙烯(PVDF)和乙烯-四氟乙烯共聚物(ETFE)的电子辐照效应,发现两种聚合物由于具有类似的化学结构而表现出相似的化学变化。基于 FTIR 分析,Nasef 等[7,8]给出了电子辐照导致的 PVDF 和 ETFE 的反应机理,该机理主要包括分子链脱 HF、形成交联结构、形成不饱和结构和形成氢过氧化物。Mishra 等[9]研究了电子辐照导致的聚丙烯改性,发现在实验条件下,聚丙烯的全同立构结构并未受到破坏,但 FTIR 谱中 CH_2 的摇摆振动吸收峰强度增大,其原因是电子辐照导致的交联结构的形成生成了更多的 CH_2 基团。同时,由于该吸收峰与聚丙烯的结晶度相关,所以其强度的增加也说明电子辐照后聚丙烯的结晶度增大,这一点可以从 XRD 谱图的变化得到进一步证实(图 5.1.1)。与聚丙烯不同,聚四氟乙烯表现出不同的电子辐照效应。例如,Mishra 等[10]发现,电子辐照后,聚四氟乙烯的 FTIR 谱图中在 1882 cm^{-1} 和 1793 cm^{-1} 出现了新的吸收峰,它们分别归属于—COF 中 C $=$ O 的伸缩振动峰和末端双键—CF $=CF_2$ 的吸收峰。此外,XRD 分析表明,电子辐照后聚四氟乙烯的主峰发生了位移,且强度降低,说明电子辐照导致了聚四氟乙烯的结构破坏,其结晶度也降低。可见,不同的聚合物基体表现出不同的电子辐照效应。

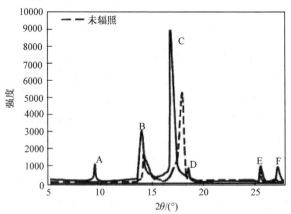

图 5.1.1　未辐照和辐照聚丙烯的 XRD 谱图[34]

　　Cho 和 Jun[11]研究了电子辐照聚甲基丙烯酸甲酯(PMMA)的电子辐照效应,

发现 PMMA 的拉曼光谱中原来的各种基团的峰在辐照剂量较高时几乎全部消失,说明电子辐照导致了 PMMA 表面的大量 H,O 原子溢出材料表面,取而代之的是无序石墨材料的 D 峰和 G 峰(图 5.1.2)。D 峰和 G 峰的出现表明电子辐照将 PMMA 表面转变成了含氢的无定型碳结构。并且,随着辐照剂量增大,D 峰和 G 峰的强度逐渐增大,表明 PMMA 表面转变成无定型碳结构的程度增大。XPS 分析的结果与拉曼光谱一致,即电子辐照后 PMMA 的 C1s 拟合谱图中含氧基团的相对面积比降低(图 5.1.3),表明电子辐照消除了 PMMA 表面的无机元素原子,如 H,O 原子,将材料表面转变成了无定型碳结构。可以看出,辐照剂量是决定辐照聚合物结构和组成变化的关键因素之一。

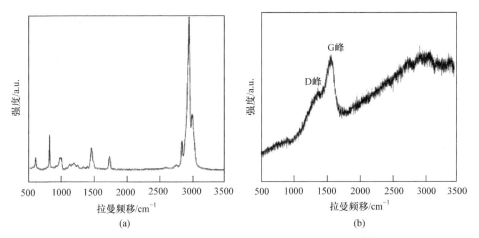

图 5.1.2　未辐照(a)和辐照(b)PMMA 的拉曼谱图[36]

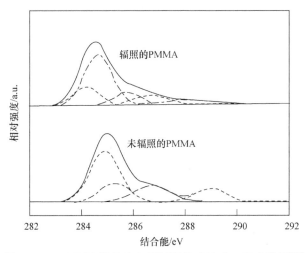

图 5.1.3　PMMA 样品在电子辐照前后的 C1s XPS 谱图[36]

图中实线是样品的 XPS 曲线,虚线是实线分峰得到的

综上所述,聚合物的分子链结构、辐照气氛、辐照剂量等都会对聚合物材料的电子辐照效应产生影响,而这些影响所导致的聚合物材料结构和组成的变化将会对材料的其他性质产生影响。

5.1.2　电子辐照对聚合物热学性质的影响

Mishra 等[12]用热解重量分析法和差示扫描量热法研究了电子辐照聚酰亚胺的热学性质,发现电子辐照后,聚酰亚胺的热稳定性和熔化温度降低,其原因是电子辐照导致了聚酰亚胺分子链断裂的发生。这种分子链断裂导致的聚合物材料热稳定性和熔点的下降在聚四氟乙烯的电子辐照研究中也被发现[35]。分子链的断裂产生低分子产物,后者降低了聚合物的强度,因此降低了其承受高温的能力。Nasef 等[7,8]在考察电子辐照对 PVDF 和 ETFE 热学性质的影响时,认为电子辐照对聚合物材料的微晶产生了很大影响,并且分子链的断裂使得聚合物的结构产生了缺陷,所以改变了其热学性质。与上述聚合物不同,经过电子辐照后,聚丙烯的热稳定性和熔融温度都升高[34]。热稳定性的提高可以归因于交联结构的形成,后者使得聚丙烯的分子量增大、致密性提高,所以承受热应变的能力提高。而其熔融温度的升高是次级离子导致的结晶使得其结晶度提高引起的。

从以上电子辐照对聚合物材料热学性质影响的研究可以看出,电子辐照导致的聚合物材料热学性质的变化与电子辐照导致的聚合物材料分子链的断裂或交联密切相关。

5.1.3　电子辐照对聚合物机械性能的影响

Nasef 等[7,8,13]考察了电子辐照导致的 PVDF 和 ETFE 薄膜机械性质的变化,发现辐照薄膜的机械性质反映出辐照过程中聚合物薄膜的结构变化。对 PVDF 来说,直至辐照剂量达到 800 kGy,PVDF 薄膜的拉伸强度随着剂量增大而升高。当剂量继续增大时,其拉伸强度略微降低。与拉伸强度不同,当辐照剂量不超过 800 kGy,PVDF 薄膜的断裂伸长率急剧下降。而当剂量继续增大,断裂伸长率不再有明显的变化。造成 PVDF 薄膜上述机械性质变化的原因是氧化降解、结晶破坏和交联累积。当剂量高于 800 kGy 时,交联成为主要影响因素,交联结构的形成限制了 PVDF 分子链段的运动,改变了其机械性质。对 ETFE 薄膜来说,当辐照剂量为 100 kGy 时,其拉伸强度增大。当剂量继续增大且不超过 800 kGy 时,ETFE 的拉伸强度逐渐下降。当剂量超过 800 kGy,拉伸强度趋于稳定。起初拉伸强度的升高是因为结晶度的增大,接下来的拉伸强度降低是由于分子链的断裂增多,后者降低了其结晶度。而拉伸强度趋于稳定则是由于当辐照剂量高于 800 kGy 时,交联作用是决定其机械性质的主要因素。与拉伸强度的变化趋势不同,

ETFE 的断裂伸长率随着辐照剂量的增大逐渐降低,这一变化趋势可以归因于交联作用对其断裂伸长率的影响,交联限制辐照 ETFE 分子链的运动,并且这种作用随着辐照剂量增大而增强。这种电子辐照引起聚合物材料拉伸强度和断裂伸长率的变化在聚酰亚胺、聚醚酰亚胺、聚酰胺、聚醚醚酮、聚砜等聚合物的电子辐照实验中也被发现[39]。

除了拉伸性质的变化,电子辐照对聚合物材料的硬度和弹性模量也会产生影响。如 Cho 和 Jun[11] 研究了电子辐照聚甲基丙烯酸甲酯(PMMA)的电子辐照效应,发现当辐照剂量低于 1×10^{15} cm^{-2} 时,PMMA 表现出通常的降解行为,这与 PMMA 通常是辐照降解型聚合物是一致的。但当剂量高于 1×10^{17} cm^{-2} 时,PMMA 的表面硬度和弹性模量显著增加。通过分析发现,PMMA 表面硬度的提高是由于高剂量的电子辐照将 PMMA 表面转变成了含氢的无定型碳结构,正是这种结构的形成提高了其机械性质。由此也说明,在低剂量的电子辐照条件下,辐照聚合物的性质变化与辐照导致的化学反应相关。但在高剂量的电子辐照条件下,聚合物材料性质的变化由电子辐照导致的聚合物材料表面化学组成的变化决定。

5.2　高能电子辐照对酚酞聚芳醚砜及其复合材料的影响

酚酞聚芳醚砜(PES-C)具有较高的热氧化稳定性、尺寸稳定性和化学稳定性,相比其他的耐高温聚合物,PES-C 可以通过溶液或熔融加工成型,这使得它成为一类非常有用的工程塑料[14]。PES-C 作为一种商业化的无定型高性能树脂可广泛应用于高性能模压、热塑结构材料、先进热塑性碳纤维复合材料、高性能功能膜材料、特种功能材料等领域。随着科技的发展,我们对高性能材料的需求日益紧迫,PES-C 逐渐显示了其强大的应用价值。在航空航天、电子、电气、化学工业、核工业、医疗、汽车制造、仪器制造业和食品加工等许多领域都有广泛的用途,并日益受到人们的重视,成为许多研究者和大公司的研究热点,并不断取得进展。本章考察 PES-C 在能量为 1.7 MeV 的电子辐照环境中的表面性质和摩擦磨损性能的变化,从结构和性能的关系,揭示高能电子辐照环境对 PES-C 及其复合材料的摩擦学性能的影响机理,形成了航天器摩擦副摩擦学理论。

5.2.1　高能电子辐照对 PES-C 的影响

5.2.1.1　表面结构和化学组成的变化

图 5.2.1 所示为电子辐照前后 PES-C 表面的 FTIR-ATR 谱图。从图中可以

看到,经过电子辐照,PES-C 的位于 1770 cm^{-1}($\upsilon C\!=\!O$),1488 cm^{-1}($\upsilon C\!=\!C$),1242 cm^{-1}($\delta_{as}C\!-\!O\!-\!C$)和 1150 cm^{-1}($\upsilon_s O\!=\!S\!=\!O$)的特征吸收峰强度减弱,表明 PES-C 表面的分子结构在一定程度上被破坏[15-17]。此外,位于 1200 cm^{-1} 附近的吸收峰宽化,表明表面生成了新的 CO 基团[18]。尽管电子辐照导致了 PES-C 表面 FTIR 谱图的上述变化,电子辐照后 PES-C 的 FTIR 谱图仍然保留了辐照前的许多特征,这可以归因于以下两点:一方面,PES-C 具有较强的耐电子辐照能力;另一方面,电子与其他离子相比具有较低的线性能量转移值[19]。

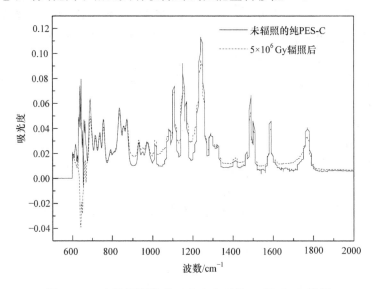

图 5.2.1　电子辐照前后 PES-C 表面的 FTIR-ATR 谱图

　　图 5.2.2 给出了电子辐照前和经过 5×10^5 Gy 及 5×10^6 Gy 电子辐照后 PES-C 的 C1s XPS 谱图。辐照前的 C1s XPS 谱图可以拟合为三个峰,它们分别位于 284.8 eV,286.1 eV 和 288.5 eV,分别相应于芳碳、C—O/C—S 中的 C 及 C=O 中 C 的峰。经过电子辐照之后,其 C1s XPS 的拟合谱发生了明显变化:一方面,在 283.6 eV 附近出现一个新的低强度峰,可以归属为无定型碳的峰[20];另一方面,在图 5.2.2(b)和(c)中分别位于 281.5 eV 和 282.5 eV 的位置出现了很明显的峰,这两个峰来自于电子辐照过程中碳化物的形成。从以上 XPS 分析可以看出,电子辐照导致了 PES-C 表面一定程度的碳化及碳化物的形成,后者会引起 PES-C 其他性质的变化。

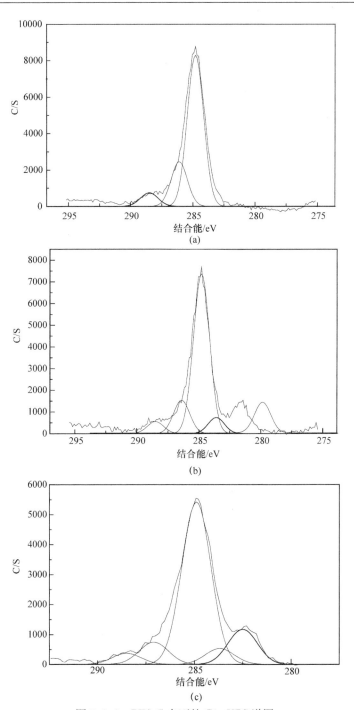

图 5.2.2　PES-C 表面的 C1s XPS 谱图

(a) 辐照前；(b) 5×10^5 Gy 电子辐照；(c) 5×10^6 Gy 电子辐照

5.2.1.2　摩擦磨损特性的研究

图 5.2.3 是不同辐照剂量 PES-C 的摩擦系数随滑动时间的变化关系。可以看到,所有样品的起始摩擦系数都较高,经过一段时间的滑动,摩擦系数逐渐降低并稳定下来,直至实验结束。然而,经过不同的辐照剂量,PES-C 的摩擦系数从较高值降低到较低的稳定值所需的滑动时间明显不同。未辐照的 PES-C 样品,经过30 min 的滑动,摩擦系数就下降并稳定;而经过 $5×10^6$ Gy 电子辐照,摩擦系数从较高值转变到较低的稳定值所需的时间延长到约 60 min。目前,关于电子辐照对聚合物材料摩擦磨损行为影响的研究还很缺乏,不同的研究者得出的结论也不尽相同,其原因与不同的聚合物基体、不同的实验条件有关。例如,田农考察了电子辐照对酚酞聚芳醚酮的影响,发现随着辐照剂量的增加,样品的摩擦系数逐渐降低,并把这一变化归因于电子辐照过程中形成的小分子物质的润滑作用[21]。但在本研究中,在达到较低的稳定值之前,辐照 PES-C 的摩擦系数较辐照前是增大的。正如 FTIR-ATR 结果揭示的电子辐照导致了 PES-C 表面分子链在一定程度上的破坏,这种破坏会在材料表面生成一些低分子量的物质,后者可能起到润滑作用。但在本研究中,摩擦系数的增大可以归因于电子辐照导致的 PES-C 表面碳化的发生和碳化物的形成,后者增大了 PES-C 表面的硬度和剪切强度,从而增大了对偶钢环上的微凸体和 PES-C 表面之间的剪切力和犁沟力,结果增大了 PES-C 的摩擦系数。

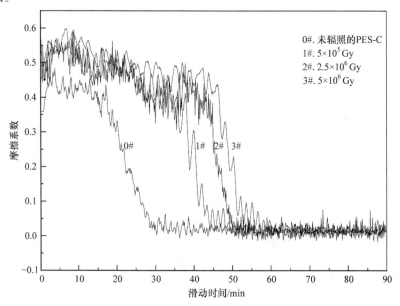

图 5.2.3　不同辐照剂量的 PES-C 的摩擦系数随滑动时间的变化

　　图 5.2.4 给出了电子辐照对 PES-C 磨损率的影响。可以看到,随着辐照剂量的增大,PES-C 的磨损率逐渐降低。当辐照剂量增大到 5×10^6 Gy 时,PES-C 的磨损率从辐照前的 8.94×10^{-5} mm^3/(N·m)下降到 4.86×10^{-5} mm^3/(N·m)。磨损率降低的原因是电子辐照导致的 PES-C 表面化学结构和组成的变化,即 PES-C 表面碳化的发生和碳化物的形成增大了其承载能力,提高了其耐磨性,这是 PES-C 耐磨性提高的原因之一。

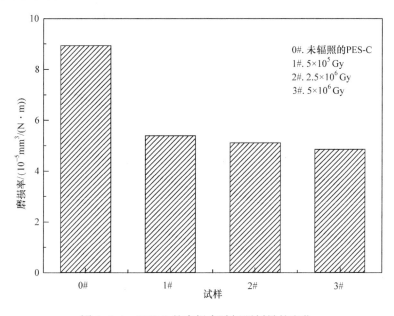

图 5.2.4　PES-C 的磨损率随辐照剂量的变化

　　图 5.2.5 给出了电子辐照前后 PES-C 的磨痕形貌及对偶钢环的磨损表面形貌。可以发现,未辐照 PES-C 的磨痕相对粗糙,磨痕内存在许多黏着的迹象(图 5.2.5(a))。而经过 5×10^6 Gy 电子辐照,PES-C 的磨痕形貌发生了明显的变化,磨痕内的黏着迹象被疲劳和塑性变形代替(图 5.2.5(b)),说明 PES-C 的磨损机理从辐照前的黏着磨损为主转变为辐照后的疲劳磨损和塑性变形。通过对偶钢环的磨损表面形貌观察也发现,未辐照 PES-C 样品对摩钢环的磨损表面形貌与 PES-C 的磨痕形貌相对应,钢环表面形成了不太均匀连续的转移膜,该转移膜不能覆盖整个钢环表面(图 5.2.5(c)),从而不能有效地降低钢环表面对 PES-C 表面的损伤。而与经过 5×10^6 Gy 电子辐照的 PES-C 对摩的钢环表面形成了相对均匀连续的转移膜(图 5.2.5(d)),该转移膜能够有效地保护 PES-C 表面,从而降低了其磨损率,这是 PES-C 耐磨性提高的一个重要原因。总之,PES-C 的磨痕形貌和对偶钢环的磨损表面形貌对应很好,并与 PES-C 磨损率的变化趋势一致。

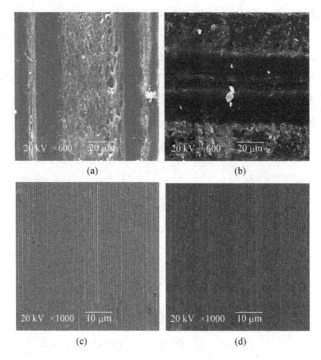

图 5.2.5　PES-C 在辐照前(a),5×10^6 Gy 电子辐照后
(b)的磨痕形貌(c)及与其对摩钢环的磨损表面形貌(d)

5.2.2　高能电子辐照对 nano-SiO$_2$/GF/PES-C 复合材料的影响

本小节主要考察电子辐照对纳米二氧化硅和玻璃纤维共同改性的酚酞聚芳醚砜(nano-SiO$_2$/GF/PES-C)的表面性质和摩擦学性能的影响。

5.2.2.1　表面结构、组成和形貌的变化

图 5.2.6 所示为电子辐照前后 nano-SiO$_2$/GF/PES-C 复合材料表面的 FTIR-ATR 谱图。从图中可以看到,经过电子辐照,复合材料表面基体 PES-C 的位于 1770 cm^{-1}(υC =O),1488 cm^{-1}(υC =C),1242 cm^{-1}(δ_{as} C—O—C),1150 cm^{-1}(υ_sO =S =O)的特征吸收峰强度明显减弱,表明复合材料表面的 PES-C 分子链结构在一定程度上被破坏,由此也说明电子辐照对 nano-SiO$_2$/GF/PES-C 复合材料表面的 PES-C 基体分子链有破坏作用。值得指出的是,在电子辐照的过程中,PES-C 分子链中的苯环也被部分破坏。上述破坏作用导致复合材料表面相对低分子量碎片的生成,甚至一些小分子溢出材料表面,导致材料表面一定程度的碳化。

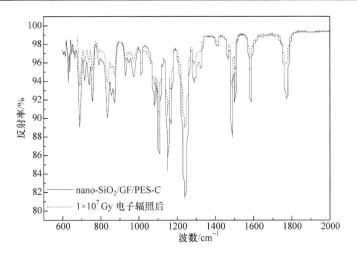

图 5.2.6　电子辐照前后 nano-SiO$_2$/GF/PES-C 复合材料表面的 FTIR-ATR 谱图

图 5.2.7 给出了电子辐照前后 nano-SiO$_2$/GF/PES-C 复合材料表面的 C1s XPS 谱图。辐照前的 C1s XPS 谱图可以拟合为位于 283.0 eV, 284.7 eV, 286.1 eV 和 288.1 eV 的四个峰, 它们分别对应于 C—Si/C—Si—O、芳环、C—O/C—S 和 C=O 中碳的峰。C—Si/C—Si—O 的存在是由于在复合材料的热压制备过程中 PES-C 基体和纳米 SiO$_2$ 发生了一定程度的反应, 生成了新的 C—Si/C—Si—O 基团(图 5.2.7(a))[22,23]。而经过 1×10^7 Gy 电子辐照, 复合材料表面的 C1s XPS 谱图的峰形发生了明显的变化。虽然电子辐照后的 C1s XPS 谱图仍然可以拟合为上述结合能位置的四个峰, 但很明显, C—Si/C—Si—O 所占的比例显著降低, 而

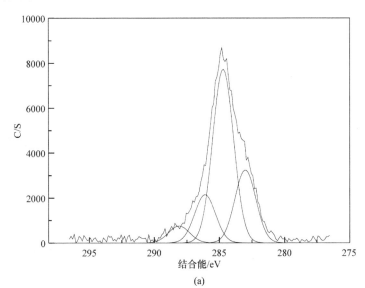

(a)

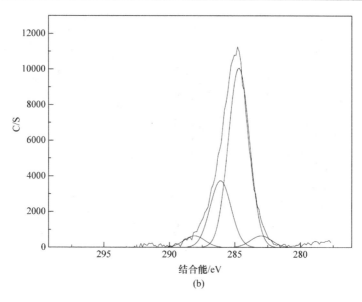

图 5.2.7　电子辐照前后 nano-SiO₂/GF/PES-C 复合材料表面的 C1s XPS 谱图

(a) 辐照前;(b) 1×10^7 Gy 电子辐照后

芳环中碳所占的比例明显增大。由此说明,电子辐照导致了复合材料表面碳含量的升高,这也可以从电子辐照前后复合材料表面几种元素的相对原子浓度得到证实(表 5.2.1)。

表 5.2.1　电子辐照前后 nano-SiO₂/GF/PES-C 复合材料表面几种元素的相对含量

实验条件	元素相对含量/%(原子分数)			
	C	O	S	Si
辐照前	43.24	46.80	0.00	9.96
1×10^7 Gy 辐照后	50.33	45.06	0.98	3.63

从表 5.2.1 还可以看出,经过电子辐照,nano-SiO₂/GF/PES-C 复合材料表面 Si 的含量明显降低,其原因是电子辐照导致的复合材料表面的部分降解及碳含量较高表面层的形成在一定程度上掩盖了纳米 SiO₂ 填料,使得表面上暴露的填料含量降低。电子辐照后,C1s XPS 谱图中 C—Si/C—Si—O 所占的比例显著降低也可以从 Si2p XPS 谱图中得到进一步证实(图 5.2.8)。对比图 5.2.8(a)和图 5.2.8(b)可以看出,经过电子辐照,位于 100.5 eV 和 101.5 eV 的 Si2p 峰的相对含量明显降低,它们分别对应于 Si—C 和 O—Si—C 中 Si 的峰(位于 103.6 eV 的峰是 SiO₂ 中 Si 的峰),这与 C1s XPS 谱图中揭示的 C—Si/C—Si—O 所占的比例降低是一致的。而正是电子辐照导致了复合材料表面化学结构和组成的上述变化,从而引起复合材料其他性能的变化。

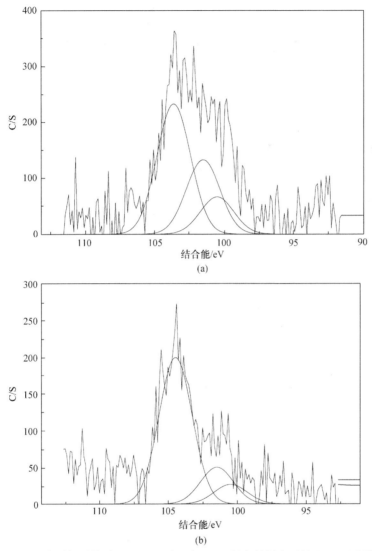

图 5.2.8　电子辐照前后 nano-SiO$_2$/GF/PES-C 复合材料表面的 Si2p XPS 谱图

(a) 辐照前；(b) 1×10^7 Gy 电子辐照后

图 5.2.9 给出了电子辐照前后 nano-SiO$_2$/GF/PES-C 复合材料的表面形貌。可以看到，电子辐照之前，nano-SiO$_2$/GF/PES-C 复合材料的表面相对光滑（图 5.2.9(a)），表面上可以看到轻微的划痕，这些划痕是电子辐照实验前在样品的预磨过程中形成的。而电子辐照后，复合材料的表面形貌发生了明显变化，即表面变得相对粗糙，表面上分布着许多细小的颗粒状物质（图 5.2.9(b)）。根据前面的表征结果，这些细小物质是电子辐照导致的复合材料表面上 PES-C 基体部分降解后留下的小分子物质。有关这种小分子物质的生成，在其他的研究中也有报道[21]。

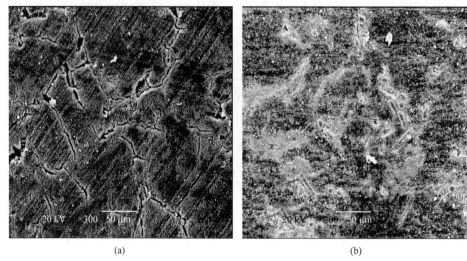

(a)　　　　　　　　　　　　　　　(b)

图 5.2.9　nano-SiO$_2$/GF/PES-C 复合材料的表面形貌

(a) 辐照前；(b) 1×10^7 Gy 电子辐照后

5.2.2.2　摩擦磨损特性的研究

表 5.2.2 给出了不同辐照剂量的 nano-SiO$_2$/GF/PES-C 复合材料的摩擦系数和磨损率。可以发现，电子辐照对复合材料的摩擦系数影响很小，而电子辐照后复合材料的磨损率则呈现降低趋势。与前面的电子辐照对纯 PES-C 摩擦磨损的影响结果相比，发现在 PES-C 中添加了纳米二氧化硅之后可以明显降低电子辐照对材料摩擦系数和磨损率的影响，使得这种材料在电子辐照前后能够保持稳定的摩擦磨损性能。

表 5.2.2　不同辐照剂量的 nano-SiO$_2$/GF/PES-C 复合材料的摩擦系数和磨损率

实验条件	摩擦系数	磨损率/(10^{-6}mm^3/(N・m))
辐照前	0.41	10.45
1×10^5 Gy 辐照后	0.40	7.28
1×10^6 Gy 辐照后	0.40	8.98
1×10^7 Gy 辐照后	0.41	7.07

为了进一步分析电子辐照前后 nano-SiO$_2$/GF/PES-C 复合材料的摩擦磨损机理，对电子辐照前后复合材料的磨痕形貌和对偶钢环的磨损表面形貌进行了分析。图 5.2.10 是电子辐照前后 nano-SiO$_2$/GF/PES-C 复合材料的磨痕形貌。可以看到，电子辐照前后，复合材料的磨痕形貌相近，都呈现出大量磨屑被挤压形成的变形层。图 5.2.11 是与 nano-SiO$_2$/GF/PES-C 复合材料对摩的钢环的磨损表面形貌。可以看到，与未辐照复合材料对摩的钢环表面上形成了许多分布不均匀的转

移膜,这些转移膜不能覆盖整个钢环表面,并且在摩擦过程中比较容易脱落,这是复合材料磨损率较高的原因(图 5.2.11(a))。与上述转移膜不同,与电子辐照后的复合材料对摩的钢环表面形成了相对均匀、连续的转移膜,该转移膜能够覆盖整个钢环表面(图 5.2.11(b)),对复合材料表面起到一定的保护作用,从而提高了复合材料的耐磨性。

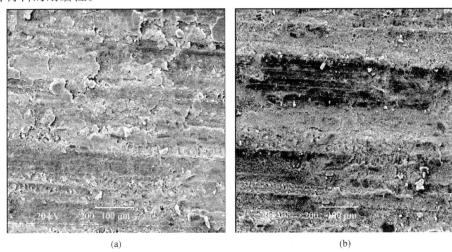

(a)　　　　　　　　　　　　　　　　　(b)

图 5.2.10　nano-SiO$_2$/GF/PES-C 复合材料的磨痕形貌

(a) 辐照前;(b) 1×10^7 Gy 电子辐照后

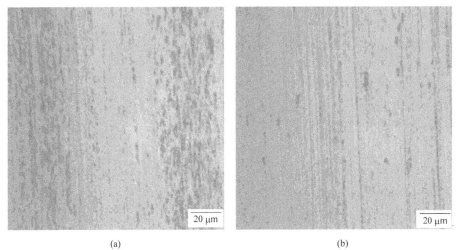

(a)　　　　　　　　　　　　　　　　　(b)

图 5.2.11　与 nano-SiO$_2$/GF/PES-C 复合材料对摩的钢环的磨损表面形貌

(a) 与辐照前的复合材料对摩;(b) 与 1×10^7 Gy 电子辐照的复合材料对摩

由此可见,高能电子辐照对 PES-C 的表面结构和摩擦磨损性能产生了明显的影响,在 PES-C 中添加纳米二氧化硅后可以明显降低电子辐照对聚合物材料造成的影响。

5.3 高能电子辐照对聚酰亚胺及其复合材料的影响

5.3.1 高能电子辐照对聚酰亚胺的影响

5.3.1.1 表面结构和组成变化

图 5.3.1 给出了电子辐照前后 PI 的 FTIR-ATR 谱图,可以发现,与 PES-C 类似,经过电子辐照,PI 表面位于 1373 cm^{-1}(υ C—N)的特征吸收峰强度明显降低,表明 PI 分子链中的酰亚胺结构被部分破坏[16,24]。然而,位于 1773 cm^{-1}(υ_sC =O)和 1714 cm^{-1}(υ_{as}C =O)的特征吸收峰强度有所增加,这似乎与酰亚胺结构的破坏矛盾。实际上,这种变化是不矛盾的。一方面,在离子辐照作用下,PI 中的 N 原子比 O 原子更容易溢出材料表面[25];另一方面,当辐照后的 PI 被暴露在空气中时,辐照过程中生成的自由基会与空气中的氧反应,从而生成新的 CO 基团。以上两方面都是 C =O 吸收峰强度有所增大的原因。同样,由于 PI 具有较强的耐辐照性能,以及电子的线性能量转移值较低,电子辐照后 PI 的 FTIR-ATR 谱图仍然保留了未辐照 PI 的一些特征。

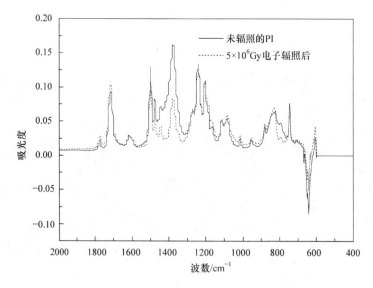

图 5.3.1　电子辐照前后 PI 的 FTIR-ATR 谱图

为了进一步分析电子辐照对 PI 表面化学组成的影响,对未辐照和 5×10^6 Gy 电子辐照的 PI 进行了 XPS 分析,如图 5.3.2 所示,并根据文献[24,26]对其进行了拟合。可以看到,电子辐照前,PI 的 C1s XPS 谱图可以拟合为四个峰,分别位于

284.4 eV,284.8 eV,286.2 eV 和 288.3 eV,它们分别对应于芳碳原子、表面污染碳、C—N/C—O 中的碳原子,以及 C=O 中的碳原子(图 5.3.2(a))。与辐照前不同,经过 5×10⁶ Gy 电子辐照,PI 的 C1s XPS 谱图中在 283.6 eV 处出现了一个新的峰(图 5.3.2(b)),可以归属为无定型碳的峰[20],说明电子辐照导致了 PI 表面一定程度的碳化,而碳化的发生正是电子辐照导致的 PI 表面部分降解的发生和低分子物质的溢出造成的。因此,XPS 分析的结果与 FTIR 的结果是一致的。

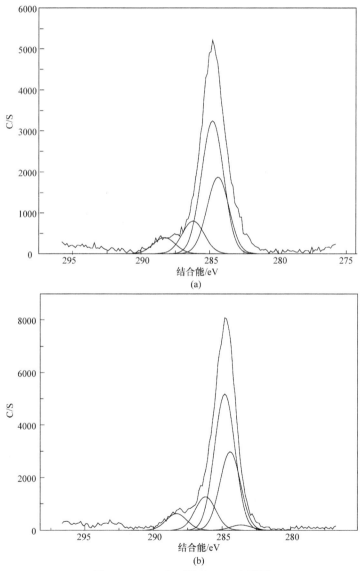

图 5.3.2　PI 表面的 C1s XPS 谱图

(a) 辐照前;(b) 5×10⁶ Gy 电子辐照后

5.3.1.2　摩擦磨损特性的研究

图 5.3.3 是聚酰亚胺的摩擦系数和磨损率随电子辐照剂量变化的曲线。从图 5.3.3(a)可以看出,随着电子辐照剂量的增大,聚酰亚胺的摩擦系数变化不大,即在实验范围内,电子辐照对聚酰亚胺的摩擦系数影响很小。与摩擦系数的变化不同,随着辐照剂量的增大,PI 的磨损率逐渐降低(图 5.3.3(b))。PI 耐磨性提高的原因主要有以下几个方面:一方面,电子辐照导致的样品表面的碳化增大了其表面硬度,提高了其承载能力;另一方面,表面碳化结构的形成可能有利于对偶钢环上转移膜的形成,这可以从下面的分析中得到证实。

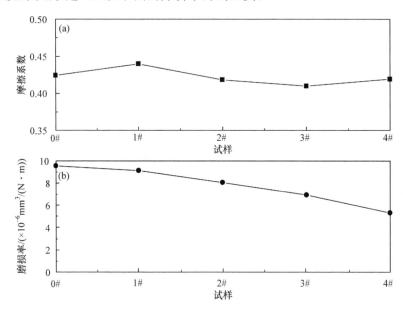

图 5.3.3　聚酰亚胺的摩擦系数(a)和磨损率(b)随电子辐照剂量变化的曲线
0#:0;1#:1×10^5 Gy;2#:5×10^5 Gy;3#:2.5×10^6 Gy;4#:5×10^6 Gy

为了进一步说明电子辐照对聚酰亚胺摩擦磨损特性的影响,对电子辐照前后聚酰亚胺的磨痕形貌及对偶钢环的磨损表面形貌进行了 SEM 分析,如图 5.3.4 所示。从图中可以看出,电子辐照之前,聚酰亚胺的磨痕内存在明显的擦伤痕迹,并且存在磨屑被反复挤压变形形成的磨屑层(图 5.3.4(a))。而经过 5×10^6 Gy 电子辐照,聚酰亚胺的磨痕变得非常光滑,仅存在轻微的擦伤(图 5.3.4(b)),这与其磨损率的变化趋势是一致的。与上述磨痕形貌相对应,与未辐照聚酰亚胺对摩的钢环表面上分布着不太均匀的聚酰亚胺转移膜,这些转移膜不能覆盖整个钢环表面,并且较容易脱落(图 5.3.4(c)),这也是未辐照聚酰亚胺的耐磨性相对较低的原因。而与经过电子辐照的聚酰亚胺对摩的钢环表面上形成了均匀连续的转移膜,后者能够覆盖整个钢环表面,有效地减轻了对偶钢环对聚酰亚胺的损伤,从而提高了其耐磨性,这与聚酰亚胺磨损率的降低是一致的。而这种均匀连续的转移膜的形成显然与电子辐照后聚酰亚胺表面化学结构和组成的变化有关。结合 FTIR和 XPS 分析的结果,可以推断聚酰亚胺表面一定程度的碳化有利于对偶钢环表面在摩擦过程中形成均匀连续的转移膜。

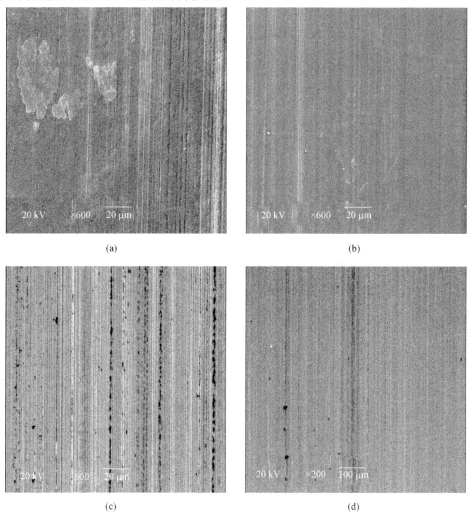

(a)　　　　　　　　　　　　　　(b)

(c)　　　　　　　　　　　　　　(d)

图 5.3.4　聚酰亚胺在辐照前(a),5×10^6 Gy 电子辐照后
(b)的磨痕形貌及与其对摩的钢环的磨损表面形貌(c)和(d)

5.3.2　高能电子辐照对 nano-SiO₂/GF/PI 复合材料的影响

本小节主要考察电子辐照对纳米二氧化硅和玻璃纤维共同改性的聚酰亚胺(nano-SiO₂/GF/PI)材料表面性质和摩擦学性能的影响。

5.3.2.1　表面组成和形貌的变化

图 5.3.5 给出了电子辐照前后 nano-SiO$_2$/GF/PI 复合材料表面的 C1s XPS 谱图。辐照前的 C1s XPS 谱图可以拟合为位于 283.0 eV,284.6 eV,286.1 eV 和 288.1 eV 的四个峰,它们分别对应于 C—Si/C—Si—O、芳环、C—O/C—N 和 C=O 中碳的峰。C—Si/C—Si—O 的存在是由于在复合材料的热压制备过程中 PI 基体和纳米 SiO$_2$ 发生了一定程度的反应,生成了新的 C—Si/C—Si—O 基团(图 5.3.5(a))[18,19]。C—Si/C—Si—O 基团的生成也可以从 Si2p XPS 谱图中得到进一步证实(图 5.3.6(a))。电子辐照前,复合材料表面的 Si2p XPS 谱图可以分成位于 100.5 eV,101.5 eV 和 103.6 eV 的三个峰,它们分别对应于 Si—C,O—Si—C 和 SiO$_2$ 中 Si 的峰(图 5.3.6(a)),这与 C1s XPS 谱图中 C—Si/C—Si—O 的存在是一致的。而经过 1×10^7 Gy 电子辐照,复合材料表面的 C1s XPS 谱图的峰形没有发生明显的变化。但通过拟合发现 C—Si/C—Si—O 的相对含量降低,而 C—O/C—N 和 C=O 中碳的相对含量升高(图 5.3.5(b))。进一步拟合电子辐照后的 Si2p XPS 谱图发现,电子辐照后 O—Si—C 和 SiO$_2$ 中 Si 的相对含量也增加。上述两者使得电子辐照后复合材料表面的氧含量从 45.57% 增大到 52.05%,而 Si 的相对含量从 2.89% 增大到 6.91%(表 5.3.1)。这种变化的原因可以归结为电子辐照导致了复合材料表面氧化降解的发生。

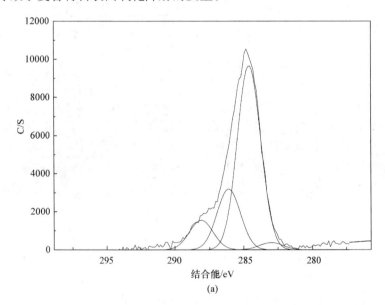

(a)

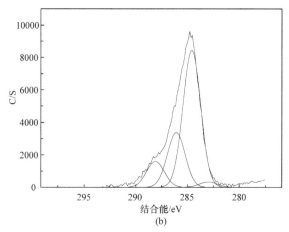

(b)

图 5.3.5　电子辐照前后 nano-SiO$_2$/GF/PI 复合材料表面的 C1s XPS 谱图

(a) 辐照前；(b) 1×10^7 Gy 电子辐照后

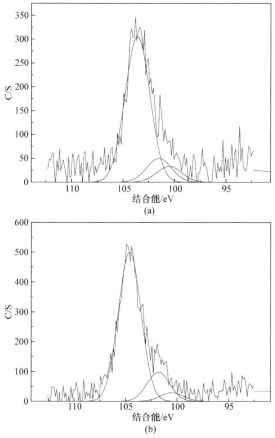

图 5.3.6　电子辐照前后 nano-SiO$_2$/GF/PI 复合材料表面的 Si2p XPS 谱图

(a) 辐照前；(b) 1×10^7 Gy 电子辐照后

表 5.3.1　电子辐照前后 nano-SiO$_2$/GF/PI 复合材料表面几种元素的相对含量

实验条件	元素相对含量/%（原子分数）			
	C	O	N	Si
未辐照	42.94	45.57	8.60	2.89
1×10^7 Gy 电子辐照	36.31	52.05	4.73	6.91

图 5.3.7 给出了电子辐照前后 nano-SiO$_2$/GF/PI 复合材料的表面形貌。通过比较可以发现，电子辐照之后，nano-SiO$_2$/GF/PI 复合材料的表面出现了一些细小的颗粒状物质(图 5.3.7(b))。根据前面得出的复合材料表面发生部分降解的结果，这些细小的物质是电子辐照导致的复合材料表面上 PI 基体部分降解后留下的小分子物质。但与 5.3.1 小节中讨论的 nano-SiO$_2$/GF/PES-C 复合材料表面上出现的小分子物质相比，nano-SiO$_2$/GF/PI 复合材料表面上生成的小分子物质明显较少，这也反映出聚酰亚胺复合材料的耐电子辐照性能优于 PES-C 复合材料。

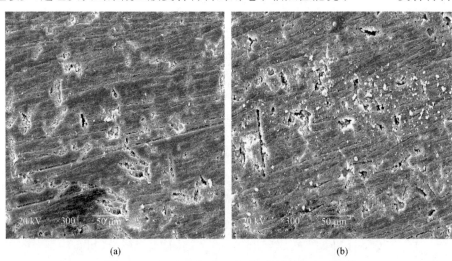

(a)　　　　　　　　　　　　　　(b)

图 5.3.7　nano-SiO$_2$/GF/PI 复合材料的表面形貌

(a) 辐照前；(b) 1×10^7 Gy 电子辐照后

5.3.2.2　摩擦磨损性能的研究

表 5.3.2 比较了不同辐照剂量的 nano-SiO$_2$/GF/PI 复合材料的摩擦系数和磨损率。与纯 PI 的摩擦系数和磨损率相比，发现在 PI 中引入玻璃纤维和纳米二氧化硅后能够使得 PI 的摩擦系数由 0.43 左右降低到 0.28，磨损率由 9.8×10^{-6} mm^3/(N·m)降低到 5.23×10^{-6} mm^3/(N·m)。而且还可以发现，这种复合材料在电子辐照前后的摩擦系数和磨损率的变化程度都小于纯 PI 的变化。这说明了这种复合材料可以表现出低的摩擦系数和高的抗磨性能。即使在电子辐照环境

中,这种优良的摩擦磨损性能仍然能保持。

表 5.3.2　不同辐照剂量的 nano-SiO$_2$/GF/PI 复合材料的摩擦系数和磨损率

实验条件	摩擦系数	磨损率/(10^{-6}mm^3/(N • m))
辐照前	0.28	5.23
1×10^5 Gy 辐照后	0.27	4.80
1×10^6 Gy 辐照后	0.28	5.40
1×10^7 Gy 辐照后	0.27	4.14

图 5.3.8 给出了电子辐照前后 nano-SiO$_2$/GF/PI 复合材料的磨痕形貌。从图 5.3.8(a)可以看到,电子辐照前,复合材料的磨痕非常粗糙,磨痕内暴露着大量的磨屑及纤维,这些暴露出来的纤维在摩擦过程中起到了磨粒的作用,使得复合材料表现出较大的磨损率。与上述磨痕形貌不同,经过电子辐照,复合材料的磨痕内暴露出的纤维明显减少,大部分纤维被镶嵌在磨痕内,降低了纤维对复合材料表面的磨粒作用,从而表现出较高的耐磨性(图 5.3.8(b))。

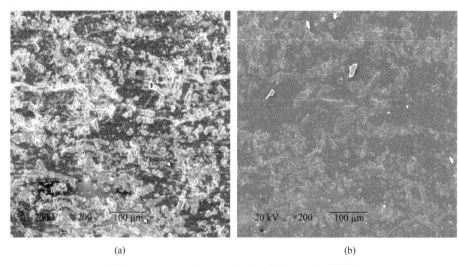

(a)　　　　　　　　　　　　　　　　　(b)

图 5.3.8　nano-SiO$_2$/GF/PI 复合材料的磨痕形貌

(a) 辐照前;(b) 1×10^7 Gy 电子辐照后

图 5.3.9 是与 nano-SiO$_2$/GF/PI 复合材料对摩的钢环的磨损表面形貌。可以看到,与未辐照复合材料对摩的钢环表面上形成了许多分布不均匀的转移膜,这些转移膜不能覆盖整个钢环表面,并且在摩擦过程中比较容易脱落,这是造成复合材料磨损率较高的原因(图 5.3.9(a))。与上述转移膜不同,与电子辐照后的复合材料对摩的钢环表面形成了相对均匀、连续的转移膜,该转移膜覆盖整个钢环表面(图 5.3.9(b)),可以对复合材料表面起到一定的保护作用,从而提高了复合材料的耐磨性。

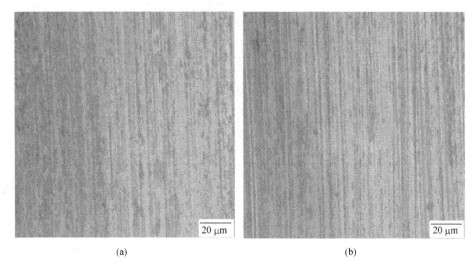

(a)　　　　　　　　　　　　　　　　　　(b)

图 5.3.9　与 nano-SiO₂/GF/PI 复合材料对摩的钢环的磨损表面形貌

(a) 与辐照前的复合材料对摩；(b) 与 1×10⁷ Gy 电子辐照的复合材料对摩

　　研究发现，在 PI 中添加玻璃纤维和纳米二氧化硅后可以明显减少电子辐照对聚合物材料的摩擦磨损性能造成的影响。

5.4　低能电子辐照对聚四氟乙烯的影响

5.4.1　表面性质、组成和形貌的变化

　　图 5.4.1 给出了电子辐照前后 PTFE 表面的 FTIR-ATR 谱。可以看出，位于 1204 cm^{-1} 和 1145 cm^{-1} 的特征峰强度在电子辐照之后仍然很好地保持了辐照前的特征，这两个峰分别对应于 CF_2 的对称和不对称伸缩振动峰[27]，因此可以推断 PTFE 在电子辐照之后仍然保持了辐照前的主要链结构。但是从图中可以看出，CF_2 键振动特征峰的底部在电子辐照后有加宽现象，这是由材料在电子辐照过程中发生断键并形成新的基团所致。

　　图 5.4.2 给出了 PTFE 在电子辐照前后的 XPS 全谱及 C1s 和 F1s 的 XPS 精细谱。从 XPS 全谱可以看出，材料主要包括位于 291.7 eV 的 C1s 特征峰和 689.0 eV 的 F1s 特征峰，这两个特征峰强度在电子辐照之后都有不同程度的降低，说明材料表面的元素组成和结构发生了变化。表 5.4.1 列出了材料在电子辐照前后表面元素的相对含量，结果显示经过 15 keV 和 25 keV 电子辐照之后，材料表面的 C 元素的相对含量从辐照前的 32.8% 分别增加到了 47.2% 和 41.7%，而 F 元素的相对含量从辐照前的 67.2% 分别减少到了 52.8% 和 58.3%，说明材料表面在辐照

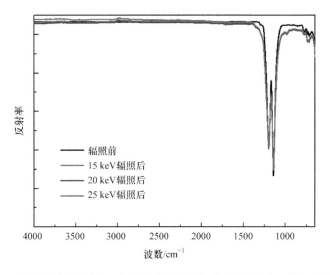

图 5.4.1 PTFE 在电子辐照前后的 FTIR-ATR 谱(扫描封底二维码可看彩图)

过程中发生了结构变化。C—C 和 C—F 键受到电子的碰撞并发生断裂,同时 F 元素会散失掉等[10],导致 C 相对含量增加和 F 相对含量减少。通过比较 25 keV 电子辐照前后的 C1s 精细谱(图 5.4.2),可以看出其在辐照前基本呈对称曲线,结合能位置为 291.7 eV,但是经过电子辐照之后,PTFE 材料 C1s 谱表现为非对称结构,通过高斯拟合对其进行解谱,基本可分解为三个谱峰,结合能位置分别为 291.7 eV,284.5 eV 和 287.8 eV,这三个峰分别对应于—CF$_2$—CF$_2$—,C—C 键和由于电子辐照而形成的其他含碳基团[28-30]。对于 F1s 精细谱,可以看出其在电子辐照之后仍然保持辐照前的形状,但是其强度有明显的减弱(图 5.4.2)。由以上 XPS 分析可知,PTFE 分子链在电子辐照过程中会发生一定的结构变化。

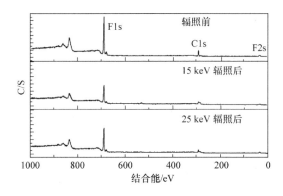

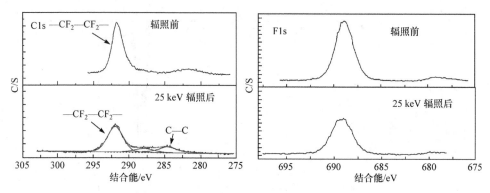

图 5.4.2　PTFE 在电子辐照前后的 XPS 谱

表 5.4.1　电子辐照前后材料表面元素的相对含量

实验条件	元素相对含量/%（原子分数）		
	C	F	C/F
辐照前	32.8	67.2	0.49
15 keV 辐照后	47.2	52.8	0.89
25 keV 辐照后	41.7	58.3	0.72

　　图 5.4.3 给出了电子辐照前后 PTFE 的表面形貌。辐照前材料表面表现为很多无规则凸体结构(图 5.4.3(a))，电子辐照之后这些结构基本消失，材料表面变得相对平滑(图 5.4.3(b)～(d))。当 PTFE 暴露在电子辐照环境中时，电子与材料之间会发生复杂的物理和化学反应，在这个过程中材料的分子链会发生断键与交联，引起表面形貌的微小变化。比较质子辐照对 PTFE 表面形貌的影响，发现电子辐照对 PTFE 表面形貌的影响相对较小。

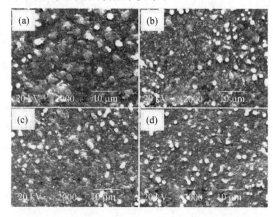

图 5.4.3　电子辐照前后 PTFE 的表面形貌
(a) 辐照前；(b) 15 keV；(c) 20 keV；(d) 25 keV

5.4.2　摩擦磨损特性的研究

图 5.4.4 给出了 PTFE 材料在电子辐照前后的摩擦系数和磨损率。从图 5.4.4(a)可以看出,PTFE 的摩擦系数在辐照前随着摩擦时间的增加而逐渐增大,随后变得基本稳定。15 keV 和 20 keV 电子辐照之后,PTFE 的摩擦系数随摩擦时间的增加迅速降低并达到基本稳定值,稳定阶段的摩擦系数小于辐照之前的摩擦系数,15 keV 和 20 keV 辐照之后的摩擦系数基本一致,摩擦系数小于辐照前是因为材料表面形成的富碳结构起到了润滑作用[31],有利于材料摩擦系数的降低。25 keV 电子辐照之后,材料的初始摩擦系数明显大于辐照之前,随摩擦时间的增加摩擦系数逐渐减小,经过 35 min 摩擦之后基本达到稳定,且稳定值基本与 15 keV 和 20 keV 的稳定值一样,前阶段摩擦系数较大可能是因为材料在电子辐照过程中发生了明显的交联,增大了摩擦过程中的剪切力,因此增大了摩擦系数。从图 5.4.4(b)可以看出材料的磨损率随电子辐照能量的增加而有所减小,特别是 25 keV 电子辐照之后材料的磨损率减小较明显,这是因为电子辐照引起材料表面产生富碳结构,同时材料分子链发生一定的交联[32],增加了材料的表面硬度和抗剪切能力,因此材料的耐磨性增加,磨损率减小。

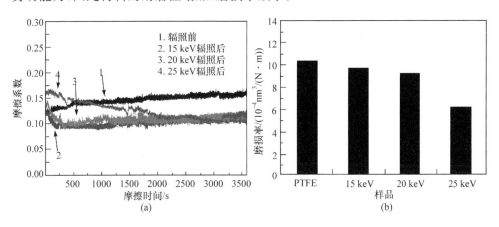

图 5.4.4　电子辐照能量对 PTFE 摩擦系数(a)和磨损率(b)的影响

图 5.4.5 给出了 PTFE 在电子辐照前后的磨痕形貌和对偶钢球上的磨屑形貌。电子辐照前材料的磨痕形貌表现为明显的黏着和塑性变形(图 5.4.5(a)),说明黏着磨损是主要的磨损形式。15 keV 和 20 keV 电子辐照之后,材料的磨痕与辐照前相似,还是以塑性变形和黏着磨损为主,但经过 25 keV 电子辐照之后,材料磨痕内的黏着和塑性变形现象减轻,这可能是因为电子引起材料的交联加强,材料的延展性变差,阻止材料在摩擦过程中发生变形。同时,可以看出辐照之后,对偶

钢球上生成的磨屑减少,特别是 25 keV 电子辐照之后,磨屑有明显的减少,这一结果与材料在辐照之后磨损率减小相一致。

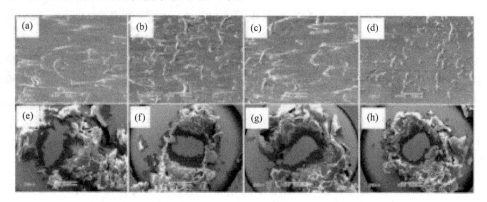

图 5.4.5　PTFE 在不同能量电子辐照前后的磨痕形貌和对偶钢球上的磨屑形貌

(a),(b),(c),(d)分别是辐照前,15 keV,20 keV 和 25 keV 电子辐照之后的磨痕形貌;(e),(f),

(g),(h)分别是辐照前,15 keV,20 keV 和 25 keV 电子辐照之后对偶钢球上的磨屑

参 考 文 献

[1] Zhao H J,Wu Y Y,Xiao J D,et al. A study on the electric properties of single-junction GaAs solar cells under the combined radiation of low-energy protons and electrons. Nucl. Instrum. Methods. Phys. Res,Sect. B,2008,266:4055-4057.

[2] 张超,易忠,唐小金,等. 高能电子辐照对航天器介质材料介电性能的影响. 航天器环境工程,2009,26:28-30.

[3] 田海,李丹明,薛华,等. 星用热控涂层空间辐照环境等效模拟试验方法研究. 航天器环境工程,2009,26:24-27.

[4] Ravat B,Gschwind R,Grivet M,et al. Electron irradiation of polyurethane:some FTIR results and a comparison with a EGS4 simulation. Nuclear Instruments & Methods in Physics Research,2000,160:499-504.

[5] Ravat B,Grivet M,Grohens Y,et al. Electron irradiation of polyesterurethane:study of chemical and structural modifications using FTIR,UV spectroscopy and GPC. Radiation Measurements,2001,34:31-36.

[6] Dannoux A,Esnouf S,Begue J,et al. Degradation kinetics of poly(ether-urethane) Estane® induced by electron irradiation. Nuclear Instruments & Methods in Physics Research,2005,236:488-494.

[7] Nasef M M,Dahlan K Z M. Electron irradiation effects on partially fluorinated polymer films:Structure-property relationships. Nuclear Instruments & Methods in Physics Research,2003,201:604-614.

[8] Nasef M M,Saidi H,Dahlan K Z M,et al. Electron beam irradiation effects on ethylene-tet-

rafluoroethylene copolymer films. Radiation Physics & Chemistry,2003,68:875-883.

[9] Mishra R,Tripathy S P,Dwivedi K K,et al. Electron induced modification in polypropylene. Radiation Measurements,2001,33:845-850.

[10] Mishra R,Tripathy S P,Dwivedi K K,et al. Effect of electron irradiation on polytetrafluoro ethylene. Radiation Measurements,2003,37:247-251.

[11] Cho S O,Jun H Y. Surface hardening of poly(methyl methacrylate) by electron irradiation. Nuclear Instruments & Methods in Physics Research,2005,237:525-532.

[12] Mishra R,Tripathy S P,Dwivedi K K,et al. Spectroscopic and thermal studies of electron irradiated polyimide. Radiation Measurements,2003,36:621-624.

[13] Nasef M M,Saidi H,Dahlan K Z M,et al. Investigation of electron irradiation induced-changes in poly(vinylidene fluoride) films. Polymer Degradation & Stability, 2002, 75: 85-92.

[14] 刘克静,张海春,陈天禄. 一步法合成带有酞侧基的聚芳醚砜. 中国,85101721. 5. 1987-11-25.

[15] Mishra R,Tripathy S P,Dwivedi K K,et al. Dose-dependent modification in makrofol-N and polyimide by proton irradiation. Radiat. Measur. ,2003,36:719-722.

[16] Guenther M,Gerlach G,Suchaneck G,et al. Ion-beam induced chemical and structural modi-fication in polymers. Surf. Coat. Technol. ,2002,158-159:108-113.

[17] Abdel-Fattah A A,Abdel-Hamid H M,Radwan R M. Changes in the optical energy gap and ESR spectra of proton-irradiated unplasticized PVC copolymer and its possible use in radiation dosimetry. Nucl. Instrum. Methods Phys. Res. ,Sect. B,2002,196:279-285.

[18] Ferain E,Legras R. Heavy ion tracks in polycarbonate. Comparison with a heavy ion irra-diated model compound (diphenyl carbonate). Nucl. Instrum. Methods Phys. Res. ,Sect. B,1993,82:539-548.

[19] Puglisi O,Licciardello A,Calcagno L,et al. Molecular weight distribution and solubility changes in ion-bombarded polystyrene. Nucl. Instrum. Methods Phys. Res. , Sect. B, 1987,19-20:865-871.

[20] Marletta G,Iacona F,Toth A. Particle beam-induced reactions versus thermal degradation in PMDA-ODA polyimide. Macromolecules,1992,25:3190-3198.

[21] Tian N,Li T S,Liu X J,et al. Effect of radiation on the friction-wear properties of poly-etherketone with a cardo group. J. Appl. Polym. Sci. ,2001,82:962-967.

[22] Wang X,Zhao X,Wang M,et al. The effects of atomic oxygen on polyimide resin matrix composite containing nano-silicon dioxide. Nucl. Instrum. Methods Phys. Res. ,Sect. B, 2006,243:320-324.

[23] Omastová M,Boukerma K,Chehimi M M,et al. Novel silicon carbide/polypyrrole compo-sites:preparation and physicochemical properties. Mater. Res. Bull. ,2005,40:749-765.

[24] Sahre K,Eichhorn K J,Simon F,et al. Characterization of ion-beam modified polyimide lay-

ers. Surf. Coat. Technol. ,2001,139:257-264.

[25] Terai T,Kobayashi T. Properties of carbon films produced from polyimide by high-energy ion irradiation. Nucl. Instrum. Methods Phys. Res. ,Sect. B,2000,166:627-631.

[26] Segura T,Burillo G. Radiation modification of silicone rubber with glycidylmethacrylate. Radiat. Phys. Chem. ,2013,91:101-107.

[27] Su J,Wu G,Liu Y,et al. Study on polytetrafluoroethylene aqueous dispersion irradiated by gamma ray. Journal of Fluorine Chemistry,2006,127:91-96.

[28] Peng G R,Yang D Z,He S Y. Effect of proton irradiation on structure and optical property of PTFE film. Polym. Advan. Technol. ,2003,14:711-718.

[29] Zhang J,Zhang X,Zhou H. Effect of aging on surface chemical bonds of PTFE irradiated by low energy Ti ion. Applied Surface Science,2003,205:343-352.

[30] Ozeki K,Hirakuri K K. The effect of nitrogen and oxygen plasma on the wear properties and adhesion strength of the diamond-like carbon film coated on PTFE. Applied Surface Science, 2008,254:1614-1621.

[31] 裴先强,王齐华,刘维民. 质子注入对二硫化钼/聚芳醚砜复合材料摩擦学行为的影响. 复合材料学报,2006,23:24-28.

[32] Menzel B,Blanchet T A. Enhanced wear resistance of gamma-irradiated PTFE and FEP polymers and the effect of post-irradiation environmental handling. Wear, 2005, 258: 935-941.

第6章 综合辐照对聚合物材料摩擦学性能的影响

6.1 概　　述

众所周知,航天器在轨运行期间,受到的不仅仅是某种辐照源的单独作用,而是来自空间环境中各类辐照源的综合作用。所以,研究各种辐照源的综合作用对聚合物复合材料造成的影响,有利于更加深入地认识聚合物摩擦副材料在空间辐照环境下的性能退化规律,探索相应的损伤机理。对于设计开发在空间辐照环境中性能稳定的材料具有一定的指导作用。

原子氧和真空紫外环境被认为是低地球轨道(200～700 km)最危险的环境因素。原子氧的产生主要是低地球轨道中氧分子吸收了太阳光中的紫外线(λ≤243 nm),使之解离成具有高能量的原子态氧[1]。在低地球轨道环境中,原子氧和紫外辐照作用严重地影响着航天器的寿命。姜海富等[2]在激光源原子氧地面模拟设备中对 Kapton/Al 薄膜进行了原子氧与紫外综合辐照研究,结果表明,综合辐照后 Kapton/Al 薄膜表面主要官能团数量呈下降趋势;综合辐照过程中材料表面 C—C 键、C—N 键的破坏及在原子氧和紫外环境中重新结合成新的化学结构是造成 Kapton/Al 薄膜性能退化的主要微观机制,气体小分子的挥发是造成 Kapton/Al 薄膜质量损失的主要原因。Rasoul 等[3]研究了经原子氧及原子氧/真空紫外辐照后,氟化聚酰亚胺表面性质的变化,发现将氟化聚酰亚胺薄膜同时暴露于原子氧和真空紫外辐照中,仅两分钟就造成聚合物表面大量的氧化。将氟化聚酰亚胺薄膜单独暴露于真空紫外中,其表面性质变化不大。然而,单独的原子氧暴露也会造成其表面大量氧化。因此,原子氧是引起暴露于低地球轨道环境中的聚酰亚胺薄膜降解的主要因素。并且,原子氧和真空紫外辐照存在协同效应,这种效应会增大聚酰亚胺薄膜表面的损伤。

在地球同步轨道环境中,主要表现为质子、电子等带电粒子强辐射环境对航天器材料的影响。质子对材料造成的辐照损伤是服役航天器材料的主要损伤形式,电子与航天器材料相互作用主要引起电离能量损失、辐射能量损失和多次散射[4]。在质子、电子的长期作用下,树脂基体会发生化学键断裂,并产生质量损失及表面析气等现象,其后果是材料力学性能下降,其挥发物会污染航天器光学仪器表面和敏感元件,进而严重影响航天器的性能和使用寿命,据世界各国不完全统计,约有50%以上的故障是由空间辐照环境的作用所致[5]。目前对聚合物材料在质子或电子单一辐照条件下的性能变化已经有许多研究[6-17],但是在电子和质子综合作用下的性能变化规律及损伤机理研究却很少[4]。在电子和质子综合辐照下,电子和质子可能会由于辐照作用机理的相似性彼此影响,产生协合效应[18]。王旭东等[19]研究了电子与质子综合辐照中电子与质子间的协合效应,在模拟的空间环境下对 S781 白漆分别进行了 10 keV 电子辐照、70 keV 质子辐照,以及 10 keV 电子与 70 keV 质子综合辐照实验。研究发现,10 keV 电子与 70 keV 质子在 S781 白漆中的平均投影射程相近,辐照损伤机理相似,综合辐照存在协合效应,协合效应减弱了光学性能。左春艳[20]研究了质子辐照、电子辐照和两者的综合辐照对酞菁硅/聚丙烯腈(SiPcs/PAN)复合材料的光学性能的影响,结果表明,与同一数量级的单独进行的质子辐照、电子辐照对光致荧光强度退化的程度相比,综合辐照造成的光致荧光退化强度较小,其产生原因是,综合辐照存在的协合效应是相互削弱的。

单一环境试验不能代替综合环境试验,综合环境试验会暴露出许多单一环境试验中无法暴露出来的问题。国内外大量研究表明,在空间辐照的地面模拟装置中,同时进行几种辐照源的综合辐照是比较困难的。因此在考察综合环境的作用效应时常常采用几种辐照源的顺序辐照作用[21-23]。本研究在目前地面模拟装置中,无法进行几种辐照源的综合辐照。因此,在本章中我们采用单一辐照和顺序辐照的形式比较了几种辐照源对聚合物材料摩擦学性能产生的影响。

6.2 原子氧和紫外辐照的影响研究

6.2.1 比较原子氧辐照和紫外辐照对聚酰亚胺的影响

本小节以玻璃纤维增强的聚酰亚胺复合材料(GF/PI)为对象比较研究了原子氧(AO)和紫外(UV)辐照对聚合物摩擦副材料的表面性质和摩擦磨损性能的影响。

6.2.1.1 材料表面化学组成的变化

从图 6.2.1 中 GF/PI 复合材料在 AO 辐照和 UV 辐照前后表面 C1s 的精细谱图中发现,AO 辐照和 UV 辐照都引起材料表面的化学元素发生变化。从表 6.2.1 中材料表面各个元素相对含量的 XPS 数据分析得出,与真空条件下(VC)材料表面元素的含量相比,GF/PI 复合材料受到 UV 辐照后,表面氧元素的相对含量从 22.87% 增加到 25.45%;而经过 AO 辐照后氧元素的相对含量升高到 27.22%,相应地碳元素的相对含量从 67.40% 下降到 59.84%,说明 AO 和 UV 辐照都使得聚合物材料表面发生氧化反应,但是 AO 辐照后材料表面氧化程度更高。

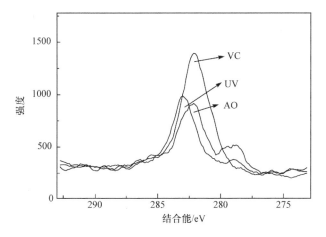

图 6.2.1　GF/PI 复合材料表面 C1s 的 XPS 表征图

表 6.2.1　复合材料表面元素的相对含量

样品	环境	元素相对含量/%(原子分数)			
		C	N	O	Si
GF/PI	VC	67.40	3.23	22.87	6.49
GF/PI	UV	67.81	2.20	25.45	4.53
GF/PI	AO	59.84	5.68	27.22	7.26

6.2.1.2　材料摩擦磨损性能的变化

在图 6.2.2 所示的 GF/PI 复合材料在不同环境条件下的摩擦系数变化中发现,在真空条件下,GF/PI 复合材料的平均摩擦系数为 0.03,经过 UV 辐照后,摩

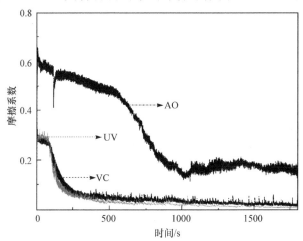

图 6.2.2　GF/PI 复合材料在不同环境下的摩擦系数随时间变化的关系图

擦系数变化不明显,平均摩擦系数仍为 0.03,说明 UV 辐照对 GF/PI 复合材料的摩擦系数影响较小;但是经过 AO 辐照后,在初始阶段,摩擦系数非常高且不稳定,经过 1000 s 后摩擦系数才趋于稳定,平均摩擦系数为 0.18,是真空条件下的 6 倍左右,说明 AO 辐照后 GF/PI 复合材料的摩擦系数大大提升。

从图 6.2.3 中 GF/PI 复合材料经过不同辐照后磨损率变化数据来看,GF/PI 在真空条件下的磨损率为 4.28×10^{-5} mm³/(N·m),UV 辐照后,磨损率增加到 8.03×10^{-5} mm³/(N·m),AO 辐照后增加到 2.05×10^{-4} mm³/(N·m),说明 UV 辐照后 GF/PI 复合材料的磨损率增幅较小,AO 辐照导致 GF/PI 复合材料的磨损率大大增加。

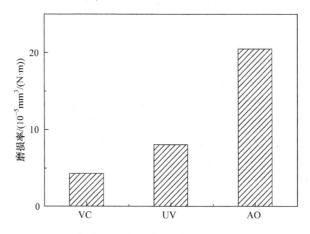

图 6.2.3　GF/PI 复合材料磨损率在不同辐照环境下的磨损率变化

图 6.2.4 给出了 AO 和 UV 辐照前后 GF/PI 复合材料和对偶的磨损形貌图。从图 6.2.4(a)中 GF/PI 复合材料在真空条件下的磨损形貌,可以清楚地看到,玻璃纤维均匀分布于聚酰亚胺基体中,磨损表面与原始表面变化不明显,从图 6.2.4(d)对偶形貌可以看出,对偶面也比较光滑。从图 6.2.4(b)中可以明显看到,经过 UV 辐照后,GF/PI 复合材料的表面形貌发生明显的变化,大量的磨屑堆积在磨痕两侧,这也是磨损率上升的原因,根据文献报道[24],UV 辐照导致材料表面发生光氧化。当 GF/PI 复合材料受到 AO 辐照后(图 6.2.4(c)),磨痕变宽,材料表面结构发生严重破坏,从图 6.2.5 中放大的辐照表面可以看出,AO 辐照后聚酰亚胺基体发生氧化降解[25-29],大量的玻璃纤维裸露在材料表面,从图 6.2.5(b)还可以发现,AO 辐照后材料表面变得凹凸不平,粗糙度增加,所以材料的摩擦系数和磨损率升高。

由地面模拟试验结果可知,AO 对聚合物摩擦副材料的表面性质和摩擦磨损性能的影响程度远远大于 UV 辐照产生的影响。因此可知,在低地球轨道环境中主要表现为 AO 对航天器聚合物摩擦副材料的降解作用。

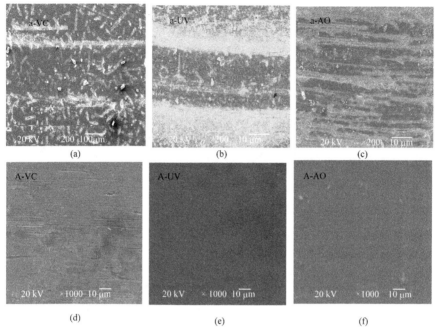

图 6.2.4　GF/PI 复合材料在不同辐照环境下的磨损形貌图

a. 磨损形貌；A. 转移膜

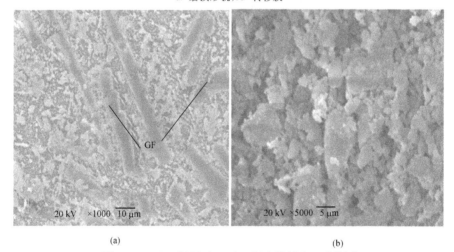

图 6.2.5　AO 辐照后 GF/PI 复合材料表面形貌图

6.2.2　原子氧和原子氧/紫外对 PES-C 薄膜的影响

6.2.2.1　薄膜表面化学组成的变化

图 6.2.6 给出了 PES-C 薄膜表面在 AO 辐照及 AO/UV 协同作用前后的 XPS 全谱。通过比较图中曲线(1),(2)和(3)可以发现,经过 10 min 的 AO 辐照,

PES-C 薄膜表面的 XPS 全谱中出现了一个新的峰（图中箭头所示），该峰位于400 eV 附近，可以归属为 N1s 的峰。与此相似，经过 AO/UV 协同作用后，在该位置也出现了类似的峰。通常，AO 剥蚀后的聚合物表面暴露于空气中，聚合物表面会吸附空气中的氧分子，引起氧含量的升高[30-32]。关于 N1s 峰在 AO 剥蚀后的聚合物表面出现还少见报道，其原因可能是 PES-C 分子链被破坏后形成了含苯环的反应点，在实验结束，真空室放空的过程中，含苯环的活性点优先吸附空气中的氮分子，造成了 AO 及 AO/UV 剥蚀后 PES-C 表面 XPS 谱图中 N1s 峰的出现，有关该峰出现的具体原因还需要进一步深入研究。

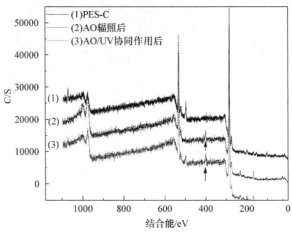

图 6.2.6　AO 辐照及 AO/UV 协同作用前后 PES-C 薄膜表面的 XPS 全谱

为了进一步考察 AO 辐照及 AO/UV 协同作用对 PES-C 薄膜表面化学组成的影响，对其典型元素 C 进行了 XPS 表征（图 6.2.7）。比较图 6.2.7 可以发现，经

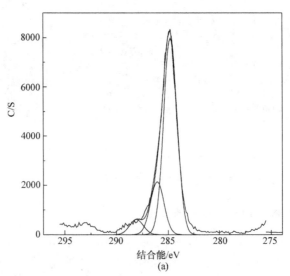

(a)

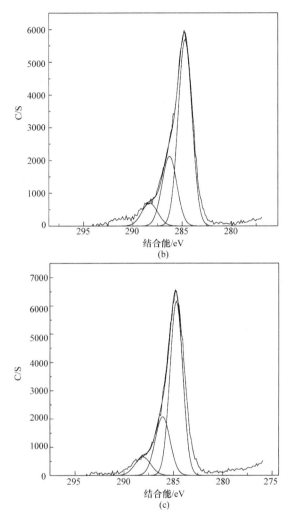

图 6.2.7　PES-C 薄膜的 C1s XPS 谱图

(a) 辐照前;(b) 10 min AO 辐照后;(c) AO/UV 协同作用后

过不同的实验,PES-C 的 C1s XPS 谱图的峰形没有发生显著变化,但其拟合谱中各个化学状态碳的结合能和相对含量发生了明显变化,该相对含量的变化列于表 6.2.2。

表 6.2.2　PES-C 薄膜在 AO 及 AO/UV 辐照实验前后的 C1s XPS 谱图拟合结果

	结合能/eV	半峰宽/eV	归属	相对含量
	284.8	1.3	苯环碳	74%
AO 辐照前	286.1	1.3	<u>C</u>—O 或 <u>C</u>—S	20%
	288.1	1.3	<u>C</u>=O	6%

续表

	结合能/eV	半峰宽/eV	归属	相对含量
	284.7	1.4	苯环碳	65%
AO 辐照 10 min	286.3	1.5	C—O 或 C—S	26%
	288.3	1.6	C=O	9%
	284.7	1.3	苯环碳	66%
AO/UV 辐照后	286.1	1.5	C—O 或 C—S	26%
	288.1	1.6	C=O	8%

从表 6.2.2 中可以看出,经过 AO 及 AO/UV 辐照实验,PES-C 的 C1s 拟合谱中 C—O/C—S 及羰基 C 的半峰宽有所增大,表明 PES-C 表面形成了更多的含氧基团。另外,从 C1s 拟合谱中含氧基团的相对含量变化也可以印证这一点。如经过 10 min AO 辐照,C—O/C—S 的相对含量从 20% 增大到 26%,而羰基的含量从 6% 增大到 9%。而当 AO 与 UV 协同作用时,C—O/C—S 及羰基的相对含量分别增大到 26% 和 8%。与 AO 单独作用时相比,其增大的程度有所不同,其原因主要是 AO 与 UV 有协同作用[3,33,34],即 UV 的加入可以剪断 PES-C 的分子链,这使得其更容易被 AO 氧化。同时,AO 造成的 PES-C 分子链破坏的产物也可能被 UV 进一步破坏,生成更易挥发的低分子量产物。因此,AO 和 UV 造成的破坏可能会相互加速,从而造成更大的破坏。当 AO 单独作用时,AO 对 PES-C 分子链的破坏主要是氧化并生成挥发性的 CO,CO_2 等,由此引起 PES-C 表面的剥蚀。这些氧化反应使得 C1s XPS 谱图中 C—O/C—S 及羰基基团中 C 的结合能增大,同时 C—O/C—S 及羰基基团的相对含量有较大增大。当 AO 与 UV 同时作用时,由于上述协同作用,PES-C 表面遭到更大程度的破坏。但由于 PES-C 表面分子链的氧化和挥发性产物的形成和溢出同时存在,两者共同作用的结果使得 C—O/C—S 及羰基基团的相对含量的变化有所不同。值得指出的是,在 AO 或 AO/UV 对 PES-C 的破坏中,PES-C 分子链结构中的苯环也可能被部分破坏,后者会被继续氧化生成含氧基团,甚至会被氧化生成挥发性的产物。所以,苯环的开环和进一步氧化也是 PES-C 表面被剥蚀的部分原因。

6.2.2.2　薄膜表面形貌的变化

图 6.2.8 给出了 AO 辐照及 AO/UV 协同作用前后 PES-C 薄膜的 2D 和 3D AFM 表面形貌。可以看出,AO 辐照及 AO/UV 协同作用对 PES-C 薄膜的表面形貌产生了明显的影响。辐照实验前,PES-C 的表面相对光滑,表面上均匀分布着微小的突起结构,这些结构是在薄膜的制备过程中形成的,由 AFM 测得的其均方根表面粗糙度 RMS 为 1.074 nm。经过 10 min AO 辐照实验,PES-C 薄膜的表面变得相对

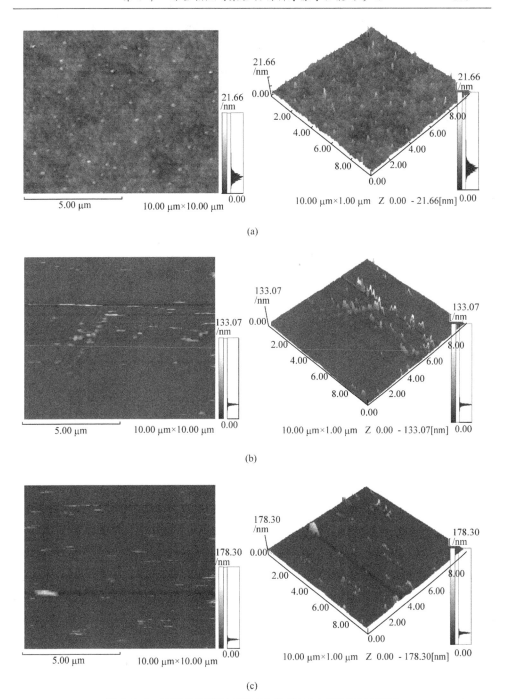

图 6.2.8　PES-C 薄膜的 2D(左)和 3D(右)AFM 表面形貌

(a) 辐照前,RMS=1.074 nm;(b) 10 min AO 辐照后,RMS=4.790 nm;

(c) AO/UV 协同作用后,RMS=5.389 nm

粗糙,其 RMS 增大到 4.790 nm,并且表面形成了较大的突起结构,这些突起结构是 AO 剥蚀后在表面上留下的相对低分子量的产物,造成这一现象的原因是 AO 破坏了 PES-C 表面的分子链,造成了表面的剥蚀,这与 XPS 分析的结果是一致的。但这些突起结构分布不太均匀,其原因主要是 AO 剥蚀 PES-C 表面后留下的相对低分子量的碎片因含氧基团较原始表面含量高而具有较大的表面能,这一表面能的差异使得这些相对低分子量的碎片团聚在一起[35,36],从而造成这些突起结构的不均匀分布。而当 AO/UV 协同作用时,PES-C 薄膜的表面结构变得更加粗糙,突起结构更大,其原因主要是 AO/UV 的协同作用在更大程度上破坏了 PES-C 表面的分子链结构。

由此可见,AO 辐照能够氧化 PES-C 表面的分子链,生成挥发性的 CO,CO_2 或低分子量的碎片,后者溢出材料表面,从而造成剥蚀。AO 对 PES-C 表面的剥蚀改变了其表面形貌,主要表现为表面突起的形成和表面粗糙度的增大。这些突起结构主要是 AO 剥蚀后留下的相对低分子量的剥蚀产物。由于这些产物与基体之间存在表面能的差异,它们倾向于团聚在一起。AO 和紫外之间存在协同效应,当两者协同作用时,会对 PES-C 薄膜表面的分子链结构造成更大的破坏。

6.2.3 原子氧和原子氧/紫外对聚酰亚胺薄膜的影响

尽管人们对聚酰亚胺的 AO 剥蚀效应已经开展了一些工作,但由于聚酰亚胺种类很多,加上不同研究者的实验条件不尽相同,所以该方面的研究缺乏系统性。本小节考察 AO 辐照及 AO/UV 协同作用对几种分子结构类似的共聚聚酰亚胺薄膜的影响,并初步比较其耐 AO 及 AO/UV 的特性,以期为扩大聚酰亚胺在空间科学中的应用提供指导。

6.2.3.1 薄膜表面化学组成的变化

图 6.2.9 给出了 o-PI 薄膜在 AO 辐照及 AO/UV 协同作用前后的 C1s XPS 谱图。通过比较可以发现,经过不同的实验,其 C1s XPS 谱图的峰形没有显著变化,但其拟合谱中各个化学状态碳的相对含量发生了明显变化,该相对含量的变化列于表 6.2.3。从表中可以看出,o-PI,m-PI 和 p-PI 表现出不同的变化。对 o-PI 来说,经过 10 min AO 辐照实验,C—N/C—O 的相对含量从 17% 下降到 15%,C=O 的相对含量从 10% 降低到 8%,说明 AO 的轰击造成了 o-PI 薄膜表面分子链的破坏,这种破坏主要是 AO 造成的 C—N/C—O 和 C=O 的氧化,并生成挥发性的 CO 或 CO_2 溢出材料表面,从而造成薄膜表面的剥蚀[31,32]。值得指出的是,PI 分子链中的苯环也可能因 AO 的轰击而开环,进而被氧化成 C—O 和 C=O 等含氧基团,甚至有些苯环开环后被氧化成挥发性的 CO,CO_2 或低分子量的小分子溢出表面,这也是 PI 薄膜表面被剥蚀的一部分原因。当 AO/UV 协同作用时,

C—N/C—O 和 C＝O 的相对含量也分别下降到 15% 和 7%。在 PI 薄膜表面被 AO 和 AO/UV 剥蚀的过程中,一方面,低分子量挥发性产物的生成和溢出会导致薄膜表面含氧基团含量降低;另一方面,AO 导致的氧化又会生成新的含氧基团。所以,C—N/C—O 和 C＝O 的相对含量的变化是上述两个过程综合作用的结果。而由于 AO 和 UV 之间存在协同效应[3,37,38],后者会对 PI 的分子链造成更大的破坏。因此,在 AO/UV 协同效应实验中,C—N/C—O 和 C＝O 的相对含量的变化与 AO 单独作用时有所不同。

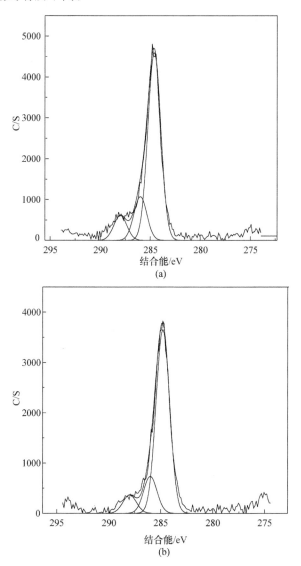

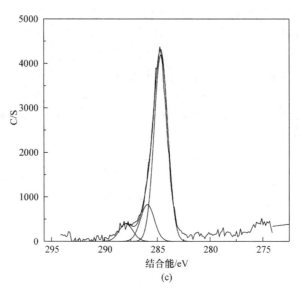

图 6.2.9　o-PI 薄膜的 C1s XPS 谱图

(a) 辐照前；(b) 10 min AO 辐照后；(c) AO/UV 协同作用后

表 6.2.3　几种 PI 薄膜在 AO 及 AO/UV 辐照前后的 C1s XPS 谱图拟合结果

		结合能/eV	半峰宽/eV	归属	相对含量
	辐照前	284.6	1.3	苯环碳	73%
		286	1.3	C—N/C—O	17%
		288	1.3	C=O	10%
o-PI	AO 辐照 10 min	284.8	1.3	苯环碳	77%
		286	1.3	C—N/C—O	15%
		288	1.3	C=O	8%
	AO/UV 辐照	284.8	1.3	苯环碳	78%
		286	1.3	C—N/C—O	15%
		288	1.3	C=O	7%
m-PI	辐照前	284.7	1.3	苯环碳	71%
		286.1	1.3	C—N/C—O	17%
		288.1	1.3	C=O	12%

		结合能/eV	半峰宽/eV	归属	相对含量
m-PI	AO 辐照 10 min	284.7	1.3	苯环碳	73%
		286.1	1.3	C—N/C—O	18%
		288.1	1.3	C=O	9%
	AO/UV 辐照	284.8	1.3	苯环碳	77%
		286.1	1.3	C—N/C—O	16%
		288.1	1.3	C=O	7%
p-PI	辐照前	284.7	1.3	苯环碳	74%
		286.1	1.3	C—N/C—O	17%
		288.1	1.3	C=O	9%
	AO 辐照 10 min	284.8	1.3	苯环碳	73%
		286.1	1.3	C—N/C—O	17%
		288.1	1.3	C=O	10%
	AO/UV 辐照	284.8	1.3	苯环碳	78%
		286.1	1.3	C—N/C—O	15%
		288.1	1.3	C=O	7%

对 m-PI 和 p-PI 来说,经过 AO 和 AO/UV 辐照实验后,C—N/C—O 和 C=O 的相对含量也发生了变化,但这些变化与 o-PI 相比有所不同,这主要是由于它们不同的分子链结构,从而表现出不同的耐 AO 及 AO/UV 的特性。例如,经过 10 min AO 辐照实验,m-PI 中的 C—N/C—O 的相对含量从辐照前的 17% 增大到 18%,而 C=O 的相对含量则从 12% 下降到 9%,其原因主要是在 AO 氧化表面分子链的过程中,生成了更多的 C—O 键,而 C=O 键被氧化成挥发性产物并溢出表面。当 AO/UV 协同作用时,C—N/C—O 和 C=O 的相对含量同时下降,分别下降到 16% 和 7%。对 p-PI 来说,当 AO 单独作用时,C—N/C—O 的相对含量几乎没有变化,而 C=O 的相对含量从 9% 增大到 10%,说明 AO 的氧化造成 p-PI 表面生成了更多的 C=O。而当 UV 与 AO 协同作用时,C—N/C—O 和 C=O 的含量分别下降了 2% 和 3%。

可见,经过 AO 及 AO/UV 辐照实验,o-PI,m-PI 和 p-PI 表现出不同的表面化学组成变化,这主要是由于它们分子链结构的不同。从 XPS 分析的结果,可以推断 p-PI 具有相对较强的耐 AO 及 AO/UV 的能力。这一结果可以从 p-PI 的分子链结构得到解释。当聚合单体为对苯二胺时,形成的聚合物分子链能够紧密排列,使其具有较高的内聚能和硬度。相对于 o-PI 和 m-PI 表面而言,当 AO 或 AO/UV 轰击 p-PI 表面时,AO 或 AO/UV 不易穿透表面造成剥蚀,从而表现出较强的耐 AO 及 AO/UV 的能力。

6.2.3.2　薄膜表面形貌的变化

图 6.2.10～图 6.2.12 分别给出了 o-PI,m-PI 和 p-PI 三种 PI 薄膜在 AO 辐照及 AO/UV 协同作用前后的 AFM 形貌。可以看到,无论在辐照前还是辐照后,三种 PI 薄膜的表面形貌都存在差别。在辐照实验前,o-PI 的表面上存在许多大小不等的突起(图 6.2.10(a))。与 o-PI 相比,m-PI 和 p-PI 表面上的突起分布相对均匀(图 6.2.11(a)和图 6.2.12(a)),尤其是 p-PI 的表面。这些突起结构是在薄膜的制备过程中形成的。经过 AO 及 AO/UV 辐照实验,三种 PI 薄膜的表面形貌表现出不同的变化趋势。对 o-PI 来说,经过 10 min AO 辐照实验,其表面上原有的一些突起结构消失了,取而代之的是一些更大的突起结构(图 6.2.10(b))。这些突起结构是 AO 剥蚀 o-PI 表面后留下的一些相对低分子量的产物,由于这些产物的氧含量高于基体,所以它们倾向于团聚在一起而不均匀地分布在表面上,这一现象与 PES-C 薄膜经 AO 剥蚀后表面上形成的结构相似(图 6.2.8(b))。此外,AO 的剥蚀使得 o-PI 表面的均方根表面粗糙度(RMS)从 0.699 nm 增大到 2.311 nm。当 AO 与 UV 协同作用时,o-PI 表面上出现了更多更大的突起结构(图 6.2.10(c)),这些结构的成分与图 6.2.10(b)中的类似,只是与 AO 单独作用时生成的突起结构相比要大更多,由此也使得 o-PI 表面的 RMS 增大到 4.481 nm。这也反映出当 AO 与 UV 协同作用时,会对 o-PI 的表面结构造成更大的破坏,即 AO 与 UV 存在协同效应[3,37,38]。

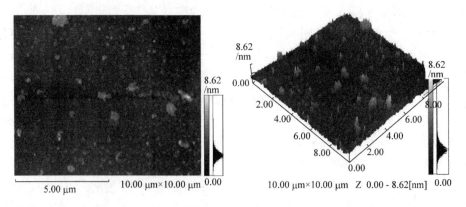

(a)

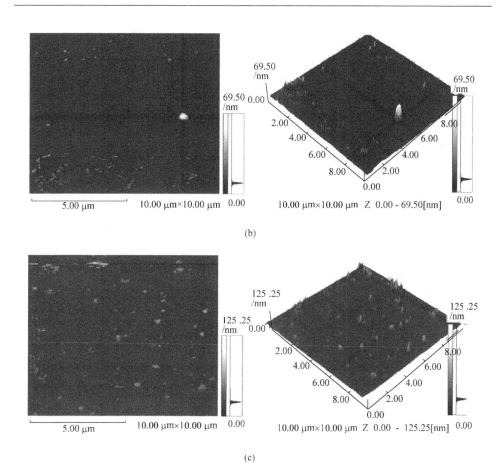

(b)

(c)

图 6.2.10　o-PI 薄膜的 2D（左）和 3D（右）AFM 形貌

（a）辐照前，RMS＝0.699 nm；（b）10 min AO 辐照后，RMS＝2.311 nm；

（c）AO/UV 协同作用后，RMS＝4.481 nm

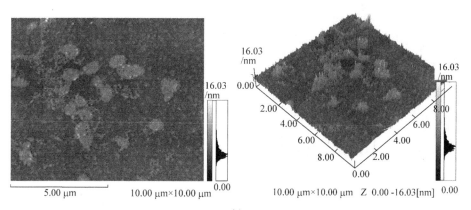

(a)

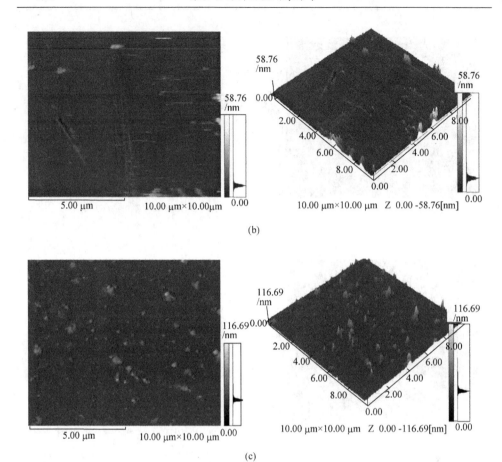

图 6.2.11　m-PI 薄膜的 2D（左）和 3D(右)AFM 形貌

(a) 辐照前,RMS=1.047 nm;(b) 10 min AO 辐照后,RMS=2.268 nm;

(c) AO/UV 协同作用后,RMS=4.144 nm

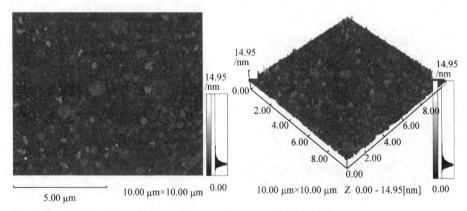

(a)

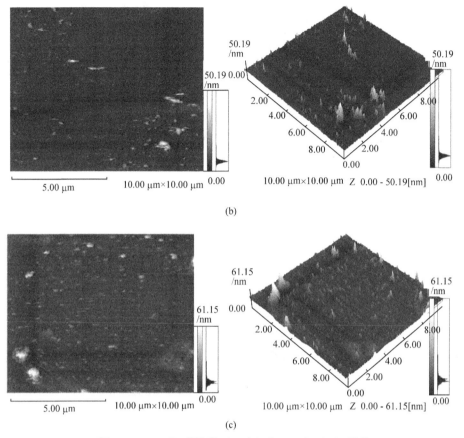

(b)

(c)

图 6.2.12　p-PI 薄膜的 2D（左）和 3D(右)AFM 形貌

(a) 辐照前,RMS＝0.629 nm;(b) 10 min AO 辐照后,RMS＝2.319 nm;

(c) AO/UV 协同作用后,RMS＝3.722 nm

对 m-PI 和 p-PI 而言,经过 AO 辐照及 AO/UV 协同作用实验后,其表面形貌的变化趋势与 o-PI 相似,但是 m-PI 和 p-PI 表面形貌变化的程度不同于 o-PI。例如,经过 10 min AO 辐照,原来 m-PI 表面上的突起结构在一些地方消失了,但在另一些地方出现了较大的突起(图 6.2.11(b)),这使其 RMS 从 1.047 nm 增大到2.268 nm。当 AO 和 UV 协同作用时,在更多的地方出现类似的较大突起(图6.2.11(c)),相应地其 RMS 增大到 4.144 nm。而 p-PI 的 RMS 经过 AO 和 AO/UV辐照实验从 0.629 nm 分别增大到 2.319 nm 和 3.722 nm(图 6.2.12(b)和(c))。

比较 o-PI,m-PI 和 p-PI 三种 PI 薄膜的耐 AO 及 AO/UV 剥蚀的能力,PI 的分子结构和原始表面特性是两个重要的因素。如前所述,当聚合单体为对苯二胺时,形成的聚合物分子链能够紧密排列,使其具有较大的内聚能和硬度。结合XPS 分析得出的 p-PI 在 AO 及 AO/UV 辐照实验中变化相对较小,可以推断,与

o-PI 和 m-PI 相比,p-PI 具有较强的耐 AO 及 AO/UV 的能力。此外,通过 AFM 分析可知,p-PI 的原始表面较 o-PI 和 m-PI 的光滑平整,这使 AO 及 AO/UV 穿透表面相对困难,由此造成的损伤也会较小。从 AO 及 AO/UV 辐照实验后的 AFM 形貌也可以看出,辐照实验后 p-PI 的表面仍然表现出较小的粗糙度。结合以上分析,可以推断 p-PI 具有相对较好的耐 AO 及 AO/UV 剥蚀的能力。

由此可见,AO 辐照能够剥蚀 o-PI,m-PI 和 p-PI 三种 PI 薄膜表面的分子链,改变薄膜的表面形貌,增大 PI 薄膜的表面粗糙度。AO 和 UV 之间存在协同效应,当两者协同作用时,会对 PI 薄膜的分子链结构造成更大的破坏。结合 XPS 和 AFM 分析的结果,可以推断 p-PI 薄膜具有相对较强的耐 AO 及 AO/UV 的能力,这主要归因于其致密的分子链结构和光滑的原始表面形貌。

6.2.4　原子氧和原子氧/紫外对 PES-C 复合材料的影响

6.2.4.1　复合材料的质量损失率

图 6.2.13 给出了 AO 辐照及 AO/UV 协同作用对 GF/PES-C 和 nano-TiO$_2$/GF/PES-C 复合材料质量损失率的影响。可以看出,随着辐照时间的延长,两种复合材料的质量损失率明显增大。另外,当 AO 与 UV 协同作用时,复合材料的质量损失率比 AO 单独作用时增大,这一现象在辐照时间较长时更加明显。此外,通过比较两种复合材料在不同实验条件下质量损失率的变化可以发现,纳米 TiO$_2$ 的填加能够在一定程度上减小复合材料的质量损失率,即纳米 TiO$_2$ 能够提高复合材料耐 AO 及 AO/UV 剥蚀的能力,这与文献报道的结果一致[24]。

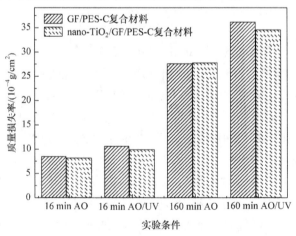

图 6.2.13　AO 及 AO/UV 辐照对 GF/PES-C 和 nano-TiO$_2$/GF/PES-C
复合材料质量损失率的影响

6.2.4.2　复合材料表面化学结构和形貌的变化

图 6.2.14 给出了 160 min AO 及 AO/UV 辐照实验前后 nano-TiO₂/GF/PES-C 复合材料表面的 FTIR 谱图。通过比较可以看出,经过 160 min AO 或 AO/UV 辐照实验,复合材料表面基体 PES-C 的位于 1770 cm⁻¹(υ C $=$ O),1488 cm⁻¹(υ C $=$ C),1242 cm⁻¹(δ_{as} C—O—C)和 1150 cm⁻¹(υ_s O $=$ S $=$ O)的特征吸收峰强度明显减弱,表明复合材料表面基体 PES-C 的分子链结构在一定程度上被破坏[39-41],由此也说明 AO 及 AO/UV 辐照对 nano-TiO₂/GF/PES-C 复合材料表面的基体分子链有破坏作用。值得指出的是,在 AO 及 AO/UV 辐照的过程中,PES-C 分子链中的苯环也被部分破坏,这种破坏主要源于 AO 的氧化作用。该氧化作用使得 PES-C 的分子链剪断并氧化生成挥发性的低分子量产物,甚至 CO 或 CO₂,并溢出材料表面,造成材料表面的剥蚀。可以推断,在 GF/PES-C 复合材料表面,基体 PES-C 也容易遭到 AO 及 AO/UV 的剥蚀。

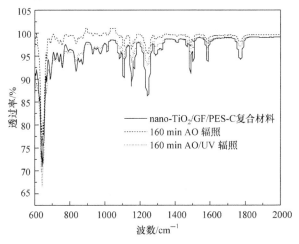

图 6.2.14　AO 及 AO/UV 辐照前后 nano-TiO₂/GF/PES-C 复合材料的 FTIR-ATR 谱图

图 6.2.15 给出了 AO 及 AO/UV 辐照对 GF/PES-C 复合材料表面形貌的影响。比较图 6.2.15(a)和(b)可以发现,经过 160 min AO 辐照,复合材料表面遭到了一定程度的破坏,主要表现在表面上暴露出较多的纤维,并出现少量剥蚀坑,这是由于在 AO 环境中复合材料表面的 PES-C 基体被首先剥蚀掉,从而造成复合材料表面形貌的变化,并产生质量损失。此外,当 AO 与 UV 协同作用时,复合材料表面形貌的变化更大。除了有更多的纤维暴露出来,表面上还出现了较多的剥蚀坑(图 6.2.15 (c)),这说明 AO 与 UV 有协同效应,UV 的加入使得复合材料表面的破坏更加严重。

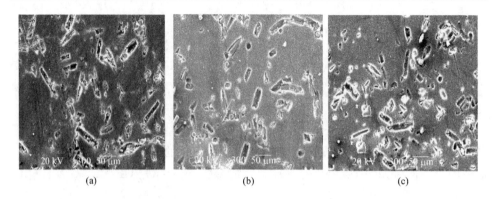

图 6.2.15　GF/PES-C 复合材料的表面形貌

(a) 辐照前；(b) 160 min AO 辐照后；(c) 160 min AO/UV 辐照后

　　纳米 TiO_2 填加进复合材料后，在相同的 AO 及 AO/UV 辐照条件下，复合材料表面形貌的变化表现出不同的特点（图 6.2.16）。与图 6.2.15（b）相比，经过 160 min AO 辐照后，nano-TiO_2/GF/PES-C 复合材料的表面形貌变化较小，除了有纤维暴露出来，表面上几乎见不到剥蚀坑（图 6.2.16(b)），这与前面所述的纳米 TiO_2 的填加能够提高复合材料耐 AO 剥蚀的能力是一致的。当 AO 与 UV 协同作用时，与图 6.2.15(c)相比，复合材料表面形貌的变化更小（图 6.2.16(c)）。通过比较 GF/PES-C 复合材料在填加纳米 TiO_2 前后的形貌变化，可以看出纳米填料的加入可以有效地提高复合材料耐 AO 及 AO/UV 剥蚀的能力，这主要归因于纳米填料的保护作用。

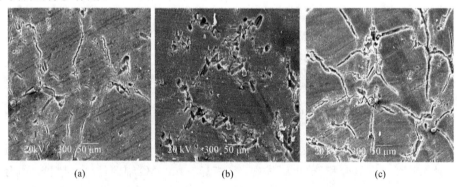

图 6.2.16　nano-TiO_2/GF/PES-C 复合材料的表面形貌

(a) 辐照前；(b) 160 min AO 辐照后；(c) 160 min AO/UV 辐照后

6.2.4.3　复合材料摩擦磨损特性的研究

　　表 6.2.4 列出了 AO 及 AO/UV 辐照前后 GF/PES-C 及 nano-TiO_2/GF/PES-C 复合材料的摩擦系数和磨损率。可以看到，AO 及 AO/UV 辐照对两种复

合材料的摩擦系数影响很小,这主要是由于,AO 及 AO/UV 辐照仅仅破坏了复合材料的表面层,使得部分基体被剥蚀掉,这对复合材料与钢环对摩时的初始摩擦系数可能会有些影响,一旦暴露出来的纤维被磨掉,接下来的摩擦过程仍然发生在复合材料与钢环之间。所以,在较长时间的摩擦过程中,复合材料的平均摩擦系数没有受到明显的影响。而 AO 及 AO/UV 辐照后,复合材料的磨损率有所增大,其原因是在摩擦的初期,由于复合材料表面上基体 PES-C 被剥蚀掉,对偶钢环上没有形成转移膜,此时对偶钢环上的微凸体更易于对复合材料造成损伤。

表 6.2.4　AO 及 AO/UV 辐照对 GF/PES-C 和 nano-TiO$_2$/GF/PES-C 复合材料摩擦学特性的影响

辐照时间	GF/PES-C		nano-TiO$_2$/GF/PES-C	
/min	摩擦系数	磨损率/(10^{-5}mm^3/(N·m))	摩擦系数	磨损率/(10^{-5}mm^3/(N·m))
0	0.49	1.24	0.37	0.62
16(AO)	0.50	1.49	0.42	1.10
16(AO/UV)	0.48	1.31	0.33	0.91
160(AO)	0.48	1.10	0.36	0.85
160(AO/UV)	0.50	1.46	0.37	0.69

图 6.2.17 和图 6.2.18 分别给出了 GF/PES-C 复合材料在 160 min AO 及 160 min AO/UV 辐照前后的磨痕形貌和对偶钢环的磨损表面形貌。可以看到,辐照前的 GF/PES-C 复合材料的磨痕内存在明显的擦伤和疲劳的迹象(图 6.2.17(a)),与之对摩的钢环的磨损表面形貌与之对应(图 6.2.18(a))。而经过 160 min AO 及 160 min AO/UV 辐照后,复合材料的磨痕内以擦伤为主(图 6.2.17(b),(c)),对偶钢环的磨损表面形貌与之也对应得很好(图 6.2.18(b),(c))。但与辐照前相比,160 min AO/UV 辐照后的复合材料磨痕内出现较厚的磨屑层,这也是其磨损率略增大的原因。

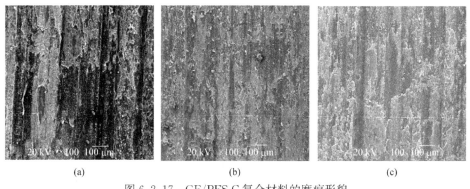

(a)　　　　　　　　　　(b)　　　　　　　　　　(c)

图 6.2.17　GF/PES-C 复合材料的磨痕形貌

(a) 辐照前;(b) 160 min AO 辐照后;(c) 160 min AO/UV 辐照后

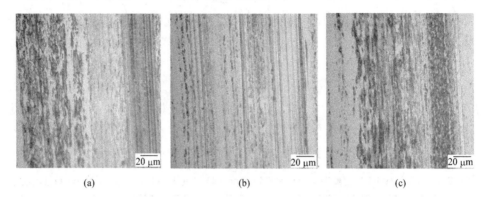

(a)　　　　　　　　　(b)　　　　　　　　(c)

图 6.2.18　与 GF/PES-C 复合材料对摩的钢环磨损表面的光学显微镜照片

(a) 辐照前;(b) 160 min AO 辐照后;(c) 160 min AO/UV 辐照后

　　此外,从表 6.2.4 还可以看出,填加纳米 TiO_2 后复合材料的摩擦系数和磨损率都明显降低,这是由于纳米粒子的填加可以增强对偶钢环上形成的转移膜,这一点可以通过比较填加纳米 TiO_2 前后与复合材料对摩的钢环上形成的转移膜形貌得到证实(图 6.2.18 和图 6.2.19)。另外,经过 AO 及 AO/UV 辐照,nano-TiO_2/GF/PES-C 复合材料的摩擦系数也没有受到明显影响,而其磨损率也略有增大,造成这一现象的原因与上述 GF/PES-C 复合材料类似。

　　图 6.2.19 和图 6.2.20 分别是 nano-TiO_2/GF/PES-C 复合材料在 160 min AO 及 160 min AO/UV 辐照前后的磨痕形貌和对偶钢环的磨损表面形貌。与图 6.2.17 和图 6.2.18 相比,nano-TiO_2/GF/PES-C 复合材料的磨痕内擦伤较少,与复合材料对摩的对偶钢环上的转移膜更加均匀连续,这也是填加纳米 TiO_2 后复合材料的摩擦系数和磨损率降低的原因。另外,经过 AO 及 AO/UV 辐照,复合材料的磨痕内堆积的磨屑增多,并且对偶钢环上的转移膜上出现较多的磨屑,这是其磨损率略有增大的原因。

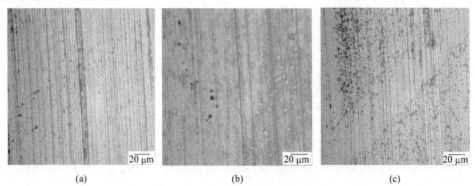

(a)　　　　　　　　　(b)　　　　　　　　(c)

图 6.2.19　与 nano-TiO_2/GF/PES-C 复合材料对摩的钢环磨损表面的光学显微镜照片

(a) 辐照前;(b) 160 min AO 辐照后;(c) 160 min AO/UV 辐照后

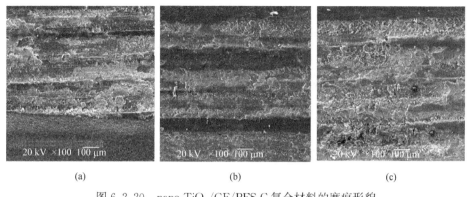

图 6.2.20　nano-TiO$_2$/GF/PES-C 复合材料的磨痕形貌

(a) 辐照前；(b) 160 min AO 辐照后；(c) 160 min AO/UV 辐照后

由此可见 AO 辐照及 AO/UV 协同作用能够氧化 GF/PES-C 和 nano-TiO$_2$/GF/PES-C 复合材料表面的 PES-C 分子链，生成挥发性的 CO、CO$_2$ 或低分子量的碎片，后者溢出材料表面，从而造成剥蚀。AO 和 UV 之间存在协同效应，当两者协同作用时，会对复合材料表面的 PES-C 分子链结构造成更大的破坏。纳米 TiO$_2$ 的填加能够提高复合材料的耐 AO 及 AO/UV 的能力，这可以归因于纳米填料的保护作用及对 UV 的部分吸收作用。AO 辐照及 AO/UV 协同作用对 GF/PES-C 和 nano-TiO$_2$/GF/PES-C 复合材料的摩擦系数影响不大，但有使其磨损率增大的趋势，这可以归因于复合材料表面化学结构和组成的变化对对偶钢环上转移膜的形成产生了一定影响。

6.2.5　原子氧和原子氧/紫外对聚酰亚胺复合材料的影响

聚酰亚胺作为高性能聚合物的代表，在空间科学中得到了广泛应用。有关聚酰亚胺复合材料的耐 AO 特性，已经开展了一些研究。如 Wang 等[24]在玻璃纤维/聚酰亚胺复合材料中填加纳米 SiO$_2$ 来提高复合材料的耐 AO 特性，发现填加纳米 SiO$_2$ 可以显著提高复合材料的耐 AO 性能，使得复合材料的质量损失和剥蚀率明显降低。并且随着纳米 SiO$_2$ 填加量的增大，复合材料的质量损失和剥蚀率降低。本小节利用 AO 地面模拟设备考察了 AO 辐照及 AO/UV 协同作用对纳米氧化钛聚酰亚胺复合材料摩擦学特性的影响，并初步探讨了其影响机理。

6.2.5.1　复合材料的质量损失率

图 6.2.21 给出了 AO 辐照及 AO/UV 协同作用对 GF/PI 和 nano-TiO$_2$/GF/PI 复合材料质量损失率的影响。可以看出，随着辐照时间的延长，两种复合材料的质量损失率明显增大。另外，当 AO 与 UV 协同作用时，复合材料的质量损失率

比 AO 单独作用时增大,这一现象在辐照时间较长时更加明显。此外,纳米 TiO_2 的填加能够在一定程度上减小复合材料的质量损失率,即纳米 TiO_2 能够提高复合材料耐 AO 及 AO/UV 剥蚀的能力,这与 Wang 等报道的结果一致[42],也与 6.2.4.1 小节中 GF/PES-C 及 nano-TiO_2/GF/PES-C 复合材料质量损失率的变化规律一致。

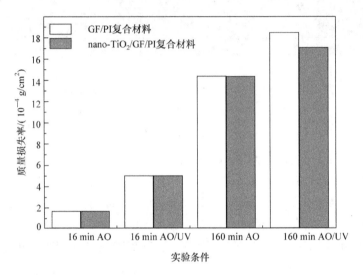

图 6.2.21　AO 及 AO/UV 对 GF/PI 和 nano-TiO_2/GF/PI 复合材料质量损失率的影响

6.2.5.2　复合材料表面化学结构和形貌的变化

图 6.2.22 给出了 160 min AO 及 AO/UV 辐照前后 GF/PI 和 nano TiO_2/GF/PI 复合材料表面的 FTIR-ATR 谱图。通过比较可以看出,经过 160 min AO 或 AO/UV 辐照,复合材料表面 PI 基体位于 1777 cm^{-1}($\upsilon_s C{=}O$),1719 cm^{-1}($\upsilon_{as} C{=}O$),1499 cm^{-1}($\upsilon C{=}C$),1374 cm^{-1}($\upsilon C{-}N$)和 1240 cm^{-1}($\delta_{as} C{-}O{-}C$)的特征吸收峰强度明显减弱,表明 AO 及 AO/UV 辐照导致了 PI 表面分子链部分降解的发生[39,40,43],说明 AO 及 AO/UV 辐照对 PI 表面的分子链结构有一定程度的破坏作用。值得指出的是,在 AO 及 AO/UV 辐照的过程中,PI 分子链中的苯环也被部分破坏。这种破坏主要源于 AO 的氧化作用,该氧化作用使得 PI 的分子链剪断并氧化生成挥发性的低分子量产物,甚至 CO 或 CO_2,并溢出材料表面,造成材料表面的剥蚀。另外,比较图 6.2.22 (a)和(b)中 PI 基体的特征吸收峰强度降低的程度可以看出,填加了纳米 TiO_2 的复合材料中 PI 的特征吸收峰强度降低的程度较未填加纳米 TiO_2 的小,说明纳米 TiO_2 的填加能够在一定程度上提高复合材料的耐 AO 及 AO/UV 剥蚀的能力,这与复合材料质量损失率的降低是一致的。

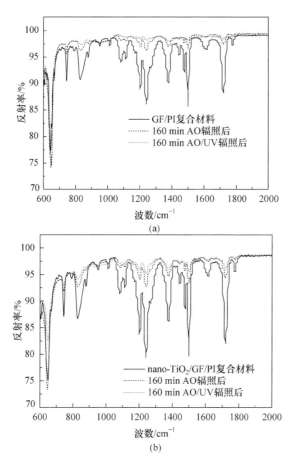

图 6.2.22　AO 及 AO/UV 辐照前后
GF/PI 和 nano-TiO₂/GF/PI 复合材料的 FTIR-ATR 谱图

　　图 6.2.23 和图 6.2.24 分别给出了 GF/PI 和 nano-TiO₂/GF/PI 复合材料在
160 min AO 和 AO/UV 辐照前后的表面形貌。从图 6.2.23 可以看出,经过
160 min AO 辐照,GF/PI 复合材料表面暴露出了许多纤维,这是由于复合材料表
面的 PI 基体被首先剥蚀掉,使得一些纤维暴露出来(图 6.2.23(b))。当 AO/UV
协同作用时,GF/PI 复合材料表面除了暴露出一些纤维,表面上还出现了许多细
小的物质(图 6.2.23(c)),这是 AO 与 UV 的协同作用,使得 PI 基体遭到了更严
重的破坏:一方面,表面的 PI 基体被剥蚀,使得一些纤维暴露出来;另一方面,PI
基体被进一步剥蚀,生成细小的物质留在表面上。这些细小的物质若进一步被暴
露于 AO/UV 环境中,则会被氧化成挥发性的产物,并溢出表面,从而造成更大的
剥蚀。

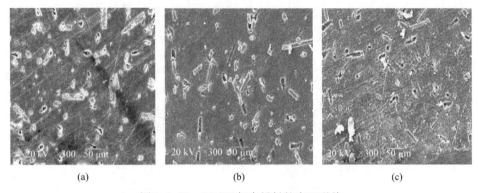

图 6.2.23　GF/PI 复合材料的表面形貌

(a) 辐照前；(b) 160 min AO 辐照后；(c) 160 min AO/UV 辐照后

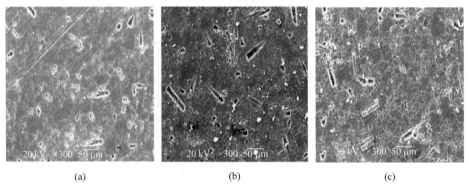

图 6.2.24　nano-TiO$_2$/GF/PI 复合材料的表面形貌

(a) 辐照前；(b) 160 min AO 辐照后；(c) 160 min AO/UV 辐照后

与 GF/PI 复合材料不同，nano-TiO$_2$/GF/PI 复合材料在 AO 及 AO/UV 辐照后的表面形貌变化较 AO 单独作用时小（图 6.2.24）。从图 6.2.24(b)可以看出，经过 160 min AO 辐照，复合材料表面上暴露出来的纤维明显较少，说明纳米 TiO$_2$的填加提高了复合材料耐 AO 剥蚀的能力。当 AO 与 UV 协同作用时，复合材料表面暴露出来的纤维仍然较少，但表面上出现了许多细小的物质，这些物质的出现是 AO 与 UV 协同作用的结果，即由于 AO 的氧化性和 UV 的剪断作用，PI 基体的部分分子链遭到了破坏。但由于纳米粒子的阻挡和对 UV 的吸收，这些破坏的产物在实验条件下还没有变成挥发性的 CO、CO$_2$等。纳米 TiO$_2$提高复合材料耐 AO 及 AO/UV 剥蚀能力的机理可以归结如下：一旦复合材料表面的 PI 基体被部分剥蚀，纳米粒子便暴露在表面上。在 AO 单独作用时，暴露出来的纳米粒子会保护 PI 基体和纤维，阻挡 AO 的进一步剥蚀。当 AO 与 UV 协同作用时，暴露出来的纳米粒子除了保护基体和纤维，还能部分吸收 UV，从而减小 UV 对基体的破坏。

6.2.5.3　复合材料摩擦磨损特性的研究

表 6.2.5 列出了 AO 及 AO/UV 辐照前后 GF/PI 和 nano-TiO$_2$/GF/PI 复合材料的摩擦系数和磨损率。可以看到,AO 及 AO/UV 辐照对两种复合材料的摩擦系数影响很小,这主要是由于 AO 及 AO/UV 辐照仅仅破坏了复合材料的表面层,使得部分基体被剥蚀掉,这对复合材料与钢环对摩时的初始摩擦系数可能会有些影响,一旦剥蚀后的表面层被磨掉,接下来的摩擦过程仍然发生在复合材料与钢环之间。所以,在较长时间的摩擦过程中,复合材料的平均摩擦系数没有受到明显的影响。与摩擦系数不同,经过 AO 及 AO/UV 辐照,两种复合材料的磨损率呈现下降的趋势,其原因还需要进一步研究。

表 6.2.5　AO 及 AO/UV 辐照对 GF/PI 和 nano-TiO$_2$/GF/PI 复合材料摩擦磨损特性的影响

辐照时间 /min	GF/PI		nano-TiO$_2$/GF/PI	
	摩擦系数	磨损率/(10^{-6} mm^3/(N·m))	摩擦系数	磨损率/(10^{-6} mm^3/(N·m))
0	0.30	5.71	0.30	8.18
16(AO)	0.30	5.31	0.29	6.59
16(AO/UV)	0.33	6.04	0.28	5.00
160(AO)	0.27	2.99	0.29	5.45
160(AO/UV)	0.28	2.81	0.27	3.33

图 6.2.25 和图 6.2.26 分别给出了 GF/PI 复合材料在 160 min AO 及 160 min AO/UV 辐照前后的磨痕形貌和对偶钢环的磨损表面形貌。可以看到,辐照前的 GF/PI 复合材料的磨痕内存在明显的擦伤(图 6.2.25(a)),与复合材料对摩的钢环磨损表面上形成的转移膜较厚,且与钢环表面结合不是很好(图 6.2.26(a))。而经过 160 min AO 及 160 min AO/UV 辐照,复合材料的磨痕变得相对光滑(图 6.2.25(b),(c)),主要表现出疲劳的迹象,对偶钢环的磨损表面形貌与之也对应得很好(图 6.2.26(b),(c)),这种磨损表面形貌的变化与复合材料磨损率的变化是一致的。

与 GF/PI 复合材料不同,辐照前的 nano-TiO$_2$/GF/PI 复合材料磨痕内除了存在擦伤的划痕,还表现出黏着的迹象(图 6.2.27(a)),对偶钢环的磨损表面形貌与之对应(图 6.2.28(a)),这是填加纳米 TiO$_2$ 后,复合材料磨损率反而增大的原因。经过 160 min AO 及 AO/UV 辐照,复合材料的磨痕内以疲劳为主,擦伤迹象变得不明显,对偶钢环表面上出现与复合材料磨痕相对应的转移膜,这与其磨损率的变化是一致的。

(a)　　　　　　　　　　　(b)　　　　　　　　　　　(c)

图 6.2.25　GF/PI 复合材料的 SEM 磨痕形貌

(a) 辐照前;(b) 160 min AO 辐照后;(c) 160 min AO/UV 辐照后

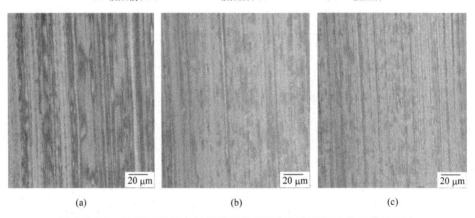

(a)　　　　　　　　　　　(b)　　　　　　　　　　　(c)

图 6.2.26　与 GF/PI 复合材料对摩的钢环磨损表面的光学显微镜照片

(a) 辐照前;(b) 160 min AO 辐照后;(c) 160 min AO/UV 辐照后

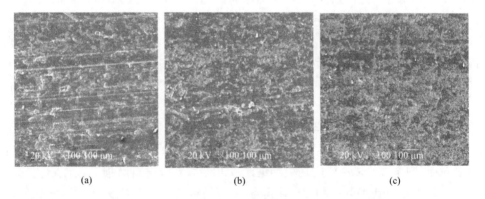

(a)　　　　　　　　　　　(b)　　　　　　　　　　　(c)

图 6.2.27　nano-TiO$_2$/GF/PI 复合材料的 SEM 磨痕形貌

(a) 辐照前;(b) 160 min AO 辐照后;(c) 160 min AO/UV 辐照后

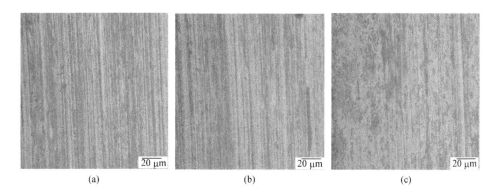

图 6.2.28　与 nano-TiO₂/GF/PI 复合材料对摩的钢环磨损表面的光学显微镜照片

(a) 辐照前；(b) 160 min AO 辐照后；(c) 160 min AO/UV 辐照后

　　由此可见，AO 辐照及 AO/UV 协同作用能够破坏 GF/PI 和 nano-TiO₂/GF/PI 复合材料表面的 PI 基体分子链，引起复合材料表面形貌的变化。纳米 TiO₂ 的填加能够提高复合材料耐 AO 及 AO/UV 剥蚀的能力。AO 和 UV 之间存在协同效应，当两者协同作用时，会对复合材料表面的 PI 基体分子链结构造成更大的破坏。AO 辐照及 AO/UA 协同作用对 GF/PI 和 nano-TiO₂/GF/PI 复合材料的摩擦系数影响不大，但有使其磨损率降低的趋势，这可以归因于复合材料表面化学结构和组成的变化对对偶钢环上的转移膜产生了一定影响。

6.2.6　原子氧和紫外综合辐照对纤维增强聚酰亚胺的影响

　　PI 被广泛用于空间设备材料，但是纯 PI 材料很难满足苛刻的空间环境。因此，各种高性能的纤维填料被引入聚合物基体材料中，来提高材料的摩擦和磨损性能，以满足复杂空间环境中的应用需求[44-47]。碳纤维、玻璃纤维和芳纶纤维，由于具有优良的机械性能和良好的分散性而被广泛用作聚合物的填料[48]。碳纤维增强的聚合物复合材料具有很多优点，如高模量、低摩擦系数和良好的抗磨性能[49-52]。而且，芳纶纤维也具有优良的热稳定性以及高的拉伸强度和模量[53-55]。虽然这方面的研究比较多，但是研究空间辐照环境对纤维增强的聚酰亚胺复合材料的影响并不多。本小节比较了 AO/UV 对 CF/PI 和 AF/PI 复合材料表面性质和摩擦磨损性能的影响。

6.2.6.1　复合材料表面形貌和粗糙度的变化

　　图 6.2.29 给出了 AO/UV 辐照前后 PI 及其复合材料的表面形貌图。从中可以看出，辐照前 PI 及其复合材料的表面形貌比较光滑，而且三者形貌相似。经过 AO/UV 辐照后，三种材料的表面都被严重侵蚀，并且表面呈现绒毯状。所不同的

是,辐照使得 AF/PI 表面出现了很多被侵蚀的洞;而 CF/PI 表面有很多碳纤维存在。结果表明,AO/UV 辐照对 PI 及其纤维增强的复合材料有侵蚀作用,碳纤维的引入会对 PI 有一定的保护作用,而辐照对芳纶纤维增强的 PI 复合材料的侵蚀作用最明显。本书进一步给出了辐照前后 PI 及其复合材料的 3D 形貌图和 RMS值,结果如图 6.2.30。从中可以看出,AO/UV 辐照后增加了 PI 及其复合材料的表面粗糙度。

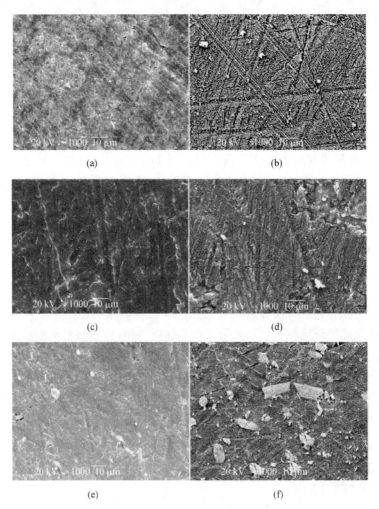

图 6.2.29　AO/UV 辐照前后 PI 及其复合材料的表面形貌
(a) PI;(b) 辐照的 PI;(c) AF/PI;(d) 辐照的 AF/PI;(e) CF/PI;(f) 辐照的 CF/PI

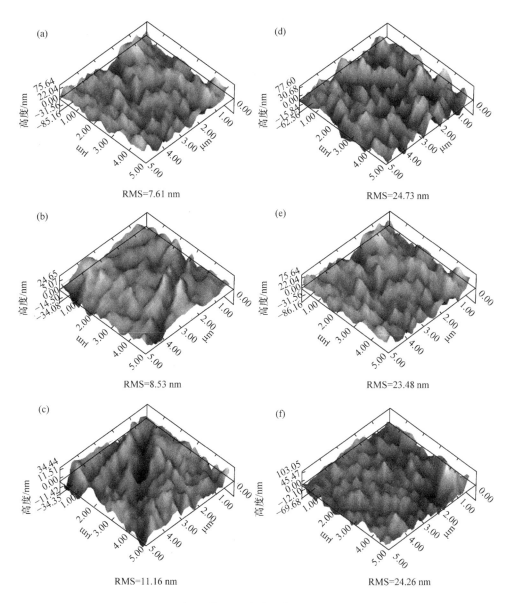

图 6.2.30　辐照前后 PI 复合材料的 3D 图和 RMS 值

(a) PI；(b) AF/PI；(c) CF/PI；(d) 辐照的 PI；(e) 辐照的 AF/PI；(f) 辐照的 CF/PI

6.2.6.2　材料表面结构和化学组成的变化

图 6.2.31 给出了 AO/UV 辐照前后 PI 及其复合材料的 FTIR-ATR 谱图。PI 的特征峰分别是 1238 cm^{-1}（C—O—C），1373 cm^{-1}（C—N—C），1500 cm^{-1}

(C=C),1720 cm^{-1}(C=O)和 1776 cm^{-1}(C=O)。纤维增强 PI 复合材料的红外特征峰的位置与 PI 的几乎保持一致,但是纤维填料的引入使得 PI 红外特征峰的强度有所降低。对于同种材料来说,AO/UV 辐照会造成 PI 红外特征峰的降低。这说明 AO/UV 辐照会对 PI 分子结构有一定程度的破坏。为了更进一步地研究辐照在 PI 表面引起的化学变化,本实验用 XPS 对辐照前后 PI 及其复合材料的表面进行详细研究,相关结果列于图 6.2.32 和表 6.2.6。从表中数据可以看出,AO/UV 辐照引起了材料表面碳含量的降低和氧含量的增加,这说明在辐照过程中可能发生了氧化反应。在 PI 的分子结构中存在三种不同的碳环境:芳香环基团中的 C 原子(284.78 eV)、C—N 和 C—O 基团中的 C 原子(286.30 eV)和 C=O 基团中 C 原子(288.55 eV)。图 6.2.32 给出了辐照前后材料表面碳结合能的变化,从中可知,辐照后 C—N/C—O 和 C=O 中碳的浓度增大,而芳香环中碳浓度降低。这说明了在辐照过程中发生了氧化反应生成了更多碳的含氧官能团。

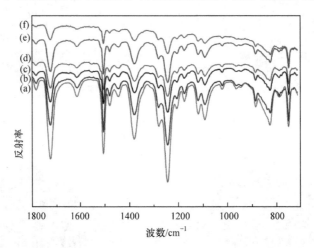

图 6.2.31　AO/UV 辐照前后 PI 及其复合材料的 FTIR-ATR 谱图

(a) PI;(b) 辐照的 PI;(c) AF/PI;(d) 辐照的 AF/PI;(e) CF/PI;(f) 辐照的 CF/PI

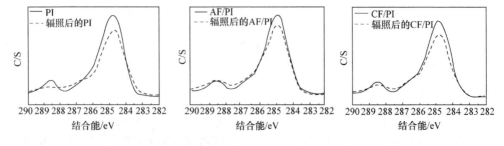

图 6.2.32　AO/UV 辐照前后 PI 复合材料 C1s 的 XPS 谱图

表 6.2.6　AO/UV 辐照前后 PI 及其复合材料元素组成

样品	元素相对含量/%（原子分数）		
	C	N	O
PI	74.89	4.23	20.88
辐照后 PI	67.52	1.21	31.26
AF/PI	75.15	4.52	20.33
辐照后 AF/PI	67.25	7.09	25.66
CF/PI	74.39	4.2	21.41
辐照后 CF/PI	66.18	6.61	27.21

6.2.6.3　复合材料摩擦磨损性能的变化

图 6.2.33 给出了 AO/UV 辐照前后 PI 复合材料摩擦系数和磨损率的变化情况。从图 6.2.33(a)中可以看出,CF/PI 和 AF/PI 复合材料辐照前的摩擦系数分别是 0.19 和 0.24,它们约是纯 PI 摩擦系数(0.3)的 0.6 和 0.8 倍,而且磨损率的变化与摩擦系数的变化保持一致。由此可见,在 PI 中引入纤维降低了材料的摩擦系数和磨损率,而且碳纤维的引入使得复合材料具有最低的摩擦系数和磨损率。经过 AO/UV 辐照后,三种材料的摩擦系数都有所降低,而对于碳纤维增强的复合材料来说摩擦系数降低的量最小。经过 AO/UV 辐照后 PI 的磨损率增大,而纤维增强的复合材料磨损率降低。从以上结果可知,CF/PI 复合材料辐照前后能够保持稳定的摩擦系数和最低的磨损率。图 6.2.34 给出了辐照前后材料表面的磨损形貌图,从中可以看出,辐照前后材料表面的磨损形貌明显不同。对于 PI 来说,辐照前磨痕表面比较光滑;而辐照后磨痕表面呈现出明显的黏着和塑性形变,这对应于高的磨损率。对于 AF/PI 和 CF/PI 复合材料来说,辐照前磨痕表面呈现一些轻微划痕和犁沟现象,而且辐照磨痕面的这些现象变得更加明显。图 6.2.35 给出

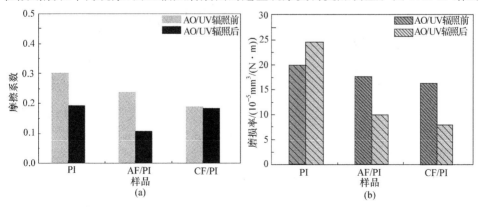

图 6.2.33　AO/UV 辐照前后 PI 复合材料摩擦系数(a)和磨损率(b)的变化

了辐照前后对偶表面的光学显微镜图。从中可以看出,纯 PI 材料对对偶钢球的划痕很小,而引入纤维的复合材料对钢球表面的划痕很明显,尤其是具有高模量和高强度的碳纤维。而且还发现,辐照后材料对钢球表面的划痕比辐照前的明显。

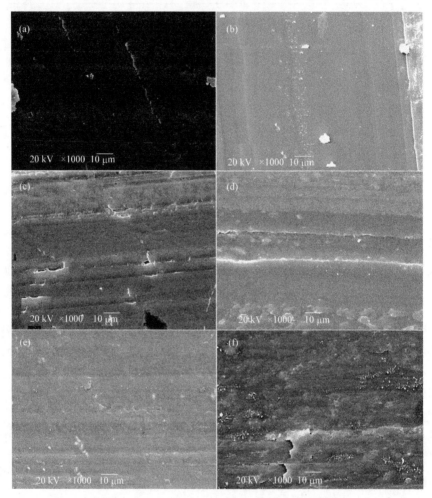

图 6.2.34　辐照前后 PI 及其复合材料磨痕表面形貌
(a) PI;(b) 辐照后的 PI;(c) AF/PI;(d) 辐照后的 AF/PI;(e) CF/PI;(f) 辐照后的 CF/PI

由此可知,AO 和 UV 综合辐照导致 PI 及其纤维增强的 PI 复合材料表面分子链结构发生氧化降解,表面形貌呈现绒毯状,而且使得材料表面粗糙度增大。在 PI 中引入纤维,特别是碳纤维明显降低了材料的摩擦系数和磨损率。经过 AO 和 UV 辐照后 CF/PI 复合材料呈现出稳定的摩擦系数和最低的磨损率。

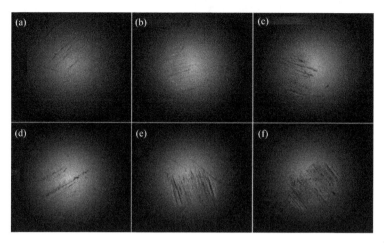

图 6.2.35   AO/UV 辐照前后材料对偶的光学显微镜图
(a) PI；(b) AF/PI；(c) CF/PI；(d) 辐照后的 PI；(e) 辐照后的 AF/PI；(f) 辐照后的 CF/PI

6.3   质子和电子辐照的影响研究

6.3.1   比较质子和电子辐照对热固性聚酰亚胺的影响

在地球同步轨道环境中，主要表现为质子、电子等强辐射环境对航天器材料的影响。本小节中主要比较了质子和电子的单独辐照以及先质子后电子的顺序辐照（后文简写为质子/电子辐照）对热固性聚酰亚胺（TPI）的表面性质和摩擦磨损性能的影响。

6.3.1.1   材料表面结构和化学组成的变化

图 6.3.1 给出了电子、质子和质子/电子辐照前后的红外谱图，从图中可以看出，三种辐照形式都使得 TPI 在 1238 cm^{-1}（C—O—C），1376 cm^{-1}（C—N—C），1500 cm^{-1}（C=C），1716 cm^{-1}（C=O）和 1778 cm^{-1}（C=O）的特征峰减弱，这说明了辐照使材料表面发生复杂的化学反应，从而导致表面化学结构发生变化。从红外光谱的变化程度还可看出，综合辐照引起的变化最大，质子辐照引起的变化居中，电子辐照引起的变化最小。质子产生的影响大于电子的主要原因是质子具有更高的电离效率，换句话说，具有较高线性能量转移值[56,57]。在红外谱图上没有看到新的峰出现，这说明带电粒子辐照只引起材料发生断键反应，没有发生交联反应[58]。而且在辐照造成的断键过程中会有挥发性的小分子产物 CO_2，CO，N_2 和 H_2 产生[59]。

图 6.3.2 和表 6.3.1 分别给出了辐照前后 TPI 的 XPS 谱图和相应的元素含量。其中 C1s，O1s 和 N1s 的峰分别出现在 285 eV，532 eV 和 400 eV。从中可以

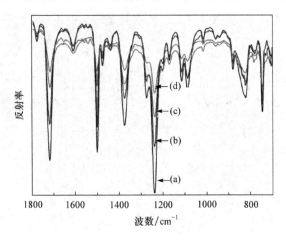

图 6.3.1　TPI 的 FTIR-ATR

(a)未辐照;(b)电子辐照;(c)质子辐照;(d)质子/电子辐照

看出 TPI 材料经过质子、电子和两者的顺序辐照后,表面碳含量都相对增大,氧含量相对降低,氧含量的降低是由材料表面沉积了一层碳引起的[60]。而且发现,质子辐照引起的碳含量增量大于电子辐照引起的而小于综合辐照引起的。

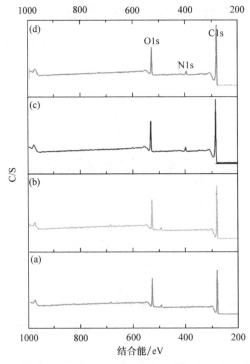

图 6.3.2　TPI 的 XPS 谱图

(a)未辐照;(b)电子辐照;(c)质子辐照;(d)质子/电子辐照

表 6.3.1 TPI 辐照前后的表面组分

样品	元素相对含量/%(原子分数)		
	C	N	O
未辐照	77.63	1.16	21.21
电子辐照	79.17	1.08	19.75
质子辐照	79.36	4.34	16.29
质子/电子辐照	80.27	4.10	15.63

6.3.1.2 材料表面硬度和黏附力变化

实验进一步测试了质子和电子单独及质子/电子辐照前后 TPI 材料的微观硬度和黏度,结果如图 6.3.3。从硬度的变化可以看出,三种形式的辐照都使得材料的硬度增大,材料硬度的提高主要是由于聚合物表面碳化层的形成[61]。硬度的变化趋势和红外及 XPS 的变化趋势一致。从黏度的变化可以看出,电子辐照对材料表面的黏度影响不大,而经过质子辐照和质子/电子辐照后材料表面的黏度明显增大。从文献中可知,黏度的增大与表面的碳化层有着密切的关系[62]。

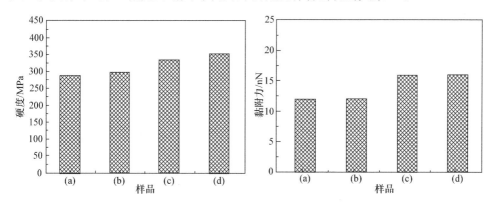

图 6.3.3 TPI 的微观硬度和黏附力
(a) 未辐照;(b) 电子辐照;(c) 质子辐照;(d) 质子/电子辐照

6.3.1.3 摩擦磨损性能的研究

实验进一步研究了三种辐照形式对 TPI 摩擦磨损性能的影响。图 6.3.4 给出了 TPI 辐照前后的摩擦系数变化,从中可以看出,未辐照 TPI 的摩擦系数比较平稳,保持在 0.26 左右;电子辐照后摩擦系数在前 600 s 内出现了很大的波动,然后逐渐稳定在 0.05 左右;质子辐照后摩擦系数先增大后减小;综合辐照也使得材料的摩擦系数先增大后减小。由此可见,三种形式的辐照都使得摩擦系数出现起始阶段的高摩擦和稳定阶段的低摩擦。表 6.3.2 给出了起始阶段的摩擦系数和稳定阶段的摩擦系数及磨损率。质子辐照后起始阶段的摩擦系数大于电子辐照后的,小于综合辐照后的,但是综合辐照后起始阶段的摩擦系数小于电子和质子辐照后的摩擦系数之和。在稳定阶段,三种形式的辐照都引起了低的摩擦系数和磨损率。

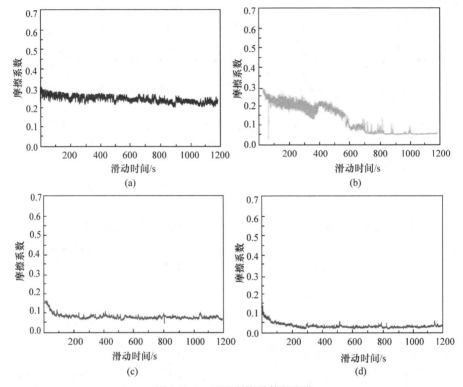

图 6.3.4　TPI 摩擦系数的变化

(a) 未辐照;(b) 电子辐照;(c) 质子辐照;(d) 质子/电子辐照

表 6.3.2　TPI 辐照前后的起始阶段的摩擦系数和稳定阶段的摩擦系数及磨损率

样品	起始阶段的摩擦系数	稳定阶段的摩擦系数*	磨损率 /(10^{-5}mm³/(N·m))
未辐照	0.25	0.24	7.36
电子辐照	0.33	0.05	4.46
质子辐照	0.58	0.05	3.29
质子/电子辐照	0.60	0.04	2.34

* 稳定阶段的摩擦系数是指后 600 s 的摩擦系数的平均值。

下面进一步详细讨论辐照前后的磨损机理。首先是起始阶段的磨损机理,起始阶段的摩擦系数主要是辐照引起的碳化层和对偶之间的摩擦过程,主要的磨损机理是黏着磨损。对偶球与聚合物材料表面的滑动摩擦过程中,界面黏着力和变形力是摩擦力的主要组成部分[63,64]。前面的表征结果表明,辐照后 TPI 材料表面变硬,从而表面的变形力增大。而且,前面的测试结果中,辐照会引起聚合物表面的黏附力增大。因此辐照后的 TPI 样品在起始阶段具有高的摩擦系数。质子辐照引起的起始的高摩擦系数大于电子辐照引起的,而小于质子/电子辐照引起的。这一变化趋势与不同辐照形式引起的样品表面硬度和黏附力的变化保持一致。对于稳定阶段磨损机理的讨论,从辐照前后材料磨痕的 SEM 图(图 6.3.5)中可看出,辐照前 TPI 样品的磨痕表面很光滑,而且没有磨屑存在。相比之下,三种形式的辐照后 TPI 样品的磨痕两侧出现了大量磨屑,而且磨痕表面呈现明显的犁沟现象,并且质子/电子辐照后的材料表面的磨屑最多,犁沟现象最明显。磨痕形貌的变化说明了不同的磨损机理,在摩擦过程中碳化层被磨穿后形成了大量磨屑,由于这些碳化磨屑硬度高,在磨痕轨道中起到第三体的作用,从而使得磨损机理转变成三体磨粒磨损[65,66]。由于三体磨粒的滚动和润滑作用,所以摩擦系数和磨损率会降低。

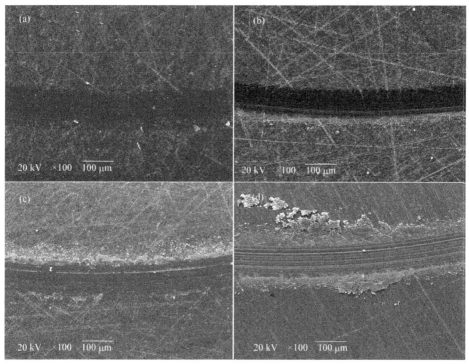

图 6.3.5　TPI 磨痕的 SEM 图
(a) 未辐照;(b) 电子辐照;(c) 质子辐照;(d) 质子/电子辐照

　　由地面模拟试验结果可知,质子辐照对聚合物摩擦副材料的表面性质和摩擦磨损性能的影响程度远远大于电子辐照产生的影响。因此,在地球同步轨道环境中,主要表现为质子辐照对航天器材料的影响。而且,质子和电子之间的协同效应是相互削弱的,这主要是由于质子辐照形成的碳化层起到了一定的保护作用,减弱了电子辐照对材料的进一步损伤。

6.3.2 质子/电子辐照对热塑性聚酰亚胺的影响

6.3.2.1 材料表面形貌和化学结构的变化

图 6.3.6 所示为质子/电子辐照对 PI 材料表面形貌的影响。比较图 6.3.6 (a)~(d)所示的不同时间质子/电子辐照后的表面形貌,可以看出,材料在辐照之后没有明显的变化,基本保持了辐照前的形貌特征,说明质子/电子辐照对 PI 表面形貌也没有太大的影响。

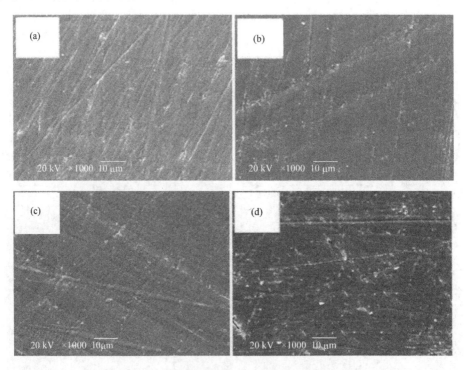

图 6.3.6 质子/电子辐照前后 PI 的表面 SEM 形貌

(a) 辐照前;(b) 5 min/5 min(即质子辐照 5 min,然后电子辐照 5 min,本章余同);

(c) 10 min/10 min;(d) 15 min/15 min

图 6.3.7 给出了质子/电子辐照前后 PI 的 FTIR-ATR 谱图。可以看出,质子/电子辐照之后,PI 材料的位于 1776 cm^{-1}(υ_{as}C$=$O),1720 cm^{-1}(υ_{s}C$=$O),1500 cm^{-1}(υ C$=$C),1373 cm^{-1}(υ_{as}C—N—C),1239 cm^{-1}($\upsilon_{\delta s}$C—O—C),

1170 cm^{-1}(υ_sC—O—C),1114 cm^{-1}(υ C—C)和 1085 cm^{-1}(υ_sC—N—C),的特征吸收峰相对强度减弱,表明 PI 材料表面的分子结构发生了变化[43,67,68]。PI 分子结构的变化是因为质子和电子具有较高的能量,导致 PI 分子链部分发生断裂,从而生成新的化学键和活性基团,同时会伴随有分子链的交联作用,交联作用会导致材料表面硬度增加[69,70]。质子的质量和体积相对较大,相比电子其更容易使聚合物分子链发生断裂,对聚合物材料的结构有较大的影响,并容易在材料表面形成富碳结构层[71]。因此在质子/电子辐照过程中 PI 表现为断键和交联同时存在的现象,辐照过程中还可能生成易挥发的物质,从而改变材料的表面元素组成。

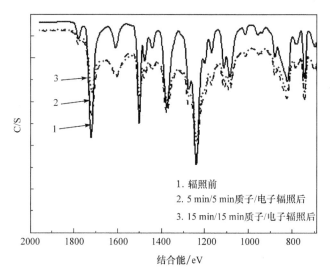

图 6.3.7 PI 在质子/电子辐照前后的 FTIR-ATR 谱图

图 6.3.8 给出了不同时间质子/电子辐照前后 PI 的 XPS 谱图,可以看出,质子/电子辐照之后,C1s 和 O1s 谱峰的相对强度都有所减小,但 C 和 O 谱峰减小的比例不同,说明质子/电子辐照使材料表面层的分子结构发生了变化,并改变了材料表面元素的相对含量。为了更清楚地考察材料表面元素含量在质子/电子辐照之后的变化情况,计算了质子/电子辐照前和不同时间质子/电子辐照之后 PI 表面的元素组成(表 6.3.3)。可以看出,辐照之前 C 元素相对含量为 75.6%,经过 5 min/5 min,10 min/10 min 和 15 min/15 min 质子/电子辐照之后,其相对含量分别增大到 87.0%,86.6% 和 86.6%;而 O 元素在辐照之前的相对含量为 20.1%,辐照之后的相对含量分别降低到 10.1%,10.7% 和 10.8%;同时 N 元素在辐照之前的相对含量为 4.3%,辐照之后的相对含量分别降低到 2.9%,2.7% 和 2.6%。由元素的相对含量可以看出不同时间质子/电子辐照之后各元素的相对含量基本保持稳定,另外,质子/电子辐照使 PI 表面发生碳化现象,碳化现象的产生

主要是辐照过程中的质子辐照因素引起的。

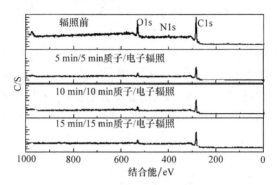

图 6.3.8　PI 在质子/电子辐照前后的 XPS 谱

表 6.3.3　质子/电子辐照前后 PI 表面的元素组成

样品	元素相对含量/%（原子分数）		
	C	N	O
未辐照	75.6	4.3	20.1
5 min/5 min	87.0	2.9	10.1
10 min/10 min	86.6	2.7	10.7
15 min/15 min	86.6	2.6	10.8

6.3.2.2　材料摩擦磨损特性的变化

图 6.3.9(a)给出了 PI 在不同时间质子/电子辐照前后的摩擦系数和磨损率。可以看到,质子/电子辐照使 PI 摩擦系数有明显的降低,当辐照时间为 5 min/5 min 时,材料的摩擦系数由辐照前的 0.15 降低到辐照之后的 0.01,摩擦系数随辐照时间的增加有稍许增大,当辐照时间增加到 10 min/10 min 和 15 min/15 min 时,其摩擦系数分别增大到 0.025 和 0.036。质子/电子辐照之后材料摩擦系数降低,这是因为质子/电子辐照使材料表面发生碳化,在摩擦的过程中,材料表面的富碳结构可以形成润滑层,起到润滑作用[72],致使材料摩擦系数降低。

考察质子/电子辐照前后材料的摩擦系数随摩擦时间的变化(图 6.3.10),可以看出,辐照之后材料的摩擦系数随时间的变化与辐照前明显不同,这是因为随着摩擦的进行,对偶钢球上形成转移膜,辐照过程中所形成的富碳表面层起到了润滑作用[72],因此随着摩擦时间的增加,摩擦系数急剧下降,并迅速达到平稳阶段。图 6.3.9(b)是质子/电子辐照时间对 PI 磨损率的影响。发现质子/电子辐照使 PI 的磨损率减小,当辐照时间为 5 min/5 min 时,材料的磨损率从辐照前的 4.02×10^{-5} $mm^3/(N \cdot m)$ 减小到 3.16×10^{-5} $mm^3/(N \cdot m)$,当辐照时间增大到 10 min/

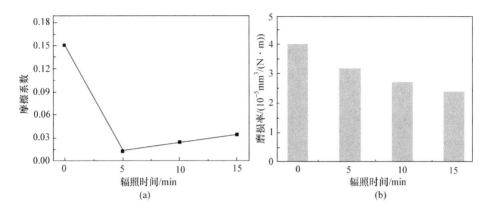

图 6.3.9　质子/电子辐照时间对 PI 摩擦系数(a)和磨损率(b)的影响

10 min 和 15 min/15 min 时,材料的磨损率分别减小到 2.7×10^{-5} mm³/(N·m)
和 2.38×10^{-5} mm³/(N·m)。质子/电子辐照导致 PI 磨损率减小,这是因为辐照
使材料表面的硬度增大[70],抗剪切能力增强,增加了材料的抗磨性。

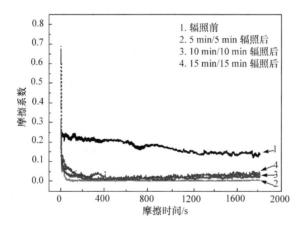

图 6.3.10　PI 在质子/电子辐照前后的摩擦系数随摩擦时间的变化

　　图 6.3.11 给出了不同时间质子/电子辐照前后 PI 的磨痕形貌、对偶钢球上的
磨屑和转移膜。质子/电子辐照前,PI 的磨痕内主要表现为黏着和塑性变形
(图 6.3.11(a)),材料的磨损形式以黏着磨损为主。5 min/5 min 质子/电子辐照
之后,材料磨痕相对较平滑(图 6.3.11(d)),黏着现象消失,出现少量的擦伤,对偶
钢球上的转移膜较均匀平滑(图 6.3.11(f)),相应于材料较小的摩擦系数。
10 min/10 min 和 15 min/15 min 质子/电子辐照之后,材料磨损表面表现出明显
的擦伤和犁沟,并有一定的磨屑出现(图 6.3.11(g),(j)),这是由材料表面的结构
在辐照之后发生变化所致,相对于 5 min/5 min 辐照之后的转移膜,较长时间辐照

之后的转移膜表现出相对的不均匀性(图 6.3.11(i),(l)),因此材料的摩擦系数有些许增加,但摩擦系数仍明显小于辐照前的摩擦系数,这是因为形成的富碳层起到了润滑作用。辐照前对偶钢球上的磨屑较多(图 6.3.11(b)),对应于材料相对较大的磨损率,质子/电子辐照之后的磨屑较少(图 6.3.11(e),(h),(k)),对应于材料相对较小的磨损率。

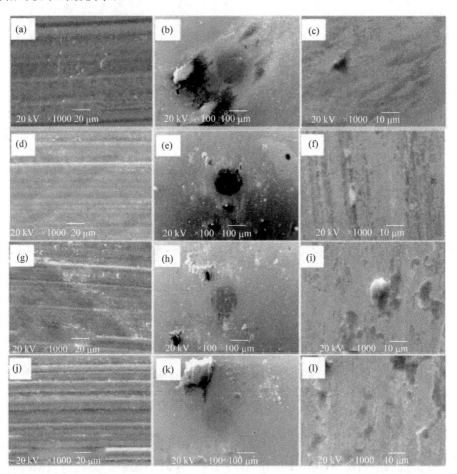

图 6.3.11　PI 在不同时间质子/电子辐照前后的磨痕形貌、对偶钢球上的磨屑和转移膜
(a),(d),(g),(j)分别是辐照前,5 min/5 min,10 min/10 min 和 15 min/15 min 质子/电子辐照之后的磨痕形貌;(b),(e),(h),(k)分别是辐照前,5 min/5 min、10 min/10 min 和 15 min/15 min 质子/电子辐照之后的对偶钢球上的磨屑;(c),(f),(i),(l)分别是辐照前,5 min/5 min、10 min/10 min 和 15 min/15 min 质子/电子辐照之后的对偶钢球上的转移膜

　　由此可见,PI 的表面形貌在质子/电子辐照之后没有发生明显的变化。材料分子链结构在质子/电子辐照环境中发生变化。质子/电子辐照使 PI 表面的 C 相对含量增加,O 相对含量减少,表面发生碳化现象。质子/电子辐照 PI 材料的摩擦系数随

着摩擦时间的增加急剧降低并远小于辐照前的摩擦系数。质子/电子辐照提高了
PI 的抗磨性,辐照前主要表现为黏着磨损,辐照之后材料磨损主要表现为擦伤。

6.3.3　质子/电子辐照对 MoS_2/PI 复合材料的影响

6.3.3.1　材料化学结构和表面形貌的变化

图 6.3.12 给出了质子/电子辐照前后 MoS_2/PI 复合材料的 FTIR-ATR 谱图。
可以看出,质子/电子辐照之后,MoS_2/PI 复合材料的位于 1776 cm^{-1}(υ_{as} C=O),
1720 cm^{-1}(υ_s C=O),1500 cm^{-1}(υ C=C),1373 cm^{-1}(υ_{as} C—N—C),1239 cm^{-1}
($\upsilon_{\delta s}$ C—O—C),1170 cm^{-1}(υ_s C—O—C),1114 cm^{-1}(υ C—C),1085 cm^{-1}(υ_s C—
N—C),879 cm^{-1} 和 821 cm^{-1}(苯环上的 C—H 键振动)[43,67,68] 的特征吸收峰强度
表现出比质子和电子单独辐照更为明显的减弱,表明复合材料表面的 PI 聚合物材
料分子链结构在一定程度上发生了变化,PI 分子链的变化是质子和电子综合作用
的结果。

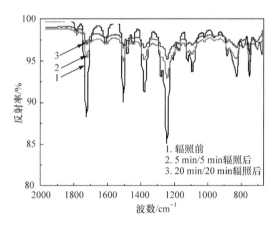

图 6.3.12　MoS_2/PI 复合材料在质子/电子辐照前后的 FTIR-ATR 谱

图 6.3.13 给出了质子/电子辐照前后 MoS_2/PI 复合材料的 XPS 全谱和 N1s
及 Mo3d 精细谱。从 XPS 全谱图可以看出,质子/电子辐照之后,C1s 谱峰的相对
强度增加,而 O1s 谱峰的相对强度降低,说明辐照之后材料中的含氧基团含量减
少。从 N1s 精细谱可以看出,质子/电子辐照前,材料的 N1s 谱为位于~400 eV
的对称谱峰,辐照之后的谱峰明显展宽,表现为非对称曲线,这个 N1s 精细宽峰包
含了位于~400 eV 的谱以及位于较低结合能位置的谱峰,说明质子/电子辐照导
致 PI 分子链中酰亚胺环 C—N 键的破坏,生成了新的 C—N,C—N—C,C—O—N
或 O—C—N 等基团[7]。对于 Mo3d 精细谱,与辐照前相比,除了位于 229.0 eV 和
232.2 eV 结合能位置的属于 MoS_2 的特征峰外,Mo3d 谱的位于 235.7 eV 的位置

在质子/电子辐照之后出现了新峰，这个峰对应于 MoO_3 的 Mo 特征峰，说明质子/电子辐照之后 Mo 被氧化，由前面对材料进行质子和电子单一辐照的结果可知，Mo 元素的氧化是质子作用的结果。

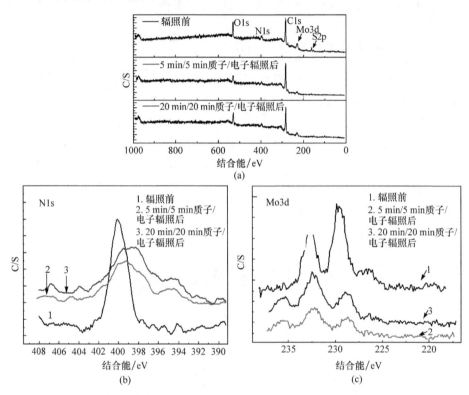

图 6.3.13　MoS_2/PI 在质子/电子辐照前后的 XPS 谱

由前面的研究结果可知，质子辐照会使 Mo 元素发生氧化，但经过电子辐照之后，发现质子辐照产生的 Mo3d XPS 氧化谱峰仍然存在（图 6.3.13），在电子辐照的过程中氧化的 Mo 元素并没有俘获电子而发生还原。为了进一步进行验证，对单纯的 MoS_2 进行辐照实验，质子、电子和质子/电子辐照的时间为 10 min，不同辐照之后，Mo3d XPS 谱如图 6.3.14 所示。由图 6.3.14 可以看出，单一电子辐照之后，Mo3d XPS 谱保持了辐照前的谱峰形貌，图中的 a 标出的位于 229.0 eV 和 232.2 eV 的两个峰是 Mo^{4+} 的特征峰；而质子和质子/电子辐照之后 Mo3d XPS 谱在较高结合能位置出现肩峰，通过解谱可知，Mo3d XPS 谱除了 Mo^{4+} 的特征峰（用 a 标出）外，还存在位于 232.5 eV 和 235.7 eV 位置的 Mo^{6+} 的特征峰（用 b 标出）。由以上分析可知，Mo 元素的氧化主要是质子辐照作用的结果，之后在电子辐照的过程中，氧化的 Mo 并不容易俘获电子而发生还原，这个作用过程机制可能要用原子碰撞理论来解释。

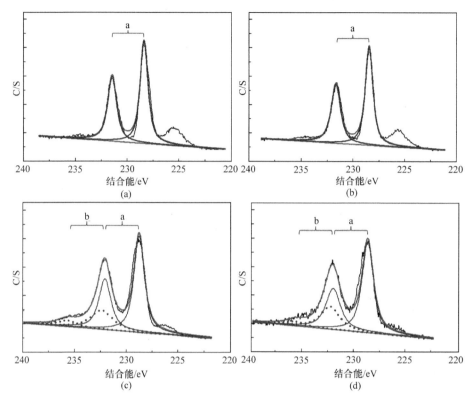

图 6.3.14　MoS₂ 在质子、电子和质子/电子辐照前后的 XPS 谱

(a) 辐照前；(b) 电子辐照；(c) 质子辐照；(d) 质子/电子辐照

通过计算辐照前后 MoS₂/PI 复合材料表面的元素组成的变化(表 6.3.4)，可以看出，辐照之前 C 元素相对含量为 75.3%，经过 5 min/5 min，10 min/10 min，15 min/15 min 和 20 min/20 min 质子/电子辐照之后，其相对含量分别增加到 80.1%，79.8%，78.6% 和 76.2%；而 O 元素在辐照之前的相对含量为 20.3%，辐照之后的相对含量分别为 14.6%，13.4%，14.8% 和 16.3%；同时 N 元素在质子/电子辐照之后的相对含量也有明显增大。通过计算 Mo/S 元素含量比发现，质子/电子辐照导致 Mo/S 比增大，说明在辐照的过程中 S 元素被损失掉，同时 Mo 元素被氧化。

表 6.3.4　质子/电子辐照前后 MoS₂/PI 表面的元素组成

样品	元素相对含量/%（原子分数）			Mo/S
	C	N	O	
未辐照	75.6	4.3	20.1	0.55
5 min/5 min	80.1	5.3	14.6	0.90
10 min/10 min	79.8	6.8	13.4	1.09
15 min/15 min	78.6	6.6	14.8	1.08
20 min/20 min	76.2	7.5	16.3	1.43

图 6.3.15 给出了 MoS_2/PI 在 20 min 质子/电子辐照前后的拉曼谱,并对辐照之后的拉曼谱进行了高斯拟合。可以看出,复合材料在辐照前表现出 C—N(1380 cm^{-1}),C=C(1607 cm^{-1})和 C=O(1781 cm^{-1})等特征峰[7],而质子/电子辐照之后这些特征峰基本消失,形成了强度较弱的鼓包(图 6.3.15(a))。对辐照后的拉曼谱进行高斯拟合分解(图 6.3.15(b)),发现拉曼谱可以分解为位于 1375 cm^{-1}和 1576 cm^{-1}两个峰,这两个峰分别对应于 D 和 G 特征峰。在拉曼谱中,G峰来自于石墨晶的有序结构,而 D 峰则属于石墨的无序缺陷。通过高斯拟合可以得到 G 峰和 D 峰的强度[73],G 峰和 D 峰的强度比 I_G/I_D 与石墨化程度成正比[74],I_G/I_D的值在 20 min/20 min 质子/电子辐照之后为 1.25。由前面质子和电子单一辐照的影响可知,表面石墨化主要是质子辐照引起的,同时质子/电子协同作用增强了表面石墨化的程度。综上所述,质子/电子辐照可导致复合材料表面发生碳化,这与 XPS 的结果一致。

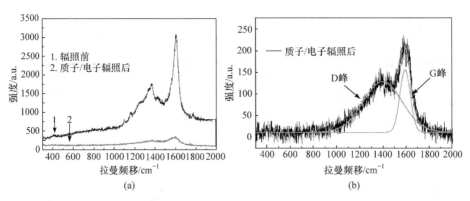

图 6.3.15　MoS_2/PI 在 20 min/20 min 质子/电子辐照前后的拉曼谱
(a)和对辐照之后拉曼谱的高斯拟合(b)

图 6.3.16 所示为质子/电子辐照对 MoS_2/PI 复合材料表面形貌的影响。比较图 6.3.16(a)～(e)所示的不同时间质子/电子辐照后的表面形貌,可以看出,材料在辐照之后有很小的变化,基本保持了辐照前的形貌特征,说明质子/电子辐照对 MoS_2/PI 表面形貌的影响很小。

6.3.3.2　摩擦磨损特性的研究

图 6.3.17(a)给出了 MoS_2/PI 在不同时间质子/电子辐照前后的摩擦系数。可以看出,质子/电子辐照很大程度上减小了 MoS_2/PI 的摩擦系数,相比质子和电子单一辐照对材料摩擦系数的影响,发现质子/电子综合辐照使材料的摩擦系数减小得更明显,这是质子和电子协同作用的结果,同时,随辐照时间的增加,材料的摩擦系数变化不大。摩擦系数的减小主要是因为辐照导致材料表面发生碳化,由前

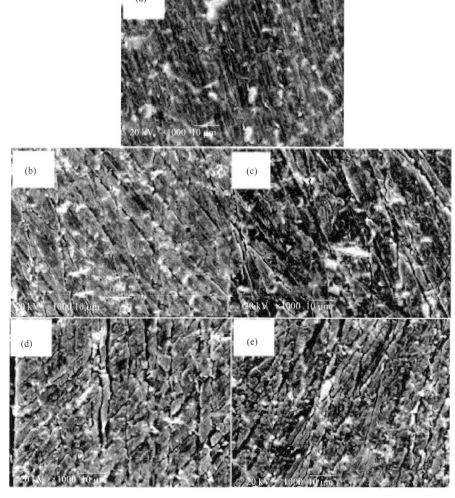

图 6.3.16　质子/电子辐照前后 MoS$_2$/PI 的表面 SEM 形貌

(a) 辐照前;(b) 5 min/5 min;(c) 10 min/10 min;(d)15 min/15 min;(e) 20 min/20 min

面的研究结果可知,碳化主要是由质子辐照效应引起的,这层碳化层在一定程度上起到了润滑作用[72],同时也减小了摩擦过程中的黏着现象,导致材料摩擦系数的减小,随着辐照时间的增加,材料的摩擦系数变化较小,这是聚合物分子链的断裂、交联和表面化学结构变化等综合作用的结果。通过考察材料的摩擦系数随摩擦时间的变化(图 6.3.18),发现质子/电子辐照之后材料的摩擦系数随时间的变化与辐照前明显不同,这是因为对摩发生在转移膜与碳化层之间,同时有生成的石墨作为润滑剂[72],因此摩擦系数急剧下降,并迅速达到稳定值。

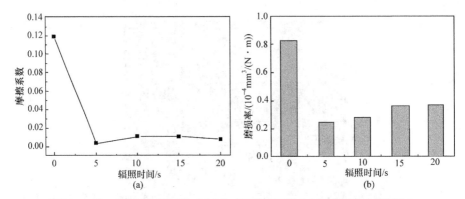

图 6.3.17　质子/电子辐照对 MoS_2/PI 摩擦系数(a)和磨损率(b)的影响

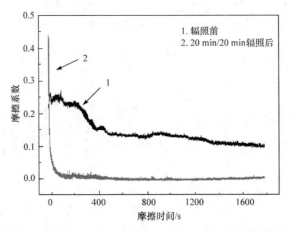

图 6.3.18　复合材料在 20 min/20 min 质子/电子辐照前后的摩擦系数随摩擦时间的变化

图 6.3.17(b)是质子/电子辐照时间对 MoS_2/PI 磨损率的影响。发现质子/电子辐照导致 MoS_2/PI 材料的磨损率降低,当辐照时间为 5 min/5 min 时,材料的磨损率由辐照前的 0.82×10^{-4} mm^3/(N·m)减小到 0.24×10^{-4} mm^3/(N·m),而当辐照时间继续增加时,MoS_2/PI 的磨损率有所增大,但仍明显小于辐照前和质子单一辐照后的磨损率,当辐照时间达到 20 min/20 min 时,MoS_2/PI 的磨损率增大到 0.34×10^{-4} mm^3/(N·m)。质子/电子辐照导致材料表面硬度增大[75],致使材料的承载能力和抗剪切性能增强,提高了材料的耐磨性。随着辐照时间的增加,可能会导致材料表面分子链断裂程度增加,同时疲劳磨损程度变大,致使材料的磨损率有所增加。相对于质子单一辐照后材料的磨损率,质子/电子辐照之后表现为更小的磨损率,另外,质子/电子辐照时间不大于 15 min/15 min 时,其磨损率小于相应时间电子单一辐照后的磨损率,但当质子/电子辐照时间达到 20 min/20 min 时,其磨损率大于相应时间电子单一辐照后的磨损率,这可能是因为质子导致聚合物分子链断裂的程度相对于电子辐照较大,而电子辐照有利于聚合物分子链发生交联。

　　图 6.3.19 给出了不同时间质子/电子辐照前后 MoS_2/PI 复合材料的磨痕形貌、对偶钢球上的磨屑和转移膜形貌。可以看出,辐照之前,复合材料的磨痕表面为黏着和塑性变形(图 6.3.19(a)),黏着磨损是主要的磨损形式,对偶钢球上形成的磨屑较多,且有较大的片状磨屑生成(图 6.3.19(b)),这对应于复合材料在质子/电子辐照前较大的磨损率,钢球上形成的转移膜较均匀(图 6.3.19(c))。质子/电子辐照之后,复合材料的磨痕内的黏着和塑性变形现象减少,而出现了片状脱落现象,随着辐照时间的增加,磨痕内的片状脱落现象增大,特别是当辐照时间达到 20 min/20 min 时,材料的片状脱落是主要的损伤形式(图 6.3.19(d),(g),(j),(m)),说明材料在质子/电子辐照之后主要表现为疲劳磨损,这是因为,质子/电子辐照导致材料表面分子的断键、交联和结构的改变,并形成碳化层。辐照之后,对偶钢球上的磨屑很少(图 6.3.19(e),(h),(k),(n)),对应于材料在辐照之后较小的磨损率,形成的转移膜较均匀光滑(图 6.3.19(f),(i),(l),(o)),这与辐照后材料表现为较小的摩擦系数相对应。

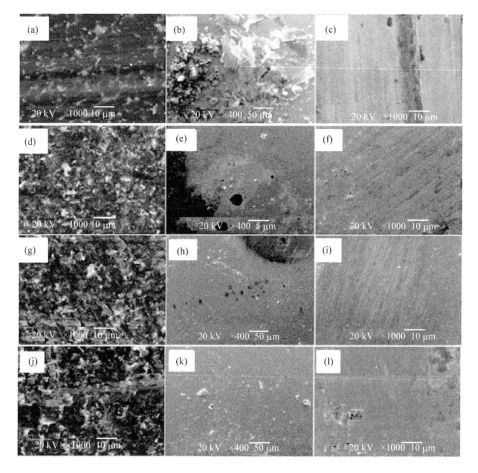

图 6.3.19　MoS$_2$/PI 在不同时间质子/电子辐照前后的磨痕形貌、对偶钢球上的磨屑和转移膜
(a)、(d)、(g)、(j)和(m)分别是辐照前,5 min/5 min,10 min/10 min,15 min/15 min 和 20 min/20 min 辐照
之后的磨痕形貌;(b)、(e)、(h)、(k)和(n)分别是辐照前,5 min/5 min,10 min/10 min,15 min/15 min 和
20 min/20 min 辐照之后对偶钢球上的磨屑;(c)、(f)、(i)、(l)和(o)分别是辐照前,5 min/5 min,10 min/
10 min,15 min/15 min 和 20 min/20 min 辐照之后对偶钢球上的转移膜

　　由此可见,质子/电子辐照对 MoS$_2$/PI 复合材料表面形貌的影响不明显,辐照导致材料表面氧含量降低,碳含量增加,形成无定形碳表面层。辐照过程中,MoS$_2$中的 S 元素损失掉,同时 Mo 元素被氧化,这主要是由辐照因素中的质子辐照作用引起的,材料的结构变化是质子和电子共同作用引起协同效应的结果。质子/电子辐照降低了 MoS$_2$/PI 的摩擦系数和磨损率,随着辐照时间的增加,材料的摩擦系数变化不大,磨损率随辐照时间有所增大。材料在辐照前表现为黏着磨损,而在辐照之后主要表现为疲劳磨损,辐照之后磨损形式的变化主要是由综合辐照中的质子因素引起的。

6.3.4　质子/电子辐照对聚四氟乙烯的影响

6.3.4.1　化学结构和表面形貌的变化

　　图 6.3.20 给出了质子/电子辐照前后 PTFE 表面的 FTIR-ATR 谱。可以看出位于 1204 cm^{-1} 和 1145 cm^{-1} 的特征峰强度在质子/电子辐照之后有所变化,但仍然保持了辐照前的特征,这两个峰分别对应于 CF$_2$ 的对称和不对称伸缩振动峰[76],因此可以推断 PTFE 在质子/电子辐照之后基本保持了辐照前的主要链结构。但是从图中可以看出,CF$_2$ 键振动特征峰的底部在质子/电子辐照后有加宽现象,这是因为材料在质子/电子辐照过程中发生断键并形成新的基团。从 FTIR-ATR 谱中还可以看出,质子/电子辐照之后,在波数为 1715 cm^{-1} 的位置出现了 C=O 的特征谱峰,这是因为,在辐照的过程中,分子链中生成了许多活性基团,当材料从真空室取出时,部分活性基团会与氧气结合生成 C=O 基团[77,78]。同时,在波数为 981 cm^{-1} 的位置出现明显峰,这个峰通常是 CF$_3$ 基团振动引起的特征峰[79,80]。说明 PTFE 的分子链在质子/电子辐照的过程中发生了结构变化,并生成 CF$_3$ 基团。

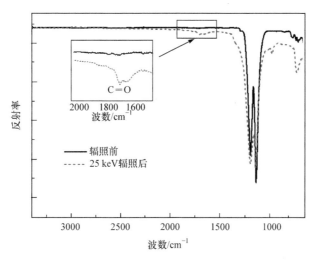

图 6.3.20　PTFE 在质子/电子辐照前后的 FTIR-ATR 谱

　　图 6.3.21 给出了 PTFE 在质子/电子辐照前后的 XPS 全谱及 C1s 和 F1s 的 XPS 精细谱。从 XPS 全谱可以看出,材料主要包括位于 291.7 eV 的 C1s 特征峰和 689.0 eV 的 F1s 特征峰,这两个特征峰强度在质子/电子辐照之后都有不同程度的降低,说明材料表面的元素组成在辐照之后发生了变化。表 6.3.5 列出了材料在质子/电子辐照前后表面元素的相对含量,结果显示,经过 15 keV 和 25 keV 质子/电子辐照之后,材料表面的 C 元素的相对含量从辐照前的 32.8%分别增加到了 45.4%和 46.0%,而 F 元素的相对含量从辐照前的 67.2%分别减少到了 54.6%和 54.0%。说明材料表面结构在辐照过程中发生了变化,C—C 和 C—F 键受到质子/电子的碰撞并发生断裂,同时生成小分子物质从材料表面逸出[77,78],真空室的真空度在辐照过程中有所下降,辐照导致 C 相对含量增加和 F 相对含量减少,因此质子/电子辐照使 PTFE 表面发生碳化。通过比较 25 keV 质子/电子辐照前后的 C1s 精细谱(图 6.3.21(b)),可以看出其在辐照前基本呈对称曲线,结合能位置为 291.7 eV,对应于 PTFE 分子链结构 CF_2CF_2 的特征峰。经过质子/电子辐照之后,PTFE 材料 C1s 谱表现为非对称结构,通过高斯拟合对其进行解谱,可分解为 5 个谱峰,结合能位置分别约为 293.4 eV、291.6 eV、288.9 eV、286.8 eV 和 284.9 eV。其中结合能位于 291.6 eV 的峰对应于 PTFE 分子链结构 C 的特征峰;结合能位于 284.9 eV 的峰对应于不与 F 成键的 C,同时其相邻的 C 原子也不与 F 成键;结合能位于 286.8 eV 的峰对应于不与 F 成键的 C,但其相邻的碳原子与 F 成键,如 CF_2CH_2 基团中的 CH_2 键;结合能位于 288.9 eV 的峰对应于 CFH-CFH 的结合能;293.4 eV 的结合能对应于 CF_3,如 $CF(CF_3)CF_2$;另外,辐照过程中产生的 C—O 和 C=O 键的结合能分别为 286.6 eV 和 288.5 eV[77,81,82]。对于 F1s 精细谱,可以看出其在质子/电子辐照之后仍然保持对称线形,且结合能位置

基本没有变化,但是其强度有明显的减弱(图 6.3.21(c))。

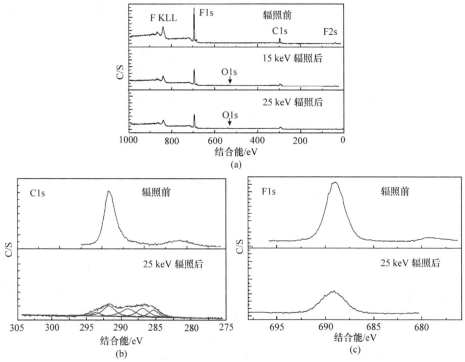

图 6.3.21　PTFE 在质子/电子辐照前后的 XPS 谱

(a) XPS 全谱;(b) C1s XPS 精细谱;(c) F1s XPS 精细谱

表 6.3.5　质子/电子辐照前后材料表面元素的相对含量

样品	元素相对含量/%(原子分数)		
	C	F	C/F
未辐照	32.8	67.2	0.49
15 keV 辐照	45.4	54.6	0.83
25 keV 辐照	46.0	54.0	0.85

图 6.3.22 给出了质子/电子辐照前后 PTFE 的表面形貌。材料的表面形貌在辐照前相对平滑,伴随有小突起的颗粒状物(图 6.3.22(a)),这是样品制备过程产生的表面形貌特征。对于暴露在质子/电子辐照环境中的样品来说,其表面被严重侵蚀(图 6.3.22(b)~(d)),表面形貌变为明显的"蜂窝"状形貌特征,这是质子/电子辐照导致的断键和交联共同作用的结果。当 PTFE 暴露在质子/电子辐照环境中时,质子和电子与材料之间会发生复杂的物理和化学反应过程,在这个过程中材料的分子链会发生断裂和交联并伴随有挥发性物质的生成与释放,所有这些因素导致材料的表面形貌发生较大的变化。比较质子/电子辐照对 PI 表面形貌的影响,发现 PI 比 PTFE 有较好的抗质子/电子辐照的性能。

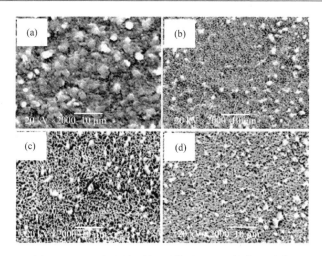

图 6.3.22　质子/电子辐照前后 PTFE 的表面形貌
(a) 辐照前；(b) 15 keV；(c) 20 keV；(d) 25 keV

6.3.4.2　摩擦磨损特性的研究

图 6.3.23 给出了 PTFE 材料在质子/电子辐照前后的摩擦系数和磨损率。从图 6.3.23(a)可以看出，与辐照前相比，质子/电子辐照导致材料的初始摩擦系数明显增大，这是由材料表面的结构和元素组成在辐照的过程中发生变化所致。15 keV 和 20 keV 质子/电子辐照之后，材料的摩擦系数在摩擦一段时间之后有较大程度的降低，并小于辐照前的摩擦系数。当辐照加速电压为 25 keV 时，其摩擦系数在稳定阶段仍然明显大于辐照前的摩擦系数。从图 6.3.23(b)可以看出，材料的磨损率随质子/电子辐照能量的提高而减小，这是因为，粒子辐照可以导致材料分子链发生交联、表面碳化和表面结构的变化，引起材料表面硬度的增加[83-86]，增大了材料的抗磨性[87]，同时也增大了材料的摩擦系数[88]。

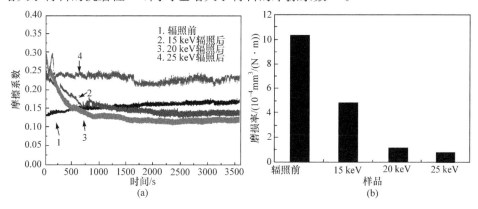

图 6.3.23　质子/电子辐照能量对 PTFE 摩擦系数(a)和磨损率(b)的影响

图 6.3.24 给出了 PTFE 在质子/电子辐照前后的磨痕形貌和对偶钢球上的磨屑。质子/电子辐照前材料的磨痕形貌表现为黏着和塑性变形(图 6.3.24(a)),说明黏着磨损是主要的磨损机制。在摩擦过程中,产生了许多大片的磨屑并黏附在对偶钢球上(图 6.3.24(e)),对应于 PTFE 在质子/电子辐照前较大的磨损率。对于 15 keV 质子/电子辐照的 PTFE 材料,其磨痕形貌和钢球上的磨屑与辐照前的相似(图 6.3.24(b)、(f)),磨痕表现出明显的黏着和塑性变形,磨屑仍较多,但比辐照前明显减少。对于 20 keV 和 25 keV 质子/电子辐照的材料,其磨痕表面上的黏着现象明显减弱(图 6.3.24(c)、(d)),特别是 25 keV 质子/电子辐照之后,黏着和塑性变形现象消失,疲劳磨损是主要的磨损形式。质子/电子辐照可能导致材料表面的交联和富碳结构,增大了材料的表面硬度和抗剪切能力,从而在对偶钢球表面形成的磨屑减少(图 6.3.24(g)、(h)),这对应于质子/电子辐照之后材料较小的磨损率。观察 PTFE 在 25 keV 加速电压质子/电子辐照后磨痕形貌的放大照片(图 6.3.25),发现磨痕内没有黏着和塑性变形现象,主要表现为微裂纹和脆断,这是因为,材料在辐照过程中发生断键交联引起结构和元素组成的变化,增大了表面的硬度和脆性,使磨痕表面表现为脆性裂纹,同时,降低了材料的润滑性能,摩擦系数增加。

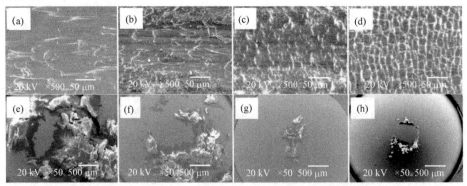

图 6.3.24　PTFE 在不同能量质子/电子辐照前后的磨痕形貌和对偶钢球上的磨屑
(a)、(b)、(c)、(d)分别是辐照前,15 keV,20 keV 和 25 keV 质子/电子辐照之后的磨痕形貌;(e)、(f)、(g)、(h)分别是辐照前,15 keV,20 keV 和 25 keV 质子/电子辐照之后对偶钢球上的磨屑

由此可见,质子/电子辐照改变了 PTFE 材料表面的分子结构和元素组成,辐照过程中释放出易挥发产物,从而改变了 PTFE 的表面形貌,形成"蜂窝"状形貌。质子/电子辐照之后材料表面的 C 元素相对含量增加,F 元素相对含量减少,形成富 C 表面层。质子/电子辐照改变了材料的摩擦系数和磨损率,辐照之后材料的初始摩擦系数都有增大,当较小能量辐照时,平稳阶段的摩擦系数小于辐照前的摩擦系数,当辐照能量较大时,材料在平稳阶段仍保持较高的摩擦系数。材料的抗磨性随辐照能量的增加而增大。辐照前材料表现为黏着磨损为主,辐照之后材料的黏着和塑性变形减弱,较大能量辐照之后,材料磨痕内出现微裂纹。

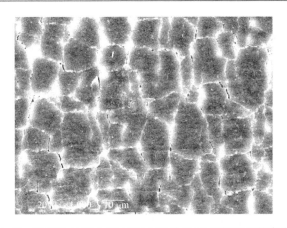

图 6.3.25　PTFE 在 25 keV 加速电压质子/电子辐照后的磨痕形貌

6.4　原子氧和质子辐照对聚醚醚酮摩擦学性能的影响

前面的研究表明,在低地球轨道主要表现为原子氧辐照,在地球同步轨道主要表现为质子辐照。本节在地面模拟装置上详细考察了原子氧和质子单独辐照及顺序辐照对聚醚醚酮(PEEK,结构式见图 6.4.1)的影响。PEEK 是一种半结晶性耐高温芳香族热塑性树脂,它具有良好的耐磨性、抗化学腐蚀性和抗辐射性,良好的热稳定性和机械性能,已经在航空航天工业、原子能工业、武器装备、高尖端技术,以及医疗、机械、电力、汽车、涂料中得到广泛的应用[89-91]。PEEK 作为一类倍受欢迎的耐磨材料,可以在无润滑、低速高载下或在海水腐蚀、固体粉尘污染等恶劣环境下使用[92-95]。在与金属对偶材料的摩擦过程中,PEEK 及其复合材料很容易在金属对偶表面形成聚合物转移膜,从而降低摩擦系数和磨损率。PEEK 可用来生产汽车的轴承支架、活塞密封、发动机的传动装置,飞机用的耐高温、耐腐蚀的连接件,精密电子器件等。但由于本身的价格高且成型加工困难,在普通的工程应用中受到了很大的限制。

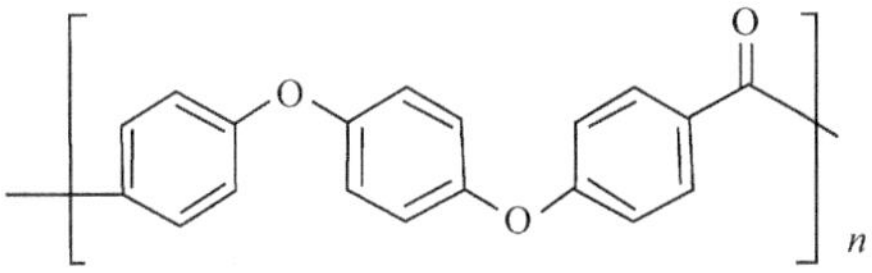

图 6.4.1　PEEK 的结构式

6.4.1　聚醚醚酮形貌和结晶度的变化

图 6.4.2 给出了辐照前后 PEEK 的表面形貌 SEM 图和 3D 图。从 SEM 图中可以看出,未辐照的和质子(Pr)辐照的 PEEK 的表面相对比较光滑;而经过原子氧

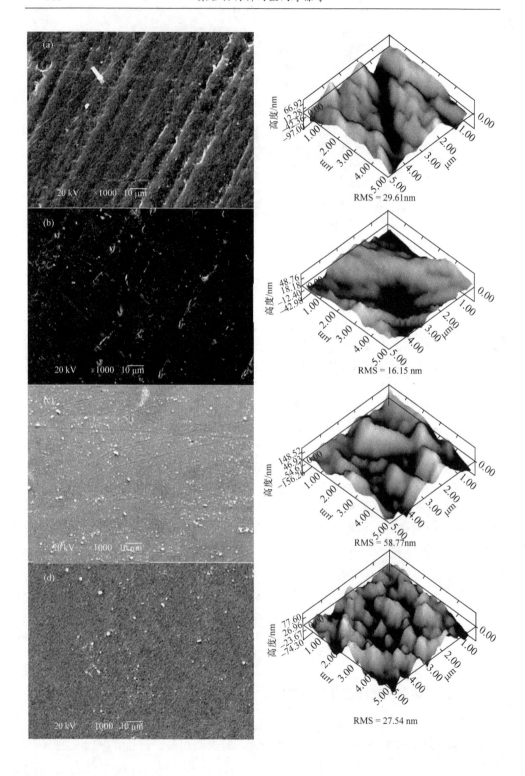

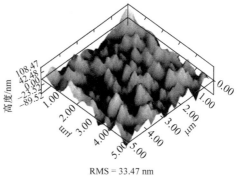

RMS = 33.47 nm

图 6.4.2　辐照前后 PEEK 的 SEM 图(左)、3D 图(右)(5 μm×5 μm)及 RMS 值
(a) PEEK；(b) Pr 辐照；(c) AO 辐照；(d) Pr-AO 辐照；(e) AO-Pr 辐照

(AO)和原子氧与质子顺序辐照的样品表面都呈现出"绒毯"状。从图 6.4.2 中的 3D 图中可以更加精确地看出辐照对表面粗糙度产生的影响。质子辐照使 PEEK 的表面粗糙度从 29.61 nm 降低到 16.15 nm，原子氧辐照使 PEEK 的表面粗糙度从 29.61 nm 升高到 58.77 nm，而原子氧和质子顺序辐照对 PEEK 表面粗糙度的影响不大。由此可见，原子氧和质子辐照分别对样品的表面粗糙度产生了相反的影响，原子氧辐照后材料表面变粗糙，质子辐照后材料表面变光滑，而原子氧和质子的顺序辐照对粗糙度的影响不大。

PEEK 是一种半结晶的聚合物材料，因此有必要研究辐照对其结晶度的影响。图 6.4.3 给出了辐照前后 PEEK 的 XRD 谱图。从中可以看出，PEEK 属于正交晶系，在 18.81°,20.81°,22.80° 和 28.80°处有四个结晶峰，它们分别对应于 PEEK

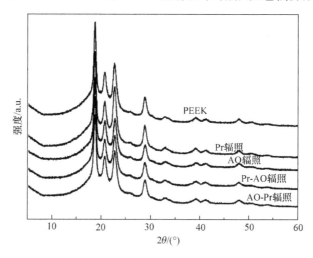

图 6.4.3　辐照前后 PEEK 的 XRD 谱图(扫描封底二维码可看彩图)

的(110),(111),(200)和(211)晶面[96,97]。经过质子和原子氧的单独辐照和顺序辐照之后,发现 PEEK 的结晶峰的位置和强度没有发生变化,这说明辐照没有改变材料的晶格参数。这主要是由于,粒子辐照仅仅损伤了聚合物材料浅层表面的性质,没有影响到材料的整体性质,而且 XRD 检测深度可能已经超过了辐照损伤深度[98,99]。

6.4.2　聚醚醚酮表面化学结构和组成的变化

图 6.4.4 给出了辐照前后 PEEK 的红外光谱图。其中 1651 cm^{-1}是 C=O 的伸缩振动谱带,1598 cm^{-1},1490 cm^{-1}和 1413 cm^{-1}为芳香族骨架平面振动,1306 cm^{-1}是 C—C(=O)—C 的弯曲振动,1280 cm^{-1}和 1187 cm^{-1}是 C—O—C 的不对称伸缩振动,1157 cm^{-1}和 1103 cm^{-1}为芳醚或芳酮结构中苯环的 C—H 平面内弯曲振动吸收谱带,927 cm^{-1}为 R—CO—R 的对称伸缩振动谱带,860 cm^{-1}和 841 cm^{-1}对应苯环的 C—H 平面外弯曲振动吸收谱带[100,101]。经过质子和原子氧的单一和顺序辐照后,PEEK 的红外峰都有不同程度的降低,这说明辐照对 PEEK 的分子链结构造成了一定程度的降解作用,在辐照过程中发生了复杂的化学反应。在所有形式的辐照过程中,先原子氧后质子(AO-Pr)辐照使 PEEK 的特征峰几乎完全消失,这说明对样品进行 AO-Pr 辐照对 PEEK 产生的损伤最大。

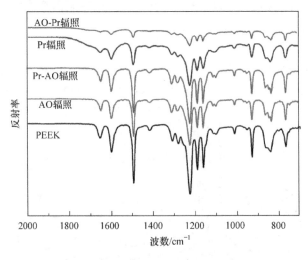

图 6.4.4　辐照前后 PEEK 的 FTIR-ATR 谱图

为了进一步了解辐照引起的化学反应,本实验采用 XPS 分析辐照前后材料表面的化学组成的变化情况。表 6.4.1 给出了辐照前后 PEEK 表面的化学组成。其中,未辐照的 PEEK 表面的 C 的含量是 77.64%,O 含量是 21.89%。经过各种形式的辐照后,材料表面的化学组分含量发生了明显的变化。Pr 辐照和 AO-Pr 顺序辐照分别使得 PEEK 表面的 C 含量增加到 80.56% 和 80.64%,而 O 的含量降低到 19.43% 和 19.36%。AO 辐照和 Pr-AO 顺序辐照分别使得 PEEK 表面的 C 的含量降低到 66.47% 和 67.44%,而 O 的含量增加到 33.53% 和 31.96%。这说明了 Pr 辐照和 AO-Pr 顺序辐照引起了材料的表面碳化,而 AO 辐照和 Pr-AO 顺序辐照导致了材料表面氧化。从 PEEK 的分子结构中(图 6.4.1)可知,PEEK 中存在三种碳的结合能环境,284.72 eV 的结合能对应于 C—C,286.40 eV 的结合能对应于 C—O,288.94 eV 的结合能对应于 C═O。图 6.4.5 给出了辐照前后 PEEK 的 C1s XPS 精细谱图。从中可以看出,Pr 和 AO-Pr 辐照后,材料表面的 284.72 eV 处碳峰强度增加,这主要是由于在辐照过程中分子链发生断键反应在聚合物表面生成一层无定型的碳结构,这一点从材料表面变黑可以看出。而 AO 和 Pr-AO 辐照后 286.40 eV 处碳峰强度减小,这主要是由于 AO 和 Pr-AO 引起了材料表面的氧化生成了碳的含氧官能团[102]。在顺序辐照过程中,后面一种辐照形式起了决定作用,其中 AO-Pr 对材料表面组分影响最大。

表 6.4.1　辐照前后 PEEK 的表面组成

样品	元素相对含量/%(原子分数)	
	C	O
PEEK	77.64	21.89
Pr 辐照	80.56	19.43
AO 辐照	66.47	33.53
Pr-AO 辐照	67.44	31.96
AO-Pr 辐照	80.64	19.36

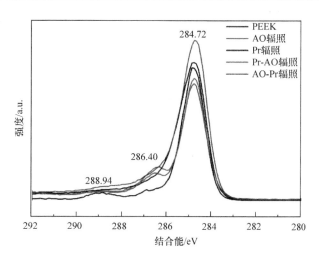

图 6.4.5　辐照前后 PEEK 的 C1s 的 XPS 谱图(扫描封底二维码可看彩图)

6.4.3 辐照对聚醚醚酮表面能的影响

聚合物材料的滑动摩擦行为与表面能有着密切的关系[103,104]。许多研究表明离子辐照会影响聚合物材料的表面能[105]。分别测量原子氧和质子单一辐照和顺序辐照前后的接触角,然后用 Owens-Wendt 方法计算了 PEEK 材料的表面能[106]。图 6.4.6 给出了辐照前后 PEEK 的接触角和表面能。从中可以看出,Pr 和 AO-Pr 辐照后,材料的表面能从 49.16 mJ/m² 降低到 46.96 mJ/m² 和 48.20 mJ/m²。AO 和 Pr-AO 辐照后,材料的表面能升高到 73.75 mJ/m² 和 74.03 mJ/m²。分析原因,由前面的表征分析可以,Pr 和 AO-Pr 辐照主要造成材料表面的碳化,碳化会使得材料更加疏水,表面能降低。AO 和 Pr-AO 辐照主要造成了材料表面的氧化,而氧化会增加聚合物材料的极性,从而使得表面能增大。由此可见材料表面能的变化与材料表面元素的变化相关。

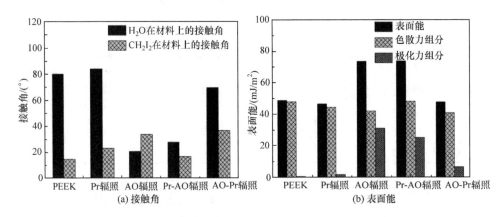

图 6.4.6 辐照前后 PEEK 的接触角和表面能的变化情况

6.4.4 辐照对 PEEK 摩擦磨损性能的影响

摩擦系数和磨损率是评价材料摩擦学性能的主要参数。图 6.4.7 给出了辐照前后材料的摩擦系数和磨损率的变化。从图 6.4.7(a)中看出,未辐照的 PEEK 的摩擦系数基本稳定在 0.28 左右。经过 Pr 辐照后,PEEK 的摩擦系数先减小然后增大到 0.08;而 AO 辐照使 PEEK 的摩擦系数由 0.28 升高到 0.35。值得注意的是,AO-Pr 辐照使得 PEEK 的摩擦系数由 0.28 先升高再降低到 0.08;而 Pr-AO 辐照使 PEEK 的摩擦系数由 0.28 升高到 0.31。从图 6.4.7(b)中的辐照前后磨损率的变化可知,未辐照的 PEEK 的磨损率是 10.28×10^{-5} mm³/(N·m)。经过 Pr 辐照后磨损率降低到 5.45×10^{-5} mm³/(N·m),而经过 AO 辐照后磨损率升到

18.22×10^{-5} mm³/(N·m)。同样，AO-Pr 辐照使得 PEEK 的磨损率降低到
6.89×10^{-5} mm³/(N·m)，Pr-AO 辐照使 PEEK 的磨损率升高到 24.07×10^{-5}
mm³/(N·m)。上面的结果表明，Pr 单一辐照和 AO-Pr 辐照都使得摩擦系数和
磨损率降低。AO 单一辐照和 Pr-AO 辐照都使得摩擦系数和磨损率升高。AO 和
Pr 单一辐照和顺序辐照引起的 PEEK 的摩擦学性能的变化趋势与表面能的变化
趋势一致，与表面粗糙度的变化趋势没有关系。

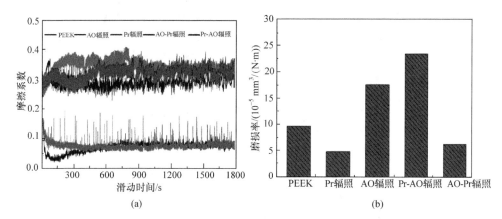

图 6.4.7　辐照前后 PEEK 的摩擦系数(a)和磨损率(b)的变化情况(扫描封底二维码可看彩图)

图 6.4.8 给出了辐照前后材料的磨痕轨迹和磨痕面的形貌。未辐照的 PEEK
磨痕表面比较光滑，主要表现出塑性变形。Pr 辐照的 PEEK 样品表面呈现出相对
窄的磨痕轨道，而且磨痕面上有明显的犁沟现象。这是 Pr 辐照造成的表面碳化层
被磨穿后形成了富碳磨屑，这些磨屑在摩擦过程中引起了三体磨粒磨损，并且磨粒
磨损会降低摩擦系数和磨损率。虽然 AO-Pr 辐照后 PEEK 材料表面同样呈现窄
的磨痕轨道，但是磨痕面上却存在大量的片状磨屑。这说明了顺序辐照加重了摩
擦磨损。AO 辐照的 PEEK 样品表面的磨痕宽度明显增大，并且呈现出更加明
显的塑性变形，表明了 AO 辐照加重了材料的摩擦磨损，从而使得摩擦系数和磨
损率都增大。Pr-AO 辐照后的 PEEK 材料表面磨痕形貌与 AO 辐照的材料的磨
痕形貌相近，但是磨痕面的塑性形变更加严重，说明了 Pr-AO 辐照加重了材料
表面的摩擦磨损。

由地面模拟试验结果可知，Pr 单一辐照和 AO-Pr 辐照后聚合物摩擦副材料
的表面性质和摩擦磨损性能的变化趋势一致，AO 单一辐照和 Pr-AO 辐照后聚合
物摩擦副材料的表面性质和摩擦磨损性的变化趋势一致。并且两种辐照源的顺序
辐照对材料产生的影响要远远大于单一辐照源。

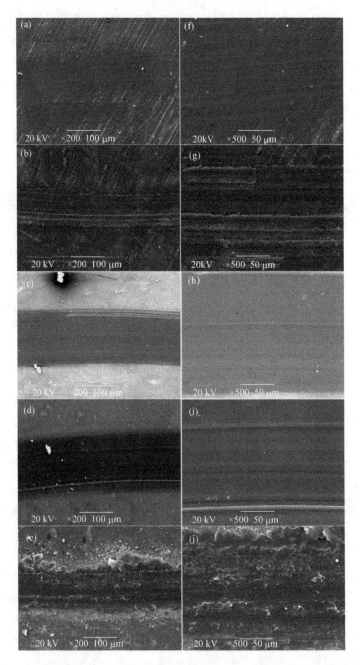

图 6.4.8 辐照前后 PEEK 的磨痕轨迹(低倍,左)和磨痕面形貌(高倍,右)

(a),(f) PEEK;(b),(g) Pr;(c),(h) AO;(d),(i) Pr-AO;(e),(j) AO-Pr

参 考 文 献

[1] 童靖宇,刘向鹏,孙刚,等. 原子氧/紫外综合环境模拟实验与防护技术. 真空科学与技术学报,2006,26:263-267.

[2] 姜海富,李胜刚,周晶晶,等. 原子氧与紫外综合辐照下 Kapton/Al 结构变化. 强激光与粒子束,2015,27:196-202.

[3] Rasoul F A,Hill D J T,Forsythe J S,et al. Surface properties of fluorinated polyimides exposed to VUV and atomic oxygen. Journal of Applied Polymer Science,2010,58:1857-1864.

[4] 秦伟,王洋,叶铸玉,等. 碳纤维复合材料电子质子综合辐照损伤研究. 材料热处理学报,2009,30:25-27.

[5] 林大庆,黎昱,董艺,等. 综合辐照对环氧改性氰酸酯耐空间性能的影响. 武汉理工大学学报,2009,31:93-97.

[6] Szabolcs Z S,Janos K,Robert H,et al. Compaction of poly(dimethylsiloxane) (PDMS) due to proton beam irradiation. Appl. Surf. Sci. ,2011,257:4612-4615.

[7] Li R Q,Li C D,He S Y,et al. Damage effect of keV proton irradiation on aluminized Kapton film. Radiation Physics and Chemistry,2008,77:482-489.

[8] Zhang L,He S Y,Xu Z,et al. Damage effects and mechanisms of proton irradiation on methyl silicone rubber. Materials Chemistry and Physics,2004,83:255-259.

[9] Parada M A,de Almeida A,Volpe P N,et al. Damage effects of 1 MeV proton bombardment in PVDC polymeric film. Surface & Coatings Technology,2007,201:8052-8054.

[10] Peng G R,Yang D Z,Liu H,et al. Degradation of poly(ethylene terephthalate) film under proton irradiation. Journal of Applied Polymer Science,2008,107:3625-3629.

[11] Cummings C S,Lucas E M,Marro J A,et al. The effects of proton radiation on UHMWPE material properties for space flight and medical applications. Advances in Space Research,2011,48:1572-1577.

[12] Peng G R,Geng H B,Yang D Z,et al. An analysis on changes in structure,tensile properties of polytetrafluoroethylene film induced by protons. Radiation Physics and Chemistry,2004,69:163-169.

[13] Dannoux A,Esnouf S,Begue J,et al. Degradation kinetics of poly(ether-urethane) Estane ((R)) induced by electron irradiation. Nucl. Instrum. Meth. B,2005,236:488-494.

[14] Miao P K,Wu D M,Zeng K,et al. Degradation of poly(D, L-lactic acid)-b-poly(ethylene glycol) copolymer and poly(L-lactic acid) by electron beam irradiation. Journal of Applied Polymer Science,2011,120:509-517.

[15] Noriman N Z,Ismail H. The effects of electron beam irradiation on the thermal properties, fatigue life and natural weathering of styrene butadiene rubber/recycled acrylonitrile-butadiene rubber blends. Materials & Design,2011,32:3336-3346.

[16] Jozwiakowska J,Wach R A,Rokita B,et al. Influence of electron beam irradiation on physicochemical properties of poly(trimethylene carbonate). Polymer Degradation and Stability,

2011,96:1430-1437.

[17] Ennis C P,Kaiser R I. Mechanistic studies on the electron-induced degradation of polymers:polyethylene, polytetrafluoroethylene, and polystyrene. Physical Chemistry Chemical Physics,2010,12:14884-14901.

[18] Nakagawa S,Taguchi M,Kimura A. Solvent effect on copolymerization of maleimide with styrene induced by irradiation of ion and electron beams. Radiat. Phys. Chem. ,2013,91: 143-147.

[19] 王旭东,李春东,何世禹,等. 电子与质子综合辐照下 ZnO 白漆的光学性能退化研究. 航天器环境工程,2010,27:581-584.

[20] 左春艳. 质子/电子辐照对 Si Pcs/PAN 复合材料荧光性能影响及机制. 哈尔滨工业大学硕士学位论文,2017.

[21] Zhao G,Liu B X,Wang Q H,et al. The effect of the addition of talc on tribological properties of aramid fiber-reinforced polyimide composites under high vacuum,ultraviolet or atomic oxygenenvironment. Surf. Interface Anal. ,2013,45:605-611.

[22] Zhao G,Liu B X,Wang Q H,et al. The effect of the addition of aramid fibers on tribological properties of the polyimide after ultraviolet or atomic oxygen irradiation. Proceedings of the Institution of Mechanical Engineers Part J-Journal of Engineering Tribology, 2012, 226: 864-872.

[23] Lv M,Wang Y,Wang Q,et al. Effects of individual and sequential irradiation with atomic oxygen and proton on the surface structure and tribological performance of polyetheretherketone in simulated space environment. RSC Advances, 2015,5(101):83065-83073.

[24] Wang X,Zhao X,Wang M,et al. The effects of atomic oxygen on polyimide resin matrix composite containing nano-silicon dioxide. Nucl. Instrum. Meth. B,2006,243:320-324.

[25] Koontz S L,Leger L J,Rickman S L,et al. Oxygen interactions with materials. 3. Mission and induced environments. J. Spacecr Rockets,1995,32:475-482.

[26] Harris I L,Chambers A R,Roberts G T. Preliminary results of an atomic oxygen spaceflight experiment. Mater. Lett. ,1997,31:321-328.

[27] Vered R,Matlis S,Nahor G,et al. Degradation of polymers by hyperthermal atomic oxygen. Surf. Interface Anal. ,1994,22:532-537.

[28] Allegri G,Corradi S,Marchetti M,et al. Atomic oxygen degradation of polymeric thin films in low earth orbit. AIAA Journal,2003,41:1525-1534.

[29] Duo S W,Li M S,Zhou Y C,et al. Investigation of surface reaction and degradation mechanism of Kapton during atomic oxygen exposure. Journal of Materials Science & Technology,2003,19:535-539.

[30] Oflund G B,Everett M L. Chemical alteration of poly(tetrafluoroethylene) (TFE) Teflon induced by exposure to hyperthermal atomic oxygen. J. Phys. Chem. B,2004,108:15721-15727.

[31] Hoflund G B, Everett M L. Chemical alteration of poly(vinyl fluoride) Tedlar by hyper-

thermal atomic oxygen. Appl. Surf. Sci,2005,239:367-375.

[32] Everett M L,Hoflund G B. Erosion study of poly(ethylene tetrafluoroethylene) (Tefzel) by hyperthermal atomic oxygen. Macromolecules,2004,37(16):6013- 6018.

[33] Grossman E,Gouzman I. Space environment effects on polymers in low earth orbit. Nuclear Inst. and Methods in Physics Research B,2003,208(1):48- 57.

[34] Zhao X H,Shen Z G,Xing Y S,et al. An experimental study of low earth orbit atomic oxygen and ultraviolet radiation effects on a spacecraft material - polytetrafluoroethylene. Polymer Degradation & Stability,2005,88(2):275- 285.

[35] Boyd R D,And A M K,Badyal J P S,et al. Atmospheric nonequilibrium plasma treatment of biaxially oriented polypropylene. Macromolecules,2011,30(18):51-63.

[36] Boyd R D,Badyal J P S. Nonequilibrium plasma treatment of miscible polystyrene/poly (phenylene oxide) blends. Macromolecules,1997,30(18):5437- 5442.

[37] Brunsvold A L,Zhang J,Upadhyaya H P,et al. Beam-surface scattering studies of the individual and combined effects of VUV radiation and hyperthermal O,O₂,or Ar on FEP teflon surfaces. Acs Applied Materials & Interfaces,2008,1:187-196.

[38] Zhao X H,Shen Z G,Xing Y S,et al. An experimental study of low earth orbit atomic oxygen and ultraviolet radiation effects on a spacecraft material—polytetrafluoroethylene. Polym. Degrad. Stab. , 2005,88:275-285.

[39] Mishra R,Tripathy S P,Dwivedi K K,et al. Dose- dependent modification in makrofol-N and polyimide by proton irradiation. Radiation Measurements,2003,36:719-722.

[40] Guenther M,Gerlach G,Suchaneck G, et al. Ion- beam induced chemical and structural modificationin polymers. Surface & Coatings Technology,2002,158:108-113.

[41] Abdel- Fattah A A,Abdel- Hamid H M,Radwan R M,et al. Changes in the optical energy gap and ESR spectra of proton- irradiated unplasticized PVC copolymer and its possible use in radiation dosimetry. Nuclear Instruments & Methods in Physics Research,2002,196: 279-285.

[42] Wang X,Zhao X,Wang M,et al. The effects of atomic oxygen on polyimide resin matrix composite containing nano-silicon dioxide. Nucl. Instrum. Methods Phys. Res. ,Sect. B, 2006,243:320-324.

[43] Sahre K,Eichhorn K J,Simon F,et al. Characterization of ion- beam modified polyimide layers. Surf. Coat. Technol. ,2001,139:257-264.

[44] Moon J B,Kim M G,Kim C G,et al. Improvement of tensile properties of CFRP composites under LEO space environment by applying MWNTs and thin- ply. Composites Part A- Appl S. ,2011,42:694- 701.

[45] Fu H,Liao B,Qi F J,et al. The application of PEEK in stainless steel fiber and carbon fiber reinforced composites. Composites Part B- Eng. ,2008,39:585-591.

[46] Chairman C A,Kumaresh Babu S P. Mechanical and abrasive wear behavior of glass and basalt fabric- reinforced epoxy composites. J. Appl. Polym. Sci. ,2013,130:120-130.

[47] Fusaro R L. Comparison of the tribological properties of fluorinated cokes and graphites. Tribol. Trans. ,1989,32:121-132.

[48] Cirino M,Friedrich K,Pipes R B. Evaluation of polymer composites for sliding and abrasive wear applications. Compo. ,1988,19:383-392.

[49] Wang J,Chen B,Liu N,et al. Combined effects of fiber/matrix interface and water absorption on the tribological behaviors of water- lubricated polytetrafluoroethylene- based composites reinforced with carbon and basalt fibers. Composites Part A- Appl. S. ,2014,59: 85-92.

[50] Zang Z J,Wang Y S,Deng Q Y,et al. Surface modification of carbon fiber via electron-beam irradiation grafting. Surf. Interface Anal. ,2013,45:913-918.

[51] Molazemhosseini A,Tourani H,Khavandi A,et al. Tribological performance of PEEK based hybrid composites reinforced with short carbon fibers and nano-silica. Wear,2013, 303:397- 404.

[52] Chang L,Friedrich K. Enhancement effect of nanoparticles on the sliding wear of short fiber- reinforced polymer composites:a critical discussion of wear mechanisms. Tribol. Int. , 2010,43:2355-2364.

[53] Sun J,Yao L,Sun S,et al. ESR study of atmospheric pressure plasma jet irradiated aramid fibers. Surf. Coat. Technol. ,2011,205:5312-5317.

[54] Ghosh L,Kinoshita H,Ohmae N. Degradation on a mechanical property of high- modulus aramid fiber due to hyperthermal atomic oxygen beam exposures. Compos. Sci. Technol. , 2007,67:1611-1616.

[55] Zhang Y H,Huang Y D,He J M,et al. Influence of gamma- ray radiation grafting on interfacial properties of aramid fibers and epoxy resin composites. Compos. Interfaces,2008, 15:611-628.

[56] Nakagawa S,Taguchi M,Kimura A. Solvent effect on copolymerization of maleimide with styrene induced by irradiation of ion and electron beams. Radiat. Phys. Chem. ,2013,91: 143-147.

[57] Nakagawa S,Taguchi M,Kimura A. LET and dose rate effect on radiation- induced copolymerization of maleimide with styrene in 2- propanol solution. Radiat. Phys. Chem. ,2011, 80:1199-1202.

[58] Szilasi S Z,Huszank R,Szikra D,et al. Chemical changes in PMMA as a function of depth due to proton beam irradiation. Mater. Chem. Phys. ,2011,130:702-707.

[59] David J T H,Andrew K W. Radiation chemistry of polymers//Encyclopedia of Polymer Science and Technology. New York:Wiley,2005:1-56.

[60] Lippert T,Ortelli E,Panitz J C,et al. Imaging- XPS/Raman investigation on the carbonization ofpolyimide after irradiation at 308 nm. Appl. Phys. A Mater. Sci. Process. ,1999, 69:S651-S654.

[61] Kondyurin A,Volodin P,Weber J. Plasma immersion ion implantation of Pebax polymer.

Nucl. Instrum. Methods Phys. Res. ,Sect. B,2006,251:407-412.

[62] Usami K,Ishijima T,Toyoda H. Rapid plasma treatment of polyimide for improved adhesive and durable copper film deposition. Thin Solid Films,2012,521:22-26.

[63] Ge S,Wang Q,Zhang D,et al. Friction and wear behavior of nitrogen ion implanted UHMWPE against ZrO₂ ceramic. Wear,2003,255:1069-1075.

[64] Pei X Q,Wang Q H,Chen J M. Tribological responses of phenolphthalein poly (ether sulfone) on proton irradiation. Wear,2005,258:719-724.

[65] Bastwros M M H,Esawi A M K,Wifi A. Friction and wear behavior of Al-CNT composites. Wear,2013,307:164-173.

[66] Sun J,Fang L,Han J,et al. Abrasive wear of nanoscale single crystal silicon. Wear,2013, 307:119-126.

[67] 裴先强,孙晓军,王齐华. 原子氧辐照下 GF/PI 和 nano-TiO₂/GF/PI 复合材料的摩擦学性能研究. 航天器环境工程,2010,27:144-147.

[68] 孙友梅,朱智勇,李长林. MeV 离子辐照聚酰亚胺的化学结构及电性能转变. 核技术, 2003,26:931-934.

[69] Feulner R,Brocka Z,Seefried A,et al. The effects of e- beam irradiation induced cross linking on the friction and wear of polyamide 66 in sliding contact. Wear,2010,268:905-910.

[70] Shah N,Singh D,Shah S,et al. Study of microhardness and electrical properties of proton irradiated polyethersulfone (PES). B. Mater. Sci. ,2007,30:477-480.

[71] Gao Y,Sun M R,Yang D Z,et al. Changes in mass loss and chemistry of AG- 80 epoxy resin after 160 keV proton irradiations. Nucl. Instrum. Meth. B,2005,234:275-284.

[72] 裴先强,王齐华,刘维民. 质子注入对二硫化钼/聚芳醚砜复合材料摩擦学行为的影响. 复合材料学报,2006,23:24-28.

[73] Lua A C,Su J. Structural changes and development of transport properties during the conversion of a polyimide membrane to a carbon membrane. Journal of Applied Polymer Science,2009,113:235-242.

[74] Wang X B,Liu J,Li Z. The graphite phase derived from polyimide at low temperature. J Non- Cryst Solids,2009,355:72-75.

[75] Shah S,Qureshi A,Singh N L,et al. Modification of polymer composite by proton beam irradiation. Soft. Mater. ,2008,6:75- 84.

[76] Su J,Wu G,Liu Y,et al. Study on polytetrafluoroethylene aqueous dispersion irradiated by gamma ray. Journal of Fluorine Chemistry,2006,127:91-96.

[77] Peng G R,Yang D Z,He S Y. Effect of proton irradiation on structure and optical property of PTFE film. Polym. Advan. Technol. ,2003,14:711-718.

[78] Li C D,Yang D Z,He S Y. Effects of proton exposure on aluminized Teflon FEP film degradation. Nucl. Instrum. Methods Phys. Res. ,Sect. B,2005,234:249-255.

[79] Katoh T,Zhang Y. Deposition of Teflon- polymer thin films by synchrotron radiation photodecomposition. Applied Surface Science,1999,138:165-168.

[80] Lappan U, Geissler U, Lunkwitz K. Changes in the chemical structure of polytetrafluoro-ethylene induced by electron beam irradiation in the molten state. Radiation Physics and Chemistry, 2000, 59: 317-322.

[81] Clark D T, Brennan W J. An esca investigation of low-energy electron-beam interactions with polymers. 2. Pvdf and a mechanistic comparison between Ptfe and Pvdf. Journal of Electron Spectroscopy and Related Phenomena, 1988; 47: 93-104.

[82] Clark D T, Feast W J, Kilcast D, et al. Applications of esca to polymer chemistry. 3. Structures and bonding in homopolymers of ethylene and fluoroethylenes and determination of compositions of fluoro copolymers. J. Polym. Sci. Pol. Chem. , 1973, 11: 389-411.

[83] Lee E H, Lewis M B, Blau P J, et al. Improved surface-properties of polymer materials by multiple ion-beam treatment. J. Mater. Res. , 1991, 6: 610-628.

[84] Rao G R, Lee E H, Mansur L K. Structure and dose effects on improved wear properties of ion-implanted polymers. Wear, 1993, 162: 739-747.

[85] Rao G R, Lee E H, Bhattacharya R, et al. Improved wear properties of high-energy ion-implanted polycarbonate. J. Mater. Res. , 1995, 10: 190-201.

[86] Pei X Q, Wang Q H, Chen J M. Friction and wear behavior of proton-implanted phenol-phthalein poly(ether sulfone). Journal of Applied Polymer Science, 2006, 99: 3116-3119.

[87] Liu W M, Yang S R, Li C L, et al. Friction and wear behaviors of nitrogen ion-implanted polyimide against steel. Wear, 1996, 194: 103-106.

[88] Liu W M, Yang S R, Li C L, et al. Friction and wear behaviour of carbon ion-implanted PS against steel. Thin Solid Films, 1998, 323: 158-162.

[89] 马之庚. 工程塑料手册. 北京: 机械工业出版社, 2004: 422-428.

[90] 赵晓刚, 冀克俭, 邓卫华. 高性能聚芳醚酮的发展及应用. 工程塑料应用, 2009, 37: 80-83.

[91] 陈宇, 杨立利. 聚醚醚酮颈椎椎间融合器的临床应用及疗效评价. 中国矫形外科杂志, 2006, 14: 1763-1765.

[92] Hammouti S, Beaugiraud B, Salvia M, et al. Elaboration of submicron structures on PEEK polymer by femtosecond laser. Appl. Surf. Sci. , 2015, 327: 277-287.

[93] Pei X-Q, Bennewitz R, Schlarb A. Mechanisms of friction and wear reduction by carbon fiber reinforcement of PEEK. Tribol. Lett. , 2015, 58: 1-10.

[94] Diez-Pascual A M, Naffakh M, Gonzalez-Dominguez J M, et al. High performance PEEK/carbon nanotube composites compatibilized with polysulfones-I. Structure and Thermal Properties. Carbon, 2010, 48: 3485-3499.

[95] Diez-Pascual A M, Diez-Vicente A L. Development of nanocomposites reinforced with carboxylated poly(ether ether ketone) grafted to zinc oxide with superior antibacterial properties. ACS Appl. Mater. Inter. , 2014, 6: 3729-3741.

[96] Hou X, Shan C X, Choy K L. Microstructures and tribological properties of PEEK-based nanocomposite coatings incorporating inorganic fullerene-like nanoparticles. Surf. Coat. Technol. , 2008, 202: 2287-2291.

[97] Fougnies C,Dosiere M,Koch M H J,et al. Morphological study and melting behavior of narrow molecular weight fractions of poly(aryl ether ether ketone) (PEEK) annealed from the glassy state. Macromolecules,1998,31:6266-6274.

[98] Lv M,Zheng F,Wang Q,et al. Effect of proton irradiation on the friction and wear properties of polyimide. Wear,2014,316:30-36.

[99] Svorcik V,Proskova K,Rybka V,et al. Changes of PEEK surface chemistry by ion irradiation. Mater. Lett.,1998,36:128-131.

[100] Yin J,Zhang A,Liew K Y,et al. Synthesis of poly(ether ether ketone) assisted by microwave irradiation and its characterization. Polym. Bull.,2008,61:157-163.

[101] Lafi A,Abdul G. FTIR spectroscopic analysis of ion irradiated poly (ether ether ketone). Polym. Degrad. Stab.,2014,105:122-133.

[102] Lv M,Zheng F,Wang Q,et al. Friction and wear behaviors of carbon and aramid fibers reinforced polyimide composites in simulated space environment. Tribol. Int.,2015,92:246-254.

[103] Kalácska G,Zsidai L,Kereszturi K,et al. Sliding tribological properties of untreated and PIII-treated PETP. Appl. Surf. Sci.,2009,255:5847-5850.

[104] Sanaee Z,Mohajerzadeh S,Zand K,et al. Improved impermeability of PET substrates using oxygen and hydrogen plasma. Vacuum.,2010,85:290-296.

[105] Hegemann D,Brunner H,Oehr C. Plasma treatment of polymers for surface and adhesion improvement. Nucl. Instrum. Methods Phys. Res.,Sect. B,2003,208:281-286.

[106] Owens D K,Wendt R C. Estimation of the surface free energy of polymers. J. Appl. Polym. Sci.,1969,13:1741-1747.

第7章 空间辐照对液体润滑下
聚合物摩擦学性能的影响

7.1 概　述

虽然聚合物材料作为空间用摩擦副材料在干摩擦方面表现出明显的优势,如在高温与真空环境中挥发性低、承载能力高、降解小、空间环境下储存期长、无黏度效应、爬行迁移等。但是在高速、重载的工况下干摩擦时聚合物材料摩擦噪声较高、磨屑多、使用寿命有限,这时需要在摩擦副表面引入液体润滑剂。极低的蒸气压、低倾点、良好的黏温性能和润滑抗磨性能是空间用液体润滑剂的重要条件。下面介绍液体润滑下聚合物摩擦学性能的研究现状。

一般而言,机械运行部件在重载、高速及要求极小的转矩噪声和较好导热的情况下,需要引入液体润滑剂。液体润滑材料具有低的摩擦系数、低的摩擦噪声、无磨屑及长的使用寿命等优点[1,2]。目前,常用的液体润滑剂包括水、润滑油、润滑脂和离子液体等。Zhang 等研究了液状石蜡润滑下聚酰亚胺、聚四氟乙烯和尼龙66 的摩擦学行为,发现三种聚合物材料的减摩抗磨性能得到了大幅度的提高;在高速、高载下尼龙 66 的减摩抗磨性能最优[3]。但是,由于液体润滑剂大多存在挥发、高温易降解、爬移、使用时需要密封等问题,在实际应用中容易造成液体润滑剂的损失、污染等问题。因此,许多研究者采用共混的方式,为液体润滑剂的引入提供了一条思路,其中微胶囊技术是一种非常有效的方法。日本学者采用三聚氰胺-甲醛树脂包裹全氟聚醚(PFPE)润滑油,制成了 3 μm 左右的微胶囊,将胶囊和磨粒、树脂结合剂等制成微胶囊研具,这种研具在研磨加工时具有自润滑作用[4]。中山大学的章秋明等用 60%～80%环氧树脂、0.5%～25%润滑油微胶囊和 15%～35%固化剂的配方,制备出了含润滑油的环氧树脂材料,并申报了发明专利[5]。在材料的摩擦过程中,随着材料表面磨损,分散在材料内部的润滑油微胶囊被磨破,润滑油渗出,从而润滑接触面,可显著提高材料的摩擦学性能。Yang 等将含六亚甲基二异氰酸酯液体的微胶囊填充到环氧树脂中,在摩擦过程中通过释放六亚甲基二异氰酸酯润滑液来发挥润滑效果(图 7.1.1)[6]。

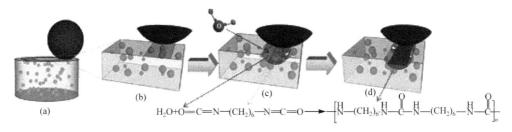

图 7.1.1　环氧复合材料在摩擦过程中的自修复机理

(a) 球-盘；(b) 滑动磨损；(c) 释放和修复；(d) 愈合的磨损轨道

　　虽然采用混合法将液体润滑剂加入固体材料基体中能在一定程度上解决润滑问题，但是在混合过程中难以保证形成均一的混合物，而且其强度、韧度不适合在苛刻的空间环境中使用。近年来，多孔含油自润滑材料（如陶瓷、金属及聚合物多孔含油轴承保持器）在空间等苛刻环境下的高速、高精度轴承中表现出优异的润滑特性[7]。特别是多孔聚合物材料具有质量轻、冲击韧性高、比强度高、热稳定性高及热导率低等优点，在航空航天、汽车、生物工程等供油困难与避免润滑油污染的行业有着广泛的应用前景。多孔聚合物可以在常态下吸入并储存润滑油，而在工作中因温度和压力作用又能够连续稳定地提供润滑油，可以长时间不换油保持良好的减摩抗磨能力。常见的多孔聚合物材料主要有聚酰亚胺、聚四氟乙烯、尼龙、高分子聚乙烯和聚醚醚酮等[8-11]。

　　孔隙率、孔径大小及孔径分布等特性是多孔含油材料的关键。Ananthanarayan 和 Shutov 等利用模板-滤取法制备出的多孔 UHMWPE 材料，样品的孔隙率可以达到 60%[12]。多孔材料的含油率和含油保持率无疑是决定材料综合性能的关键技术参数。前期研究发现，多孔 PI 含油材料的含油率与所含润滑油密度相关，而含油保持率大小则随着润滑油黏度的增大而增大[13]。Marchetti 等研究了聚酰亚胺多孔材料在摩擦过程中的供油机制，发现润滑油可以通过毛细作用渗出形成润滑膜而起到润滑作用[7]。闫普选等研究了造孔剂和转速对多孔含油聚酰亚胺自润滑材料的摩擦学性能的影响，发现造孔剂的加入能够降低摩擦系数和磨损率，而且造孔剂含量越多，摩擦系数和磨损率越低。低速时，润滑油可以从孔中稳定析出形成润滑膜，降低摩擦系数；而转速较高时，摩擦表面会出现润滑油缺失，摩擦系数变大[14]。我国已采用多孔含油保持架的润滑方式在卫星消旋天线轴承和卫星姿态飞轮等轴承上取得了成功的应用。

7.2　液体润滑剂对固体材料摩擦学性能的影响

　　目前，航空航天领域较常用的液体润滑剂主要有全氟聚醚（PFPE）、卤代硅油、

聚 α-烯烃(PAO)和多烷基环戊烷(MAC)等[7,15,16]。影响液体润滑剂在固体摩擦副材料润滑性能的因素很多,如润滑油在固体材料上润湿性和爬行迁移行为,液体润滑剂和固体摩擦副材料的相容性及化学反应等。

7.2.1 主要的影响因素

7.2.1.1 液体的润湿性与迁移行为

当在固体摩擦副材料表面引入液体润滑剂时,要考虑液体润滑剂在固体润滑材料上的润湿性。液体在固体表面上的润湿性与液体的表面张力和固体的表面能有着密切关系。液体表面分子受到拉向内部力的作用,使其表面积收缩和凝聚,这种力叫表面张力。由于各种液体和固体具有各自的表面张力,因此平衡时显现不同的形态。其特点是具有一定值的接触角。不同的液体在同种固体表面上,得到不同的接触角:液体表面张力小的,接触角小。同种液体在不同的固体表面上,也显示不同的接触角:固体表面能高的,接触角小。接触角的大小可以衡量液体在固体上的润湿性。接触角小,表示液体在固体上的润湿性好,接触角大,表示液体在固体上的润湿性差。

这里采用二液法测量了典型空间用摩擦副材料的表面能。二液法,即用 DSA-100 型(Kruss Company Ltd. ,Germany) 光学接触角测量仪分别测量了纯水和二碘甲烷液滴在各种典型固体润滑上的静态接触角,然后用 Owens-Wendt 方法计算摩擦副材料的表面能[17],结果见表 7.2.1 和图 7.2.1。

表 7.2.1 典型航天器摩擦副材料的表面能(γ_{tot})及极化力组分(γ_{polar})和色散力组分(γ_{disp})

样品	$\theta_w/(°)$	$\theta_{DIM}/(°)$	$\gamma_{tot}/(mJ/m^2)$	$\gamma_{disp}/(mJ/m^2)$	$\gamma_{polar}/(mJ/m^2)$
PI	85	36	43. 32	41. 56	1. 76
CF/PI	80	53	37. 48	32. 4	5. 08
AF/PI	106	62	27. 49	27. 42	0. 07
PTFE	120	91	13. 14	13. 14	0
CF/PTFE	119	86	14. 55	14. 53	0. 02
Cu	95	45	37. 46	37. 01	0. 45

固体表面能的大小主要取决于固体材料表面的粗糙度和表面的化学组成。在测量过程中对每种材料的表面都采用同样的处理工序,这样可以保证材料表面的粗糙度基本保持一致。表 7.2.1 给出了各种摩擦副与两种液体的接触角、总的表面能及对应的极化力和色散力参数。图 7.2.1 中给出了表面各种参数的变化趋势。从中可以看出,表面能的大小顺序是:聚酰亚胺类>铜合金>聚四氟乙烯类。对同一种类型的材料来说,如聚酰亚胺中引入碳纤维可以稍微降低表面能,引入芳

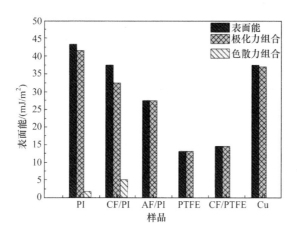

图 7.2.1　典型航天器摩擦副材料的表面能及极化力组分和色散力组分

纶纤维后则明显降低了表面能,这可能是由于在聚酰亚胺中引入这两种纤维后减小了亚胺的分子间作用力。而在聚四氟乙烯中引入碳纤维后表面能稍微增大,这主要是由于在聚四氟乙烯中引入纤维减少了材料表面的氟含量,从而增加了表面能。值得注意的是,对于所有类型的材料来说,它们的极化力比色散力要小得多。这说明这里所考察的所有的摩擦副材料都是非极性的,它们与其他表面或者液体都不容易形成极性作用。

苛刻的空间环境要求液体润滑剂具有极低的蒸气压、低倾点、良好的黏温性能和润滑抗磨损性能。在此选用了两种常用的空间液体润滑剂硅油(CPSO)和全氟聚醚(PFPE)(分子结构如图 7.2.2),两者都具有较低的饱和蒸气压,分别是 6.3×10^{-10} Torr(1 Torr$=1.33 \times 10^2$ Pa)和 3.2×10^{-8} Torr[15]。用悬滴法测量了两种润滑油的表面张力[18],悬滴法同样是采用 a DSA-100 型测量仪获取了两种润滑油的悬滴图像,再根据公式 $\gamma = \Delta \rho g d_e^2 / H$ 和 $\gamma = \gamma^p + \gamma^D$ 计算得到了两种润滑油的表面张力,结果见表 7.2.2。

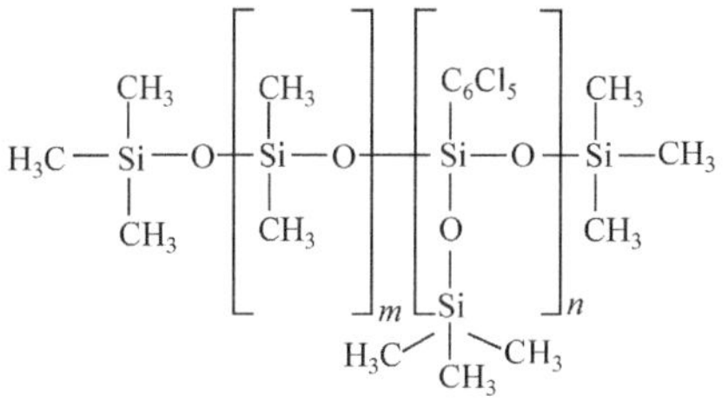

(a) 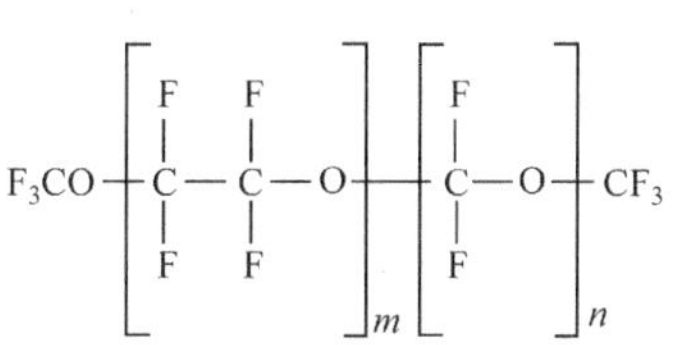　　　　　　　　　　　　　　(b)

图 7.2.2　润滑油 CPSO(a)和 PFPE(b)的化学分子式

表 7.2.2　润滑油表面张力及各组分

润滑油	$\gamma_{tot}/(mJ/m^2)$	$\gamma_{disp}/(mJ/m^2)$	$\gamma_{polar}/(mJ/m^2)$
CPSO	23.75	20.28	3.47
PFPE	36.32	31.54	4.77

　　从表 7.2.2 中可以看出 PFPE 的表面张力大于 CPSO 的表面张力,这一结果与两种润滑油黏度的结果相一致[19]。常温时 PFPE 的运动黏度大于 CPSO 的运动黏度,黏度越大,液体的表面张力就越大。而且,两种润滑油的表面张力主要表现为色散力,色散力远远大于极化力。这说明这两种润滑油都是非极性的。

　　液体在固体材料表面接触角的变化有多种形式:一种是液体在表面上的接触角保持液体刚刚接触固体时的角度,不随时间的延长而发生变化;一种是液体在表面的接触角会随着时间的延长而逐渐变小并最终保持一定的角度。图 7.2.3 给出了润滑油 CPSO 和 PFPE 分别在 PI,PTFE 和铜合金摩擦副材料表面上的接触角随时间的变化情况,发现这两种润滑油在所有摩擦副表面上都需要铺展一定的时间才能达到最后的稳定接触角;两种润滑油在两种材料表面不会立马达到稳定的接触角,而是需要一定的时间铺展迁移。如图 7.2.3(a)所示,CPSO 仅需要 8 s 就能在 PTFE 表面达到稳定的接触角,而在 PI 和 Cu 表面上则需要 20 s 才能达到稳定的接触角。如图 7.2.3(b)所示,PFPE 仅需要 8 s 就能在 PI 和 Cu 表面达到稳定的接触角,而在 PTFE 表面上则需要 20 s 才能达到稳定的接触角。图 7.2.4 给出了两种润滑油在三种固体材料上的稳定接触角。对于 CPSO 来说,稳定接触角的大小:PI≈Cu<PTFE;对于 PFPE 来说,稳定接触角:PTFE<PI≈Cu。以上结果说明,CPSO 在 PI 和 Cu 表面上润湿性能要优于在 PTFE 表面;PFPE 在 PTFE 表面上的润湿性要优于在 PI 和 Cu 表面。

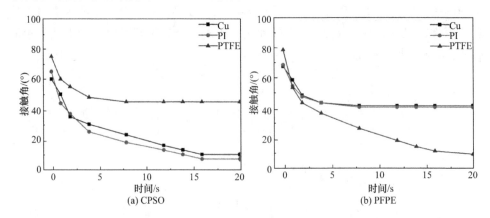

图 7.2.3　润滑油在 PI,PTFE 和 Cu 表面接触角随时间的变化情况

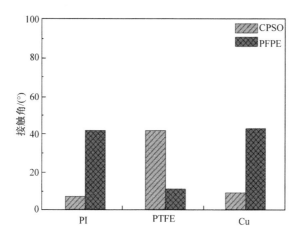

图 7.2.4 润滑油在 PI,PTFE 和 Cu 表面稳定状态的接触角

对于液体润滑剂来说,如果润滑剂在固体的表面很快铺展润湿,这样对润滑自然有利,一方面可以形成良好的油膜;另一方面润滑油及添加剂中的极性物质可以吸附在固体表面形成吸附膜,或者形成反应膜,起到润滑的作用。不过同时也会造成润滑油的铺展流失,从而造成润滑油爬行迁移损失。一种液体在固体表面的润湿迁移情况与液体和固体的性能特征都有着密切的关系。根据相关文献,润滑油在固体表面的迁移不能直接用接触角来表示,而与固体和液体的表面能的极化力及色散力有着密切的关系,文献中给出了可以明确表征迁移性的迁移系数的计算公式 $SP = 2\left[\sqrt{\gamma_S^D\gamma_L^D} + \sqrt{\gamma_S^P\gamma_L^P} - \gamma_L\right]$[20,21]。根据此公式计算出了两种润滑剂在摩擦副材料表面的迁移系数,结果见图 7.2.5。迁移系数是负数意味着黏附润湿的行为,迁移系数是正数表示铺展润湿。换句话说,负的迁移系数意味着液体的黏附力大于固-液界面的黏附力,从而使得液体不容易铺展迁移,而是容易保持起始的形状。正的迁移系数则意味着液体在表面上容易铺展。从图 7.2.5 中可以看出,CPSO 润滑油在 PI,PI/AF,PI/CF 和 Cu 材料表面呈现出正的迁移系数,而在 PTFE 和 PTFE/CF 表面上呈现出负的迁移系数。PFPE 在 PI,PI/CF 和 Cu 材料表面的迁移系数是正的,但是数值很小,而在 PI/AF,PTFE,PTFE/CF 和 Cu 表面上的迁移系数是负的。这说明了 CPSO 在亚胺类和铜合金摩擦副材料上主要表现为迁移润湿,而在 PTFE 表面主要表现为黏着润湿行为;PFPE 在所有的摩擦副表面都主要呈现黏着润湿性为。但是从前面的接触角的结果中发现 PFPE 最终在 PTFE 的表面很容易铺展,这主要是由于两者具有相似的化学组成,PFPE 容易吸附在 PTFE 表面上从而造成了液体在表面的铺展。对同一种摩擦副来说,PFPE 在各种摩擦副表面上的 SP 小于 CPSO 的。

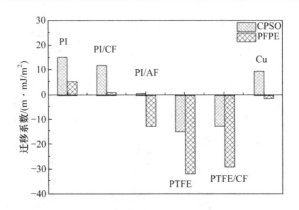

图 7.2.5　润滑油 CPSO 和 PFPE 在各种航天器摩擦副表面的迁移系数

7.2.1.2　涉及的各种反应

(1) 物理反应

液体分子受温度影响会发生蒸发,温度越高蒸发速度越快。某些液体分子在常温下会自由散发,自由移动变为气体向四周挥发。液体的蒸发和挥发是一个复杂的物理过程。在一个润滑系统的局部空间中,液态润滑剂的蒸发和挥发过程与以下因素有关:液态润滑剂的饱和蒸气压特征、界面真空度和环境温度。因此在空间环境中液体润滑剂的重要控制参数是它的饱和蒸气压,此参数直接受温度影响,也取决于液体的分子量。在空间设备中液体的蒸发和挥发形成的气态分子会摆脱液体材料表面的吸附,进入周围的环境中,吸附沉积在诸如热控涂层、太阳电池阵或者光学部件的表面,从而污染这些设备甚至导致设备故障。吸附有两类:物理吸附和化学吸附,它们在吸附过程中表现不同,如表 7.2.3 所示。液体分子在固体表面的吸附聚集对空间设备表面,尤其是光学部件表面有着重要的影响,必须予以考虑。在这里选用的两种润滑油属于低挥发液体润滑材料,在真空设备中都不容易发生蒸发和挥发现象。

表 7.2.3　物理吸附和化学吸附的对比

吸附类型	吸附机理	吸附热	选择性	吸附层数	可逆性	吸附速率
化学吸附	化学键作用力	接近化学反应热	有	单层	不可逆	慢
物理吸附	分子间作用力	接近液化热	无	单层或者多层	可逆	快

(2) 化学反应

实际的应用在固体材料表面引入液体润滑剂会面临很多可能发生的化学反应。特定的环境,如海水腐蚀环境、空间辐照环境、高低温环境、高压等会引发润滑剂的化学组分发生化学反应。当液体润滑剂涂覆在固体材料表面时,液体润滑剂的取代基、官能团或者添加剂也可能会与固体材料发生化学反应,从而对固体表面的组分、结构和表面形态等造成影响。例如,某些液体润滑剂会与固体材料表面发生化学反应产生腐蚀行为、破坏固体材料的表面状态以及影响其与基体材料的结合强度,甚至导致性能明显下降等。一般来说聚合物材料不会与液体润滑材料发生腐蚀反应。

7.2.2　油润滑条件下聚合物的摩擦学性能

本实验将 CPSO 和 PFPE 两种空间用润滑油分别涂覆在不同类型的摩擦副材料表面,考察了油润滑下固体摩擦副材料在真空中的摩擦学性能。

图 7.2.6 给出了 PI,PTFE 和 Cu 合金在干摩擦和油润滑条件下摩擦系数的变化情况。从图中可以看出,在干摩擦条件下,摩擦系数的大小是 Cu(0.147)< PTFE(0.164)< PI(0.325)。CPSO 硅油润滑下,PI 的摩擦系数从 0.3 降低到 0.01,而 Cu 的摩擦系数由 0.15 降低到 0.10 左右,PTFE 的摩擦系数由 0.14 降低到 0.01。PFPE 润滑下,PI 的摩擦系数从 0.3 降低到 0.015,而 Cu 的摩擦系数由 0.15 降低到 0.08 左右,PTFE 的摩擦系数由 0.14 降低到 0.04。这说明 CPSO 和 PFPE 润滑油的引入,能大大地减小摩擦系数,有效地防止摩擦副在高真空下与对偶发生黏着,从而保护了摩擦副材料和对偶。但是对同种润滑油来说,不同固体摩擦副材料摩擦系数降低的程度明显不同。对聚合物来说摩擦系数降低程度很大,而对 Cu 合金材料来说摩擦系数降低很小。结合图 7.2.7 中对偶的 SEM 图可以看出,在干摩擦过程中,对偶表面出现了大量的磨屑,这主要是由于在真空环境中固体摩擦副材料和金属对偶容易发生冷焊和黏着现象[22,23]。引入油润滑后,在聚合物材料的对偶表面几乎看不到磨屑,能明显看到一层油膜,而在 Cu 的对偶上还是能看到少量的磨屑,这说明了对于 Cu 合金材料来说,润滑油并不能完全防止 Cu 与对偶材料的磨损现象。其中还可以看出 PFPE 润滑下 PTFE 的摩擦系数明显要大于 PI 的,这可能是由于 PFPE 与 PTFE 都具有 F 键,润滑剂与固体表面发

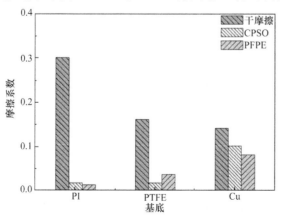

图 7.2.6　PI,PTFE 和 Cu 在不同润滑条件下的摩擦系数大小比较

生了化学吸附,而对液体润滑剂的性能产生负面影响。而对于同种固体材料来说,不难发现润滑油的迁移系数越小,对应的摩擦系数越小。分析原因:液体在固体上的迁移系数低也就是相互作用比较弱,这就意味着液体在固体表面更容易发生滑移,从而导致了低的摩擦系数(图 7.2.8)。

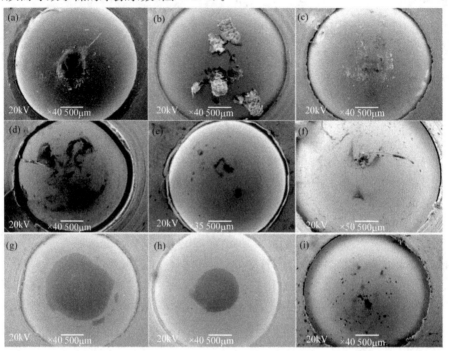

图 7.2.7　PI,PTFE 和 Cu 在不同条件下对偶的磨痕的 SEM 图
(a) PI;(b) PTFE;(c) Cu;(d) CPSO/PI;(e) CPSO/PTFE;(f) CPSO/Cu;
(g) PFPE/PI;(h) PFPE/PI;(i) PFPE/PI

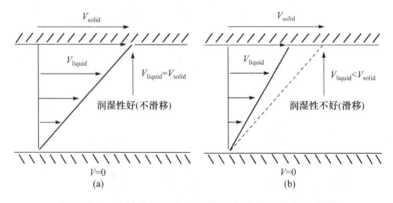

图 7.2.8　液体在界面之间的滑移与摩擦系数的示意图

7.3　油润滑下聚合物的空间摩擦学性能

7.3.1　辐照对润滑油润湿性和迁移行为的影响

　　前面的研究表明,液体润滑剂的润滑性能与液体润滑剂在固体材料上的润湿性和迁移行为都有着密切的关系。液体在固体表面上的润湿性和迁移行为与固体材料的表面能相关,因此本实验首先考察空间辐照环境对各种航天器摩擦副材料表面能及其组分的影响。空间辐照会影响材料的化学组分,从而材料的表面能会发生变化。图 7.3.1 给出了各种空间辐照后摩擦副总的表面能及对应的极化力和色

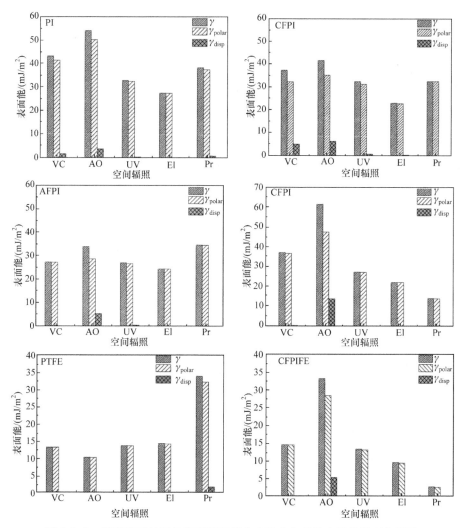

图 7.3.1　辐照前后材料的表面能及极化力组分和色散力组分的变化情况

散力参数。从中可以看出,四种辐照形式对所选用的所有材料的表面能造成的影响具有一致性(除了纯 PTFE 材料)。原子氧(AO)辐照后材料的表面能都有所增加,这是由于原子氧辐照能够在材料的表面引入含氧的极性基团,而且原子氧对材料表面的侵蚀作用也会在表面造成大量的缺陷,因此增大了材料表面的色散力和极化力,从而增大了表面能。真空紫外 UV 辐照后所有材料的表面能都稍有减小,这是由于紫外辐照后材料中部分较弱的化学键受到轰击而断裂生成了相对分子量较小的可挥发物质,从而发生了部分降解,减小了材料表面分子的相互作用,降低了表面能。电子(EI)、质子(Pr)辐照同样造成了材料表面能的降低,电子和质子辐照造成了材料表面的碳化,材料表面的碳化层会使材料更加疏水疏油,从而降低了表面能[24]。值得注意的是,PTFE 在这四种辐照后表面能的变化趋势与其他材料的变化趋势刚好相反。下面以质子辐照为例详细研究质子辐照前后 PI 和 PTFE 的表面能的变化及原因。图 7.3.2 给出了质子辐照后 PI 和 PTFE 的拉曼谱图,从图中可以发现质子辐照造成了材料表面的碳化。表 7.3.1 和图 7.3.3 给出了辐照前后的接触角和表面能的变化情况。从中可以看出质子辐照后 PI 的接触角增大,表面能降低;而 PTFE 的接触角减小,表面能明显增大。对 PI 而言,从拉曼图中可知质子辐照 15 min 后碳化比较严重,聚合物表面的碳化层增加了疏水性,因此正是表面的碳化层使得 PI 的表面能降低。而对于 PTFE 来说,质子辐照 15 min 后几乎看不到表面被碳化,而且由于 PTFE 的分子结构为高度对称的螺旋结构,F 原子包裹在这一结构的表面使得 PTFE 具有很低的表面能。而辐照造成了分子结构的断裂,表面的 F 原子会被 H 原子取代,由于两者电负性的差别,分子极性增大了,从而表面能增大。

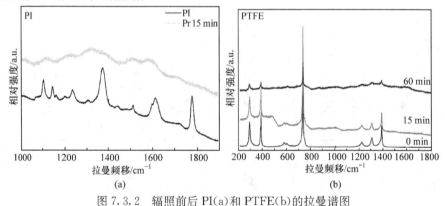

图 7.3.2 辐照前后 PI(a)和 PTFE(b)的拉曼谱图

表 7.3.1 辐照前后 PI 和 PTFE 的接触角、表面能、极化力和色散力组分

样品	$\theta_w/(°)$	$\theta_{DIM}/(°)$	$\gamma_{tot}/(mJ/m^2)$	$\gamma_{disp}/(mJ/m^2)$	$\gamma_{polar}/(mJ/m^2)$
PI	85	36	43.32	41.56	1.75
辐照后的 PI	95	44	38.37	37.54	0.83
PTFE	120	89	13.17	13.14	0.03
辐照后的 PTFE	91	54	33.73	32.02	1.71

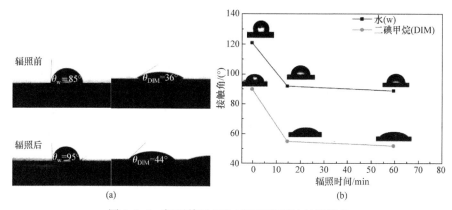

图 7.3.3　辐照前后 PI(a)和 PTFE(b)的接触角

　　图 7.3.4 给出两种润滑油 CPSO 和 PFPE 在辐照前后各种摩擦副表面的迁移系数 SP,从中可以看出 CPSO 和 PFPE 在经过原子氧辐照后的摩擦副材料(PTFE 除外)表面的迁移系数都有所增大。而其在经过紫外、电子和质子辐照后摩擦副材料(PTFE 除外)表面的迁移系数都有所降低。PTFE 表面的迁移系数的变化情况刚好相反。这些变化趋势与前面辐照前后表面能及组分的变化趋势相近。这说明两种润滑油在原子氧辐照后的摩擦副表面更容易发生迁移流失,而在紫外、质子和电子辐照过的表面更不容易发生迁移流失。

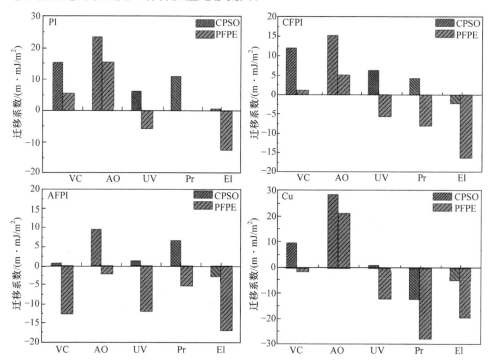

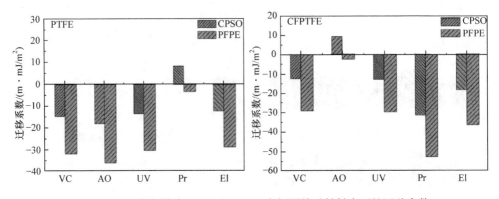

图 7.3.4　两种润滑油 CPSO 和 PFPE 在辐照前后材料表面的迁移参数

7.3.2　空间辐照对润滑油形貌和化学结构的影响

图 7.3.5 给出了辐照前后固体-液体复合润滑材料表面的照片。从中可以看出,经过空间辐照后,主要是表面的润滑油发生了变化。比较 PFPE 和 CPSO 经过原子氧辐照前后的状态,发现颜色没有发生明显改变,但是可以明显看出润滑油表面都生成了一层很薄的固体状薄膜。这层薄膜很容易被搅动,薄膜被搅拌后成为不溶物质,致使润滑油变成泥状。经过检测发现 PFPE 旋转黏度由 9.46 cP(1 cP= 10^{-3} Pa·s)增加到 167 cP;PFPE 旋转黏度由 5.6 cP 增加到 130 cP。PFPE 和 CPSO 润滑油经过质子辐照后,透明的 CPSO 变成褐色的片状物,而 PFPE 几乎消失,只能看到 PI 材料表面呈褐色。而经过紫外辐照后,CPSO 和 PFPE 的表面形貌,都没有发生明显的变化。经过电子辐照后,CPSO 和 PFPE 的表面看起来稍有变稠,变化不明显。从辐照设备的真空度的变化可以看出,经过质子辐照后真空室的真空度由 10^{-4} 降低到 10^{-2}。经过电子辐照真空度由 10^{-4} 降低到 10^{-3}。而经过原子氧和紫外辐照后真空度变化则比较小。

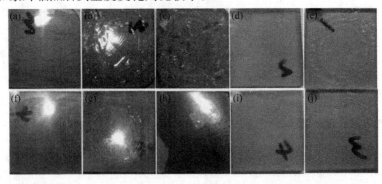

图 7.3.5　辐照前后润滑油 CPSO(a)～(e)和 PFPE(f)～(j)在摩擦副 PI 表面的形貌图
(a),(f) 未辐照;(b),(g) 原子氧;(c),(h) 质子辐照;(d),(i) 紫外辐照;(e),(j) 电子辐照

进一步用红外光谱检测了辐照前后润滑油分子结构的变化(图 7.3.6)。从图 7.3.6(a)中发现 CPSO 的特征峰:2962 cm^{-1} 是 Si—CH$_3$ 的不对称伸缩振动峰, 1400 cm^{-1} 对应于 C—H 的弯曲振动,1255 cm^{-1} 属于—CH$_3$ 对称伸缩振动,1060 cm^{-1} 是 Si—O—Si 的不对称伸缩振动峰,795 cm^{-1} 是—Si—C—拉伸振动[25]。从图 7.3.6(b)中发现 PFPE 的特征峰:1098 cm^{-1} 对应于 C—O—C 伸缩振动,1182 cm^{-1} 是 CF 伸缩振动,1228 cm^{-1} 是 CF$_2$ 伸缩振动,1306 cm^{-1} 是 CF$_2$ 伸缩振动[26]。比较图 7.3.6 中红外光谱的变化,发现经过紫外、电子、质子和原子氧辐照后 PFPE 和 CPSO 的特征峰的强度都有所减弱。有所不同的是,质子辐照后这些特征峰的强度降低的程度最大,而紫外、电子和原子氧辐照降低的程度不明显。质子辐照后 CPSO 中的 Si—O—Si(1060 cm^{-1})和—Si—C—(795 cm^{-1})特征峰强度都大大降低,并且在 1600 cm^{-1} 和 3700 cm^{-1} 区域出现了 O—H 的峰,这说明质子辐照引起了 CPSO 表面发生断键反应,同时生成了新键[27,28]。PFPE 经过质子辐照后所有特征峰几乎都消失,也没有新的峰生成。这些结果说明了质子辐照对润滑油造成的降解作用明显大于原子氧辐照的,并且 CPSO 的抗辐照能力明显优于 PFPE。

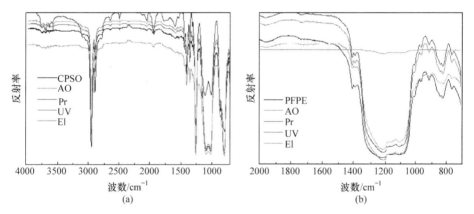

图 7.3.6　四种空间辐照前后润滑油 CPSO(a)和 PFPE(b)的红外光谱图
(扫描封底二维码可看彩图)

7.3.3　空间辐照对油润滑下聚酰亚胺摩擦学性能的影响

进一步考察了空间辐照环境对 CPSO 和 PFPE 润滑油下 PI 摩擦学性能的影响。图 7.3.7 中给出了原子氧、紫外、质子和电子辐照前后 CPSO 和 PFPE 润滑下 PI 摩擦系数的变化情况。从图 7.3.7(a)中可以看出,辐照前后 CPSO 润滑下 PI 摩擦系数的大小顺序是 Pr≈El>UV>AO=CPSO,这说明原子氧和紫外辐照对 CPSO 润滑下 PI 摩擦系数的影响很小,而质子和电子辐照使其摩擦系数分别由原来的 0.016 增加到 0.05 左右。从图 7.3.7(b)可以看出,辐照前后摩擦系数的大小顺序是 Pr＞El＞AO＞UV＞PFPE，四种辐照形式都明显增加了 PFPE 润滑下 PI 的摩擦系数。图 7.3.8 给出了原子氧和质子辐照前后油润滑下 PI 磨损率的变化。原子氧和质子辐照都使得材料的磨损率不同程度地增加。经过原子氧和质子辐照后，CPSO 润滑下 PI 材料磨损率从 1.36×10^{-5} mm³/(N·m) 分别增大到 4.23×10^{-5} mm³/(N·m) 和 5.48×10^{-5} mm³/(N·m)，而 PFPE 润滑下 PI 材料磨损率从 0.93×10^{-5} mm³/(N·m) 分别增大到 5.44×10^{-5} mm³/(N·m) 和 8.52×10^{-5} mm³/(N·m)，磨损率的增大趋势与摩擦系数的变化趋势一致。图 7.3.9 给出了辐照前后对偶的光学显微镜图。辐照前 CPSO 润滑下的对偶表面磨斑比 PFPE 润滑下对偶表面的要明显。经过空间辐照后，所有对偶钢球表面呈现出更多的材料转移和明显的磨斑。而且，辐照后 PFPE 润滑下对偶球表面的磨斑比 CPSO 润滑下对偶球表面的变得更加明显。对偶表面磨斑的变化情况与前面摩擦系数和磨损率的变化相对应。

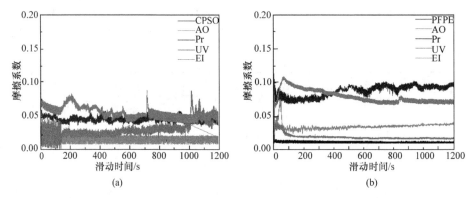

图 7.3.7　辐照前后 CPSO(a) 和 PFPE(b) 润滑下 PI 的摩擦系数

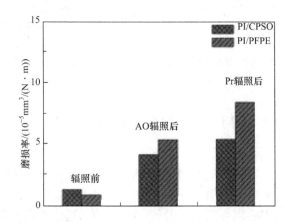

图 7.3.8　辐照前后 CPSO 和 PFPE 润滑下 PI 的磨损率

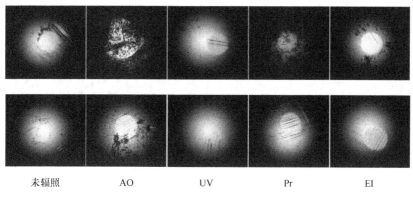

图 7.3.9 辐照前后油润滑条件下对偶的光学显微镜图

（上）CPSO；（下）PFPE

由此可见,空间辐照会导致 PI 材料表面的润滑油出现一定程度的润滑失效,从而导致摩擦系数增大。其中带电粒子产生的影响明显大于原子氧和紫外产生的影响。而且,辐照对 CPSO 润滑下 PI 摩擦学性能的影响程度明显小于 PFPE 润滑下的。研究还发现,润滑油在辐照过程中会产生可挥发性小分子,从而降低了辐照真空室的真空度,而且这些小分子很难除去,因此对真空辐照设备造成了很大的损害。

7.4 空间辐照对脂润滑下聚酰亚胺摩擦学性能的影响

微重力的环境会造成液体润滑剂与运行部件基体材料润湿性的变化,造成液体润滑材料的爬行流失,从而降低了运行部件的在轨运行寿命,同时对周围的光学和电学器件造成严重污染。润滑脂 grease 作为固体状润滑剂,可黏附在倾斜表面,甚至在垂直表面上不流失,而在外力作用下会发生形变和流动,因此被广泛应用于空间机械润滑[29-31]。润滑脂是指用稠化剂稠化基础油制备的从半流体到固体状的润滑剂。全氟聚醚油基的润滑脂在空间机械中得到了较广泛的应用,这方面的研究也很多。在此我们主要研究空间辐照对 PFPE 润滑脂和掺杂纳米 MoS_2 的 PFPE 润滑脂的润滑性能的影响。

7.4.1 润滑脂结构、组成和热稳定性的变化

图 7.4.1 给出了空间辐照前后润滑脂的红外光谱图。对比图中数据可以看出,空间辐照在一定程度上都引起了润滑脂的降解,而且带电粒子——质子和电子引起的降解明显大于原子氧和紫外辐照的。图 7.4.2 给出了辐照前后润滑脂的 TGA 曲线。从图中可以看出,辐照前后分解温度没有发生明显的变化,但是对原子氧和质子辐照的样品来说,第一阶段的质量损失明显减小。图 7.4.3 给出了辐

照前后材料表面化学组分的变化,从中可以看出,原子氧和紫外辐照使润滑脂发生氧化反应,而质子和电子辐照使润滑脂发生碳化反应。

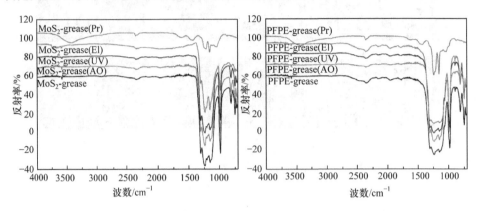

图 7.4.1　辐照前后润滑脂的 FTIR-ATR 谱图

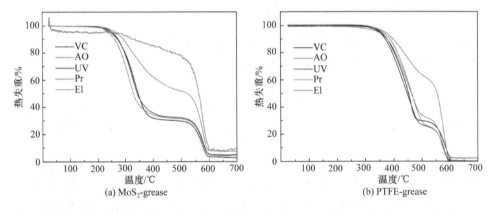

图 7.4.2　辐照前后润滑脂的 TGA 曲线(VC 指辐照前)(扫描封底二维码可看彩图)

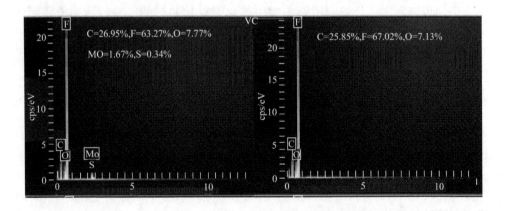

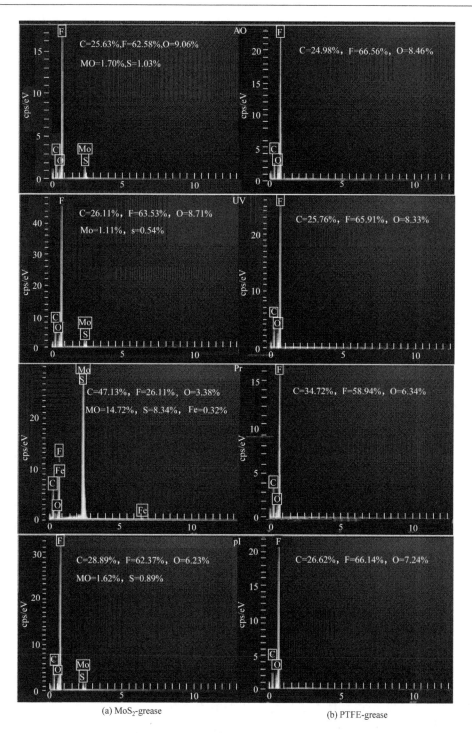

(a) MoS₂-grease

(b) PTFE-grease

图 7.4.3　辐照前后润滑脂的 EDS 谱图

7.4.2 摩擦磨损性能的研究

图 7.4.4 给出了辐照前后材料摩擦系数的变化情况。辐照前，MoS_2-grease 润滑条件下 PI 的摩擦系数是 0.105；而 PTFE-grease 润滑条件下 PI 的摩擦系数在 0.083~0.185 波动，最后稳定在 0.136 左右。MoS_2-grease 润滑下，原子氧辐照使 PI 摩擦系数在 0.108~0.252 剧烈波动；质子辐照使 PI 摩擦系数先增大到 0.206，然后降低到 0.055；而电子和紫外辐照对其摩擦系数的影响很不明显。而 PTFE-grease 润滑下，原子氧辐照对 PI 摩擦系数的影响比较小，而质子、电子和紫外辐照分别使其摩擦系数呈现出巨大的波动，然后分别稳定在 0.134，0.105 和 0.118 左右。图 7.4.5 给出了辐照前后 PI 磨损率的变化。从中可以看出，辐照前，MoS_2-grease 润滑条件下 PI 的磨损率小于 PTFE-grease 润滑条件下的。各种形式的辐照都引起了磨损率的增加，这说明空间辐照会引起润滑脂出现一定程度的润滑失效。而且，MoS_2-grease 润滑条件下 PI 磨损率增加的程度明显小于 PTFE-grease 润滑条件下，这说明在润滑脂中引入 MoS_2 后可以缓解空间辐照环境对润滑脂润滑性能的破坏。分析原因，这主要是润滑脂发生辐照降解后，润滑脂中的 MoS_2 起到润滑剂的作用从而弥补了辐照造成的润滑失效。这一结果与 7.4.2 节中油润滑下 PI 的结果相比较，我们会发现，原子氧和质子辐照对脂润滑下 PI 材料的摩擦系数和磨损率造成的影响要小于其对油润滑下 PI 材料的摩擦系数和磨损率的影响。因此，与润滑油相比，润滑脂能更好地抵抗空间辐照对润滑性能造成的破坏失效，而且在润滑脂中添加 MoS_2 有助于提高润滑脂的耐空间辐照性能。

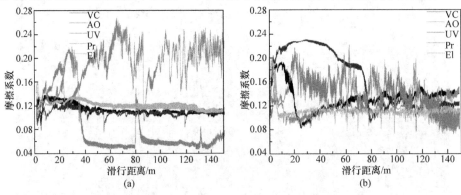

图 7.4.4　辐照前后润滑脂复合材料的摩擦系数

　　图 7.4.6 给出了辐照前后不同润滑脂润滑条件下 PI 表面的磨痕形貌图。从中可以看出，辐照前 PI 表面的磨痕比较光滑。辐照后 PI 表面磨损严重，呈现出更宽更明显的磨痕。图 7.4.7 给出了辐照前后复合材料对对偶钢球表面的磨损情况。从中可以看出，辐照前，钢球表面很光滑，几乎看不到磨损的痕迹，这说明润滑脂能很好地保护材料对钢球的磨损；而辐照后，钢球表面出现明显的磨痕，这说明辐照引起润滑脂的润滑失效，从而在摩擦过程中材料会对钢球产生很大的磨损破坏。

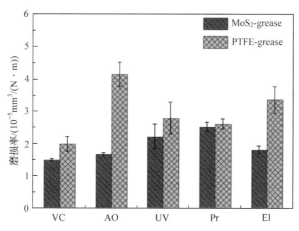

图 7.4.5　辐照前后润滑脂条件下的 PI 的磨损率

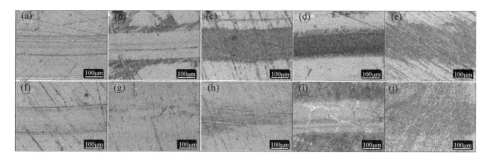

图 7.4.6　辐照前后不同润滑脂润滑条件下 PI 表面的磨痕形貌
(a) PTFE-grease;(b) PTFE-grease(AO);(c) PTFE-grease(UV);(d) PTFE-grease(Pr);
(e) PTFE-grease(El);(f) MoS$_2$-grease;(g) MoS$_2$-grease(AO);(h) MoS$_2$-grease(UV);
(i) MoS$_2$-grease(Pr);(j) MoS$_2$-grease(El)

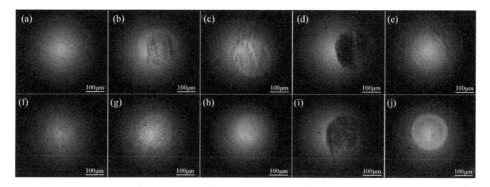

图 7.4.7　辐照前后复合材料对对偶钢球表面的磨损情况
(a) PTFE-grease;(b) PTFE-grease(AO);(c) PTFE-grease(UV);(d) PTFE-grease(Pr);
(e) PTFE-grease(El);(f) MoS$_2$-grease;(g) MoS$_2$-grease(AO);(h) MoS$_2$-grease(UV);
(i) MoS$_2$-grease(Pr);(j) MoS$_2$-grease(El)

前面的研究表明,在真空环境中 MoS$_2$-grease 比 PTFE-grease 具有更好的润滑性能。质子辐照和电子辐照都会导致润滑脂分子结构发生一定程度的碳化降解,而原子氧辐照和紫外辐照都会导致润滑脂分子结构发生一定程度的氧化降解。润滑脂发生降解后会引起润滑失效,从而导致 PI 的摩擦系数出现明显的波动,并且磨损率明显增加。与 7.3 节中空间辐照对油润滑下 PI 摩擦磨损性能的影响相比,发现润滑脂在空间辐照环境中能较好地保持润滑性能,而且在润滑脂中添加 MoS$_2$ 有助于提高润滑脂的耐辐照能力。

7.5　离子液体润滑条件下聚合物的摩擦学性能

离子液体是指在室温环境呈液态的、完全由正负离子构成的熔盐体系,一般是由特定的、体积相对较大的有机阳离子和体积相对较小的无机或有机阴离子通过库仑力结合构成的[32]。伴随着绿色化学概念的提出,离子液体的研究在全世界范围掀起了热潮,在有机合成、催化、分离提取及电化学方面取得长足发展。近年来,离子液体在润滑剂领域的研究取得了突破性进展[33-35]。离子液体具有极低的蒸气压、很宽的温度范围、不可燃、优异的稳定性和高的电导率等,这些性质都是空间环境应用中不可或缺的[36,37]。目前,为了满足未来人类登月计划中对润滑剂更高的要求,离子液体正作为潜在的空间环境润滑剂被广泛地研究。

7.5.1　离子液体外部润滑下聚酰亚胺和聚醚醚酮的摩擦系数

本实验选用 1-丁基-3-甲基咪唑六氟磷酸盐离子液体(ILP)和 1-丁基-3-甲基咪唑四氟硼酸盐离子液体(ILB),其结构式见图 7.5.1。

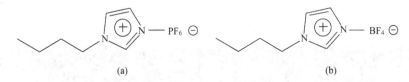

(a)　　　　　　　　　　　　　　　　(b)

图 7.5.1　两种离子液体 ILP(a)和 ILB(b)的化学结构式

图 7.5.2 给出了两种离子液体润滑下 PI 和 PEEK 的摩擦系数。从中可以看出,在离子液体 ILP 润滑作用下,PI 和 PEEK 摩擦系数分别是 0.026 和 0.030;在离子液体 ILB 润滑作用下,PI 和 PEEK 摩擦系数分别是 0.015 和 0.011。这说明,将离子液体涂覆在聚合物材料的表面,可以明显降低聚合物材料与对偶钢球之间的摩擦系数,而且离子液体 ILB 的润滑效果比 ILP 的好,这一结果与文献[38]中的结果一致。文献[38]中认为,咪唑环的倾斜角越大,摩擦系数越小。离子液体 ILB 中的阴离子体积小于 ILP 中的阴离子体积,这会使得 ILB 中的倾斜角大于 ILP 中的,所以摩擦系数小。图 7.5.3 给出了两种离子液体润滑下聚酰亚胺对偶表面的光学显微镜形貌。从中可以看出,在离子液体的润滑条件下,对偶钢球表面

发生明显的腐蚀现象。以上结果表明，离子液体能够明显地降低聚合物材料和 GCr15 钢球对摩的摩擦系数，从而发挥了外部润滑的作用。但是离子液体在起润滑作用的同时严重腐蚀了 GCr15 钢球表面。因此，为了避免离子液体对钢球的腐蚀现象，我们将离子液体与聚合物材料共混，期望发挥离子液体的内部润滑作用。

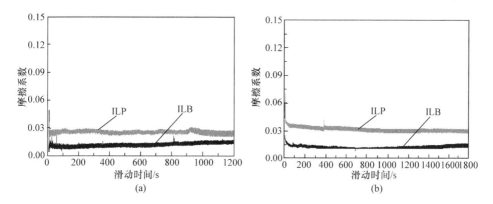

图 7.5.2　两种离子液体润滑条件下 PI(a) 和 PEEK(b) 的摩擦系数

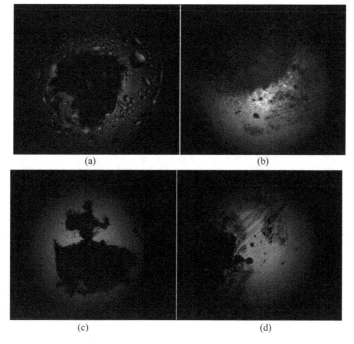

图 7.5.3　离子液体润滑下 PI 对偶的光镜图
(a) ILB；(b) ILP；(c) 和 (d) 是对应 (a) 和 (b) 经过超声洗涤

7.5.2　离子液体作为内部润滑剂对聚酰亚胺摩擦学特性的影响

7.5.2.1　复合薄膜的制备

PI 的制备过程:在装有机械搅拌装置、通气装置的干燥的 100 mL 三口瓶中,将 0.01 mol 的二胺溶于一定质量的二甲基甲酰胺(DMF)中,然后将等摩尔的二酐分三次加入到体系中,在室温下反应 24 h,经缩合聚合反应形成线型高聚物,体系中的固含量为 10%。按体积比(NMP(N-甲基吡咯烷酮)/甲苯=10/1)加入甲苯,加热使体系在 170~180 ℃下回流 10 h,回流过程中反应混合物变成凝胶状。最后,将胶体状生成物在水中抽成细丝,经过干燥,粉碎得到 PI 粉末。

IL/PI 复合薄膜(IL 代表离子液体)的制备过程:将前面得到的 PI 粉末溶解在 NMP 中得到固含量为 10% 的溶液,加入一定量的 1-丁基-3-甲基咪唑四氟硼酸盐离子液体(ILB),然后将混合物在室温环境中搅拌 12 h 得到均匀的黏性液体。最后,将制备的黏性液体涂覆在干净钢块上,放在烘箱中分别于 80 ℃,100 ℃,200 ℃ 和 250 ℃ 保持 1 h,得到 IL/PI 复合薄膜。复合薄膜中离子液体的含量分别是 1%,5% 和 10%。在此用 SEM-EDS 检测 10% 的 IL/PI 复合薄膜材料中元素的分布情况,结果如图 7.5.4。从中可以看出,B 元素在复合材料中分布很均匀,这说明离子液体能均匀地分布在复合材料中。本书采用共混的方式制备了不同含量的 IL/PI 复合薄膜材料。图 7.5.5 给出了不同含量的 IL/PI 复合薄膜材料和纯离子液体的 FTIR-ATR 谱图。图谱上在 1786 cm^{-1} 和 1725 cm^{-1} 处的特征峰分别对应于 C=O 的不对称和对称伸缩振动吸收峰。1378 cm^{-1} 处的特征峰对应于亚胺环中 C—N 的伸缩振动。1210 cm^{-1} 和 1193 cm^{-1} 处的特征峰属于 C—F 键的特征吸收峰。1241 cm^{-1} 处的特征峰对应 C—O—C。这些特征峰的位置与文献中的相一致[39,40]。图 7.5.5(b)中给出了纯离子液体的红外谱图。从中可以看出,1572 cm^{-1} 和 1634 cm^{-1} 处的特征峰对应于环中 C—C 和 C—N 的峰。1030 cm^{-1} 对应 B—F 的特征吸收,1380 cm^{-1} 和 1470 cm^{-1} 分别对应饱和烷基的—CH$_3$ 和 —CH$_2$—,所有这些离子液体的特征峰都与文献中报道的一致[41,42]。从结果看出,复合薄膜红外特征峰的位置和强度都没有随离子液体的浓度发生明显变化,这说明 PI 和 IL 分子之间没有发生共价键作用[43]。

7.5.2.2　复合薄膜的表面润湿性

接触角可以用来表征材料的表面润湿性,图 7.5.6 给出了去离子水在复合薄膜表面上的接触角。从中看出,纯 PI 薄膜的接触角是 86.55°,随着 IL/PI 复合薄膜中 IL 含量的增大,接触角逐渐减小。当离子液体的含量达到 10% 时,复合薄膜的接触角降低到 70.51°。更低的接触角意味着更好的表面润湿性,这种表面润滑性的改善是由于离子液体的极性作用降低了相转化过程中的界面能[34]。

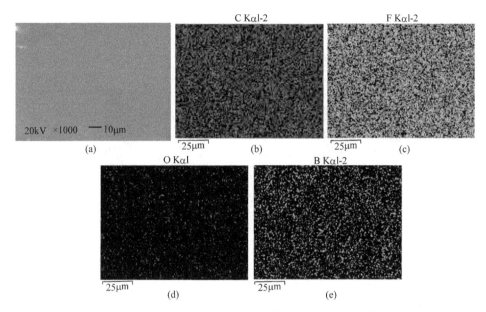

图 7.5.4　10% IL/PI 复合薄膜的元素分布情况

(a) 表面形貌图；(b) C 元素的分布；(c) F 元素的分布；(d) O 元素的分布；(e) B 元素的分布

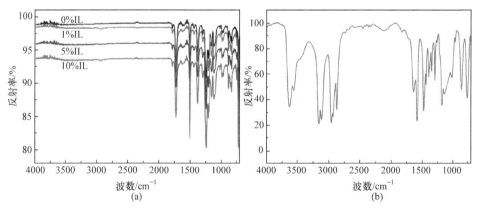

图 7.5.5　复合薄膜(a)和纯离子液体(b)的 FTIR-ATR 谱图

7.5.2.3　复合薄膜的摩擦学性能

图 7.5.7 给出了纯 PI 和 PI/IL 复合薄膜的平均摩擦系数和磨损率。如图 7.5.7(a)所示，纯 PI 薄膜的摩擦系数是 0.41，1％的 IL/PI 复合薄膜的摩擦系数是 0.36，是纯 PI 摩擦系数的 0.88 倍；而 5％和 10％的 IL/PI 复合薄膜的摩擦系数分别是 0.40 和 0.39，这几乎与纯 PI 的摩擦系数一致。如图 7.5.7(b)所示，纯 PI 的磨损率是 11.43×10^{-4} mm³/(N·m)，1％，5％和 10％的 IL/PI 复合薄膜的磨损率分别是 12.13×10^{-4} mm³/(N·m)，15.76×10^{-4} mm³/(N·m)和 $18.83 \times$

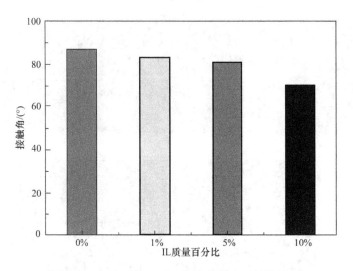

图 7.5.6　纯 PI 和 IL/PI 复合薄膜表面的接触角

10^{-4} mm³/(N·m)。以上结果说明,当复合薄膜中离子液体的浓度是 1% 时,离子液体可以起到内部润滑的作用以降低材料的摩擦系数和磨损率。但是,当复合薄膜中离子液体的浓度达到 5% 和 10% 时,离子液体不能发挥润滑作用,而且此时的复合薄膜的耐磨性明显降低。

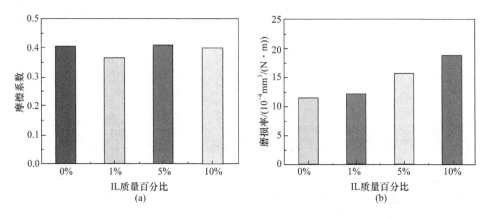

图 7.5.7　纯 PI 和 PI/IL 复合薄膜的平均摩擦系数(a)和磨损率(b)

7.5.2.4　离子液体内部润滑机理

为了详细讨论离子液体的内部润滑机理,在这里分析摩擦后复合薄膜材料的表面形貌,如图 7.5.8,低倍图(a)～(d)是磨痕轨道的形貌,高倍图(e)～(h)是磨痕面的形貌。纯 PI 和 1%IL/PI 材料的磨痕表面比较光滑,主要呈现塑性变形。而 5% 和 10% 的 IL/PI 复合薄膜材料的表面有很多磨屑,而且表面有明显的撕裂现象。这些形貌的不同说明,当复合薄膜中离子液体的浓度达到 5% 时,复合薄膜材料很容易发生碎裂,这主要是由于在复合材料中 PI 和 IL 没有形成共价键的作用。在此我们测量复合薄膜的拉伸强度,结果见图 7.5.9。从中看出,纯 PI 和 1% IL/PI 复合薄膜的拉伸强度明显高于 5% 和 10% 的 IL/PI 复合薄膜材料。图 7.5.10 给出了对偶钢球的形貌图,图(a)～(d)对应的是摩擦后对偶钢球的形貌,而图(e)～(h)是摩擦后对偶钢球经过丙酮擦洗后的形貌。从中可以看出,在摩擦过程中存在着明显的材料转移现象,特别是 5% 和 10% 的 IL/PI 复合薄膜材料(图 7.5.10(c),(d));从清洗过的钢球表面可以看到,复合薄膜对钢球表面造成了一定程度的刮伤,而 1% 的 IL/PI 复合薄膜材料对对偶的刮伤相对来说比较轻微。这说明,1% 的 IL/PI 复合薄膜材料中的离子液体可以起到内部润滑的作用,降低 PI 与对偶钢球的摩擦,从而降低了摩擦系数。

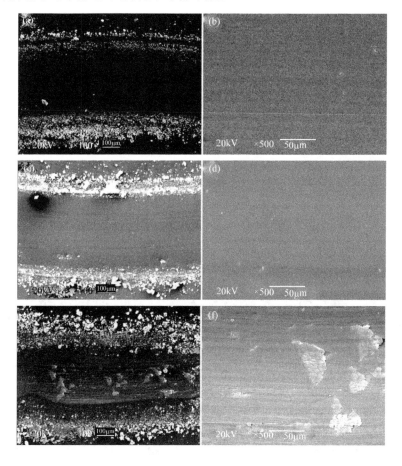

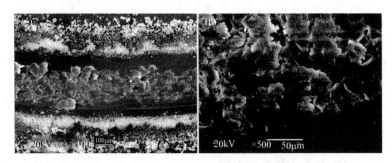

图 7.5.8　纯 PI 和 IL/PI 复合薄膜的磨痕表面的形貌图
(a),(e)纯 PI;(b),(f)1% IL/PI;(c),(g)5% IL/PI;(d),(h)10% IL/PI

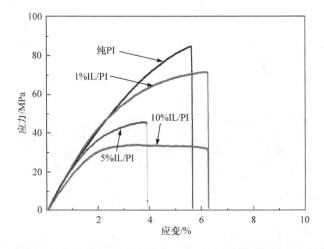

图 7.5.9　纯 PI 和不同含量 PI/IL 复合薄膜的拉伸曲线

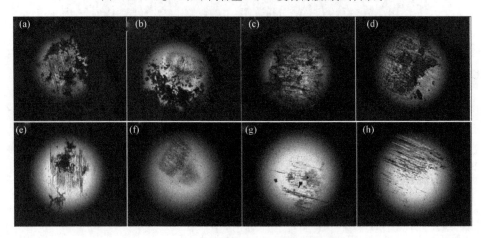

图 7.5.10　对偶钢球的光学显微镜图片
(a),(e)纯 PI;(b),(f)1% IL/PI;(c),(g)5% IL/PI;(d),(h)10% IL/PI

7.6　空间辐照对多孔含油聚合物材料摩擦学性能的影响

7.6.1　多孔含油聚合物材料

从前面的章节中发现,空间辐照在一定程度上都会对固液复合润滑材料表面的液体润滑剂造成降解,从而造成了润滑失效。在实际应用中,会影响设备的寿命和性能的稳定性。多孔润滑材料由于其内部的多孔结构而具有优越的自润滑性能,在常态下能够吸入并存储润滑油,而在工作中因温度和压力的作用又能够连续稳定地提供润滑油,可以长时间不换油而起到良好的自润滑作用。多孔润滑材料主要有多孔聚合物材料、多孔金属材料和多孔陶瓷材料等[7]。在空间环境中应用比较多的多孔聚合物含油轴承保持器,一般用于空间的高速、高精度轴承中,而且具有类似于润滑油等级的极低摩擦系数,在运行过程中它在轴承周围形成了自供油的循环系统,能保证长时间的润滑和供油。

在一些特殊的工况下必须使用油润滑轴承才能达到性能要求。Marchetti 等研究聚酰亚胺多孔材料在摩擦过程中的供油原理时发现,润滑油可以通过毛细作用渗出形成润滑膜而起到润滑作用。当轴承运行时,保持架内的润滑油由于受到离心力和温度的共同作用,溢向保持架表面,随着滚动体转移到滚动面上,形成完整的润滑膜。而这些润滑油又可以被微孔材料重新吸入保持器,实现润滑油在轴承内的微循环。多孔聚合物含油轴承材料一般包括:多孔酚醛胶木材料、多孔尼龙材料、模压多孔聚酰亚胺等。其中的模压多孔聚酰亚胺材料内部具有贯通的通孔,孔径可通过制备工艺进行控制,材料的化学稳定性、耐温性好、摩擦学性能优异、机械强度高,耐空间环境良好,并且材料的含油率和含油保持率较高,能够在轴承使用过程中提供良好持续的油润滑,提高轴承寿命。该材料具有优良的性能和低成本,应用前景广阔。许多科研工作者研究了 PI 多孔含油材料中的润滑油可以稳定析出并形成润滑膜,从而降低摩擦系数[44,45]。但是,关于空间辐照环境对多孔含油材料的摩擦学性能的研究很少。

因此,本章节中采用冷压热烧结技术将聚酰亚胺粉末加工成多孔聚酰亚胺(PPI)得到一种多孔材料[13,46]。图 7.6.1 给出了制备得到的 PI 多孔材料的内部孔结构形貌图的 SEM 图,从中可见内部孔结构分布均匀,孔洞相互贯通,形成有效孔道,可以作为润滑油存储器和流动通道。孔隙率、孔径大小及孔径分布等特性是多孔含油材料的关键。图 7.6.2 给出了利用压汞仪测得多孔材料的孔径分布曲线和进汞、出汞曲线。材料孔径分布曲线结果表明,材料具有均一的孔径分布,孔径大小约为 $1.6~\mu m$。从图中的样品压汞测试时的进汞、出汞曲线,可见随着压力的增大,进汞量呈现梯形变化,该梯形变化对应于此压力下进入孔隙的汞体积量的急剧增大;然而,当压力卸去时,出汞曲线并未表现出进汞曲线的可逆变化,起先在压力作用下进入的汞完全留在孔隙中。该结果表明材料具有"墨水瓶"型多孔结构,孔洞之间通过孔径较小的"窗口"相互连接[47]。该结果与通过 SEM 观察到的结果一致。利用压汞仪测试给出多孔 PI 材料的孔隙率为 26%,孔隙率的大小直接决定了含油材料的含油率。

图 7.6.1　PPI 断面的 SEM 图

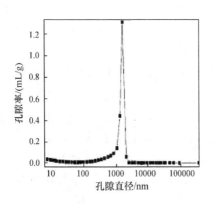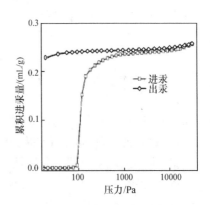

图 7.6.2　PI 多孔材料通过压汞仪测试得到的孔径分布曲线和进汞、出汞曲线

　　然后在这种多孔材料中引入润滑油得到复合润滑材料。将样块于真空 120 ℃干燥 2 h 后,迅速放入润滑油中,然后继续在真空烘箱中放置过夜,最后用棉布将样块表面的润滑油轻轻擦掉。本实验中所使用的润滑油是 CPSO 和 PFPE。

　　多孔材料含油率和含油保持率无疑是决定材料综合性能的关键技术参数[44,48]。文献中曾详细介绍了含油率和含油保持率的测试和计算方法,并且给出了含油保持率随甩油时间的变化曲线(图 7.6.3)。从不同的含油保持率曲线的变化趋势可以分析不同材料的润滑性能。对多种不同含油保持器材料进行实验后得到的含油保持率曲线进行分析可以知道,在甩油过程前期,含油保持率变化较快,随着时间的增加逐步平稳达到稳定。实验表明,在前期,含油保持率变化的时间越短,含油保持率达到稳定时的百分数越高,证明保持器的润滑稳定性越好,可靠性越高。

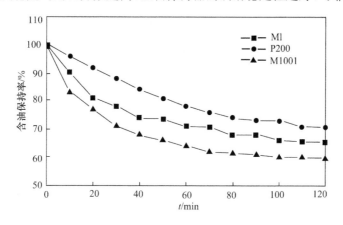

图 7.6.3　多孔 PI 含油材料的含油保持率随甩油时间的变化曲线

7.6.2　空间辐照对多孔含油聚酰亚胺的影响

研究结果表明,空间辐照环境中的质子辐照对材料的摩擦学性能的影响最严重[49,50]。因此,在此只考察了质子辐照对多孔含油材料的影响。

7.6.2.1　辐照前后材料表面形貌和表面结构的变化

图 7.6.4 给出了辐照前后多孔 PI(PPI)及其含油材料的 SEM 图。从中可以看出,PPI 表面呈现鳞片状,在 PPI 孔结构中引入 CPSO 和 PFPE 润滑油后表面比较光滑,这说明了润滑油进入 PPI 孔结构的同时能够完全覆盖其粗糙表面。经过质子辐照后,PPI 表面的鳞片结构变得不规则,呈现更加粗糙的表面形貌。而含油的 PPI 表面经过质子辐照后,明显看到表面的润滑油有一定程度的损失,但是表面还是保持相对光滑。

这里采用红外光谱法评价质子辐照前后 PPI 和含润滑油的 PPI 材料表面化学结构的变化。图 7.6.5 给出了辐照前后 PPI 及其含油 PPI 的红外谱图。从中可以看出,PPI 的特征峰位于 1717 cm^{-1}(C ═O),1498 cm^{-1}(C ═C),1372 cm^{-1}(C—N—C)和 1240 cm^{-1}(C—O—C)处,经过质子辐照后这些特征峰几乎完全消失。这主要是由于质子辐照在一定程度上破坏了 PPI 表面分子链结构,使得其表面特征基团的含量降低[51-53]。当在 PPI 中引入润滑油时,在红外光谱图中,除了能看到 PI 的特征峰,还分别能看到 PFPE 和 CPSO 的特征峰。对于 CPSO 来说,

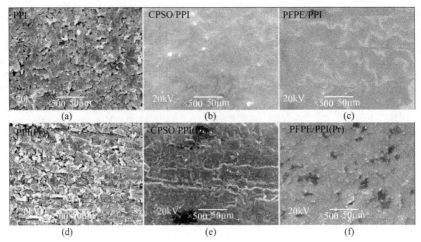

图 7.6.4　辐照前后 PPI 及其含油 PPI 的 SEM 图

(a)～(c) 辐照前；(d)～(f) 质子辐照后

特征峰是 1255 cm^{-1}(—CH$_3$)，1065 cm^{-1}(Si—O—Si)，795 cm^{-1}(—Si—C—)[28]。对于 PFPE 来说，特征峰是 1090 cm^{-1}(C—O—C)，1194 cm^{-1}(CF)，1230 cm^{-1}(CF$_2$)[26]。红外光谱中特征峰强度的变化可以用来评价辐照对材料造成的化学降解[54]。而且，大量的研究结果表明，质子辐照会引起有机高分子材料发生断键反应，从而使得特征峰的强度发生明显的降低[25,28,55,56]。从红外光谱图中，我们会发现，质子辐照后不论是纯的 PPI 还是含油的 PPI 材料中的 PI 的特征峰强度都发生了明显的降低，相比而言，润滑油的特征峰的强度并没有出现明显的变化。这一结果与前面的质子辐照严重降解润滑油分子结构的结果不同。分析原因，这主要是由于，虽然质子辐照能造成材料表面的润滑油的降解，但是润滑油低的表面能会从孔结构中迁移到材料的表面，从而修复了表面[57]。

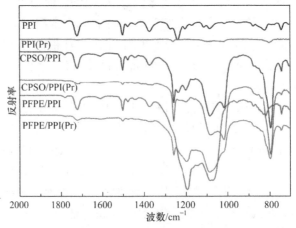

图 7.6.5　辐照前后 PPI 及其含油 PPI 的 FTIR-ATR 谱图

7.6.2.2 辐照对材料润湿性和摩擦磨损性能的影响

进一步考察质子辐照对多孔含油材料表面润湿性的影响。图 7.6.6 给出了去离子水在辐照前后 PPI 及其含油复合材料表面上的接触角。从中可以看出,水在PPI 表面的接触角是 90°,在 PPI 中引入 CPSO 和 PFPE 后,水在复合材料上的接触角增大到 113°和 109°。质子辐照 5 min 后,水在 PPI,CPSO/PPI 和 PFPE/PPI上的接触角分别增加到 112°,116°和 120°。这种 PPI 材料是疏水性的,在 PPI 材料中引入润滑油可以增加材料的疏水性能。经过质子辐照后,PPI 材料的疏水性能发生了明显的提高,而含油的 PPI 材料能够保持稳定的疏水性能。

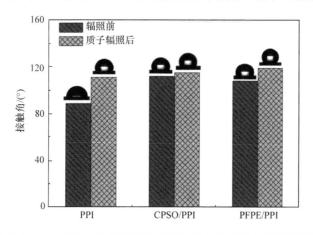

图 7.6.6 去离子水在辐照前后 PPI 及其含油 PPI 表面的接触角

图 7.6.7 给出了辐照前后 PPI 及其含油复合材料的摩擦系数和磨损率的变化。从图 7.6.7(a)中可以看出,PPI 的摩擦系数在 0.26~0.29 内波动;而CPSO/PPI 和 PFPE/PPI 的摩擦系数分别稳定在 0.07 和 0.05 左右。经过质子辐照后,PPI 的摩擦系数先增加到 0.34 然后稳定在 0.10;而 CPSO/PPI 和 PFPE/PPI 的摩擦系数分别稳定在 0.09 和 0.14。从图 7.6.7(b)可以看出,质子辐照使得 PPI 的磨损率从 8.06×10^{-5} mm³/(N·m)增加到 18.36×10^{-5} mm³/(N·m);质子辐照使得 CPSO/PPI 的磨损率从 5.13×10^{-5} mm³/(N·m)增加到 5.75×10^{-5} mm³/(N·m);质子辐照使得 PFPE/PPI 的磨损率从 4.23×10^{-5} mm³/(N·m)增加到 6.19×10^{-5} mm³/(N·m)。由此可见,在 PPI 的孔结构中引入润滑油可以得到具有低的摩擦系数和磨损率的自润滑复合材料。同时发现,PPI 材料的摩擦磨损性对质子辐照很敏感,而含油的 PPI 尤其是 CPSO/PPI 复合材料在质子辐照前后能够保持稳定的摩擦磨损性能。

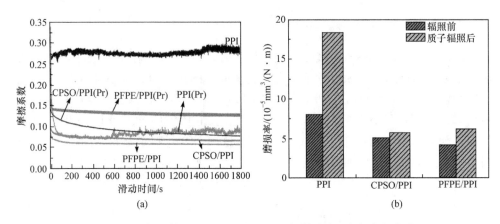

图 7.6.7　辐照前后 PPI 和含油 PPI 的摩擦系数和磨损率的变化

7.6.2.3　多孔含油聚酰亚胺在质子辐照环境中的自修复机理

图 7.6.8 给出了辐照前后 PPI 及复合材料对偶表面的 SEM 图、拉曼谱图和 EDS 谱图。从图 7.6.8(a)中可以看出,辐照前 PPI 材料的对偶钢球表面有很多磨屑,辐照后 PPI 材料的对偶钢球上几乎没有磨屑存在,但是有很明显的磨斑。相比而言,对于含油的 PPI 材料来说,无论是辐照前还是辐照后对偶钢球表面都不存在磨屑和磨斑,仅存在少量的油斑。本实验采用拉曼表征了辐照前后对偶球面上转移材料的成分,结果如 7.6.8(b)。从中可以看出,在辐照前 PPI 的对偶面上主要是一些无定型聚合物的峰,这说明在摩擦过程中 PPI 材料转移到钢球表面;辐照后 PPI 的对偶面上主要是无定型碳的峰,这说明在摩擦过程中辐照后 PPI 上的碳化层转移到对偶表面;而在含油的 PPI 对偶钢球上并没有检测到拉曼的特征峰,这可能是由于钢球上的物质没有拉曼特征峰。我们进一步采用 EDS 分析表面成分,结果如图 7.6.8(c)。从中可以看出,在辐照前后 CPSO/PPI 对偶面上检测到了 Si 元素,在 PFPE/PPI 对偶面上检测到了 F 元素。这说明辐照前后含油的 PPI 材料中的润滑油都会转移到对偶表面,防止了固-固直接接触,从而降低了摩擦系数和磨损率。

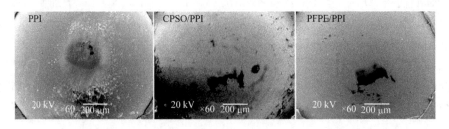

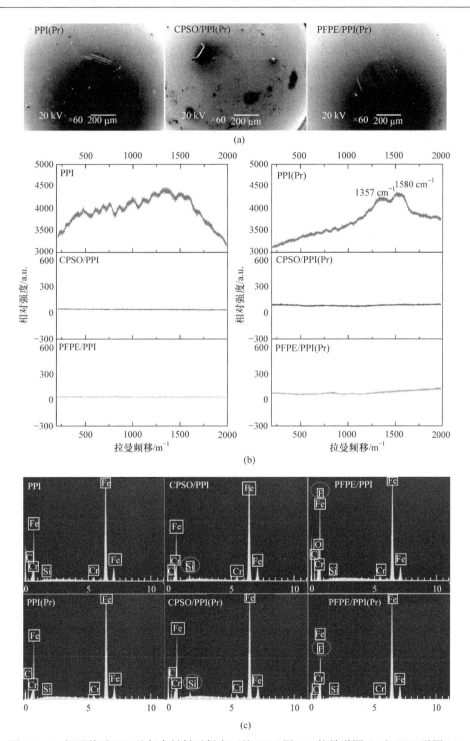

图 7.6.8　辐照前后 PPI 及复合材料对偶表面的 SEM 图(a)、拉曼谱图(b)和 EDS 谱图(c)

　　根据上面的分析结果,这种多孔含油材料能够在质子辐照环境中保持稳定的疏水性能和摩擦学性能,主要是由于多孔含油材料在质子辐照环境中具有自修复机理(图7.6.9)。由于质子辐照对纯 PPI 表面的损伤严重,所以表面的疏水性能和摩擦学性能都发生了明显变化。虽然含油 PPI 复合材料的表面在质子辐照环境中也会有一定程度的降解,但是孔内的润滑油能避免辐照降解。储存在内部的润滑油会从孔道中爬行迁移到 PPI 表面,从而对损伤的表面起到修复的作用。这种辐照损伤和自修复之间的平衡作用能够使得材料保持稳定的疏水性能和摩擦学性能。

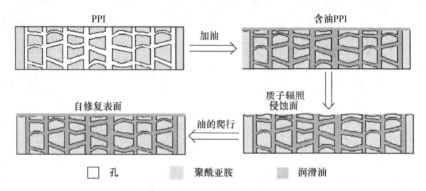

图 7.6.9　含油 PPI 材料在质子辐照环境中的自修机理图(扫描封底二维码可看彩图)

　　由此可见,在 PPI 中引入润滑油 CPSO 和 PFPE 可以得到具有低摩擦系数和磨损率以及疏水性的复合材料。这种多孔含油聚酰亚胺复合材料具有低的环境敏感性,可以在质子辐照环境中保持稳定的摩擦磨损性能和疏水性能,这主要是由于孔结构中的润滑油可以迁移到材料表面来修复被辐照损伤的表面。

参 考 文 献

[1] Zhu J,Liang Y,Liu W. Effect of novel phosphazene-type additives on the tribological properties of Z-DOL in a steel-on-steel contact. Tribol. Int. ,2004,37:333-337.

[2] Zhu J,Liu W,Chu R,et al. Tribological properties of linear phosphazene oligomers as lubricants. Tribol. Int. ,2007,40:10-14.

[3] Zhang Z Z,Xue Q J,Liu W M,et al. Friction and wear behaviors of several polymers under oil-lubricated conditions. J. Appl. Polym. Sci. ,1998,68:2175-2182.

[4] Toshiyuki E Y S,Yasuhiro T. Mechanical-chemical finishing using a lapping stone including microcapsules. Transactions of the Japan Society of Mechanical Engineers, 1999, 65: 1698-1703.

[5] 章明秋,郭清兵,荣敏智. 一种自润滑型环氧树脂材料及其制备方法. 中国专利: 101348600A,2009-01-21.

[6] Khun N W,Sun D W,Huang M X,et al. Wear resistant epoxy composites with diisocyanate-based self-healing functionality. Wear,2014,313:19-28.

[7] Marchetti M,Meurisse M H,Vergne P,et al. Analysis of oil supply phenomena by sintered porous reservoirs. Tribol. Lett. ,2001,10:163-170.

[8] Okhlopkova A A,Petrova P N,Popov S N,et al. Tribological materials based on polytetrafluoroethylene modified by a liquid lubricant. Journal of Friction and Wear,2008,29: 133-136.

[9] Kang S C,Chung D W. The synthesis and frictional properties of lubricant-impregnated cast nylons. Wear,2000,239:244-250.

[10] Samyn P,Baets P,Schoukens G. Influence of internal lubricants (PTFE and silicon oil) in short carbon fibre-reinforced polyimide composites on performance properties. Tribol. Lett. ,2009,36:135-146.

[11] Zhang M,King R,Hanes M,et al. A novel ultra high molecular weight polyethylene-hyaluronan microcomposite for use in total joint replacements. I. Synthesis and physical/chemical characterization. Journal of Biomedical Materials Research Part A,2006,78A:86-96.

[12] 王子君. 微孔塑料的特性及其应用. 轴承,1999,(4):40-41.

[13] 邱优香,王齐华,王超,等. 多孔聚酰亚胺含油材料的储油性能及摩擦学行为研究. 摩擦学学报,2012,32:538-543.

[14] 闫普选,朱鹏,黄丽坚,等. 聚酰亚胺多孔含油材料的摩擦磨损性能研究. 摩擦学学报,2008,28:272-276.

[15] Weng L J,Wang H Z,Feng D P,et al. Tribological behavior of the synthetic chlorine-and fluorine-containing silicon oil as aerospace lubricant. Ind. Lubr. Tribol. ,2008,60:216-221.

[16] Bertrand P A. Chemical degradation of a multiply alkylated cyclopentane (MAC) oil during wear:implications for spacecraft attitude control system bearings. Tribol. Lett. ,2013,49:357-370.

[17] Owens D K,Wendt R C. Estimation of the surface free energy of polymers. J. Appl. Polym. Sci. ,1969,13:1741-1747.

[18] 赵海龙,刘大顺,陈效鹏. 一种基于数字图像的表面张力测量方法——悬滴法. 实验力学,2010,25(1):100-105.

[19] Zheng F,Lv M,Wang Q,et al. Effect of temperature on friction and wear behaviors of polyimide (PI)-based solid-liquid lubricating materials. Polym. Adv. Technol. ,2015,26 (8):988-993.

[20] Kalin M,Polajnar M. The correlation between the surface energy,the contact angle and the spreading parameter,and their relevance for the wetting behaviour of DLC with lubricating oils. Tribol. Int. ,2013,66:225-233.

[21] Kalin M,Polajnar M. The wetting of steel,DLC coatings,ceramics and polymers with oils and water:the importance and correlations of surface energy,surface tension,contact angle and spreading. Appl. Surf. Sci. ,2014,293:97-108.

[22] Jellison J,Predmore R,Staugaitis C L. Sliding Friction of Copper Alloys in Vacuum. ASLE Trans,1969,12:171-182.

[23] Brainard W A,Buckley D H. Adhesion and friction of PTFE in contact with metals as stud-

ied by Auger spectroscopy, field ion and scanning electron microscopy. Wear, 1973, 26: 75-93.

[24] Lv M, Zheng F, Wang Q, et al. Effect of proton irradiation on the friction and wear properties of polyimide. Wear, 2014, 316: 30-36.

[25] Huszank R, Szikra D, Simon A, et al. 4He$^+$ ion beam irradiation induced modification of poly(dimethylsiloxane). Characterization by infrared spectroscopy and ion beam analytical techniques. Langmuir, 2011, 27: 3842-3848.

[26] Guo R, Hu H, Liu Z, et al. Highly durable hydrophobicity in simulated space environment. RSC Advances, 2014, 4: 28780-28785.

[27] Szilasi S Z, Huszank R, Szikra D, et al. Chemical changes in PMMA as a function of depth due to proton beam irradiation. Mater. Chem. Phys. , 2011, 130: 702-707.

[28] Huszank R, Szilasi S Z, Szikra D. Ion-energy dependency in proton irradiation induced chemical processes of poly(dimethylsiloxane). J. Phys. Chem. C, 2013, 117: 25884-25889.

[29] Sahoo R R, Biswas S K. Effect of layered MoS$_2$ nanoparticles on the frictional behavior and microstructure of lubricating greases. Tribol. Lett. , 2014, 53: 157-171.

[30] Mawatari T, Harada T, Yano M, et al. Rolling bearing performance and film formation behavior of four multiply alkylated cyclopentane (MAC) base greases for space applications. Tribol. Trans. , 2013, 56: 561-571.

[31] Ohno N, Komiya H, Mia S, et al. Bearing fatigue life tests in advanced base oil and grease for space applications. Tribol. Trans. , 2009, 52: 114-120.

[32] Tesa-Serrate M A, Marshall B C, Smoll E J, et al. Ionic liquid-vacuum interfaces probed by reactive atom scattering: influence of alkyl chain length and anion volume. The Journal of Physical Chemistry C, 2015, 119: 5491-5505.

[33] Armand M, Endres F, MacFarlane D R, et al. Ionic-liquid materials for the electrochemical challenges of the future. Nat. Mater. , 2009, 8: 621-629.

[34] Mallakpour S, Rafiee Z. New developments in polymer science and technology using combination of ionic liquids and microwave irradiation. Prog. Polym. Sci. , 2011, 36: 1754-1765.

[35] Fan X, Wang L. Highly conductive ionic liquids toward high-performance space-lubricating greases. ACS Appl. Mater. Inter. , 2014, 6: 14660-14671.

[36] Palacio M, Bhushan B. Ultrathin wear-resistant ionic liquid films for novel MEMS/NEMS applications. Adv. Mater. , 2008, 20: 1194-1198.

[37] Pu J, Wan S, Zhao W, et al. Preparation and tribological study of functionalized graphene-IL nanocomposite ultrathin lubrication films on si substrates. The Journal of Physical Chemistry C, 2011, 115: 13275-13284.

[38] Watanabe S, Nakano M, Miyake K, et al. Effect of molecular orientation angle of imidazolium ring on frictional properties of imidazolium-based ionic liquid. Langmuir, 2014, 30: 8078-8084.

[39] Wang Y F, Chen T M, Okada K, et al. Electroluminescent devices based on polymers forming hole-transporting layers. II. Polyimides containing β-naphthyldiphenylamine units. J. Polym. Sci. , Part A: Polym. Chem. , 2000, 38: 2032-2040.

［40］Su L，Tao L，Wang T，et al. Tribological behavior of fluorinated and nonfluorinated polyimide films. J Macromol Sci. Phys. ，2012，51：2222-2231.

［41］Heimer N E，Del Sesto R E，Meng Z Z，et al. Vibrational spectra of imidazolium tetrafluoroborate ionic liquids. J. Mol. Liq. ，2006，124：84-95.

［42］Fan X，Xia Y，Wang L，et al. Study of the conductivity and tribological performance of ionic liquid and lithium Greases. Tribol. Lett. ，2014，53：281-291.

［43］Espejo C，Carrion F J，Martinez D，et al. Multi-walled carbon nanotube-imidazolium tosylate ionic liquid lubricant. Tribol. Lett. ，2013，50：127-136.

［44］Wang H，Liu D，Yan L，et al. Tribological simulation of porous self-lubricating PEEK composites with heat-stress coupled field. Tribol. Int. ，2014，77：43-49.

［45］邱优香，王齐华，王超，等. 结构可控多孔聚酰亚胺含油薄膜的制备及性能研究. 摩擦学学报，2012，32(5)：480-485.

［46］Lv M，Wang C，Wang Q，et al. Highly stable tribological performance and hydrophobicity of porous polyimide material filled with lubricants in a simulated space environment. RSC Advances，2015，5：53543-53549.

［47］Kaufmann J，Loser R，Leemann A. Analysis of cement-bonded materials by multi-cycle mercury intrusion and nitrogen sorption. J. Colloid. Interface Sci. ，2009，336：730-737.

［48］王子君. 微孔塑料的特性及其应用. 轴承，1999，4：40-41.

［49］Liu X，Wang L，Pu J，et al. Surface composition variation and high-vacuum performance of DLC/ILs solid-liquid lubricating coatings：Influence of space irradiation. Appl. Surf. Sci. ，2012，258：8289-8297.

［50］Lv M，Wang Y，Wang Q，et al. Structural changes and tribological performance of thermosetting polyimide induced by proton and electron irradiation. Radiat. Phys. Chem. ，2015，107：171-177.

［51］Guenther M，Gerlach G，Suchaneck G，et al. Ion-beam induced chemical and structural modification in polymers. Surf. Coat. Technol. ，2002，158-159：108-113.

［52］Mishra R，Tripathy S P，Dwivedi K K，et al. Dose-dependent modification in makrofol-N and polyimide by proton irradiation. Radiat. Measur. ，2003，36：719-722.

［53］Sahre K，Eichhorn K J，Simon F，et al. Characterization of ion-beam modified polyimide layers. Surf. Coat. Technol. ，2001，139：257-264.

［54］Petersen E J，Lam T，Gorham JM，et al. Methods to assess the impact of UV irradiation on the surface chemistry and structure of multiwall carbon nanotube epoxy nanocomposites. Carbon，2014，69：194-205.

［55］Porubská M，Szöllös O，Kóňová A，et al. FTIR spectroscopy study of polyamide-6 irradiated by electron and proton beams. Polym. Degrad. Stab. ，2012，97：523-531.

［56］Liu B X，Pei X Q，Wang Q H，et al. Effects of proton and electron irradiation on the structural and tribological properties of MoS_2/polyimide. Appl. Surf. Sci. ，2011，258：1097-1102.

［57］Saravanan P，Satyanarayana N，Minh D H，et al. An in-situ heating effect study on tribological behavior of SU-8＋PFPE composite. Wear，2013，307：182-189.

第8章 温度对聚合物摩擦学性能的影响

8.1 概　　述

高低温是空间环境一大特点。航天器在运行过程中,由于受到运行轨道、方位、姿态、结构形态以及表面性质的影响,其温度是变化的[1]。如月球上,白昼温度为 130~150 ℃,太阳不能照射到的阴影区和夜晚期间的月球表面温度为 -160~ -180 ℃[2]。对于近地轨道的航天器,由于在空间绕地球运动频繁,将导致材料温度快速变化,最高温变速度达 40~50 ℃/min,这种冷热剧烈交替将直接影响材料的强度、模量和延展性等,而不同材料的线膨胀系数变化不同,从而导致结构畸变、断裂、剥落和表面涂层脱离基底等,且在高低温环境下蠕变现象会更加严重[3]。因此用于空间机械的润滑剂和各种润滑复合材料的热稳定性和抗温变性能都必须良好。

8.1.1 温度对聚合物性能影响的研究现状

空间以及超导领域的发展,对材料性能提出了更高的要求,即使在极限温度下,材料也要保持良好的物理及机械性能。20 世纪 60 年代,美国和苏联在发展航天计划时,正是基于对部件耐高低温性能有很高的要求,启动了耐高低温聚合物的研究。而我国对耐高低温聚合物的研究起步较晚,目前也只有少数科研单位进行研发,材料种类和质量均不能满足现有技术的需求,仍需依赖进口。因此,耐高低温聚合物的研究不仅符合实际需求也是目前聚合物材料研究的重点之一。

8.1.1.1 温度对热性能的影响

在高低温交变应用领域,材料的热性能,包括热导率和热膨胀,是非常重要的参数。热传导在加热及降温过程中起到非常关键的作用,而在评价不同热胀系数的物质复合引起的热应力时热膨胀系数(CTE)是一个必要的参数。

一般而言,聚合物材料的热传导率要低于金属及陶瓷的热导率。聚合物分子链呈无序状态,不能形成完整晶体,热量的传递主要是由热能激发的分子产生的振动波激励邻近分子的形式传递的[4-6]。聚甲基丙烯酸甲酯(PMMA)的热导率随温度的变化关系如图 8.1.1 所示,可以分为三个区域。当温度非常低时(A 区),热导率随温度升高急剧增大;温度为 10 K 左右时,热导率基本不随温度变化;温度升高到 100 K 左右时,热导率随温度升高缓慢增加。无定型聚合物的热导率与温度的关系基本符合图 8.1.1 所示。

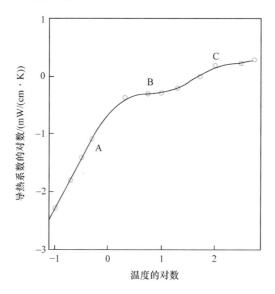

图 8.1.1　无定型 PMMA 热导率随温度的变化[7]

对于结晶性聚合物,其低温热导率与结晶度和温度密切相关[7]。结晶度高的聚合物,如高密度聚乙烯,其热导率随温度的升高而增加,并在 100 K 左右达最大值;低结晶度聚合物的热导率在玻璃化转变温度以下随温度升高缓慢增加。Hartwig[8]发现,聚合物材料的热导率与其组成关系不大,半结晶型聚合物的热导率与结晶度和晶粒尺寸有关。

聚合物材料的热膨胀系数(CTE)普遍比金属和陶瓷材料高,因此降低低温下使用材料的热膨胀系数成为首要目标。聚合物材料的热膨胀与其振动模式和玻璃化转变有关[8]。极低温度时链间振动是主要的,高于 80 K 开始发生链内振动。温度对链内振动影响不明显,链内振动主要取决于振动模式,纵向振动引起一个低的正线膨胀系数,而横向振动产生负线膨胀系数。振动引发的膨胀对于大多数聚合物而言是相似的,热膨胀的主要差别在于聚合物的玻璃化转变温度。

研究[9]表明,将低热膨胀系数的纳米二氧化硅粒子引入环氧树脂中能有效降低复合材料的热膨胀系数。Chen 等[10]研究了 SiO_2 含量对 SiO_2/PI 复合材料热膨胀系数的影响。随着温度降低,材料的热膨胀系数减小,并且测试含量范围内 SiO_2 含量越高,复合材料的热膨胀系数越低;当 SiO_2 含量达到 5% 以上时,温度对热膨胀系数影响已经很小(图 8.1.2)。另外,文献[11]、[12]报道,随着含量的增加,SiO_2 粒子粒径显著减小。因此研究人员认为影响热膨胀系数的因素不是 SiO_2 粒径大小而是其含量[13]。经历室温到极低温度的多次热循环后,聚合物材料表面会发生明显变化,包括断裂以及颗粒的收缩等[14]。

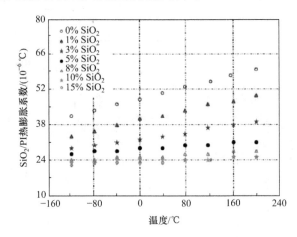

图 8.1.2　SiO₂ 含量对 SiO₂/PI 复合材料热膨胀系数的影响[10]

8.1.1.2　温度对拉伸性能的影响

材料的力学性能是决定其在高低温交变环境应用的关键参数。由于纤维与聚合物基体的热膨胀系数不同,当温度升高或降低时,纤维增强聚合物复合材料可能会出现微裂纹[15]。如果热应力引起的应力强度因子超过了聚合物的断裂韧性,则会引起聚合物的断裂[16]。对于一些具有良好力学性能的聚合物来说,其在低温下的拉伸行为成为研究的焦点。Yano 和 Yamaoka[6]考察了 77 K 时三种聚酰亚胺薄膜的拉伸性能,发现聚酰亚胺薄膜在低温下仍具有好的力学性能。尽管两种 Upilex 薄膜的结构单元中含有相同二酐(BPDA),但其在 77 K 时的拉伸行为却明显不同,这主要是由组成两种薄膜的二胺结构不同决定的。Upilex-R 在 77 K 时仍保持一定的韧性,其屈服应力在 250 MPa 左右;而 Upilex-S 断裂伸长率仅为 11.9%,断裂应力却高达 500 MPa;Kapton 薄膜的拉伸性能则介于两种 Upilex 薄膜之间。图 8.1.3 给出了聚苯硫醚(PPS)在不同温度下的应力-应变曲线。从图中可以看出,室温时 PPS 是一种硬而韧的聚合物,超过弹性极限后其强度逐渐增加;并且随着温度降低,这种趋势没有改变,这说明在 4.2~300 K PPS 并没有由韧性变为脆性。Yano 和 Yamaoka[6]通过应力-应变曲线进一步计算出不同温度下的拉伸性能,发现随着温度降低,PPS 薄膜的拉伸强度和拉伸模量逐渐增加;当温度低至 4.2 K 时,PPS 仍有一定韧性。

结晶度不同,会引起聚合物内部微观结构发生变化,是否会引起其拉伸性能的不同? Nishino 等[17]发现,聚对苯二甲酸丙二酯样品的拉伸模量与结晶度无关,而是依赖于温度。

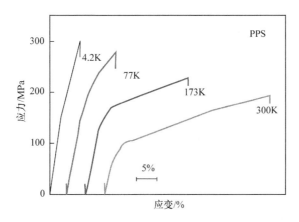

图 8.1.3　不同温度下 PPS 的应力-应变曲线

Zhang 等[18]研究了 MMT 含量对 MMT/PI 复合材料拉伸强度的影响,发现除了 MMT 含量为 20％外,77 K 时不同含量下 MMT/PI 复合材料的拉伸强度均比室温时高(表 8.1.1),引起这一结果的原因主要有:①低温时 PI 强度比室温高;②低温时 PI 收缩导致 MMT 与 PI 界面结合强度增加;而 MMT 含量为 20％时,MMT 发生团聚导致低温时应力集中更加严重,进而使得 77K 时拉伸强度低于室温。除了一些聚合物薄膜外,环氧树脂(EP)在低温工程领域也被广泛用作绝缘体、真空密封胶,以及基体材料等。但是环氧树脂在低温下是脆性的,而且热循环引起的残余内应力非常高,可能会导致其断裂。为了提高环氧树脂的低温力学性能,研究人员对其进行了改性。

表 8.1.1　MMT 含量对 PI 复合材料拉伸强度的影响

MMT 含量/％	0	1	3	5	10	20
室温	120	131	120	115	114	84
77 K	188	211	191	158	124	60

Chen 等[19]考察了室温及 77 K 时碳纳米管(CNT)含量对 CNT/EP 复合材料拉伸性能的影响(图 8.1.4),发现室温下复合材料的拉伸强度与 CNT 含量无关,而 77 K 时拉伸强度比室温时高很多,并且随着 CNT 的含量先增加后降低;随着温度降低,一方面环氧树脂基体分子收缩,分子间的结合力增强,使得基体的强度增加,另一方面,环氧树脂收缩引起其对 CNT 的抓附力增强,进而引起界面结合力增强,最终使得复合材料低温拉伸强度增加。室温时基体与 CNT 之间的界面结合力很弱,CNT 被从基体中拉扯出时表面非常光滑,弱的结合强度不利于应力从树脂传递到 CNT,CNT 起不到增强的作用,导致拉伸强度对 CNT 含量不敏感;而当低温界面结合强度非常强,甚至超过环氧树脂的屈服强度时,环氧树脂容易黏

附到 CNT 表面被拉出。增强相的含量如果超过一定范围,团聚会削弱增强相与基体间的结合强度,导致应力集中[20],造成拉伸强度下降。而低温时无论是环氧树脂基体还是 CNT 硬度都比室温高,根据短切纤维增强聚合物[21,22]和颗粒增强聚合物[23]复合材料的原则,复合材料的杨氏模量在 77 K 时更高。

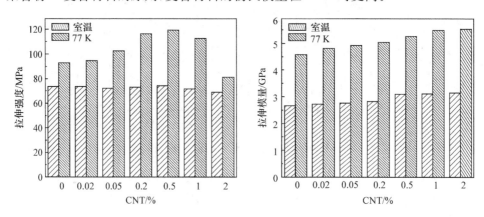

图 8.1.4　环氧树脂及其复合材料在室温和 77 K 时的拉伸性能

8.1.1.3　温度对冲击性能的影响

温度从室温降至低温,材料的抗裂强度会降低,这限制了其在低温的应用,可以对材料进行改性来提高其韧性。Yang 等[24]通过添加聚醚砜(PES)对 EP 进行改性,并考察了其在室温及 77 K 的冲击强度。室温下随着 PES 含量增加,复合材料的冲击强度逐渐升高,PES 含量为 5% 时,复合体系的冲击强度增加了 49%,这是因为,在改性环氧体系中富含不混性的 PES 区域,通过捕获裂纹和连接分散的热塑性树脂可起到增加冲击强度的效果[25,26]。由于固化后复合材料具有相似的形貌,当 PES 含量在 5%～10% 和 15%～20% 时区别很小;PES 含量从 10% 升高到 15% 时,冲击强度迅速增大,含量为 20% 时,PES/EP 复合材料冲击强度达最大值,此时 PES 和 EP 形成了共连续相;但当 PES 含量继续增加时,PES 发生团聚,成为缺陷进而引起破裂,导致冲击强度下降。77 K 时复合材料的冲击强度对 PES 含量的敏感性比室温低,但 PES 改性后的复合材料的冲击强度均比未改性 EP 增加了 50% 左右。

Chen 等[19]研究了 CNT 含量对 CNT/EP 复合材料室温及 77 K 冲击强度的影响,发现引入合适剂量的 CNT 可有效增强复合材料的抗冲击强度。从图 8.1.5 可以看出,当 CNT 含量为 0.5% 时,室温和 77 K 的冲击强度分别增加了 29% 和 51.4%,这一结果可以从合成过程得到解释。制备复合材料时,首先将多壁碳纳米管与 DGEBF 型环氧树脂均匀混合,然后再分别加入一定量的二乙基甲苯二胺的

(DETD)胺溶液和活性脂肪族稀释剂作为固化剂和改性剂。加入 CNT 的量不至于引起团聚时,CNT 均匀地分布在脆性的环氧树脂中,能有效地对环氧树脂进行增韧,进而提高其冲击强度。由于温度降至 77 K 时,环氧树脂分子的运动能力降低,在对其施加快速冲击力时,树脂基体很难发生塑性变形,因此相同 CNT 含量时,77 K 冲击强度低于室温。

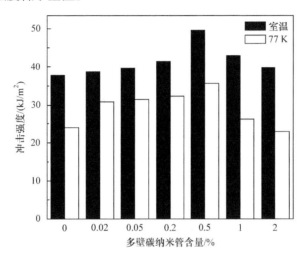

图 8.1.5　不同 CNT 含量时多壁碳纳米管含量复合材料的冲击强度[19]

8.1.1.4　温度对剪切性能和蠕变性能的影响

黏合剂在低温下需要具有良好的黏合强度,这对黏合剂的组成有一定的要求。Hu 等通过添加柔性的聚醚和混合多功能 EP 的方法制备了改性环氧黏合剂,并考察了其黏结剪切强度,发现无论是室温还是 77 K 时,剪切强度均随着柔性聚醚分子量的增多而增加;多功能共混环氧黏合剂在 77 K 时的黏结剪切强度会出现最大或最小值,这取决于是否含有柔性聚醚链。Baschek 等考察了吸附水对不同温度下聚合物材料剪切模量的影响[27]。由于吸附水作为侧基与聚合物链接,低于 170 K 时,吸附水结冰,导致聚合物剪切模量增大;吸附水出峰温度范围内吸附水对材料剪切模量没有影响;在聚合物材料玻璃化转变温度附近,吸附水的存在使得其剪切模量显著降低。

低温下聚合物容易发生蠕变断裂现象,Usami 等[28]发现即使在低温下环氧树脂也会发生明显的蠕变变形现象,其蠕变应变与时间呈对数关系,属于应变硬化机制,3×10^8 s 后蠕变应变增大为 10^5 s 时的两倍,这一现象可能会延迟树脂断裂。

8.1.1.5　低温处理对材料性能的影响

低温处理分为深冷处理和浅冷处理。深冷处理指的是处理温度为 −196 ℃,

并在此温度下保持几小时后再缓慢升至室温的过程；浅冷处理是指先将材料置于 −80 ℃，然后再暴露在室温下。低温处理包含四个参数：降温速率、处理温度、处理时间和升温速率。一般而言，低温处理并不能代替传统的高温处理方法，为获得最好的性能，一般在淬火后和回火前对材料进行低温处理。研究表明，低温处理可以提高材料的硬度，从而有利于改善其抗磨性[29,30]。Patterson 等[31]将聚芳酯浸入液氮中 24 h 进行老化处理，发现低温处理后的聚芳酯与处理前一样仍保持良好的拉伸性能。

8.1.2　温度对聚合物摩擦学性能影响的研究

影响相对运动部件间摩擦学性能的因素除温度外，还包括相应的气氛介质、材料表面物理机械性能，以及以上因素的相互作用与影响。针对低温摩擦学的研究一般在低温液体介质、低温气体介质或真空中进行。液氮(LN_2)是一种惰性且价格低廉的低温液体，因此大多数摩擦学研究以此为工作介质。液氦(LHe)一般应用于超导领域，液氢(LH_2)和液氧(LOX)则多应用于航空航天推进系统中。真空中的摩擦学性能研究由于受降温方式的限制，温度一般在 77 K 以上。

低温摩擦学的研究主要存在两种理论[32]。一种理论认为，低温下材料的杨氏模量增加，相同载荷下的变形以及实际接触面积比室温时小，进而摩擦系数的变形项减小；实际接触面积减小又会引起黏附项减小，因此得到的低温下的摩擦系数比室温小。

另一种理论则认为，低温下材料的剪切强度增加引起摩擦系数的黏附项增加[33]。Gardos 是这种理论的主要支持者，他认为低温下 PTFE 以块状形式转移到对偶上，因此低温下的摩擦系数较高[34]。

由于聚合物材料存在玻璃化转变，材料的弹性模量和剪切强度与温度之间通常不呈线性关系[33]。对于玻璃化转变温度在 150 K 以上的聚合物，50 K 左右会有少量的机械损伤[6]，在更低温度会出现隧道效应[35]。不同的聚合物具有不同的热力学行为，这都会使其摩擦学性能产生差异。

8.1.2.1　温度对真空中材料摩擦学性能的影响

在真空中研究材料的摩擦学性能可以消除介质环境的作用，单纯考虑温度的影响。Martin 等[36]首先在钢表面附着了一层冰，然后测试了其摩擦学性能，发现随着温度升高，摩擦系数逐渐减小，并在 160 K 时达最小值。他们认为升温过程中晶体/结构变化引起表面上活性 O—H 键的数目发生变化，从而引起冰表面化学变化，导致摩擦系数降低。另外，他们还考察了随着温度从 123 K 升高到 393 K 时 PE 薄膜摩擦学性能的变化，并将 PE 的摩擦学行为(图 8.1.6)划分为四个区域。区域 1 内(123~273 K)，摩擦系数基本保持在 0.17 左右，此时 PE 处于玻璃态，而且硬度比较大,因此摩擦过程基本没有引起降解;区域 2(273～300 K)摩擦系数轻微增大,这与温度升高力学强度下降以及硬度下降引起的实际接触面积增加有关;随着温度继续升高(300～373 K,区域 3),PE 的流变性能发生变化,剪切主要发生在 PE 薄膜内部,温度的升高使得分子能自由流动,因此摩擦系数显著下降;当温度高于 393 K 时,PE 已经熔融,摩擦系数增大。

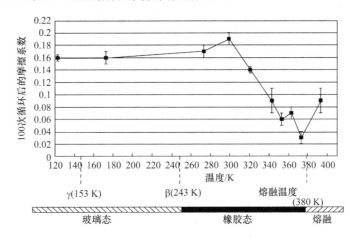

图 8.1.6　超高真空中 PE 薄膜摩擦系数随温度的变化[36]

然而 Burton 等[37]认为在 4～200 K,硬质材料的动/静摩擦系数与温度无关,而是与磨损有关;然而对于较软的 PTFE 来说,其摩擦系数与磨损关系不大,而是与温度有关,并且不随热循环次数而改变。

Theiler 等[38]考察了固体润滑剂(MoS$_2$ 和石墨)对不同温度下 PEEK 复合材料摩擦磨损行为的影响,发现在室温和 100 ℃时,由于低接触压力下固体润滑剂不能有效地转移到对偶上,添加固体润滑剂后的摩擦系数与未添加时比较接近;而在-40 ℃时 PEEK 硬度增大导致复合材料变形减小,引起接触压力增大,有利于 MoS$_2$ 在对偶上形成均一的转移膜(图 8.1.7)并起到润滑作用,因此该温度下 MoS$_2$ 改性 PEEK 复合材料的摩擦系数显著降低;而石墨改性 PEEK 复合材料低温时的摩擦系数升高,对偶上可以看到厚且不均匀的转移膜。

Qu 等[39]比较了 PTFE,PF 和 Ekonol 复合材料在真空低温下的磨损行为,发现 PTFE 复合材料的磨损行为比较稳定,基本不受真空和温度的影响;低温下 PF 复合材料中 PF 基体与填料结合强度降低,导致填料剥落,磨损严重;Ekonol 复合材料在低温下发生严重的疲劳磨损。

8.1.2.2　介质环境中材料摩擦学性能的研究

目前大多数低温摩擦学性能测试都是在低温介质中进行的。在过去数十年

(a)　　　　　　　　　　　　　　　(b)

图 8.1.7　石墨改性(a)和 MoS_2 改性(b)PEEK 复合材料向对偶的转移情况

间,PTFE 及其复合材料因其优异的摩擦学性能被广泛研究甚至已经成功应用到航空领域。除了 PTFE 外,研究人员也关注了 UHMWPE、聚三氟氯乙烯(PCTFE)、PA,以及 PEEK 等聚合物材料的低温摩擦学性能[40-44]。大多数研究表明,由于液氮介质中材料变形减小,摩擦系数和磨损呈现减小趋势,但摩擦磨损机理与聚合物材料有关。与大气环境不同的是,PI 在液氮中的主要磨损机理是黏着磨损[43],而由于低温时 PA6 分子间氢键作用增强,PA6 表现出强的抗磨性[40]。PTFE 复合材料在液氮中的磨损机理与滑动速度有关。低滑动速度时,PTFE 发生局部变形以及表面疲劳[44];高滑动速度时,摩擦热的作用下 PTFE 分子可以转移到对偶表面[40,45]。低温和高滑动速度可以阻止黏着点过度增长,进而减小接触面积,降低摩擦系数;低速和高温下与应变速率相关的黏着点剪切应力会显著下降,同样会引起摩擦系数降低[42,46]。然而 Michael 认为 77 K 时摩擦系数与速度无关[47]。Bozet 发现速度在 0.05~4 m/s 时,PI 摩擦系数基本保持不变;小于 2 m/s 时黏着为主,2 m/s 以上变形占主导作用[43]。

　　研究表明[43,48,49],复合材料的组成对其室温下的摩擦学性能影响很大,但填料以及纤维的种类和含量对复合材料在液氮中的摩擦系数没有影响,而是影响其磨损行为。低温时由于分子处于冻结状态,PTFE 带状结构不易破坏,能有效阻止材料的磨损。这时摩擦系数不再与转移膜是否形成有关,而是与两摩擦副之间的真实接触面积有关[49]。

　　上述研究发现,与室温相比,LN_2 中的摩擦系数和磨损率都减小。但摩擦系数和磨损率的降低与低温介质温度没有直接关系,而是与摩擦界面温度有关。低温介质的热性能,尤其是蒸发热和热导率,会直接影响其降温效率,进而影响到聚合物材料的摩擦学性能。Friedrich 和 Klein[49]以及 Theiler[48]研究了不同低温介质环境对 PTFE 复合材料摩擦学性能的影响(图 8.1.8),发现不同介质环境影响很大;温度同样是 77 K,液氮中的摩擦系数低于氢气中的摩擦系数;高速时三种低温液体介质中 LHe 中的摩擦系数最高,低速时三种液体介质中的摩擦系数相差不大。他们认为,这一结果与降温效率有关,可以通过低温介质的热性能进行解释。由于聚合物导热性差,摩擦热导致接触界面的温度升高,这种情况下热量向介质环境的传递显得尤为重要[41]。只要两摩擦副发生相对运动,就会产生摩擦热,摩擦面上的液体介质就开始蒸发并形成气泡带走摩擦热,起到降温的效果。气泡形成阶段,由于蒸发需要很多热量,因此这时摩擦面温度和介质温度相近。随着滑动速度升高,摩擦热增多,气泡的尺寸和数量逐渐增大最终在接触表面形成一层气膜(图 8.1.9)。与液体相比,低温气体介质的传热效率比较低,成核到膜层沸腾的转变伴随着温度的急剧升高。他们粗略地计算了摩擦界面的热流密度(q_r),并与低温介质的热通量(q_c)进行了对比。在高滑动速度时,液氢介质中 q_r 远高于 q_c,摩擦界面与液氢已经完全被一层气膜隔开,接触面上的热传递与氢气(77 K)时一样,因此摩擦系数相似;液氮的 q_c 比 q_r 略大,液氮仍然与摩擦表面直接接触,摩擦面温度与介质温度相差很小,因此摩擦系数较低。低滑动速度时,由于三种液体介质中 q_r 均低于或接近液体自身的 q_c,因此不同液体介质中的摩擦系数接近。

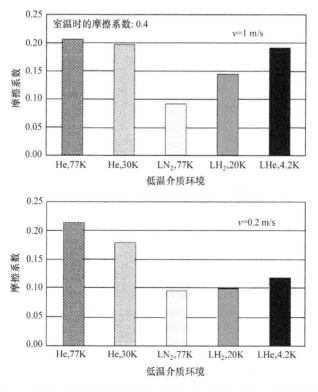

图 8.1.8　不同介质环境下 PTFE/30%Cu/10%CF 复合材料的摩擦系数

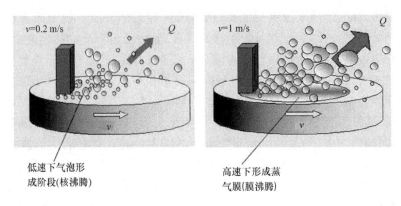

低速下气泡形
成阶段(核沸腾)

高速下形成蒸
气膜(膜沸腾)

图 8.1.9　不同速度下气膜形成过程示意图

Kensley 发现,在液氮中能实现平稳滑动,但是液氮中摩擦很难达到稳定阶段;他认为在 40 K 左右存在一个从稳定向不稳定摩擦的转变[50]。Liu 等研究了UHMWPE 在室温和 77 K 时的性能,发现低温下材料的压缩强度和硬度均高于室温;并采用 UMT 考察了室温和 77 K 时 PE 的摩擦学性能,发现低温摩擦系数高于室温,低温时发生疲劳磨损和磨粒磨损,而室温下主要是磨粒磨损[51]。

Barry 等[52]利用分子动力学模拟研究了温度以及载荷对分子取向 PTFE 摩擦系数的影响,发现随着温度的降低,摩擦系数升高,而且沿平行于取向方向的摩擦系数最低,沿正交方向次之,垂直方向最高(图 8.1.10)。

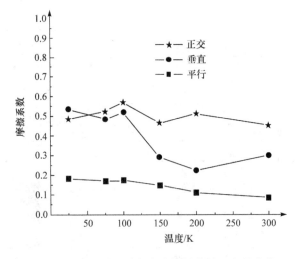

图 8.1.10　不同滑动方向摩擦系数随温度的变化

运动部件在太空中除了要承受极低温度外,还要经历高温,这要求所使用的材料必须在宽温域内具有稳定的性能。较高温度时,聚合物材料的机械性能会发生明显变化,其摩擦磨损行为也会与室温明显不同。Li 等[53]制备了含氟的共聚聚酰亚胺并研究了其性能,发现含氟聚酰亚胺具有更高的玻璃化转变温度,氟含量越大玻璃化转变温度越高;随着测试温度升高,聚酰亚胺摩擦系数先是变化不大,而后在特定温度下迅速增大,最后再降低;随着氟含量的增加,摩擦系数的最大值出现在更高的温度下;他们还发现热处理有利于提高最小摩擦系数时的 PV 值。Zhao 等[54]分别制备了碳纤维、玻璃纤维和芳纶纤维增强的聚酰亚胺复合材料,并研究了不同温度下三种复合材料的摩擦学性能;结果表明,随着测试温度升高,三种复合材料的磨损率逐渐增大,其中玻璃纤维和碳纤维能有效地增强复合材料的抗磨性。Zhao 等[54]比较了线性聚酰亚胺和交联聚酰亚胺摩擦学性能,结果表明,随温度升高,线性聚酰亚胺摩擦系数先增大后减小,交联聚酰亚胺摩擦系数则呈下降趋势,两种聚酰亚胺的磨损率均随温度升高而增大,但交联聚酰亚胺磨损率明显高于热塑性聚酰亚胺。

Tewari 等[55]研究了封端剂马来酸酐的交联度对热固性聚酰亚胺摩擦学性能的影响,结果表明,交联度不同造成热固性聚酰亚胺的延展性不同,延展性较好的聚酰亚胺摩擦系数和磨损率均低于延展性较差的聚酰亚胺。他们还通过理论计算了摩擦界面处温度与磨损率的关系,随着摩擦界面温度的升高,不同材料表现出的变化规律不同,但随着摩擦系数对速度及载荷敏感性降低,磨损率随界面温度的变化趋于平稳。

Samyn 和 Schoukens[56]研究了温度对 PI(TP-1)和 20%PTFE/PI(TP-2)的摩擦学性能的影响,发现 TP-1 摩擦系数随温度升高先增大后减小,180 ℃时摩擦表面发生亚胺化反应,分子链取向度增加,摩擦系数达最小值,之后由于过载摩擦系数迅速增大[57];而 TP-2 摩擦系数随温度变化与 TP-1 基本一致,但高于 180 ℃时摩擦系数并没有迅速增大,且在 60～260 ℃温度范围内,都保持较低的摩擦系数。Zhu[58]考察了碳纤维增强热塑性聚酰亚胺的摩擦磨损行为,发现随着温度升高,聚酰亚胺分子链之间可以相对滑移,导致摩擦系数下降;而排除摩擦热的影响后,速度与载荷对复合材料的摩擦学性能影响不明显。

对于结晶性聚合物,除了玻璃化转变温度之外,熔点是影响其使用温度的另一因素。结晶型聚合物与非晶聚合物相比,非晶聚合物在高于其玻璃化转变温度以上力学强度显著降低,而结晶型聚合物在高于其玻璃化转变温度,即熔点以下时,由于晶体结构没有发生改变,仍然具有一定的承载能力。

一般而言,聚醚醚酮是一种半结晶性热塑性工程塑料,具有优异的耐热性能及机械性能。Hedayati 等[59]研究了无定型和半结晶型 PEEK 的性能,发现与无定型相比,半结晶型 PEEK 具有更高的硬度以及更低的摩擦系数和磨损率。Zhang 等发现,环境温度为 160 ℃时,即使是无定型 PEEK,也会在摩擦热和剪切力的作用下结晶,导致硬度增加[60],磨损率大大减小[61]。McLaren 认为 PTFE 的摩擦系数与其黏弹性一样,与时间和温度有关,并可以用阻尼因子对摩擦行为进行解释[62]。McCook 研究了 PTFE 及其复合材料摩擦学性能随温度的变化,发现随着表面温度从 373 K 降至 173 K,摩擦系数呈增加趋势,并认为温度对摩擦系数的影响与聚合物材料的黏弹特性有关[63]。Deng[64]对比了不同填料对 PTFE 复合材料摩擦性能的影响,发现由于青铜粉与 PTFE 相容性不好,青铜粉填充复合材料高温下摩擦系数波动很大,磨损也较大;进一步加入玻璃纤维后,耐磨性明显提高;GF 填充的复合材料在高温下表现出与常温相反的摩擦磨损规律;碳类填料填充复合材料在不同温度下表现出较为稳定的规律;而特种工程塑料(PI,Ekonol)改性的 PTFE 复合材料高温下具有低而稳定的摩擦系数,但耐磨性较差。

Nemati 等[65]利用旋转涂覆的方法制备了 GO/PTFE 复合涂层,并研究了温度对该复合涂层微观及宏观摩擦学性能的影响,结果表明,当 GO 含量达 15%(体积分数)时,载荷为 50 mN 时,GO/PTFE 复合涂层摩擦系数和磨损率分别降低至 0.1 mm³/(N·m) 和 1.9×10⁻⁹ mm³/(N·m);即使在 400 ℃时,GO/PTFE 复合涂层仍表现出低的摩擦系数和磨损率。他们认为 GO/PTFE 复合涂层之所以具有优异的摩擦学性能是因为 PTFE 和 GO 的协同作用,高强度 GO 均匀地分布在低摩擦的 PTFE 基体中,有利于在磨痕表面形成一层摩擦膜[66,67],从而改善摩擦学性能。

Kim 等[68]发现随着温度升高,PMMA 薄膜表面物理状态发生变化,从而引起接触面积和摩擦力的变化。当 PMMA 处于玻璃态时,摩擦磨损行为基本不受温度影响;当温度高于 PMMA 玻璃化转变温度时(363~403 K),PMMA 处于高弹态,随着温度的升高,摩擦力和接触面积迅速增大,并且薄膜表面会发生严重变形;温度高于 423 K 后,PMMA 处于黏流态,摩擦表面呈波纹状,摩擦力随温度升高缓慢增大。热处理条件不同会引起 PMMA 薄膜中的残余溶剂量不同,从而对摩擦力和接触面积产生影响。当 PMMA 薄膜内含有溶剂时,随着测试温度升高,薄膜被再次加热,溶剂会扩散到摩擦界面(图 8.1.11),起到降低摩擦力的作用;当热处理后薄膜内几乎不含有溶剂时,热处理过程则对摩擦力没有影响。

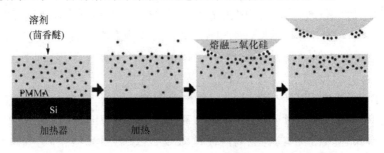

图 8.1.11　加热过程中聚合物薄膜中溶剂分子运动过程示意图

8.2　高温环境对摩擦性的影响

热固性聚酰亚胺与热塑性聚酰亚胺相比具有更高的耐温等级,是目前耐高温聚合物研究的重点。但目前研发单位对热固性聚酰亚胺的研究多侧重于热固性聚酰亚胺纤维织物复合材料,如 NASA、美国空军研究实验室、日本航空航天局,以及我国的中科院化学研究所等。这些聚酰亚胺树脂主要通过 RTM(树脂传递模塑成型)成型制备,它是一种高强度、高玻璃化转变温度的结构材料。目前对热固性聚酰亚胺及其复合材料高温下摩擦学性能的研究不够充分,尤其是对热固性聚酰亚胺作为模压树脂基体及其复合材料的研究更是鲜见报道。虽然热固性聚酰亚胺作为结构材料的研究已经日渐成熟,但模压成型热固性聚酰亚胺的研究屈指可数。随着科技的进步,聚酰亚胺树脂及其复合材料的发展存在着机遇,也面临着挑战,例如,耐高温聚酰亚胺成型工艺还需改善,同时,热固性聚酰亚胺耐热性虽高但是韧性差也一直是个比较尴尬的问题。此外,热固性聚酰亚胺的生产成本较高,也阻碍了其商业应用。因此,研发用于模压成型耐高温聚酰亚胺具有实际的意义,同时本实验还考察了树脂及其复合材料在室温及高温下的摩擦学性能。

8.2.1　热固性聚酰亚胺

聚合物的分子量严重影响了聚合物的理化性能,同时也通过影响聚合物的机械性能而改变聚合物的摩擦学性能。Galliano 等[69]制备了不同分子量的聚二甲基硅氧烷(PDMS),并考察了分子量对 PDMS 力学及摩擦学性能的影响。实验结果表明,低分子量的 PDMS 表现出较高的弹性模量及摩擦系数,与玻璃基底之间黏附力较低。Zhang 和 Schlarb[70]通过研究对不同分子量 PEEK 力学及摩擦学性能的影响发现,随着聚合物分子量的升高,其韧性增加,硬度降低,从而间接影响了PEEK 的摩擦学性能。

8.2.1.1　制备及表征

采用两步法制备热固性聚酰亚胺模塑粉,合成路线见图 8.2.1。以联苯醚二酐(ODPA)为二酐,4,4′二氨基二苯醚(ODA)为二胺,4-PEPA 为封端剂,制备了三种不同分子量的聚酰亚胺模塑粉。具体合成步骤:将二胺加入带有机械搅拌及氮气保护装置的三口瓶中,加入适量 NMP(NMP 的用量按固含量为 15%(质量分数)计算)使其全部溶解,在冰水浴下缓慢分批加入对应比例的二酐,并在此条件下搅拌 0.5 h。然后缓慢加入相应比例的封端剂,继续搅拌 16 h,便可得封端的聚酰胺酸。按体积比(NMP/甲苯＝10/1)加入甲苯,加热使体系在 170～180 ℃下回流16 h,回流过程中模塑粉逐渐析出。反应结束后,将体系冷却至室温,并倒入大量热水中洗涤。然后再用乙醇洗涤两次,置于烘箱中 60 ℃下干燥,干燥后用粉碎机粉碎待用。热固性聚酰亚胺块体材料采用热压方法制备。模塑粉分别命名为PI-3,PI-5 及 PI-7(3,5,7 代表分子量分别为 3000,5000,7000),热压成型后命名为TPI-3,TPI-5 及 TPI-7。

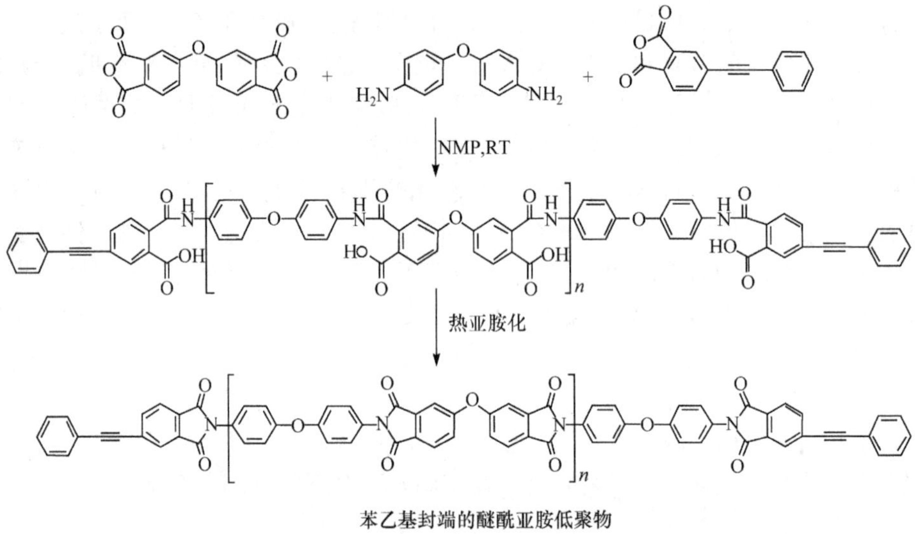

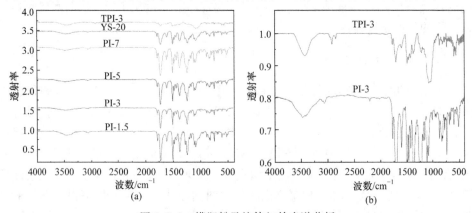

图 8.2.1　聚酰亚胺模塑粉合成路线

通过模塑粉的红外吸收曲线(图 8.2.2)可以看出,在 1720 cm^{-1} 及 1780 cm^{-1}处有明显的亚胺环特征吸收峰的出现,证明了热亚胺化已经完全。在 2213 cm^{-1}处明显的三键伸缩振动吸收峰也证明了封端剂已经接枝到聚合物链的末端。而经模压后的材料在 2213 cm^{-1}处并没有出现明显的红外吸收峰,也说明在模压过程中交联剂已经发生了自由基交联反应,与其他分子链形成交联的网络结构[71]。

图 8.2.2　模塑粉及块体红外光谱分析

YS-20 是 PI 的一种,(b)为(a)的放大图

为了确定模压的工艺条件,首先我们对三种模塑粉进行了差示扫描热分析。由图 8.2.3(a)可以看出,三种模塑粉的 DSC 曲线中均有明显尖锐的熔融吸收峰,这也说明得到的模塑粉中含有晶体结构。而 PI-3,PI-5 以及 PI-7 三种模塑粉熔融峰的温度分别在 369 ℃,383 ℃,382 ℃。通过图 8.2.4 数据的分析可以看出,无论是小分子模塑粉还是块体材料中均含有晶体结构。为了使模压过程中封端剂能够充分地发生自由基交联反应,故选择 380 ℃作为模塑粉的成型温度。

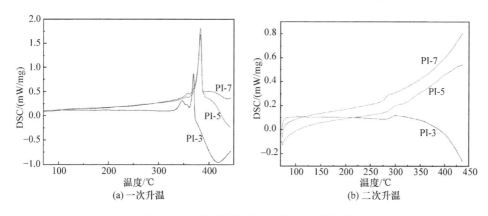

图 8.2.3　PI 模塑粉差示扫描热分析曲线

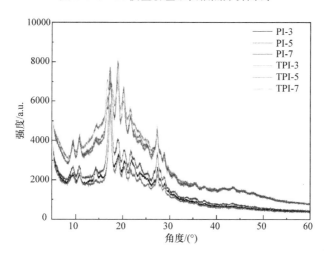

图 8.2.4　不同分子量模塑粉及块体材料的 XRD 谱图(扫描封底二维码可看彩图)

由损耗因子的曲线(图 8.2.5(a))可以看出,热固性聚酰亚胺的玻璃化转变温度随着模塑粉分子量的降低而升高;并且,与同结构的热塑性聚酰亚胺相比,热固性聚酰亚胺的玻璃化转变温度显著升高。由不同分子量模塑粉压制的热固性聚酰亚胺,其储能模量随着模塑粉分子量的降低先降低后升高。TPI-3 表现出了最高的储能模量。

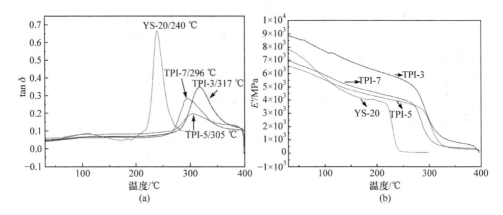

图 8.2.5　聚酰亚胺的损耗因子(a)及储能模量曲线(b)

　　热固性聚酰亚胺在模压过程中发生了自由基交联反应,增强了分子链间的相互作用,限制了分子链段的自由运动,提高了热固性聚酰亚胺的玻璃化转变温度。但是热固性聚酰亚胺的起始分解温度却低于相同结构的热塑性聚酰亚胺的分解温度。这是因为在热固性聚酰亚胺的热压过程中,封端剂中三键的自由基交联反应形成了含有键能较低的碳氢或碳碳单键的环烷烃结构,从而降低了聚合物的初始分解温度。如图 8.2.6[72,73] 及表 8.2.1 所示,封端剂在交联过程中生成了大量的碳氢或碳碳单键,但由于分子链间相互作用较强,所以聚合物具有较好的耐高温性能,从而在 800 ℃下表现出较高的残碳率,如表 8.2.1 所示。

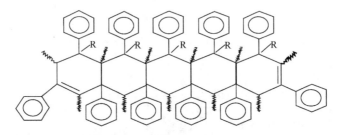

图 8.2.6　封端剂的反应机理

表 8.2.1　热塑及热固性聚酰亚胺的 DMA 及热重数据

样品	$\tan\delta^a$/℃	T_d^b/℃	T_5^c/℃	T_{10}^d/℃	Rw^e/%
YS-20	240	574/(574)^f	576/(556)^f	584/(572)^f	52.3
TPI-3	317	551/(553)^f	554/(550)^f	569/(570)^f	60.9
TPI-5	305	549/(546)^f	550/(546)^f	564/(565)^f	60.3
TPI-7	296	559/(564)^f	552/(541)^f	567/(569)^f	60.6

　　a:该结果是通过 DMA 所得;b:起始分解温度;c:热失重在 5% 时所对应的温度;d:热失重在 10% 时所对应的温度;e:800 ℃下的残碳率;f:括号内数值为空气气氛下的起始分解温度。

8.2.1.2　不同温度下热固性聚酰亚胺的摩擦学性能

在载荷为 5 N,速度为 0.1 m/s,滑动距离为 1000 m 的条件下考察了热固性聚酰亚胺在高温下的摩擦学性能。图 8.2.7 给出了各个温度下热固性聚酰亚胺及相应热塑性聚酰亚胺摩擦系数随滑动距离的变化规律。由图 8.2.7(a)～(c)可以看出,热固性树脂随温度变化,摩擦系数表现出了相似的规律,即随着温度的上升,摩擦系数先升高后降低;并且,在相同温度下摩擦系数随着模塑粉分子量的降低而升高,这是因为分子量较小的模塑粉所含的交联剂密度较大,在热压过程中分子链间更容易发生交联反应,增强分子链间的相互作用,从而导致了分子间内聚力增大,使材料在摩擦的过程中表现出较高的摩擦系数。同时,对比图 8.2.7(a)～(c)中300 ℃下的摩擦曲线还可以看出,随着模塑粉分子量的升高,黏滑现象(stick-slip)变得更加明显,尤其是对由分子量为 7000 g/mol 模塑粉压制的聚酰亚胺。经过分析可知,在整个过程中摩擦系数有规律的变化不仅预示着摩擦过程中发生了黏滑现象,同时对应着转移膜的形成与脱落。而且由图 8.2.8 可以看出,随着模塑粉分子量的变化,摩擦系数突变所对应的温度不同,即随着模塑粉分子量的降低,材料的耐热性越好,摩擦系数突变所对应的温度越高。

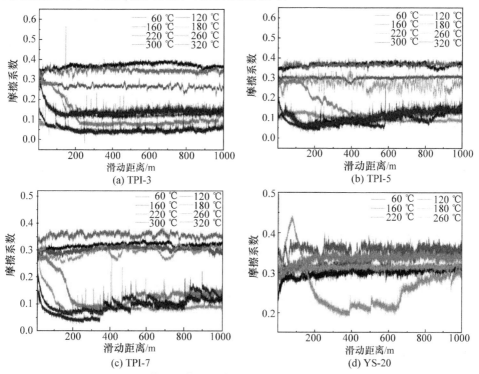

图 8.2.7　热固及热塑性聚酰亚胺在不同温度下摩擦系数
随着行程的变化规律(扫描封底二维码可看彩图)

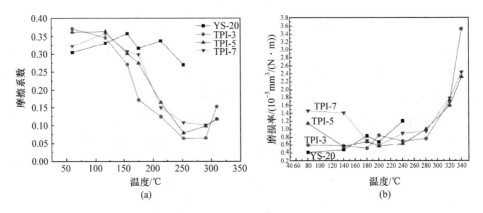

图 8.2.8　聚酰亚胺摩擦系数(a)及磨损率(b)随温度变化的规律

　　而对于热塑性聚酰亚胺,其摩擦系数随着温度变化呈现"之"字形规律。整个过程也反映了聚合物物理状态随着温度变化而变化。室温下聚合物处于玻璃态,在玻璃态范围以内随着温度的升高,摩擦系数逐渐上升,而在 180 ℃时摩擦热的存在使得摩擦界面处的温度已经高于其玻璃化转变温度,从而导致了摩擦系数的突然下降。随着温度升至 220 ℃,摩擦界面处聚合物从玻璃态进入高弹态,从而导致摩擦系数再次上升。当温度达到 260 ℃时,聚合物已经完全进入黏流态从而导致摩擦系数急剧下降。同样,对于热固性聚酰亚胺,随着温度的变化,聚合物黏弹性的变化也严重影响了其摩擦系数的变化规律。

　　由图 8.2.8 热固性及热塑性聚酰亚胺磨损率随着温度变化的情况可以看出,随着温度的升高热固性聚酰亚胺的磨损率呈先降低后升高的趋势。而热塑性聚酰亚胺的磨损率则随着温度升高呈单调递增的趋势。同时在较低温度时可以看出,热塑性聚酰亚胺由于其分子链更容易转移,易变形,从而表现出较低的磨损率。但是随着温度升高至 160 ℃时,材料力学性能的逐步丧失导致其磨损率逐渐高于热固性树脂在相同温度下的磨损率。

　　为了进一步验证上述结论,图 8.2.9~图 8.2.12 给出了 YS-20 及三种不同热固性聚酰亚胺在不同温度下磨痕表面及对偶上转移膜的电镜照片。从图 8.2.9 中TPI-3 的磨痕电镜图可以看出,随着温度升高至 220 ℃,磨痕表面并没有出现类似于室温下明显的疲劳磨损痕迹。这说明随着温度的升高,磨损机理也由疲劳磨损向黏着磨损转变。从对偶电镜图上可以看出,随着温度的升高,对偶上转移膜由较低温度(60 ℃)时的不完整形貌逐渐发展到较高温度(220 ℃)时的完整形貌。随着温度继续升高,转移膜逐渐变厚,甚至在高于其玻璃化转变温度时材料力学性能的丧失导致了片状磨屑的出现。

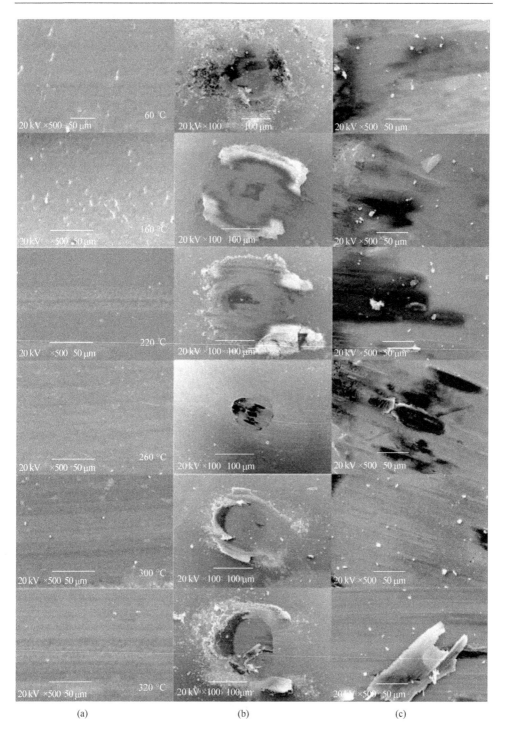

图 8.2.9　不同温度下 TPI-3 磨损表面(a)及转移膜((b),(c))形貌

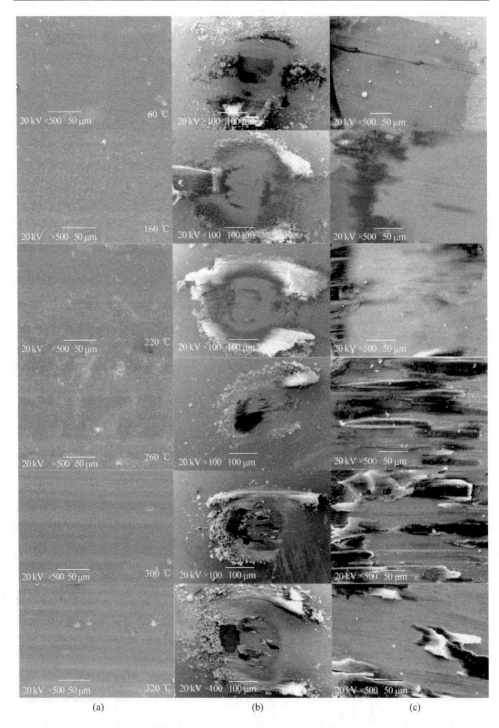

图 8.2.10　不同温度下 TPI-5 磨损表面(a)及转移膜((b),(c))形貌

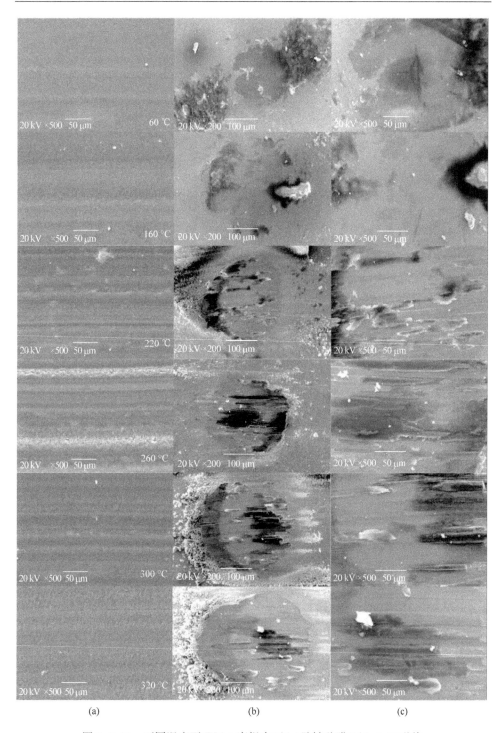

图 8.2.11　不同温度下 TPI-7 磨损表面(a)及转移膜((b),(c))形貌

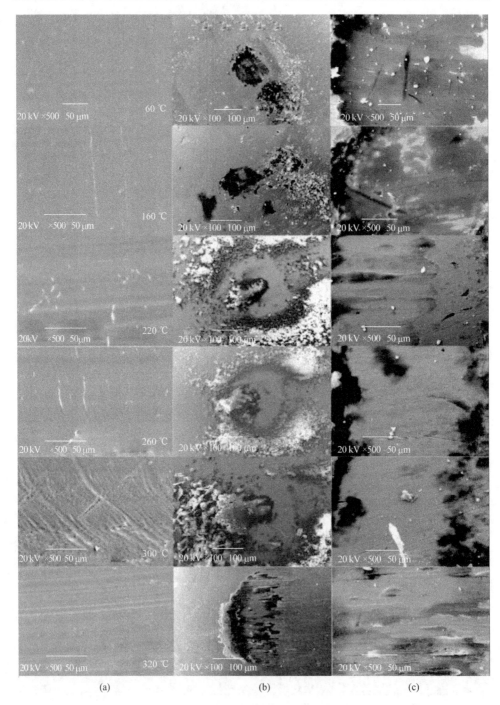

图 8.2.12　不同温度下 YS-20 磨损表面(a)及转移膜((b),(c))形貌

而对于由模塑粉分子量为 5000 g/mol 所压制的 TPI-5,其较低的交联密度导致其较低的玻璃化转变温度。同样相对于由模塑粉分子量为 3000 g/mol 压制的材料,其磨损的失效即转移膜的变厚发生在较低温度。从图 8.2.10 中可以看出,在 260 ℃时转移膜的形貌发生明显的变化,条状转移膜的存在说明由于材料机械性能的损失,材料抗磨性能减弱,磨损加剧。

由图 8.2.11 可知,TPI-7 在 220 ℃下片状转移膜的形貌反映出其抗磨性能下降。并且随着温度进一步升高,其磨痕表面上也出现明显的黏流现象,这也说明随着模塑粉分子量的升高,块体材料的性能也逐渐接近于热塑性聚合物的性质。而从热塑性聚酰亚胺 YS-20 高温下的磨痕表面及转移膜的电镜图 8.2.12 可以看出,随着温度的升高,磨痕表面出现明显的黏流现象,尤其是当温度升至 220 ℃时,黏流现象更加明显。同时还可以看出转移膜也随着温度的升高逐渐变厚。

8.2.1.3　高温环境中不同对偶材料对摩擦学性能的影响

为了研究热固性聚酰亚胺与不同材料配副时的摩擦学性能,我们选择分子量 3000 g/mol 模塑粉压制的 TPI-3 作为研究对象。以 GCr15(φ3)作为参比对偶,三氧化二铝陶瓷球、氮化硅陶瓷球作为对偶考察了不同对偶在高温下对热固性聚酰亚胺摩擦磨损性能的影响。

为了考察聚合物高温下与不同材料配副时的摩擦学性能,选取了 100 ℃, 200 ℃,260 ℃,300 ℃四个温度,在 5 N,0.1 m/s 条件下对 TPI 开展了相关的测试。图 8.2.13 给出了不同温度下聚合物与陶瓷球及钢球配副时摩擦系数随温度变化的规律,且由图中可以看出,在较低温度下 TPI-ceramic 与 TPI-GCr15 相比表现出了较高的摩擦系数。随着温度升至 260 ℃,TPI 与不同材料配副时的摩擦系数差距减小。这说明了随着温度的升高,摩擦界面处聚合物与对偶材料性质的变化削弱了不同材料对偶间表面性能的差异,从而表现出了相近的摩擦系数。高温下 TPI 与不同材料配副时的磨损率也表现出了近似的规律,均随着温度的上升先降后升,当温度为 260 ℃时 TPI 的磨损率达到最低值。

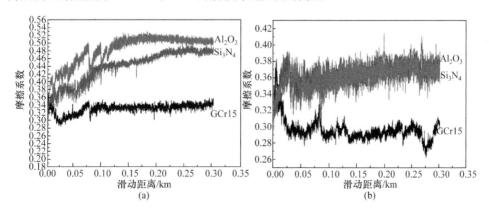

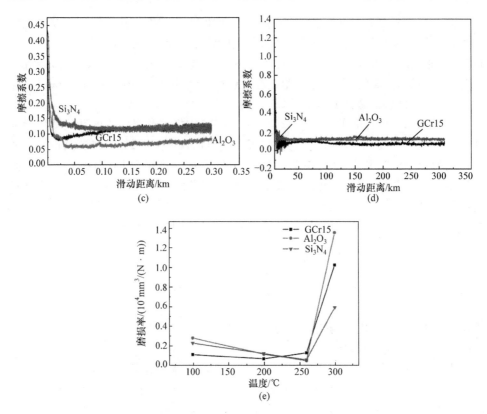

图 8.2.13 聚酰亚胺与不同材料配副时在不同温度下的摩擦系数
((a) 100 ℃,(b) 200 ℃,(c) 260 ℃,(d) 300 ℃)及磨损率(e)

从不同温度下,TPI 与三种材料配副时的磨痕表面电镜图(图 8.2.14)可以看出,随着温度的变化,TPI 的磨痕表面并没有发生明显的改变。在较低温度下 TPI 磨痕上出现明显的疲劳磨损现象,并随着温度升高至 200 ℃,疲劳磨损向黏着磨损转变。根据聚合物摩擦学中的转移膜理论,我们可以推测 TPI 表现出的不同摩擦系数及磨损率均与摩擦过程中转移膜的有无及存在形态有关。

图 8.2.15 给出了不同温度下对偶上转移膜的形貌。由图中可以看出,在较低温度(100 ℃)时氮化硅陶瓷球表面并没有转移膜的存在,而三氧化二铝对偶球表面有刮擦的现象。在 100 ℃时,钢球上形成了明显的转移膜。随着摩擦实验温度的升高,陶瓷球表面逐渐有片状聚合物的堆积,但是未形成连续的转移膜。这也解释了在 100 ℃及 200 ℃时 TPI 与陶瓷球配副时表现出较高摩擦系数的原因。并且随着温度的升高,TPI-GCr15 与 TPI-ceramic 摩擦系数之间的差值也越来越小。这不仅与聚合物的性质有关,也与对偶上转移膜的形貌有很大关系。当温度升至 300 ℃后,可以明显地观察到陶瓷球上有连续转移膜的形成。300 ℃时氮化硅球

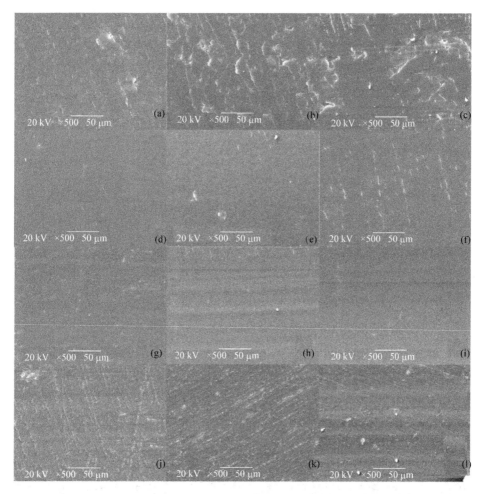

图 8.2.14　聚酰亚胺与不同材料配副时在不同温度下的磨痕表面形貌

Si_3N_4：(a) 100 ℃，(d) 200 ℃，(g) 260 ℃，(j) 300 ℃；Al_2O_3：(b) 100 ℃，

(e) 200 ℃，(h) 260 ℃，(k) 300 ℃；GCr15：(c) 100 ℃，(f) 200 ℃，(i) 260 ℃，(l) 300 ℃

表面形成了山脊状连续的转移膜，而三氧化二铝球表面则形成了光滑的转移膜。而对于 TPI-GCr15 转移膜则是随着温度的升高而逐渐变厚。

　　从 300 ℃摩擦实验后的氮化硅及三氧化二铝对偶球表面转移膜中碳元素的线分布(图 8.2.16)可以明显地看出，碳含量在线扫描的过程中呈现递增的趋势，这说明氮化硅球表面形成了一层聚合物转移膜。而三氧化二铝球上转移膜中碳元素含量先增后降的变化也说明陶瓷球表面有转移膜的存在。

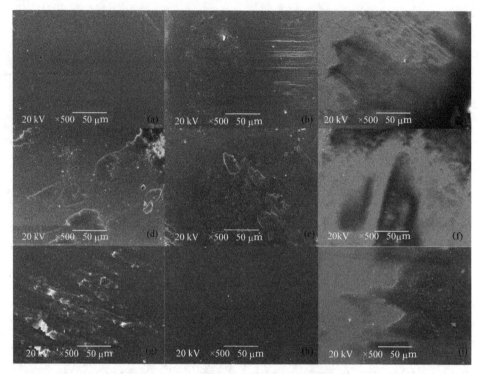

图 8.2.15　不同温度下不同对偶上转移膜的形貌

Si_3N_4:(a) 100 ℃,(d) 200 ℃,(g) 300 ℃;Al_2O_3:(b) 100 ℃,

(e) 200 ℃,(h) 300 ℃;GCr15;(c) 100 ℃,(f) 200 ℃,(i) 300 ℃

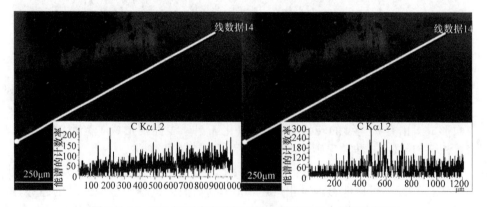

图 8.2.16　300 ℃下陶瓷对偶上转移膜碳元素含量变化规律

8.2.2　聚酰亚胺复合材料

8.2.2.1　氮化硼改性聚酰亚胺复合材料

六方氮化硼的结构类似于石墨,其层间剪切力较低,并且具有优良的耐高温性能及较高的热导率。不同于石墨及二硫化钼在高温下会发生氧化反应导致润滑性能减弱[74],氮化硼具有优良的耐高温性能,是一种优良的耐高温固体润滑剂。纳米六方氮化硼作为纳米添加剂用于改善液体的润滑性能,只需少量便能降低配副间的相互磨损。在聚合物复合材料中,氮化硼的存在也能明显地降低材料的摩擦系数,提高材料的抗磨性能。同时作为耐高温固体润滑材料,氮化硼也被用于提高摩擦材料高温条件下的减摩抗磨性能。高温下随着聚合物力学性能的逐步丧失,摩擦界面处的硬质纳米颗粒可以作为润滑剂形成润滑层保护材料减小磨损,同时硬质颗粒也可能作为磨粒,存在于摩擦界面处增大聚合物的磨损。

（1）材料的制备及表征

表 8.2.2 给出了不同复合材料的组成及命名。从断面图 8.2.17 中可以看出,纯树脂断面处比较光滑,断裂形貌呈花瓣状形貌,这是脆性断裂的特征,说明纯的聚合物发生脆性断裂。而添加氮化硼后,复合材料断面逐渐变得粗糙。当加入1%的氮化硼时,断面仍能观察到花瓣状的形貌,说明材料仍以脆性断裂为主。随着氮化硼含量增加,断面形貌明显变得粗糙,并失去了脆性断裂的特征。同时韧窝的出现说明了材料的断裂形式为韧性断裂。

表 8.2.2　不同复合材料的组成及命名(体积分数)

样品	TPI/%	AF/%	BN/%
TPI	100	0	0
TPI-AF	90	10	0
TPI-1	89	10	1
TPI-3	87	10	3
TPI-5	85	10	5
TPI-7	83	10	7
TPI-9	81	10	9

从表 8.2.3 中可以看出,芳纶纤维的加入明显降低了聚合物的硬度和杨氏模量。随着氮化硼含量的增加,材料的模量和硬度呈先升高后降低的趋势。氮化硼含量为 5%时,复合材料表现出了较高的硬度及模量,但其仍低于未改性热固性聚酰亚胺的硬度及模量。

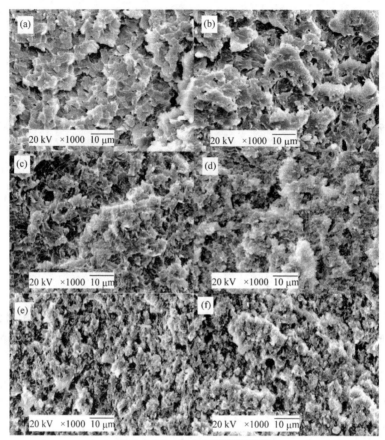

图 8.2.17　复合材料断面形貌

(a) TPI;(b) TPI-1;(c) TPI-3;(d) TPI-5;(e) TPI-7;(f) TPI-9

表 8.2.3　TPI 及其复合材料压痕测试数据

样品	杨氏模量/GPa	硬度/MPa
TPI	3.90	263.91
TPI-AF	1.67	140.35
TPI-1	2.26	165.45
TPI-3	3.38	190.06
TPI-5	4.19	238.15
TPI-7	2.88	193.23
TPI-9	2.85	158.44

　　从储能模量曲线图 8.2.18 中可以看出,随着氮化硼含量的增加,材料的储能模量同样也呈现了先升后降的趋势。当氮化硼含量为 5% 时,复合材料的储存模量达到最大值。少量纳米颗粒的加入能明显提高材料的性能,是因为少量的纳米颗粒能均匀分布在复合材料中起到增强增韧的作用。但是由于纳米颗粒较大的表

面能,随着其含量的增加,纳米颗粒也容易团聚,从而在材料中形成缺陷或应力集中点,从而导致材料性能的恶化。

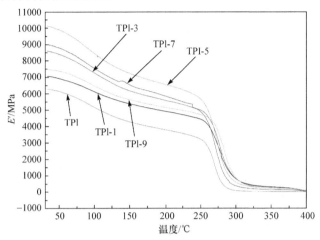

图 8.2.18　TPI 及其复合材料储能模量的曲线

（2）材料的摩擦学性能

在 5 N,0.1 m/s 条件下,我们对上述材料进行了室温及高温下的摩擦实验测试,室温下摩擦系数及磨损率数据见表 8.2.4。由表中数据可以看出,未改性的热固性聚酰亚胺具有较高的摩擦系数及磨损率,这是由热固性聚合物分子间具有较强的内聚力导致的。而芳纶纤维的加入不仅起到了承载作用,同时还降低了聚合物分子间的相互作用力,进而降低了摩擦过程中聚合物的抗剪切能力,从而使复合材料表现出较低的摩擦系数。由表 8.2.3 中可以看出,TPI-AF 的硬度及模量均低于纯的 TPI。纳米氮化硼的加入大幅度地降低了材料的摩擦系数及磨损率,并且随着氮化硼含量的增加摩擦系数呈递减的趋势,而磨损率则随着氮化硼的加入略微降低后逐渐升高。虽然氮化硼改性复合材料的磨损率比较高,但与纯聚酰亚胺的磨损率相比仍降低了一个数量级。

表 8.2.4　复合材料在室温下的摩擦系数及磨损率

样品	摩擦系数	磨损率/(mm³/(N·m))
TPI	0.452	4.96373×10^{-4}
TPI-AF	0.382	5.79599×10^{-5}
TPI-1	0.322	1.32171×10^{-5}
TPI-3	0.310	1.03365×10^{-5}
TPI-5	0.295	1.47646×10^{-5}
TPI-7	0.290	2.05624×10^{-5}
TPI-9	0.261	3.99086×10^{-5}

　　由图 8.2.19(a)可以看出，未改性的聚酰亚胺磨痕表面呈现出了明显的疲劳磨损的现象，而纤维的加入将材料由疲劳磨损形式转变为黏着磨损。由图 8.2.19中可以看出，不论单独的纤维改性还是纤维与纳米颗粒的共同改性，其复合材料的磨痕表面并没有出现明显的疲劳磨损。少量氮化硼的加入就能提高复合材料的抗磨性能，使复合材料呈现出光滑的磨损表面。随着氮化硼含量的增加，在剪切力反复作用下磨痕表面开始出现细小的裂纹。当氮化硼含量为 9%时，复合材料磨损表面则明显变得粗糙，重新出现了疲劳磨损的迹象。

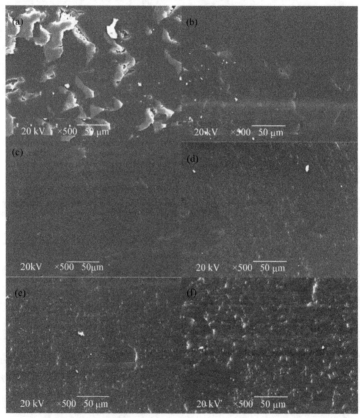

图 8.2.19　室温下复合材料的磨痕表面形貌
(a) TPI；(b) TPI-AF；(c) TPI-1；(d) TPI-3；(e) TPI-5；(f) TPI-9

　　由于高温下复合材料的抗磨性能是影响材料使用寿命的重要因素，所以首先对复合材料 300 ℃下的摩擦学性能进行测试。由图 8.2.20 中数据可以看出，氮化硼的加入确实提高了复合材料的抗磨性能。尤其是当氮化硼含量为 1%及 3%时，其相应的复合材料在 300 ℃表现出极低的磨损率。同时氮化硼含量为 3%时，复合材料表现出了最低的摩擦系数。纯树脂在此温度下丧失了部分力学性能，摩擦界面处聚合物容易被剪切，导致了其较低的摩擦系数及较高的磨损率。同时还可以看出,高温下芳纶纤维与基体之间出现了剥离的现象,导致单独芳纶纤维增强的复合材料表现出了较高的磨损率。随着氮化硼含量的增加,材料光滑的磨损表面也出现了硬质颗粒刮擦的现象,如图 8.2.21。

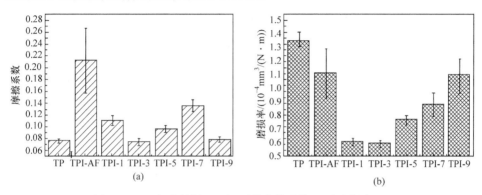

图 8.2.20　复合材料 300 ℃下的摩擦系数(a)及磨损率(b)

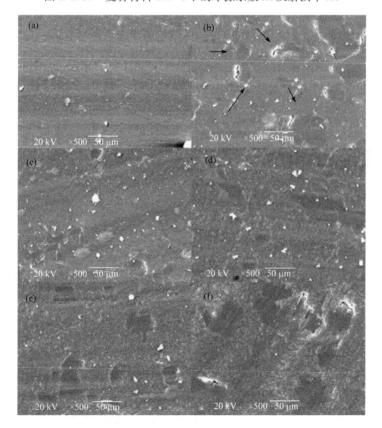

图 8.2.21　复合材料在 300 ℃下的磨痕表面形貌

(a) TPI;(b) TPI-AF;(c) TPI-1;(d) TPI-3;(e) TPI-5;(f) TPI-9

　　由上述结果可知,氮化硼含量为1%及3%时抗磨性能最好。为了进一步考察各个温度下复合材料的摩擦学性能,分别对纯树脂及 TPI-1,TPI-3,TPI-5 在 60 ℃,160 ℃,220 ℃时,对 5 N,0.1 m/s 条件下的摩擦学性能进行了测试,结果如图 8.2.22 所示。从图中可以看出,随着温度的升高,纯树脂及其复合材料的摩擦系数均降低。在 60~220 ℃时磨损率变化不大,而当温度升至 300 ℃时磨损率才略有升高。由摩擦系数的变化规律可以看出,在随温度变化的整个过程中,温度严重影响了聚合物及复合材料的摩擦磨损性能。在较低温度(60 ℃)时,聚合物仍处于玻璃态,在摩擦过程中,复合材料的摩擦学性能依赖于固体润滑剂氮化硼。虽然 TPI-3 摩擦系数不合规律,但在此温度下复合材料的磨损率均低于纯树脂。随着温度升高至 160 ℃,树脂基体逐渐软化,在摩擦界面处亚胺环的开环反应[75]及硬质颗粒氮化硼的作用下复合材料的摩擦学性能并没有表现出明显的规律,但是 TPI-3 却表现出了最佳的抗磨性能。由磨痕表面电镜图 8.2.23 可以看出,相对于 TPI-3 光滑的磨损表面,TPI-5 的磨损表面出现了明显的刮擦及颗粒脱落的迹象。同时由图 8.2.24 中 160 ℃时转移膜形貌可以看出,TPI-3 对偶上转移膜与纯树脂及 TPI-1 和 TPI-5 相比,更有利于起到减摩抗磨的作用。随着温度升高,基体树脂软化,与 160 ℃的磨痕相比,220 ℃下材料表面的刮擦和颗粒脱落现象有所减轻(图 8.2.25),从而表现出较低的磨损率。

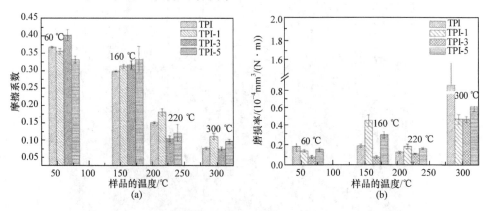

图 8.2.22　复合材料在不同温度下的摩擦系数(a)及磨损率(b)

　　为了分析纳米颗粒对高温下复合材料抗磨性能的影响[76-79],我们对 300 ℃下转移膜中硼元素的面分布进行了分析,如图 8.2.26。由图中可以看出,虽然三种复合材料对偶上均形成了较厚的转移膜,但明显 TPI-3 对偶上磨斑较小,且 TPI-3 的转移膜中硼含量最多,同时分布得比较均匀,这从侧面说明了其较好的抗磨性能。而通过对 TPI-1 及 TPI-5 转移膜中硼元素的分析可以看出,两者的转移膜中硼的分布不太均匀且含量较少。TPI-1 中硼元素的含量较低是因为复合材料中氮

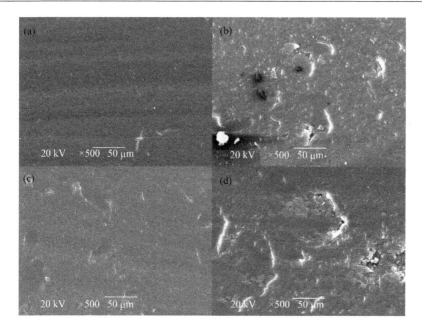

图 8.2.23　TPI 及其复合材料在 160 ℃下磨痕表面形貌
(a) TPI;(b) TPI-1;(c) TPI-3;(d) TPI-5

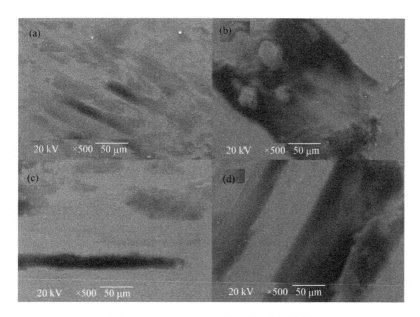

图 8.2.24　160 ℃时对偶上转移膜形貌
(a) TPI;(b) TPI-1;(c) TPI-3;(d) TPI-5

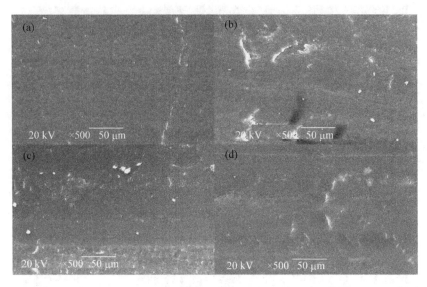

图 8.2.25　TPI 及其复合材料在 220 ℃下磨痕表面形貌

(a) TPI；(b) TPI-1；(c) TPI-3；(d) TPI-5

化硼的含量低,在摩擦过程中不能有效地富集并且均匀地分布在转移膜中;而 TPI-5 中氮化硼含量较高,在摩擦的过程中过量的氮化硼反而会起到磨粒的作用,不利于转移膜的形成。如图 8.2.21 中所示,300 ℃下随着氮化硼含量增加至 5％ (TPI-5)和 9％(TPI-9)时,复合材料磨损表面呈现出明显的刮擦痕迹,因此会导致 TPI-1,TPI-3 及 TPI-5 摩擦学性能的差异。

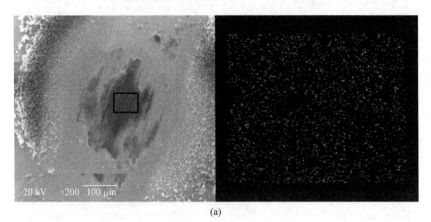

(a)

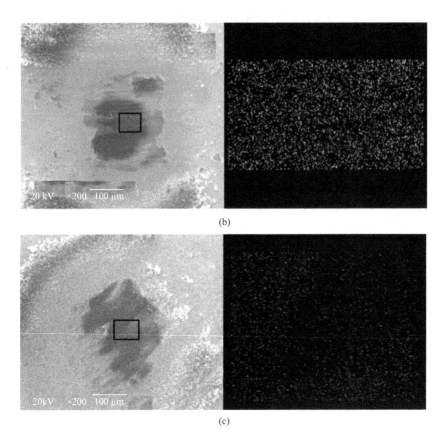

图 8.2.26　300 ℃时对偶上硼元素的面分布

(a) TPI-1;(b) TPI-3;(c) TPI-5

8.2.2.2　石墨和氮化硼改性聚酰亚胺复合材料

根据前面的研究结果可知纳米氮化硼改善了复合材料高温下的摩擦学性能,但是室温及较低温度下聚酰亚胺复合材料仍具有较高的摩擦系数和磨损率。为了提高复合材料的减摩抗磨性能,我们制备了石墨及氮化硼共同改性的复合材料,并考察了室温及高温下石墨含量对摩擦学性能的影响。

(1) 材料的制备及表征

表 8.2.5 给出了复合材料的组成及命名。表 8.2.6 给出了复合材料的力学性能,由表中数据可以看出,芳纶纤维(AF)和石墨(Gr)的加入明显提高了树脂的弯曲模量和强度。单独的氮化硼(h-BN)或石墨(Gr)改性的复合材料均能提高材料的弯曲强度和模量。随着石墨含量的增加,复合材料的弯曲强度下降,模量上升。这说明了石墨的加入降低了复合材料的韧性。

表 8.2.5　复合材料的组成体积分数及命名

样品	PI/%	AF/%	h-BN/%	Gr/%
PI-1	100	0	0	0
PI-2	80	10	0	10
PI-3	87	10	3	0
PI-4	86	10	3	1
PI-5	83	10	3	4
PI-6	77	10	3	10

表 8.2.6　复合材料的力学性能数据

样品	弯曲模量/GPa	弯曲强度/MPa	硬度/MPa
PI-1	3.27	118.54	263.91
PI-2	5.10	125.39	120.27
PI-3	4.10	132.20	190.06
PI-4	3.92	127.61	210.17
PI-5	4.14	123.27	168.13
PI-6	5.01	117.33	161.18

（2）室温下的摩擦学性能

表 8.2.7 给出了室温下的摩擦实验数据，从中可以看出，石墨的加入明显地降低了材料的摩擦系数，提高了复合材料的抗磨性能。对比 PI-2 及 PI-3 可以发现，室温下石墨增强的复合材料具有更好的减摩抗磨性能。而氮化硼及石墨同时改性的复合材料，其摩擦系数及磨损率均随着石墨含量的增加逐渐降低。这说明室温下石墨比氮化硼具有更好的润滑性能。

表 8.2.7　室温下复合材料的摩擦系数及磨损率

样品	样品组成	摩擦系数	磨损率/(mm³/(N·m))
PI-1	PI	0.452	4.96373×10^{-4}
PI-2	PI+10%AF+10%Gr	0.238	8.90281×10^{-6}
PI-3	PI+10%AF+3%BN	0.310	1.03365×10^{-5}
PI-4	PI+10%AF+3%h-BN+1%Gr	0.320	3.14947×10^{-5}
PI-5	PI+10%AF+3%h-BN+4%Gr	0.301	2.84434×10^{-5}
PI-6	PI+10%AF+3%h-BN+10%Gr	0.223	1.86505×10^{-5}

图 8.2.27 给出了磨痕表面形貌图。从中可以看出，单独的石墨或氮化硼的磨损表面仍显得有些粗糙，有明显应力集中导致的局部开裂或轻微的疲劳磨损现象。而同时添加氮化硼及 10%石墨时，复合材料的磨损表面最光滑。随着石墨含量的

降低,磨损表面也逐渐出现了刮擦及裂纹。从 PI-4 及 PI-6 复合材料的对偶转移膜情况(图 8.2.28)也可以看出,石墨含量较多时,对偶上形成了更为均一的转移膜;石墨含量较少时,转移膜变得更薄。

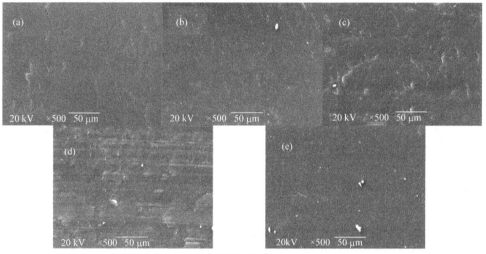

图 8.2.27　室温下复合材料的磨痕表面形貌
(a) PI-2;(b) PI-3;(c) PI-4;(d) PI-5;(e) PI-6

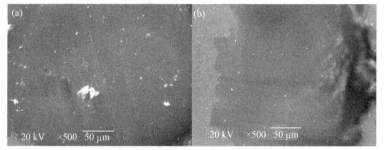

图 8.2.28　室温下 PI-4 及 PI-6 的转移膜形貌
(a) PI-6;(b) PI-4

（3）高温下的摩擦学性能

图 8.2.29 给出了不同温度下复合材料的摩擦系数和磨损率。从中可以看出,树脂及其复合材料的摩擦系数随着温度的升高,表现出不同的趋势。只填充了芳纶纤维及石墨的复合材料,随着温度的升高摩擦系数先降低后升高,在 220 ℃时达到最低值,当温度升至 300 ℃时摩擦系数急剧上升。PI-4,PI-5 及 PI-6 的摩擦系数均随着温度的升高逐渐降低并达到一个相对平稳的值。除了 PI-2 在 300 ℃下表现出了最高的摩擦系数之外,在各个温度下复合材料的摩擦系数均低于纯树脂的摩擦系数。同时由 PI-4,PI-5 及 PI-6 在较低温下(60 ℃及 160 ℃)的摩擦系数可以看出,摩擦系数随着石墨含量的增加而降低,与室温下的变化规律相同。这说明了在较低温度时,石墨在摩擦过程中起着主导的作用。图 8.2.30 给出了 60 ℃时

复合材料的转移膜形貌,可以看出,随着石墨含量的增加,对偶上转移膜逐渐由 PI-4 时不完整的转移膜发展到 PI-5 时完整均一的转移膜,再到 PI-6 时的较厚且呈山脊状的转移膜。

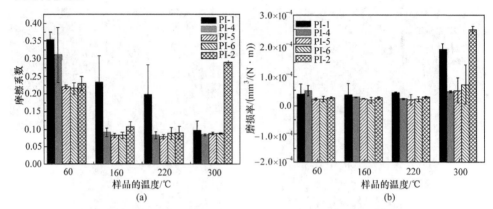

图 8.2.29　复合材料在不同温度下的摩擦系数(a)及磨损率(b)

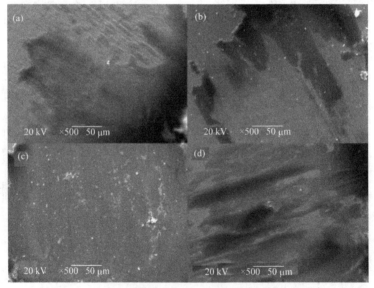

图 8.2.30　不同复合材料 60 ℃时对偶上转移膜形貌

(a) PI-1;(b) PI-4;(c) PI-5;(d) PI-6

随着温度上升至 160 ℃,复合材料的摩擦系数急剧下降,而氮化硼及石墨共同改性复合材料的摩擦系数相差不大。而未添加氮化硼的复合材料 PI-2 摩擦系数较高。在 220 ℃时,几种复合材料的摩擦系数相差无几,但都明显低于纯树脂在此温度下的摩擦系数。对比 160 ℃及 220 ℃下的摩擦系数及磨损率可以发现,随着温度的上升,基体不断地软化,树脂的摩擦系数不断降低,但是对于氮化硼及石墨共同改性的复合材料,PI-4,PI-5,PI-6 三者的摩擦系数及磨损率均保持在一个较低的值,并且随着温度升至 220 ℃波动较小。与树脂摩擦系数及磨损率随着温度的变化相比,在此温度范围内 PI-4,PI-5,PI-6 稳定的摩擦磨损数据可以推断出氮化硼及石墨的加入大幅度地降低了材料对温度的敏感性。从图 8.2.31 同样可以看出,在 160 ℃及 220 ℃时,复合材料的磨损表面形貌并无明显的区别,磨痕表面均比较光滑,磨损形式以黏着磨损为主。同样三者转移膜的形貌在 160 ℃及 220 ℃下也相差不大,在高温下均形成了较厚的转移膜,如图 8.2.32。

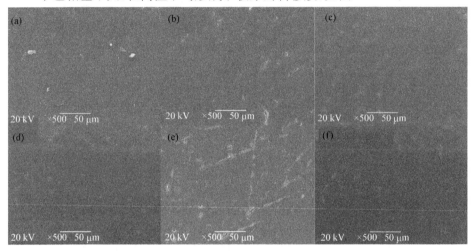

图 8.2.31　160 ℃及 220 ℃下复合材料的磨痕表面形貌

160 ℃:(a) PI-4,(b) PI-5,(c) PI-6;220 ℃:(d) PI-4,(e) PI-5,(f) PI-6

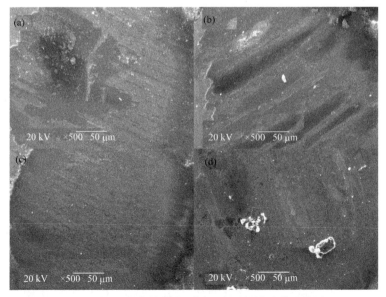

图 8.2.32　复合材料在不同温度下的转移膜形貌图

(a) PI-4/220 ℃;(b) PI-5/160 ℃;(c) PI-6/160 ℃;(d) PI-6/220 ℃

当温度升至 300 ℃时,虽然纯树脂的摩擦系数仅略高于复合材料的摩擦系数除 PI-2 外,但是纯树脂的磨损率却急剧上升。同样这也是树脂基体软化导致的力学性能的损失降低了树脂的抗剪切能力,从而使其表现出较低的摩擦系数及极高的磨损率。而石墨与芳纶纤维改性的复合材料,其摩擦系数在 300 ℃时则随着温度的上升而增大。这是因为高温下摩擦界面处缺少了水分的存在,石墨层间相对滑移困难,丧失了部分润滑性能[80]。同时无法在对偶上形成有效的转移膜从而导致了其润滑性能的失效、磨损的加剧。从图 8.2.33 中可以明显地看出,在放大 100 倍时便可明显地观察到 PI-2 磨损表面明显的裂痕,而且 PI-2 的磨痕宽度也远大于 PI-6 的磨痕宽度,这也反映了其较高的磨损率。

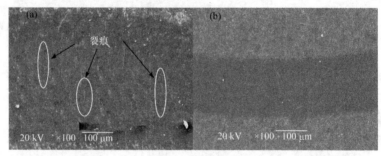

图 8.2.33　PI-2 和 PI-6 在 300 ℃下的磨痕表面形貌
(a) PI-2;(b) PI-6

但是氮化硼与石墨共同改性的复合材料在 300 ℃下仍表现出了良好的摩擦学性能,其摩擦系数及磨损率仍保持在一个较低的值。随着温度从 220 ℃升至 300 ℃,PI-4,PI-5 及 PI-6 的摩擦系数及磨损率均无明显变化,并且在整个温度变化过程中,PI-4,PI-5 及 PI-6 的磨损率均保持在一个较低的值,说明这三种材料的抗磨性能受温度影响较小。对比 PI-2 与 PI-4,PI-5 及 PI-6 在 300 ℃下的摩擦学数据可以发现,PI-2 在 300 ℃时摩擦系数及磨损率的急剧上升也从侧面反映出高温下氮化硼良好的高温润滑性能。而由图 8.2.34 中可以看出,与氮化硼及芳纶纤维改性的聚合物 PI-3 相比,同时添加石墨及氮化硼的复合材料磨损表面更加光滑。并且随着石墨含量的降低,其磨损表面也逐渐向 PI-3 磨损表面形貌转变。

较低的摩擦系数及较好的抗磨性能也从侧面反映出对偶表面上转移膜的情况。由图 8.2.35 可以看出,300 ℃下纯树脂的转移膜较厚,并且有高温下热分解或碳化的现象。加入石墨或氮化硼后,转移膜上热分解的现象明显减弱,但 PI-2 及 PI-3 对偶上转移膜仍比较粗糙,呈山脊或条状形貌。而对氮化硼及石墨共同改性的复合材料,其转移膜变得更加平滑和完整。并且随着石墨含量的增加转移膜也变得越来越厚,转移膜表面也显得越来越粗糙。相对于单独石墨或氮化硼改性的 PI-2 及 PI-3 的粗糙转移膜,PI-4,PI-5,PI-6 的转移膜形貌得到了明显改善,从而赋予这三种复合材料高温下较好的摩擦学性。这说明石墨与氮化硼之间存在着协同作用,使复合材料表现出优异的减摩抗磨性能。

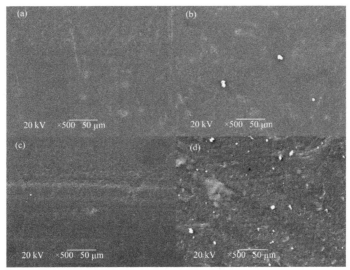

图 8.2.34　300 ℃时复合材料磨痕表面形貌
(a) PI-6；(b) PI-5；(c) PI-4；(d) PI-3

图 8.2.35　不同复合材料 300 ℃时的转移膜形貌
(a) PI-1；(b) PI-2；(c) PI-3；(d) PI-4；(e) PI-5；(f) PI-6

8.3　真空/低温环境对摩擦学的影响

在空间中,很多物质会出现真空放气现象,放出的污染物会沉积到一些部件的表面从而影响到其热学或光学性质。航天器在真空中运行的另一个挑战是温度。真空环境中没有大气,无法通过气体的对流进行传热,只能利用传导或者辐射来改变自身温度。另外,高真空、大温差温度交变环境对摩擦副材料的热膨胀系数、润滑材料的稳定性都有很高的要求。

8.3.1　真空环境对聚酰亚胺及其复合材料的影响

聚酰亚胺是最早被工业界接受的芳杂环聚合物之一。在已经产业化的芳杂环聚合物中,聚酰亚胺占有绝对的主导地位[81]。聚酰亚胺具有很多优良的性能:①分解温度高达 500 ℃,是聚合物中热稳定性最高的品种之一;②可耐极低温,如在 4 K 的液态氢中仍不会脆裂;③具有高的耐辐照性能;④高真空下放气极少;⑤耐酸碱腐蚀;⑥良好的介电性能;⑦良好的机械性能。此外,聚酰亚胺还是一种自润滑材料,在高温、高压和高速下具有优异的减摩润滑特性,已在航空航天、微电子等高技术领域得到了广泛应用[82-84]。芳纶纤维(AF)是一种新型高科技合成纤维,具有超高强度、高模量和耐高温、耐酸碱、质量轻等优良性能,在 560 ℃的温度下不分解,不融化。它具有良好的绝缘性和抗老化性能,具有很长的生命周期。聚四氟乙烯(PTFE)分子链之间极易滑移,因此表现出低摩擦的特性,自润滑性能优良。

8.3.1.1　热重分析

从材料的热分解曲线(图 8.3.1)中可以看出,三种材料都只有一个热分解温度。PI-1 的热分解温度为 566.9 ℃;加入 15% AF 后复合材料(PI-2)的热分解温度有一定程度下降,热分解温度变为 554.7 ℃;进一步加入 10% PTFE 后,复合材料(PI-3)的热分解温度降为 548.6 ℃,这主要是受 PTFE 的影响。

8.3.1.2　动态热机械性能

图 8.3.2 给出了不同频率下三种材料损耗因子随温度变化的曲线。从图中可以看出,玻璃化转变温度随着频率的增加而增加。材料的松弛行为主要是由聚酰亚胺基体决定的,因此,图中所示三种材料的玻璃化转变温度基本一致,三种材料的玻璃化转变温度分别为 240.2 ℃,239.9 ℃,245.9 ℃(1 Hz)。这意味着这三种材料均具有较高的使用温度,可以在真空环境中使用并保持稳定的性能。

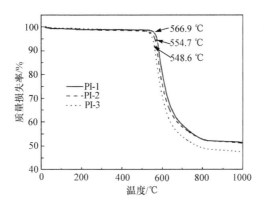

图 8.3.1　PI-1，PI-2 和 PI-3 的热失重曲线

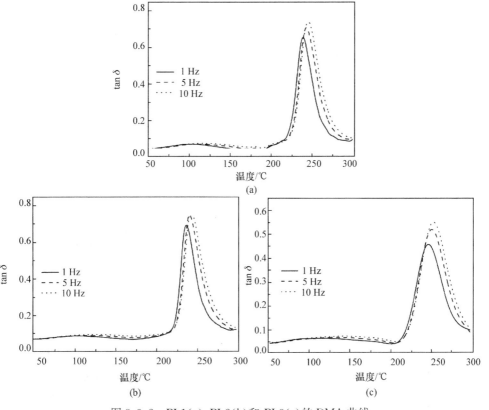

图 8.3.2　PI-1(a)，PI-2(b)和 PI-3(c)的 DMA 曲线

8.3.1.3　弯曲性能

表 8.3.1 给出了三种材料的弯曲强度和硬度。由表中数据可以看出，AF 增

强后 PI-2 的弯曲强度和硬度均增加;而添加 15％AF 和 10％PTFE 后,PI-3 的弯曲强度和硬度均下降。

表 8.3.1　材料的力学性能

性能	PI-1	PI-2	PI-3
弯曲强度/MPa	140.29	144.98	120.29
硬度 HD	83.3	84.9	82.2

8.3.1.4　摩擦学性能

图 8.3.3 是三种材料真空中摩擦系数和磨损量随滑动速度的变化,恒定载荷为 5 N,滑动速度从 0.1256 m/s 升高到 0.5024 m/s。从图中可以看出,随着滑动速度的增加,三种材料的摩擦系数呈增大趋势。摩擦过程中,摩擦系数受样品磨损表面与转移膜之间的热效应影响[85]。随着滑动速度增加,摩擦界面的摩擦热积累速度增加,但是由于载荷较小,摩擦热导致的温度升高有限,而摩擦副之间的振动随速度增加明显加剧,摩擦热积聚,真实接触面积增加,黏着项增加,从而导致摩擦系数随速度增加而增大。加入 AF 后,不仅提高了 PI-2 的承载能力,还使 PI-2 的硬度增加。相同实验条件下,硬度的增加使得 PI-2 变形程度减小,反过来又使得接触面积减小,因此摩擦系数较 PI-1 低。进一步加入固体润滑剂 PTFE 后,PI-3 的摩擦系数显著降低。这是由于 PTFE 分子之间弱的作用力使得晶粒间剪切强度低,容易发生滑移,从而易于在对偶面上形成薄的转移膜,降低摩擦系数。从磨损量随不同滑动速度的变化关系图可以看出,随着滑动速度从 0.1256 m/s 增加到 0.5024 m/s,三种材料的磨损量均呈现上升趋势。与 PI-1 相比,加入 AF 后复合材料磨损量有一定程度的降低。PI-3 中 PTFE 的加入明显改善了复合材料的摩擦磨损性能,使其磨损量比 PI-1 和 PI-2 至少下降了 2/3。其原因是 PTFE 的加入

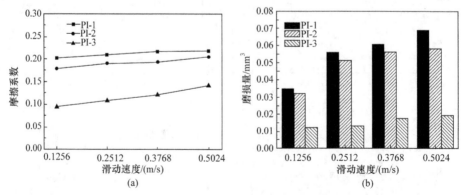

图 8.3.3　真空中滑动速度对材料摩擦系数(a)和磨损量(b)的影响

使得复合材料在对偶表面形成了一层剪切强度较低的转移膜,这样聚合物和对偶之间的摩擦就转化成聚合物和转移膜之间的摩擦。由于转移膜的剪切强度很低,所以摩擦系数很小,从而减少了摩擦热,缓解了摩擦过程的热影响,使得磨损量降低。

与真空中不同的是,空气中三种材料的摩擦系数随滑动速度的增加而缓慢降低(图 8.3.4)。分析认为,这主要是因为空气充当了热传导介质的作用,摩擦过程中产生的摩擦热一部分通过空气带走,使得摩擦面上的聚合物材料黏着现象与真空相比得到缓解,摩擦系数降低。相同条件下,空气中材料的黏着减弱,也使得磨损量显著降低(图 8.3.4)。

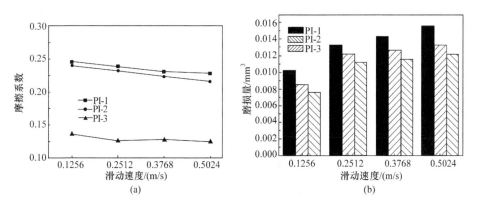

图 8.3.4　大气环境下三种材料摩擦系数(a)和磨损量(b)随滑动速度的变化

图 8.3.5 给出了真空中不同转速下材料表面磨损形貌的电镜图。从图 8.3.5(a1)和(a2)中可以看出,大量磨屑堆积在磨痕两侧,磨痕表现出黏着和塑性变形,材料的主要磨损形式为黏着磨损。从 PI-2 磨损形貌图(图 8.3.5(b1)和(b2))中可以看出,由于芳纶纤维与聚酰亚胺结构相似,有很好的兼容性,基本没有出现相分离,此时复合材料的磨损主要取决于聚酰亚胺基体,以黏着磨损为主,但由于芳纶纤维起到了一定的承载作用,PI-2 磨损表面与 PI-1 相比较光滑,发生轻微黏着磨损。从不同转速下 PI-3 复合材料的磨损形貌图(图 8.3.5(c1)和(c2))可以看出,加入 PTFE 后,因 PTFE 与 PI 兼容性不好,复合材料表面出现明显的 PTFE 剥落留下的凹坑,观察对偶时可见 PTFE 颗粒或絮片。这表明 PTFE 在摩擦过程中向对偶表面转移,并在对偶表面形成极薄的转移膜,从而有效地降低了摩擦系数和磨损量。转速为 200 r/min 时,材料被轻微抛光,表面的塑性变形并不明显,主要是疲劳磨损。随着转速的增加,材料表面塑性变形较明显,变形的材料发生向磨痕两侧堆积的现象。

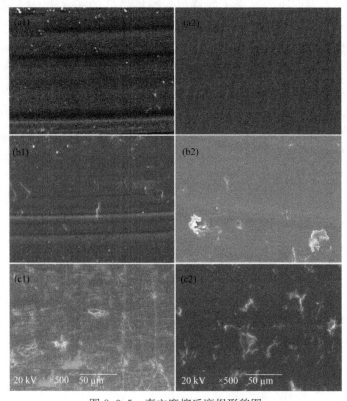

图 8.3.5　真空摩擦后磨损形貌图

(a1) PI-1,0.1256 m/s,(a2) PI-1,0.5024 m/s;(b1) PI-2,0.1256 m/s,

(b2) PI-2,0.5024 m/s;(c1) PI-3,0.1256 m/s,(c2) PI-3,0.5024 m/s

　　图 8.3.6 给出了恒定载荷为 5N,滑动速度为 0.1256 m/s 时,聚酰亚胺复合材料摩擦系数随真空度的变化。从图中可以看出,随着真空度的升高,聚酰亚胺摩擦系数逐渐降低,进一步说明聚酰亚胺在真空中的润滑作用比大气中好。这主要是因为在大气中或真空度较低时,聚酰亚胺容易吸附气氛中的水分子,并在表面形成含水层。相邻的分子链之间通过水分子形成氢键,限制了分子链的移动和定向,使得对偶上不易形成连续均匀的转移膜,导致摩擦系数比在高真空度下有所增加。加入芳纶纤维后,复合材料仍然保持了 PI 在真空中的良好润滑性,随着真空度的升高,PI-2 复合材料的摩擦系数逐渐降低。PI-3 复合材料的摩擦系数随着真空度的升高而略有降低,并且不同真空度下其摩擦系数均能在很短时间内达到稳定阶段。其中,在低真空度下,其摩擦系数为 0.1263;中真空度时,摩擦系数降为 0.0927;高真空度时,摩擦系数降到最低,其值为 0.0855。三种材料的磨损量均随着真空度升高而降低,并且随着真空度升高,PI-1,PI-2 和 PI-3 磨损量之间的差值减小。

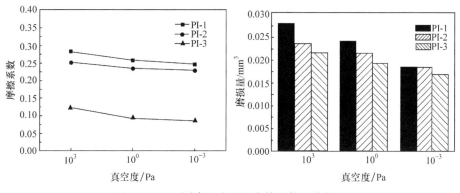

图 8.3.6　不同真空度下的摩擦系数和磨损量

8.3.2　真空对聚四氟乙烯的影响

聚四氟乙烯(PTFE)是目前为止世界上耐腐蚀性最强的工程塑料之一,有"塑料王"的美称。PTFE 分子链之间极易滑移,可在极短时间内向对偶表面转移并形成转移膜,因此表现出极低的摩擦系数,良好的自润滑性能。但 PTFE 磨损量高、力学强度低,制约了其在实际中的应用。因此需要对 PTFE 进行改性,以提高其抗磨损性能。碳纤维(CF)是一种理想的增强材料,它具有高强度、高模量、耐腐蚀、耐高温及低摩擦系数等优点,目前 CF 增强聚合物基复合材料已得到广泛应用[86-90]。

8.3.2.1　热失重及动态热机械性能分析

加入 CF 后,复合材料的热分解温度有一定程度的提高,并且 800 ℃时的残余质量也有所增加(图 8.3.7)。通过 DMA 分析(图 8.3.8)发现,与纯 PTFE 相比,CF 增强的 PTFE 的玻璃化转变温度向高温区移动,并且其储能模量有一定提高,即材料刚性增加。

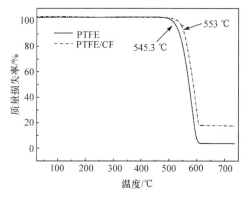

图 8.3.7　PTFE 和 PTFE/CF 的热失重曲线

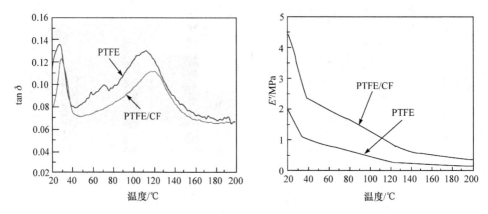

图 8.3.8　PTFE 和 PTFE/CF 损耗因子($\tan\delta$)和储能模量(E')随温度的变化

8.3.2.2　摩擦学性能

图 8.3.9 给出了 PTFE 和 PTFE/CF 真空中摩擦系数和磨损量随滑动速度的变化,恒定载荷为 2 N,滑动速度从 0.1256 m/s 升高到 0.5024 m/s。随着滑动速度的增加,PTFE 和 PTFE/CF 摩擦系数均增大。这主要归结于两方面的原因:一方面,随着滑动速度增加,摩擦界面的摩擦热积聚,材料表面发生软化,变形项增加;另一方面,滑动速度的增加导致摩擦副之间振动加剧,造成实际接触面积增加,黏着项增大;因此 PTFE 摩擦系数和磨损量均随滑动速度增加而明显增大。加入 CF 后,CF 起主要的承载作用,这在一定程度上减轻了材料的黏着,使其摩擦系数要低于纯 PTFE,磨损量显著降低并且随滑动速度的增大基本保持不变。

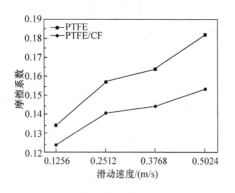

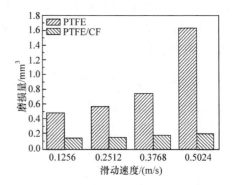

图 8.3.9　PTFE 和 PTFE/CF 在不同滑动速度下的摩擦系数和磨损量

从对偶上的转移情况(图 8.3.10(a1)~(a8))来看,两种材料均能在对偶上形成连续均匀的转移膜,并且通过能谱分析发现转移膜均主要由 PTFE 形成。PTFE 的磨损表面发生明显的黏着磨损,并且随着滑动速度的增大这种现象更加严重

(图 8.3.10(b1)～(b4))。对于 PTFE/CF 复合材料,由于随着摩擦的进行,CF 逐渐暴露在磨损表面,起到主要的承载作用,有效地避免了复合材料的磨损(图 8.3.10(b5)～(b8))。

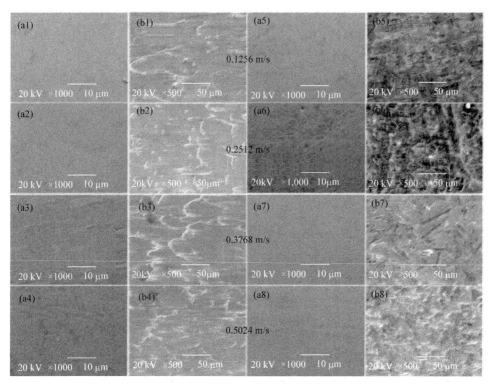

图 8.3.10　不同转速下 PTFE 和 PTFE/CF 的转移膜和磨损形貌

(a1)～(a4)为 PTFE 的转移膜;(a5)～(a8)为 PTFE/CF 的转移膜;

(b1)～(b4)为 PTFE 的磨损形貌;(b5)～(b8)为 PTFE/CF 的磨损形貌

从图 8.3.11 中可以看出,随着真空度的升高,PTFE 摩擦系数逐渐降低。这

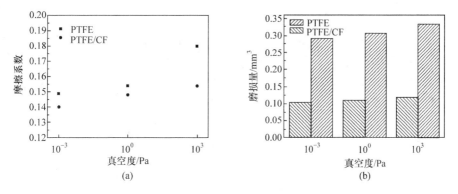

图 8.3.11　PTFE 和 PTFE/CF 摩擦系数(a)和磨损量(b)随真空度的变化

主要是由 PTFE 的元素组成决定的,真空度比较低时,水分子可以在相邻的分子链之间形成氢键,限制了分子链的移动,不利于 CF 向对偶转移其向对偶 CF 之后,仍然主要是 PTFE 向对偶转移(图 8.3.12),因此,PTFE/CF 复合材料的摩擦系数随着真空度的增加而降低。PTFE 在不同真空度下的磨损量均较大,并且随着真空度的降低有明显的增加趋势;CF 增强的复合材料的磨损量显著降低,约为纯PTFE 的 1/2;不同真空度下的 PTFE/CF 磨损量相差不大。

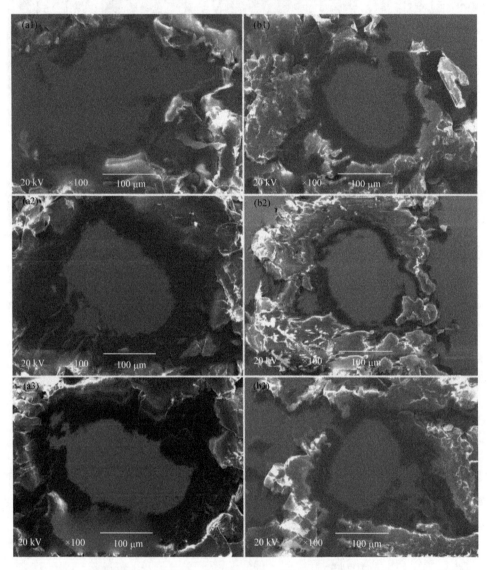

图 8.3.12 不同真空度下 PTFE((a1),(a2),(a3)) 和 PTFE/CF((b1),(b2),(b3))的转移膜((a1),(b1):10^3 Pa;(a2),(b2):10^0 Pa ;(a3),(b3):10^{-3} Pa)

8.3.3 真空低温下聚酰亚胺和聚四氟乙烯的摩擦学性能

在摩擦稳定阶段,摩擦表面温度是影响摩擦磨损行为的关键因素。由于摩擦热的作用,摩擦界面温度一般要高于所设定的环境温度。摩擦界面温度过高可能会引起摩擦界面材料发生化学反应或者降解,进而对其摩擦学性能产生影响。Samyn 和 Schoukens[85]研究发现,摩擦热的积聚会使摩擦界面温度比环境温度高10～30 ℃。当摩擦表面的温度达到材料的玻璃化转变温度甚至熔融温度,摩擦系数存在一转变点。真空环境中由于缺少传热介质,热量只能通过直接接触的方式进行传导,环境温度、聚合物,以及对偶钢球的热导率都会影响摩擦面的温度。一旦摩擦热引起的温升很大,就会引起材料表面物理化学性质的变化,体系变得相对复杂。为了简化这一过程,本部分选取的实验载荷以及速度均比较低,尽量避免摩擦热引起的性能变化,主要集中讨论环境温度变化所引起的材料摩擦学性能变化。

8.3.3.1 动态热机械分析

图 8.3.13 给出了 PI 损耗因子($\tan\delta$)和储能模量(E')随温度的变化关系。表 8.3.2 给出了 PI 和 PTFE 的松弛温度。实验温度范围内,PI 和 PTFE 出现了三个转变温度。PI 的玻璃化转变(α 转变)温度为 231.9 ℃,并分别在 98.5 ℃ 和 −76.5 ℃出现 β 和 γ 松弛。低温时 PI 储能模量很高,即刚性很强,β 松弛之后储能模量下降一半,玻璃化转变温度以上,PI 失去力学强度。PTFE 的 α,β 和 γ 松弛分别在 112.3 ℃,27.6 ℃和−88.2℃,其中 β 松弛为晶型转变温度;储能模量在 γ 松弛时急剧下降,β 松弛之后降为初始阶段的 1/10。

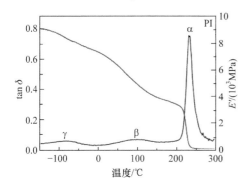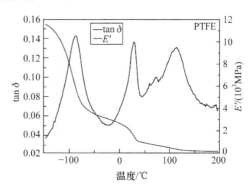

图 8.3.13 PI 和 PTFE 损耗因子($\tan\delta$)和储能模量(E')随温度的变化

表 8.3.2 PI 和 PTFE 的松弛温度

聚合物	α 松弛/℃	β 松弛/℃	γ 松弛/℃
PI	231.9	98.5	−76.5
PTFE	112.3	27.6	−88.2

8.3.3.2　摩擦学性能

图 8.3.14 和图 8.3.15 给出了 PI 和 PTFE 摩擦系数和磨损率随温度的变化关系。从图 8.3.14(a)可以看出,随着温度从－120 ℃升高到 0 ℃,PI 的摩擦系数逐渐降低。但当温度恢复到室温时,摩擦系数升高至与－120 ℃时接近。而 PTFE 的摩擦系数显然对温度没有依赖性(图 8.3.15(a))。PTFE 在室温下的摩擦系数比低温时高,而 0 ℃以下,其在－75 ℃达到最高的摩擦系数。PI 和 PTFE 室温下的摩擦系数比低温时高,但低温时聚合物材料很难转移到对偶表面并在其表面形成完整的转移膜,因此决定低温摩擦系数的因素不再是转移膜,而是聚合物与对偶钢球之间的真实接触面积。随着温度降低,聚合物硬度增加;低温下聚合物材料与钢球在一定载荷下接触时,硬度的增大使得材料的变形减小,实际接触面积减小,因此低温的摩擦系数要比室温时低。从磨损率随温度的变化关系图(图 8.3.14(b)和图 8.3.15(b))可以看出,两种聚合物磨损率均有明显的温度依赖性,随着温度升高磨损率增加。与室温相比,低温下的磨损率有了很大降低。这是因为低温时聚合物分子被限制在分子结构中,不能轻易脱落,使得材料的耐磨性增加。

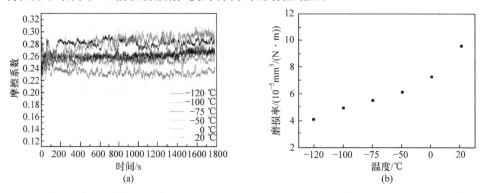

图 8.3.14　不同温度下 PI 的摩擦系数(a)和磨损率(b)(扫描封底二维码可看彩图)

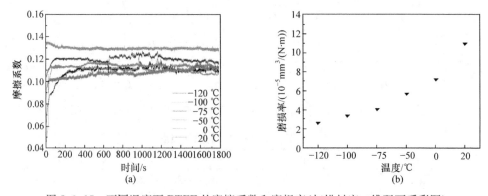

图 8.3.15　不同温度下 PTFE 的摩擦系数和磨损率(扫描封底二维码可看彩图)

低温条件下 PI 和 PTFE 的摩擦系数和磨损率均有一定程度的降低,但磨损机理主要取决于不同的聚合物基体。图 8.3.16 给出了 PI 和 PTFE 在不同温度下的磨损形貌。不同温度摩擦之后 PI 的磨损表面很光滑;而-120 ℃时 PTFE 磨损形貌上表现出明显的黏着迹象,随着温度的升高,黏着磨损减弱,恢复到室温时,黏着磨损基本消失。

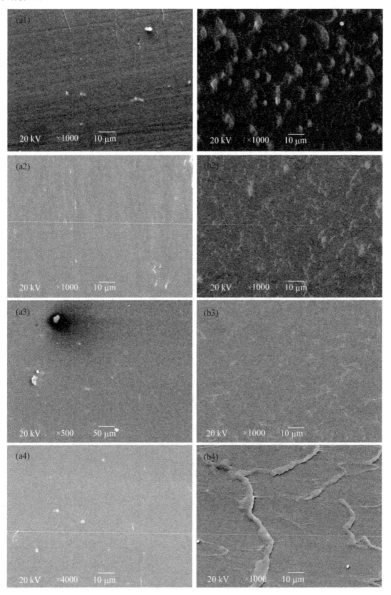

图 8.3.16 不同温度下 PI((a1)~(a4))和 PTFE((b1)~(b4))的磨损形貌
(a1),(b1):-120 ℃;(a2),(b2):-75 ℃;(a3),(b3):-50 ℃;(a4),(b4):20 ℃

研究[91,92]表明,当实验温度远低于材料的玻璃化转变温度时,其摩擦系数与速度无关。本部分也得到了同样的结果,摩擦性能测试温度为−50 ℃,远低于 PI 和 PTFE 的玻璃化转变温度(表 8.3.2)。从图 8.3.17(a)中可以看出,滑动速度为 0.06 m/s 时,PTFE 的摩擦系数最低;随着速度增大,PTFE 摩擦系数呈现增大的趋势。PI 磨损率随着速度的增加基本保持不变;而 PTFE 磨损率随着滑动速度的增大而减小(图 8.3.17(b))。从磨损形貌(图 8.3.18)上来看,低速(0.06 m/s)时 PI 磨损表面光滑,当滑动速度为 0.63 m/s 时,PI 的主要磨损机制是犁削作用;PTFE 表现为黏着磨损,并且随着滑动速度的增加,PTFE 黏着磨损加剧。

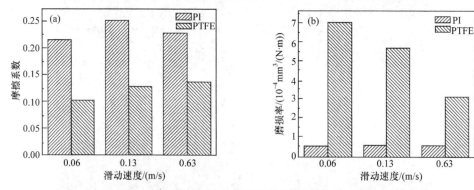

图 8.3.17　PI 和 PTFE 摩擦系数和磨损率随滑动速度的变化(−50 ℃)

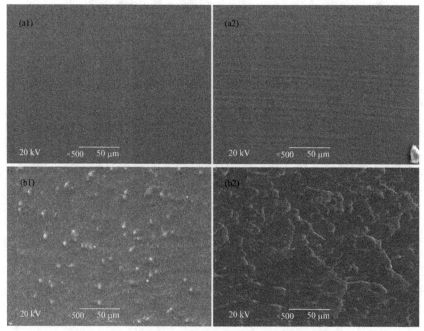

图 8.3.18　PI(a1),(a2)和 PTFE(b1),(b2)的磨损形貌
(a1),(b1):0.06 m/s;(a2),(b2):0.63 m/s

图 8.3.19 给出了滑动速度为 0.13 m/s 时,载荷分别为 0.5 N 和 5 N 条件下,PI 和 PTFE 的摩擦系数和磨损率。从图 8.3.19(a)可以看出,载荷为 5 N 时两种聚合物的摩擦系数均低于 0.5 N 时的摩擦系数。根据弹性接触理论和摩擦系数的定义,接触压力与表面微凸体变形引起的实际接触面积的增加这两个因素决定摩擦系数的大小。这一结果是由接触压力和由表面微凸体的弹性变形引起的真实接触面积增加引起的;聚合物材料的黏弹性导致两摩擦副之间的真实接触面积增加,进一步导致接触压力的增加与载荷的增加不成比例。相同实验条件下,PTFE 的摩擦系数低,磨损率最高(图 8.3.19(b))。从磨损形貌来看,5 N 时 PI 磨损表面比 0.5 N 时光滑;载荷为 5 N 时 PTFE 黏着磨损更为严重(图 8.3.20)。

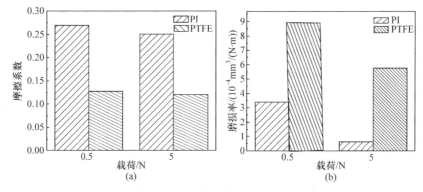

图 8.3.19　PI 和 PTFE 摩擦系数(a)和磨损率(b)随载荷的变化(−50 ℃,0.13 m/s)

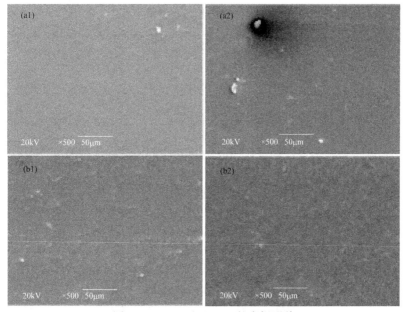

图 8.3.20　PI 和 PTFE 的磨损形貌

(a1),(b1):0.5 N;(a2),(b2):5 N

8.4　油润滑条件下聚合物在真空高低温环境下的摩擦学性能

良好的润滑是延长空间运动部件工作寿命、提高其运行可靠性的关键技术之一。空间运动部件运动模式的多样性和所处工况条件的特殊性,决定了空间润滑的针对性和复杂性。固体润滑材料在耐高低温、承载能力、空间环境适应性等方面显示出明显的优势,但其摩擦噪声较高、使用寿命有限。与固体润滑材料相比,液体润滑材料在良好润滑下具有低的摩擦系数和摩擦噪声、无磨屑及长的使用寿命等优点。但液体润滑材料大多存在易挥发、高温易降解、爬移、使用时需密封等问题。同时液体润滑材料在承载能力和稳定性方面与固体润滑材料相比较差。为了提高空间润滑可靠性与寿命,可以采用适当的固体和液体润滑剂复合使用,构成复合润滑体系,改善固体或液体润滑材料单独使用时的性能。

8.4.1　润滑油的理化性能

图 8.4.1 给出了四种润滑油的结构式。图 8.4.2 给出了四种润滑油的热失重曲线和黏度随温度的变化关系。从热失重曲线可以看出四种润滑油在 200 ℃都保持了很好的热稳定性,在分解温度之前几乎没有质量损失(图 8.4.2(a)),且两种硅油的热分解温度均比两种全氟聚醚的热分解温度高(表 8.4.1),其中 Silicon oil M 的热分解温度最高,为 498 ℃。从图 8.4.2(b)可以看出,室温以下四种润滑油的运动黏度随温度的升高迅速降低,随着温度进一步升高,黏度变化不大。在 −50 ℃时,Fomblin M30 黏度最大,而 PFPE C 已经凝固。达到室温之后,Silicon oil M 黏度较其他三种润滑油高。

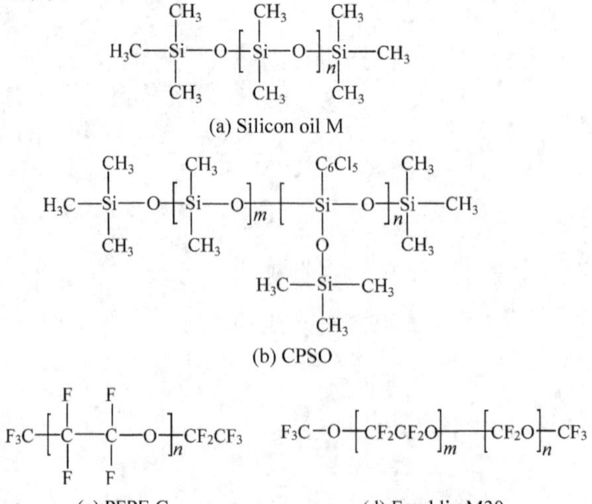

图 8.4.1　四种润滑油的结构式

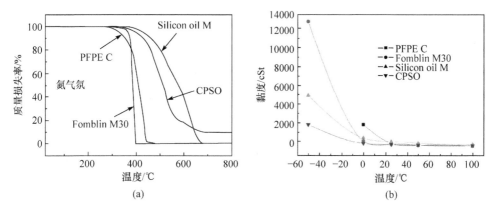

图 8.4.2　润滑油的热失重曲线(a)及黏温性能(b)(1 St＝10^{-4} m²/s)

表 8.4.1　润滑油的理化性能

润滑油	分解温度/℃	凝点/℃	密度(20 ℃)/(g/cm³)
Silicon oil M	498	<－50	0.972
CPSO	475.3	<－75	1.012
PFPE C	381.7	－38	1.81
Fomblin M30	376.3	<－65	1.85

8.4.2　油润滑条件下聚酰亚胺的摩擦磨损性能

8.4.2.1　室温下的摩擦学性能

图 8.4.3 给出了不同油润滑条件下 PI 室温时的摩擦系数和磨损率。从图 8.4.3(a)可以看出,干摩擦条件下,聚酰亚胺摩擦系数达到 0.28。而在四种油润

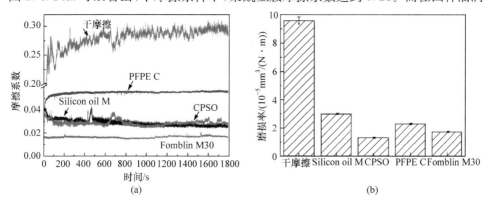

图 8.4.3　不同油润滑条件下 PI 的摩擦系数(a)和磨损率(b)((20±2)℃,5 N,0.13 m/s)

滑条件下,PI 的摩擦系数与干摩擦相比显著降低,摩擦系数的顺序:PFPE C>Silicon oil M≈CPSO>Fomblin M30,其中减摩效果最好的是 Fomblin M30。Silicon oil M 和 CPSO 两种油润滑条件下,PI 的摩擦系数基本一致,但 CPSO 能最有效地降低 PI 的磨损率,CPSO 润滑条件下 PI 的磨损率仅为干摩擦时的 20%。另外从图 8.4.3(b)可以看出,Fomblin M30 润滑时也能显著减小室温下 PI 的磨损。

8.4.2.2　不同温度对摩擦学性能的影响

基于以上结果,选择 CPSO 和 Fomblin M30 两种润滑油研究温度对油润滑条件下聚酰亚胺摩擦磨损性能的影响。图 8.4.4 给出了 CPSO 润滑条件下不同温度时聚酰亚胺摩擦系数随时间的变化及磨损率。从图 8.4.4(a)中可以看出,−100 ℃时,摩擦系数波动比较大,随着温度升高摩擦系数降低,当温度升高到 0~100 ℃时,摩擦系数基本保持不变,温度升高到 150 ℃时,摩擦系数达到最低值 0.005。摩擦系数的变化趋势可以通过 Stribeck 曲线来解释,由于不同温度下的载荷和滑动速度是不变的,因此 Sommerfeld 数就只跟润滑油的黏度有关。当实验温度为−100 ℃时,CPSO 已经凝固,不能在聚酰亚胺表面铺展开,但随着摩擦实验进行,摩擦热在摩擦表面积聚,使得 CPSO 能够部分熔化,因此在此温度下得到的摩擦系数波动比较大。随着温度升高,CPSO 的黏度降低,运动能力显著增加,能够很好地扩散在聚酰亚胺表面,并起到良好的润滑及传热作用,由于此阶段润滑油黏度仍然很大,即 Sommerfeld 数很大,处于流体动压润滑状态,此时摩擦系数较高并随着温度升高而降低。温度进一步升高(0~100 ℃),黏度变化不大,温度对润滑性能的影响很小,此时摩擦系数基本保持不变。当温度进一步升高,此时润滑油黏度已经很小,PI 表面润滑膜的厚度较小,逐渐进入边界润滑状态。从磨损率随温度的变化图(图 8.4.4(b))来看,随着温度降低,PI 的磨损率降低。这是因为温度越

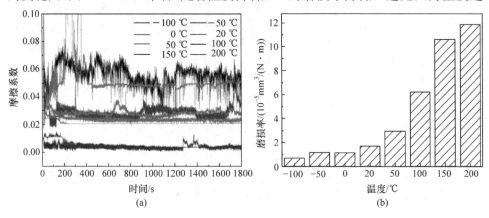

图 8.4.4　CPSO 润滑条件下 PI 摩擦系数(a)和
磨损率(b)随温度的变化(扫描封底二维码可看彩图)

低,PI 分子链的运动能力越弱,甚至处于冻结状态,这时 PI 不易于从基体分离,从而使得磨损率随温度下降而显著降低。从磨痕形貌(图 8.4.5)来看,−50 ℃条件下的磨痕表面比较光滑,几乎没有磨屑;而 200 ℃时,能观察到磨痕表面材料发生塑性形变。在实验温度范围内,PI 和 CPSO 表现出了良好的化学稳定性及协同润滑作用。

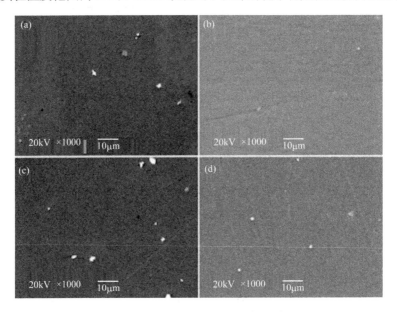

图 8.4.5　不同温度下的磨损形貌
(a),(c):−50 ℃;(b),(d):200 ℃;(a),(b):CPSO 润滑;(c),(d):Fomblin M30 润滑

图 8.4.6 给出了不同温度下 PI 磨损表面的 XPS 谱图。从图中可以看出,在不同温度下进行摩擦测试后 PI 磨损表面的元素与纯 PI 一致,这说明润滑油中的

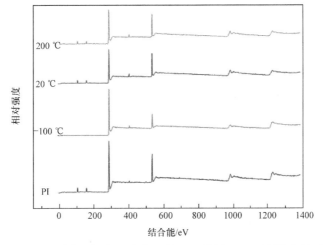

图 8.4.6　不同温度下 PI 磨痕上的 XPS 谱图(CPSO 润滑条件下)

成分并没有与 PI 机体发生反应。进一步分析不同温度下 PI 表面的 C1s 和 O1s 谱图（图 8.4.7），可以发现图中给出的三个温度下的碳元素与氧元素的形态并没有发生变化。XPS 分析说明，CPSO 在实验温度范围内保持了良好的化学稳定性，与聚酰亚胺基体之间并未发生摩擦化学反应。

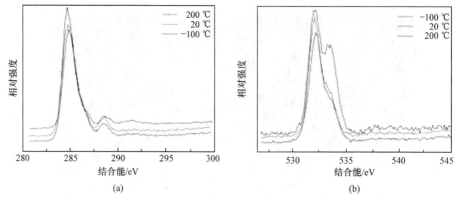

图 8.4.7　不同温度下 PI 磨痕上的 C1s(a)
和 O1s(b)谱图（CPSO 润滑条件下）（扫描封底二维码可看彩图）

图 8.4.8 给出了 Fomblin M30 润滑条件下 PI 摩擦系数和磨损率随温度的变化。图 8.4.8(a)中，温度为 -100 ℃时，摩擦系数最高。随着温度升高，固液复合润滑材料的摩擦系数逐渐降低。温度为 0 ℃时，Fomblin M30 润滑条件下 PI 的摩擦系数达到 0.018；且随着温度继续升高至 150 ℃前，摩擦系数基本不变，保持在 0.015～0.02。磨损率随温度的变化规律（图 8.4.8(b)）与 CPSO 润滑时一致，随着温度升高，磨损率增加，200 ℃时的磨损率比室温磨损率高了一个数量级。

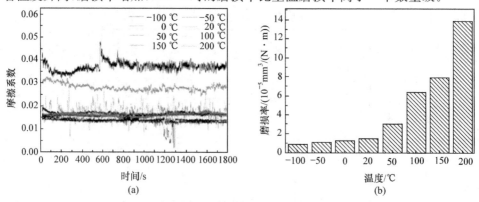

图 8.4.8　不同温度下 PI 摩擦系数(a)和磨损率(b)（Fomblin M30 润滑条件下）
（扫描封底二维码可看彩图）

对 Fomblin M30 润滑条件下 PI 磨痕上的元素进行分析（图 8.4.9（a）和表 8.4.2）发现，磨痕上出现 F 元素，并且 F 元素的含量随着实验温度升高逐渐增加。通过对 C1s 谱图进行分析(图 8.4.9(c)),可以看出,随着摩擦实验温度的提高,C1s 谱图在 292~296 eV 位置处出现吸收峰,进一步对 200 ℃时 C1s 进行拟合(图 8.4.9(d)),288.4 eV,285.6 eV,284.4 eV 处的吸收峰分别为 C=O,C—O,C=C 形态的碳元素;查阅文献得出 292~296 eV 位置出现的峰归属于 C(—CF₃)。通过对不同的峰进行积分最终得出到 C(—CF₃)的原子百分数达到 16.66%,并且随着温度降低,这种形态的碳的含量减少。因此可以推测,随着温度升高,在环境温度和摩擦热的作用下,Fomblin M30 可能部分分解并产生了一部分游离的 F 原子。这部分 F 原子与 PI 分子中的 C—O 和 C=O 发生反应生成了—CF₃。这一推测也可以从 O1s 谱图(图 8.4.9(b))上得到验证。—100 ℃时 O1s 谱图上只有两个吸收峰,当温度升至 50 ℃后,在 534 eV 位置处又出现一吸收峰,归属为氟化的 C—O 基团中 C 的吸收;并且随着温度的升高,此吸收峰的强度增加。以上结果表明,在摩擦热及环境温度的作用下,Fomblin M30 中弱的 C—F 键发生断裂产生了游离的氟原子,氟原子进一步与 PI 中的 C—O 和 C=O 发生反应,生成了—CF₃以及氟化的 C—O 基团。

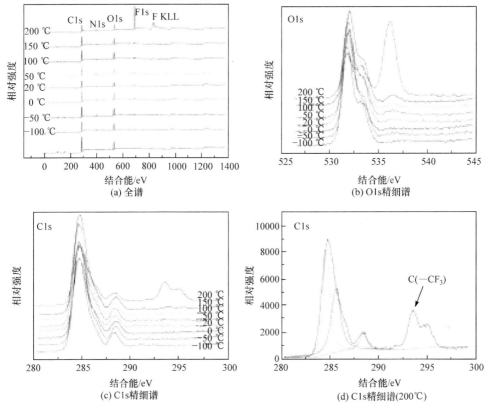

图 8.4.9　不同温度下 PI 磨痕上的 XPS 谱图
(Fomblin M30 润滑条件下)(扫描封底二维码可看彩图)

表 8.4.2　不同摩擦温度后磨痕上的元素组成（原子分数，Fomblin M30 润滑条件下）

温度/℃	元素相对含量/%（原子分数）				
	C(polyimide)	C(—CF₃)	N	O	F
−100	73.98	—	4.61	20.47	0.94
−50	73.66	—	3.7	20.26	2.39
0	72.06	—	3.12	21.33	3.48
20	74.45	—	5.01	18.14	2.4
50	72.58	0.61	3.87	19.6	3.34
100	71.58	1.08	3.6	20.04	3.7
150	63.53	8.82	3.68	19.59	4.38
200	30.48	16.66	2.45	17.49	32.91

参 考 文 献

[1] 戚发轫,朱仁璋,李颐黎. 载人航天器技术. 北京:国防工业出版社,2003.
[2] 邹永廖,欧阳自远,徐琳,等. 月球表面的环境特征. 第四纪研究,2002,22(6):533-539.
[3] 郭亮,姜利祥,李涛. 样品温度对原子氧环境下 ITO/Kapton/Al 涂层性能变化的影响. 航天器环境工程,2009,26(4):326-328.
[4] Nysten B, Gonry P, Issi J P. Intra-and interchain thermal conduction in polymers. Synthetic Metals, 1995, 69(1-3):67-68.
[5] Morgan G J, Smith D. Thermal conduction in glasses and polymers at low temperatures. Journal of Physics C:Slid State Physics,1974,7:649.
[6] Yano O,Yamaoka H. Cryogenic properties of polymers. Progress in Polymer Science,1995, 20:585-613.
[7] Choy C L. Thermal conductivity of polymers. Polymer,1977,18:984-1004.
[8] Hartwig G. Polymer Properties at Room and Cryogenic Temperatures. Boston:Springer,1994.
[9] Huang C J,Fu S Y,Zhang Y H,et al. Cryogenic properties of SiO₂/epoxy nanocomposites. Cryogenics,2005,45:450-454.
[10] Chen X G,Guo J D,Zheng B,et al. Investigation of thermal expansion of PI/SiO composite films by CCD imaging technique from −120 to 200 ℃. Composites Science & Technology, 2007,67:3006-3013.
[11] Zhang Y H,Li Y,Fu S Y,et al. Synthesis and cryogenic properties of polyimide-silica hybrid films by sol-gel process. Polymer,2005,46:8373-8378.
[12] Li Y,Fu S Y,Li Y Q,et al. Improvements in transmittance,mechanical properties and thermal stability of silica-polyimide composite films by a novel sol-gel route. Composites Science & Technology,2007,67:2408-2416.
[13] Fu S Y. Cryogenic Properties of Polymer Materials. Berlin,Heidelberg:Springer,2013.

[14] Theiler G, Hübner W, Klein P, et al. Thermal shock cycles experiments between room and cryogenic temperatures on polymer composites. Grenoble: Conference Proceeding 19th ICEC (International Cryogenic Engineering Conference), 2002.

[15] Nobelen M, Hayes B S, Seferis J C. Cryogenic microcracking of rubber toughened composites. Polymer Composites, 2010, 24: 723-730.

[16] Ueki T, Nishijima S, Izumi Y J C. Designing of epoxy resin systems for cryogenic use. Cryogenics, 2005, 45: 141-148.

[17] Nishino T, Okamoto T I, Sakurai H. Cryogenic mechanical behavior of poly(trimethylene terephthalate). Macromolecules, 2011, 44: 2106-2111.

[18] Zhang Y H, Wu J T, Fu S Y, et al. Studies on characterization and cryogenic mechanical properties of polyimide-layered silicate nanocomposite films. Polymer, 2004, 45: 7579-7587.

[19] Chen Z K, Yang J P, Ni Q Q, et al. Reinforcement of epoxy resins with multi-walled carbon nanotubes for enhancing cryogenic mechanical properties. Polymer, 2009, 50: 4753-4759.

[20] Basara C, Yilmazer U, Bayram G. Synthesis and characterization of epoxy based nanocomposites. Journal of Applied Polymer Science, 2010, 98: 1081-1086.

[21] Fu S Y, Hu X, Yue C Y, et al. The flexural modulus of misaligned short-fiber-reinforced polymers. Composites Science & Technology, 1999, 59: 1533-1542.

[22] Fu S Y, Lauke B. An analytical characterization of the anisotropy of the elastic modulus of misaligned short-fiber-reinforced polymers. Composites Science and Technology, 1998, 58: 1961-1972.

[23] Fu S Y, Feng X Q, Lauke B, et al. Effects of particle size, particle/matrix interface adhesion and particle loading on mechanical properties of particulate-polymer composites. Composites Part B: Engineering, 2008, 39: 933-961.

[24] Yang G, Zheng B, Yang J P, et al. Preparation and cryogenic mechanical properties of epoxy resins modified by poly(ethersulfone). Journal of Polymer Science Part A Polymer Chemistry, 2010, 46: 612-624.

[25] McGarry F J. Building design with fibre reinforced materials. Proceedings of the Royal Society of London A: Mathematical, Physical and Engineering Sciences: The Royal Society, 1970: 59-68.

[26] Kinluch A J, Young R J. Fracture Behaviour of Polymer. Springer Science & Business Media, 2013.

[27] Baschek G, Hartwig G, Zahradnik F. Effect of water absorption in polymers at low and high temperatures. Polymer, 1999, 40: 3433-3441.

[28] Usami S, Ejima H, Suzuki T, et al. Cryogenic small-flaw strength and creep deformation of epoxy resins. Cryogenics, 1999, 39: 729-738.

[29] Zhang Z Z, Zhang H J, Guo F, et al. Enhanced wear resistance of hybrid PTFE/Kevlar fabric/phenolic composite by cryogenic treatment. Journal of Material Science, 2009, 44: 6199-6205.

[30] Indumathi J, Bijwe J, Ghosh A K, et al. Wear of cryo-treated engineering polymers and composites. Wear, 1999, s 225-229: 343-353.

[31] Patterson R L, Hammoud A, Fialla P. Preliminary evaluation of polyarylate dielectric films for cryogenic applications. Journal of Material Science: Materials in Electronics, 2002, 13: 363-365.

[32] Theiler G, Gradt T. Friction and Wear of Polymer Materials at Cryogenic Temperatures. Berlin, Heidelberg: Springer, 2013.

[33] Yamaguchi Y, Kennedy F E. Tribology of plastic materials. Journal of Tribology, 1991, 113.

[34] Gardos M N. Chapter 12-self-lubricating composites for extreme environmental conditions. Friction and Wear of Polymer Composites Amsterdam: Elsevier, 1986, 1: 397-447.

[35] Slutsker A I, Hilyarov V L, Polikarpov Y I, et al. Possible manifestations of the quantum effect (Tunneling) in elementary events in the fracture kinetics of polymers. Physics of the Solid State, 2010, 52: 1637-1644.

[36] Martin J M, Hong L, Mogne T L, et al. Low-temperature friction in the XPS analytical ultrahigh vacuum tribotester. Tribology Letters, 2003, 14: 25-31.

[37] Burton J C, Taborek P, Rutledge J E. Temperature dependence of friction under cryogenic conditions in vacuum. Tribology Letters, 2006, 23: 131-137.

[38] Theiler G, Gradt T. Influence of the temperature on the tribological behaviour of PEEK composites in vacuum environment. Journal of Physics: Conference Series, 2008, 100 (7): 072040.

[39] Qu J, Zhang Y, Tian X, et al. Wear behavior of filled polymers for ultrasonic motor in vacuum environments. Wear, 2015, 322: 108-116.

[40] Hübner W, Gradt T, Schneider T, et al. Tribological behaviour of materials at cryogenic temperatures. Wear, 1998, 216: 150-159.

[41] Khun N W, Liu E, Tan A W Y, et al. Effects of deep cryogenic treatment on mechanical and tribological properties of AISI D3 tool steel. Friction, 2015, 3: 234-242.

[42] Michael P C, Rabinowicz E, Iwasa Y J C. Friction and wear of polymeric materials at 293, 77 and 4.2 K. Cryogenics, 1991, 31: 695-704.

[43] Bozet J L. Type of wear for the pair Ti6A14V/PCTFE in ambient air and in liquid nitrogen. Wear, 1993, s 162-164: 1025-1028.

[44] Glaeser W kissl J, Snediker D. Wear mechanisms of polymers at cryogenic temperatures. Polymer Science and Technology, 1974, 5B: 651-662.

[45] Theiler G, Hubner W, Gradt T, et al. Friction and wear of PTFE composites at cryogenic temperatures. Tribollogy International, 2002, 35: 449-458.

[46] Rabinowicz E, Tanner R I. Friction and wear of materials. Journal of Applied Mechanics, 1995, 33: 606-611.

[47] Michael P C, Iwasa Y, Rabinowicz E. Reassessment of cryotribology theory. Wear, 1994, 174: 163-168.

[48] Theiler G, Gradt T. Friction and wear of PEEK composites in vacuum environment. Wear, 2010, 269: 278-284.

[49] Friedrich K, Theiler G, Klein P. Polymer Composites for Tribological Applications in a

Range Between Liquid Helium and Room Temperature. London: Polymer Tribology Imperial College Press, 2008.

[50] Kensley R S, Maeda H, Iwasa Y. Transient slip behaviour of metal/insulator pairs at 4.2 K. Cryogenics, 1981, 21: 479-489.

[51] Liu H, Ji H, Wang X. Tribological properties of ultra-high molecular weight polyethylene at ultra-low temperature. Cryogenics, 2013, 58: 1-4.

[52] Barry P R, Chiu P Y, Perry S S, et al. Effect of temperature on the friction and wear of PTFE by atomic-level simulation. Tribology Letters, 2015, 58: 1-13.

[53] Li T S, Tian J S, Huang T, et al. Tribological behaviors of fluorinated polyimides at different temperatures. Journal of Macromolecular Science, Part B, 2011, 50: 860-870.

[54] Zhao G, Hussainova I, Antonov M, et al. Effect of temperature on sliding and erosive wear of fiber reinforced polyimide hybrids. Tribology Internaltional, 2015, 82: 525-533.

[55] Tewari U S, Sharma S K, Vasudevan P. Friction and wear studies of a bismaleimide. Tribology International, 1988, 21: 27-30.

[56] Samyn P, Schoukens G. Tribological properties of PTFE-filled thermoplastic polyimide at high load, velocity, and temperature. Polymer Composites, 2010, 30: 1631-1646.

[57] Samyn P, Baets P D, Vancraenenbroeck J, et al. Postmortem raman spectroscopy explaining friction and wear behavior of sintered polyimide at high temperature. Jounal of Materials Engineering & Performance, 2006, 15: 750-757.

[58] 朱鹏, 费海燕, 陈震霖, 等. 碳纤维改性热塑性聚酰亚胺材料摩擦磨损性能. 润滑与密封, 2007, (2): 98-101.

[59] Hedayati M, Salehi M, Bagheri R. Tribological and mechanical properties of amorphous and semi-crystalline PEEK/SiO$_2$ nanocomposite coatings deposited on the plain carbon steel by electrostatic powder spray technique. Progress in Organic Coating, 2012, 74: 50-58.

[60] Zhang G, Liao H, Cherigui M, et al. Effect of crystalline structure on the hardness and interfacial adherence of flame sprayed poly(ether-ether-ketone) coatings. European Polymer Journal, 2007, 43: 1077-1082.

[61] Zhang G, Yu H, Zhang C, et al. Temperature dependence of the tribological mechanisms of amorphous PEEK (polyetheretherketone) under dry sliding conditions. Acta Materialia, 2008, 56: 2182-2190.

[62] Grosch K A. Visco-elastic properties and the friction of solids: relation between the friction and visco-elastic properties of rubber. Nature, 1963, 197: 858-859.

[63] McCook N L, Burris D L, Dickrell P L, et al. Cryogenic friction behavior of PTFE based solid lubricant composites. Tribology Letters, 2005, 20: 109-113.

[64] Deng L, Fan Q, Peny B, et al. Research on tribological behaviors of PTFE composites at high temperature. Lubrication Engineering, 2008, 33: 98-101.

[65] Nemati N, Emamy M, Yau S, et al. High temperature friction and wear properties of graphene oxide/polytetrafluoroethylene composite coatings deposited on stainless steel. RSC Advances, 2016, 6: 5977-5987.

[66] Rao R N, Das S, Mondal D P, et al. Dry sliding wear behaviour of cast high strength alu-

minium alloy (Al-Zn-Mg) and hard particle composites. Wear,2009,267:1688-1695.

[67] Sharifi E M,Karimzadeh F,Enayati M H,et al. Fabrication and evaluation of mechanical and tribological properties of boron carbide reinforced aluminum matrix nanocomposites. Materials & Design,2011,32:3263-3271.

[68] Kim K S,Heo J C,Kim K W. Effects of thermal treatment on the tribological characteristics of thermoplastic polymer film. Journal of the Korean Society of Tribologists & Lubrication Engineers,2011,519:5988-5995.

[69] Galliano A,Bistac S,Schultz J. Adhesion and friction of PDMS networks:molecular weight effects. Journal of Colloid and Interface Science,2003,265:372-379.

[70] Zhang G,Schlarb A. Correlation of the tribological behaviors with the mechanical properties of poly-ether-ether-ketones (PEEKs) with different molecular weights and their fiber filled composites. Wear,2009,266:337-344.

[71] Bullions T A,McGrath J,Loos A. Monitoring the reaction progress of a high—performance phenylethynyl—terminated poly (etherimide). Part I:Cure kinetics modeling. Polymer Engineering & Science,2002,42:1056-1069.

[72] Papadimitriou K D,Paloukis F,Neophytides S G,et al. Cross-linking of side chain unsaturated aromatic polyethers for high temperature polymer electrolyte membrane fuel cell applications. Macromolecules,2011,44:4942-4951.

[73] Chen X,Li K,Zheng S,et al. A new type of unsaturated polyester resin with low dielectric constant and high thermostability:preparation and properties. RSC Advances, 2012, 2: 6504-6508.

[74] Yi G,Yan F. Effect of hexagonal boron nitride and calcined petroleum coke on friction and wear behavior of phenolic resin-based friction composites. Materials Science and Engineering:A,2006,425:330-338.

[75] Samyn P,Schoukens G. Thermochemical sliding interactions of short carbon fiber polyimide composites at high pv-conditions. Mater. Chem. Phys. ,2009,115:185-195.

[76] Cho M,Bahadur S. Friction and wear of polyphenylene sulfide composites filled with micro and nano CuO particles in water-lubricated sliding. Tribology Letters,2007,27:45-52.

[77] Cho M,Bahadur S. Study of the tribological synergistic effects in nano CuO-filled and fiber-reinforced polyphenylene sulfide composites. Wear,2005,258:835-845.

[78] Bahadur S,Deli G. The transfer and wear of nylon and CuS-nylon composites:filler proportion and counterface characteristics. Wear,1993,162:397-406.

[79] Bahadur S. The development of transfer layers and their role in polymer tribology. Wear, 2000,245:92-99.

[80] Samyn P,Schoukens G. The lubricity of graphite flake inclusions in sintered polyimides affected by chemical reactions at high temperatures. Carbon,2008,46:1072-1084.

[81] 丁孟贤. 聚酰亚胺——化学、结构与性能的关系及材料. 北京:科学出版社,2006.

[82] 颜红侠,董水丽. 聚酰亚胺先进复合材料的研究进展. 化工新型材料,2002,30:6-9.

[83] Xie W,Pan W P,Chuang K C. Thermal characterization of PMR polyimides. Thermochimica Acta,2001,367:143-153.

[84] Bahadur S,Gong D. The action of fillers in the modification of the tribological behavior of polymers. Wear,1992,158:41-59.

[85] Samyn P,Schoukens G. Tribological properties of PTFE—filled thermoplastic polyimide at high load,velocity,and temperature. Polym. Compos. ,2009,30:1631-1646.

[86] Bahadur S,Fu Q,Gong D. The effect of reinforcement and the synergism between CuS and carbon fiber on the wear of nylon. Wear,1994,178:123-130.

[87] Zhang X,Pei X,Wang Q. Friction and wear properties of combined surface modified carbon fabric reinforced phenolic composites. Eur. Polym. J. ,2008,44:2551-2557.

[88] Bijwe J,Rattan R,Fahim M. Abrasive wear performance of carbon fabric reinforced polyetherimide composites:influence of content and orientation of fabric. Tribology International,2007,40:844-854.

[89] Schön J. Coefficient of friction and wear of a carbon fiber epoxy matrix composite. Wear, 2004,257:395-407.

[90] Lee H G,Hwang H Y. Effect of wear debris on the tribological characteristics of carbon fiber epoxy composites. Wear,2006,261:453-459.

[91] Michael P,Iwasa Y,Rabinowicz E. Reassessment of cryotribology theory. Wear,1994, 174:163-168.

[92] Michael P,Aized D,Rabinowicz E,et al. Mechanical properties and static friction behaviour of epoxy mixes at room temperature and at 77 K. Cryogenics,1990,30:775-786.